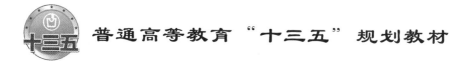

普通高等教育"十三五"规划教材

化工原理简明教程

张廷安　编著

U0342698

北　京

冶 金 工 业 出 版 社

2022

内 容 提 要

本教程以冶金工程和化学工程等过程工程中的物理单元操作为研究对象，简要阐述了单元操作依据的流体力学、传热学和传质学的基本概念、基本原理和基本方法；详细介绍了均相混合物与非均相混合物的分离的单元操作（包括：两相流混合与分离、收尘、过滤、混合与搅拌、蒸发、吸收、精馏、浸出、萃取、膜分离等）的操作原理、过程速率方程、设计原理及应用；准确运用了衡算法、数学模型法、因次分析法等过程分析方法；特别突出了两相流在单元操作过程中的作用原理及应用。

本教程可作为冶金工程、化学工程等过程工程专业本科生学习用书和报考研究生的参考书，也可作为其他相关专业学生、研究生及工程技术人员的参考书。

图书在版编目（CIP）数据

化工原理简明教程/张廷安编著 . —北京：冶金工业出版社，2020.9
（2022.7 重印）

普通高等教育"十三五"规划教材

ISBN 978-7-5024-8570-2

Ⅰ.①化… Ⅱ.①张… Ⅲ.①化工原理—高等学校—教材 Ⅳ.
①TQ02

中国版本图书馆 CIP 数据核字（2020）第 193074 号

化工原理简明教程

出版发行	冶金工业出版社	电 话	(010)64027926
地 址	北京市东城区嵩祝院北巷 39 号	邮 编	100009
网 址	www. mip1953. com	电子信箱	service@ mip1953. com

责任编辑 张熙莹 王 双 美术编辑 彭子赫 版式设计 禹 蕊
责任校对 王永欣 责任印制 李玉山
三河市双峰印刷装订有限公司印刷
2020 年 9 月第 1 版，2022 年 7 月第 2 次印刷
787mm×1092mm 1/16；23 印张；557 千字；356 页
定价 68.00 元

投稿电话 (010)64027932 投稿信箱 tougao@cnmip. com. cn
营销中心电话 (010)64044283
冶金工业出版社天猫旗舰店 yjgycbs. tmall. com
（本书如有印装质量问题，本社营销中心负责退换）

前　　言

化工原理是一门工程技术课程，是冶金工程、化学工程、矿物工程、农业工程和食品工程等流程工业专业学生的必修课。

流程工业（典型化学工程、冶金工程、矿物工程）是物质的转化与分离的过程工程。既然是物质的转化与分离，就有物理分离和化学分离过程之分。化学工艺学、冶金工艺学等是以研究化学分离为主的课程，例如高炉炼铁、铝的熔盐电解、石油裂解、合成氨等，它们依据的是化学反应规律。化工原理则是以物理分离过程为主的课程，例如沉降、过滤、吸收、精馏、干燥等。化工原理依据的是：流体的流动、热量的传递和质量的传递，即所谓的"三传"。本简明教程即以"三传"原理为主要线索，其内容包括两大部分：一是"三传"的基础理论；二是以"三传"原理为基础的单元操作。书中的单元操作基本是以混合物分离为主的分离单元。例如，非均相混合物的分离过程，气－固分离、液－固分离、固－固分离等；再如，均相混合物的分离过程，溶液蒸发浓缩、气体吸收、溶液精馏、溶液萃取、膜分离等。本教程简明扼要地讲解典型的流程工业物质的物理分离过程。

冶金学科引入化工原理课程，最早可以追溯到1977年恢复高考。我的导师梁宁元先生在国内首次将化工原理这门课程引入有色金属冶金专业。化工原理的引入使传统的冶金工艺学扩展到冶金工程学。我虽然从事冶金的科学研究与教学工作，但一直担任化工原理课程的教授工作，至今已有35个春秋，这门课程让我在冶金学科的教学和科研工作中受益匪浅。

化工原理一直是冶金工程专业的必修课，但始终没有一本具有冶金特色的适宜教材。编写一本具有冶金特色的化工原理教材一直是冶金工程专业化工原理教学的需要，也一直是我的心愿。因此，我根据自己35年的教学经验和冶金科研的实践，融合冶金与化工过程的课程特色，组织团队成员编写了本教程。本教程有如下几个特点。

首先，本教程强调冶金与化工的融合，也就是在冶金工业背景下解读化工原理，例如搅拌与射流、填充床层的传热、矿物的浸出等单元操作。

其次，强化了两相流的概念，例如颗粒与流体作用，从动量传递到热量传递和质量传递，从单个颗粒（沉降）到颗粒群（流态化）再到颗粒层（过滤、填充床）。

再次，科教融合，把科学研究的成果融合到教学实践中，例如气泡微细化、颗粒的悬浮分散，强化相界面传输的特点，这一点无论是对化工过程还是冶金过程，都是非常重要的。

最后，力求简明扼要，言简意赅，层次分明；概念准确，原理清晰，过程典型。这也是起名为《化工原理简明教程》的主要原因。

在本教程出版之际，要感谢我的硕士研究生导师梁宁元教授，是他引导我走上化工原理的教学之路；感谢谭天恩编写的《化工原理》，多年来我们一直采用他编著的教材，使我们的教学工作得以有效进行；感谢陈敏恒编写的《化工原理》，他对能量守恒方程——伯努利方程推导以及过滤过程的数学模型法的应用，给我留下了深刻的印象，并应用于我的教学之中；感谢魏季和老师翻译的《冶金中的传热传质现象》一书，使本教程吸收了大量的冶金元素；感谢所有参考文献的作者，正是您们的论著给予我营养和启迪，才有了这本简明教程的出版。

参加本教程编写的教师还有刘燕教授、豆志河教授、李冰教授（华东理工大学，参加初稿的部分章节起草）、赵秋月副教授、牛丽萍教授、吕国志副教授、张伟光讲师；参加本教程编写的博士有潘喜娟、李小龙、王艳秀、张莹、赵昕昕、刘江、朱帅、李瑞冰、李雪珂、范阳阳、刘冠廷、郝君、李传富、隋钦钦、韩金儒、石浩、安旺。本教程由张廷安教授定稿。

感谢我的教学团队和同事们，感谢我的研究生们，感谢他们在本教程编写过程中所付出的辛勤劳动。

由于水平有限，若有不妥之处，敬请批评指正。

作　者
2020 年 8 月

目　　录

绪　　论

冶金工程和化学工程一样，都属于过程工程的分支科学，是介于自然科学与生产应用技术间的"桥梁"科学，从诸如化学、物理学、工程热物理学、化学工程和电子技术的进步中吸取营养，不断地通过多学科的交叉结合，现已发展和形成了若干冶金过程热力学、冶金过程动力学、冶金反应工程学、化工冶金单元操作、传输原理以及系统工程的分支学科。

科学的分工越来越细、分支学科越来越多是科学发展的一个规律。但随着对事物本质认识的深化，可以发现许多表面上毫不相干的现象受到相同规律的制约，服从同一定律，因而可以用一些简单的基本规律和法则，来研究和解决不同学科领域中各种复杂的问题。在研究和分析各类冶金生产的过程中，可以发现冶金类型的生产过程主要是物料的化学或物理的转化过程，各种冶金类型的生产过程由若干个不同的化学或物理的单元过程构成。据此可将其分成两大类。一类是以化学反应为主的单元过程（如图 1~图 3 中虚线框），通常在反应器中进行。用于不同的冶金过程中的反应器有很大差别，主要是因为所进行的化学反应不同，反应的机理差别很大。例如，炼铁的高炉、炼铝的电解槽、炼铜的鼓风炉等，在各方面都很不相同。另一类是以物理变化为主的单元过程（如图 1~图 3 中实线框），借鉴化学工程的概念，我们不妨把它称为冶金单元操作，如沉降、过滤、

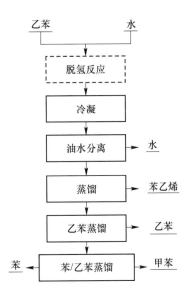

图 1　苯乙烯生产流程图

吸收、干燥、区域精炼、蒸馏等。冶金单元操作有如下特点：（1）它们都是物理性操作，即只改变物料的状态或其物理性质，并不改变其化学性质。（2）它们都是生产过程中共有的操作，但不同的生产过程中所包含的单元操作数目、名称与排列顺序各异。（3）作用于不同的生产过程，其原理并无不同，进行该操作的设备往往也是通用的。这些单元操作大多应用在冶金工厂生产中的前、后处理过程中。

实际上，在一个现代化的、设备林立的大型工厂中，反应器为数并不多，绝大多数的设备都是在进行着各种前、后处理操作。也就是说，现代冶金工业中的前、后处理工序占着企业的大部分设备投资和操作费用。因此，目前已不是单纯由反应过程的工艺条件来决定必要的前、后处理过程，而必须总体地确定全系统的工艺条件。由此可见单元操作在冶金工厂生产中的重要地位。

就其内容而言，各单元操作包括两个方面：过程和设备。各单元操作中所发生的过程都有其内在的规律。例如，液－固非均相混合物的沉降分离中所进行的过程，其实质是细

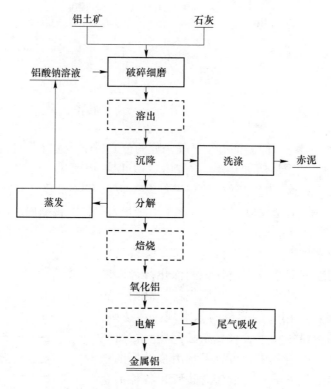

图 2　金属铝生产工艺流程图

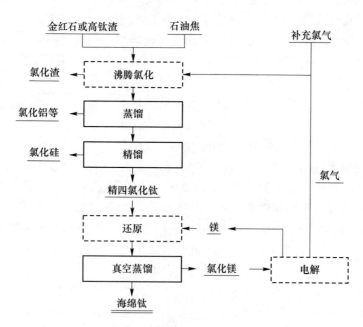

图 3　海绵钛生产工艺流程图

颗粒在液体中的自由沉降；过滤的过程实质是液体通过滤饼（颗粒层）的流动；气体的吸收分离中所发生的过程是某个组分由气体主体传递至气液界面，继而溶解，然后由界面传递到液相主体中去，其过程实质是传质—溶解；在区域精炼中，一个小的熔融区带在合金或不纯材质的长形炉料中移动，液相和结晶固相间杂质浓度差使杂质偏析到移动的液相中，从而凝固的物料便得到相应的提纯，其过程实质是利用溶质的熔化—传质。研究各单元操作就是为了掌握过程的规律，并设计设备的结构和大小，以使过程在有利的条件下进行。

从生产过程中抽出单元操作加以研究，这是生产发展的需要。化工单元操作是物质的混合与分离的过程。混合物分为非均相混合物和均相混合物。非均相混合物的混合与分离主要以机械能驱动，可分为气－固、液－固、固－固以及不互溶的液－液体系的混合和分离，典型的非均相混合过程包括金红石的沸腾氯化过程、铜吹炼过程及铝酸钠溶液晶种分解过程等，分离过程包括浸出矿浆的沉降过程、循环流化床旋风分离过程及萃取槽的水油相分离过程等，相关过程强化技术包括气泡微细化技术、外场（如超声波等）强化混合技术及萃取槽双搅拌分离技术等。均相混合物的分离主要以化学能和热能驱动，包括气－气分离和溶液中物质的分离，典型的冶金均相分离技术包括钛冶炼过程氯化产物的蒸馏及精馏分离、氧化铝循环母液蒸发等。根据各单元操作依据不同的原理，适应于不同的物态，达到各自的目的。各单元操作中所发生的过程虽然多种多样，但从物理本质上说属于动量传递过程（单相或多相流动）、热量传递过程（传热）和质量传递过程（传质）。

表 1 中所列各单元操作都归属于传递过程。于是，传递过程成为统一的研究对象，也是联系各单元操作的一条理论主线。

表 1　冶金常用单元操作

单元操作	目　的	物态	原　理	传递过程
过滤	非均相混合物的分离	液－固，气－固	尺度不同的截留	动量传递
沉降	非均相混合物的分离	液－固，气－固	密度差引起的沉降运动	动量传递
气力输送	输送	气－固	输入机械能	动量传递
金属熔化或凝固	改变相态	固或液	利用温度差而传入或移出热量	热量传递
蒸发	溶剂与不挥发的溶质的分离	液	供热以汽化溶剂	热量传递
气体吸收	均相混合物的分离	气	各组分在溶剂中溶解度的不同	物质传递
液体精馏	均相混合物的分离	液	各组分间挥发度不同	物质传递
萃取	均相混合物的分离	液	各组分在溶剂中溶解度不同	物质传递
膜分离	均相混合物的分离	液	选择透过性	物质传递
区域精炼	均相混合物的提纯	固－液	溶质在液相和固相间的不等量分配	热、质传递
干燥	非均相混合物的分离	固体	供热汽化	热、质传递

另一方面，各单元操作有着共同的研究方法。化工与冶金单元操作是一门工程学科，它要解决的不但是过程的基本规律，而且面临着真实的、复杂的生产问题——特定的物料在特定的设备中进行特定的过程。实际问题的复杂性不完全在于过程本身，而首先在于冶金设备的复杂的几何形状和千变万化的物性。例如，过滤中发生的过程是液体的流动，其本身并不复杂，但滤饼提供的是形状不规则的网状结构通道。对这样的流动边界做出如实的、逼真的数学描述几乎是不可能的。采用直接的数学描述和方程求解的方法将是十分困难的。因此，探求合理的研究方法是发展这门工程学科的重要方面。

本课程各单元操作涉及的衡算方法主要有物料衡算、能量衡算和动量衡算。物料衡算依据质量守恒定律，输入系统的物料质量等于从系统输出的物料质量和系统中积累的物料质量，即：

$$\sum G_I = \sum G_O + G_A$$

式中　　$\sum G_I$——输入物料质量；

　　　　$\sum G_O$——输出物料质量；

　　　　G_A——体系积累物料量。

对于定态过程，即无物料积累过程的物料衡算式为：

$$\sum G_I = \sum G_O$$

整个生产过程或每一操作单元中涉及的原料、产物、副产物等之间的关系可通过物料衡算确定。

能量衡算依据能量守恒定律，即任何时间内输入系统的总热量等于系统输出的总热量与损失的热量之和，即：

$$\sum Q_I = \sum Q_O + Q_L$$

式中　　$\sum Q_I$——输入热量之和；

　　　　$\sum Q_O$——输出热量之和；

　　　　Q_L——热量损失。

许多单元操作需要与外界进行能量交换，物料温度或聚集状态的改变、提供反应所需的热量以及某一过程中几种能量的相互转化问题均可通过能量衡算进行确定。

动量衡算是依据动量守恒定律即牛顿第二运动定律，系统的动量变化速率等于作用在系统上的合外力，研究动量随时间变化的速率。用衡算法来分析各种与质量传递、能量传递和动量传递有关的过程时，首先要划定衡算的范围，即衡算的系统，其次要确定衡算的对象与衡算的基准。

在这门学科的历史发展中已形成了两种基本的研究方法。一种是实验研究方法（因次分析法），即经验的方法；另一种是数学模型方法，即半理论半经验的方法。实验研究方法避免了方程的建立，直接用实验测取各变量之间的联系。但是，如果实验工作必须遍历各种尺寸的设备和各种不同的物料，那么，这样的实验将不胜其烦，而且失去了指导意义。因此必须建立实验研究的方法论，以使实验结果在几何尺寸上能"由小见大"，在物料品种方面能"由此知彼"。至今，本门学科已在相当程度上解决了这一问题。数学模型方法立足于对复杂的实际问题做出合理简化和等效，从而使方程得以建立。例如，将滤饼中的不规则网状通道简化成若干个平行的圆形细管，由此引入的一些修正系数则由实验测定，因而这种方法是半经验、半理论的。由于数学模型方法抓住了影响过程的主要因素，大体上反映了过程的真实面貌，现正日益广泛地被采用。

由此可见，研究工程问题的方法论是联系各单元操作的另一条主线。

这样，以单元操作为内容，以传递过程和研究方法为主线组成了"化工原理"这一门课程。

化工原理研究的对象——单元操作，也是混合物的物理分离过程。例如，气固分离的收尘，液固分离的过滤，溶液浓缩—蒸发，互溶混合物的分离—精馏，气相混合的分离—吸收等。显然，混合物的分离原理是依靠混合物理性质的差异。"化工原理"是一门应用性课程，它应通过各有关过程的研究回答工业应用上提出的问题：（1）如何根据各单元操作的原理和技术特点，进行"过程和设备"的选择，经济而有效地满足工艺的要求。（2）如何进行过程的计算和设备的设计。在缺乏数据的情况下，如何组织实验以取得必要的设计数据。（3）如何进行操作和调节以适应生产的不同要求。在操作发生故障时如何寻找故障的原因。

当然，当生产提出新的要求而需要工程技术人员发展新的单元操作时，已有的单元操作发展的历史将对如何根据一个物理或物理化学的原理发展一个有效过程，如何调动有利的并克服不利的工程因素发展一种设备提供有用的借鉴。

1 流体流动与输送

掌握内容:

掌握流体质点、定态流动、流线与迹线、黏度、牛顿流体与非牛顿流体、静压强、流量与流速、可压缩流体与不可压缩流体、层流与湍流、流体边界层与边界层分离、离心泵的压头、理论压头与实际压头、气蚀与气缚等概念。

掌握牛顿黏性定律、流体静力学方程、巴斯噶原理、连续性方程、能量和动量守恒方程、伯努利方程、量纲分析原理、离心泵的工作原理、管路和泵的特性曲线。

掌握混合流体密度的计算方法、流体压力的表示方法及换算关系、管路内局部阻力损失及阻力损失的计算方法。

熟悉内容:

熟悉流体的密度、比容、相对密度、典型压力计的工作原理及计算方法、机械能衡算的解题步骤、管路内流体的流动结构、复杂管路流体流动的计算、离心泵的压力损失、离心泵的工作点与流量调节、离心泵安装高度的确定。

了解内容:

了解离心泵的类型及选用、往复泵、隔膜泵、鼓风机、罗茨泵、真空泵等流体输送设备的工作原理及应用范畴。

1.1 概　　述

1.1.1 流体流动的研究方法

1.1.1.1 连续性假设

流体包括液体和气体,是由大量彼此间有一定空隙的单个分子所组成,并且每个分子做着随机的混乱的运动。如果以单个分子为研究对象,那么流体将是一种不连续的介质,所需处理的运动是一种随机的运动,问题将复杂化。实际上,在研究流体流动规律时,人们更为关注的是流体的宏观机械运动,而不是单个分子的运动。因此,可以取流体质点(或微团)而不是单个分子作为最小的研究对象。这样,流体被假设成由大量质点构成的、没有空隙、完全充满空间的连续介质。流体的物理性质及运动参数在空间上做连续分布,从而可以用连续函数的数学工具加以描述。

实践证明，连续性假定在过程工程的绝大多数情况下适用。然而，在高真空稀薄气体的状况下，连续性假设不再成立。

1.1.1.2　运动的描述方法

A　欧拉法

欧拉法（也称局部法）是在固定位置上观察流体质点的运动，如速度、压强和密度等变化规律，即直接描述相关运动参数在指定时空区域上的变化。

在某一瞬间 t，观察一些空间点可知，一般情况下不同位置上的不同流体质点的速度是不相同的，不论速度大小与方向。对任意位置做出流体质点在此瞬间的速度向量，如图 1.1 所示，这样就能得到在此瞬间流体质点的速度在空间点变化的情况。

例如，对于流体速度可描述为：

$$\begin{cases} u_x = f_x(x,y,z,t) \\ u_y = f_y(x,y,z,t) \\ u_z = f_z(x,y,z,t) \end{cases} \tag{1.1}$$

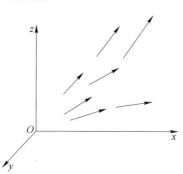

图 1.1　空间点瞬间速度向量示意图

式中　x，y，z——位置坐标；

　　　　t——时间；

u_x，u_y，u_z——指定点速度在三个垂直坐标轴上的投影。

B　拉格朗日法

拉格朗日法（也称随体法）研究每一个流体质点运动全过程的详细运动规律。在任意瞬间 t，不同流体质点的空间坐标 x、y、z 是不同的。因此，在任意瞬时 t 不同流体质点的位置可表达如下：

$$\begin{cases} x = x(a,b,c,t) \\ y = y(a,b,c,t) \\ z = z(a,b,c,t) \end{cases} \tag{1.2}$$

式（1.2）为拉格朗日表达式，其中 a、b、c 和 t 称为拉格朗日变数。

欧拉法描述空间每个流体质点的状态及其与时间的关系，而拉格朗日法描述同一质点在不同时刻的状态。

1.1.1.3　定态流动

如果空间各流体质点的运动状态不随时间发生变化，则该流动称为定态流动。此时，速度可表达如下：

$$\frac{\partial u_x}{\partial t} = 0 ; \ \frac{\partial u_y}{\partial t} = 0 ; \ \frac{\partial u_z}{\partial t} = 0 \tag{1.3}$$

由此，式（1.1）成为：

$$\begin{cases} u_x = f_x(x,y,z) \\ u_y = f_y(x,y,z) \\ u_z = f_z(x,y,z) \end{cases} \tag{1.4}$$

此时流体质点的速度只随位置改变，而与时间无关，即速度是空间位置的函数。取空间某个固定位置，其上的流体质点随时间不断更换，但该位置的速度保持不变。在定态流动下，其他运动参数也服从此规律。

1.1.1.4　流线与迹线

流线是指同一瞬间不同质点的速度方向，它是欧拉法研究流体运动的结果。流线上各点的切线表示该点的速度方向。

迹线则是同一流体质点在不同时刻所在空间位置的连线，即某一流体质点的运动轨迹。显然，迹线是拉格朗日法研究流体运动的结果。

流线和迹线只有在定态流动时才会重合。

1.1.1.5　研究方法的选择

流体运动过程涉及无数的流体质点，若采用拉格朗日法，则问题将变得极其复杂。仅当流体质点遵循一般规律时，才选择此法。

一般情况下，选用欧拉法描述流体流动规律，尤其是流体定态流动。

1.1.2　流体的受力分析

1.1.2.1　作用力分类

流动的流体受到的作用力分为体积力和表面力两种。

（1）体积力。作用于流体的每一个质点上，并与流体的质量成正比，对于均质流体也与流体的体积成正比。重力和离心力都是典型的体积力。

（2）表面力。表面力与流体表面积成正比。若取流体中任一微小平面，其上的表面力可分为垂直和平行于表面的力。前者称为压力，后者称为剪力。单位面积上所受的压力称为压强；单位面积上受到的剪力称为剪应力。

1.1.2.2　牛顿黏性定律

取间距很小的其间充满流体的两平行平板，如图 1.2 所示。上板固定，施加一平行于下板的切向力 F 于下板，使其以速度 u 做匀速运动。紧贴下板的流体层以同一速度 u 流动，而紧贴固定板下方的流体层则静止不动。两板间各层流体的速度不同，其大小如图中箭头所示。单位面积的切向力 F/A 即为流体的剪应力 τ。

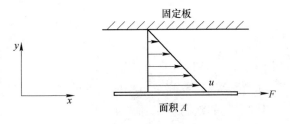

图 1.2　剪应力与速度梯度

对于大多数流体，剪应力 τ 服从以下牛顿黏性定律：

$$\tau = -\mu \frac{\mathrm{d}u}{\mathrm{d}y} \tag{1.5}$$

式中　$\mathrm{d}u/\mathrm{d}y$ ——法向速度梯度，s^{-1}；

μ ——流体的黏性系数，简称黏度，$\mathrm{Pa \cdot s}$；

τ ——流体受到的剪应力，$\mathrm{N/m^2}$。

牛顿黏性定律表明，剪应力与法向速度梯度成正比，而与法向压力无关。运动着的黏性流体内部的剪应力也称为内摩擦力。

黏性是流体的物性，因流体的种类不同而异。剪应力相同时，黏度越大导致速度梯度越小。在剪应力的作用下相邻流体层的速度连续变化，紧贴圆管壁面的流体因受壁面固体分子的作用而处于静止状态（即壁面无滑移）。随着离壁面距离的增加，流体的速度连续地增大，如图 1.3 所示。这种速度沿管截面各点的变化称为速度分布。只有当流体无黏性（称为理想流体，$\mu = 0$）时，才会出现如图 1.4 所示的均匀速度分布。

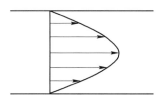
图 1.3　黏性流体在管内的速度分布

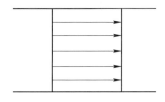
图 1.4　理想流体在管内的速度分布

黏性的物理本质是分子间的引力、运动与碰撞。以气体运动为例，若两相邻流体层在 x 方向具有不同的速度，低流速与高流速流体层的分子之间在流动过程中相互交换。从宏观上看，低流速层施加一个剪应力于高流速层，其方向与运动方向相反，使其流速降低。高流速层则施加一个剪应力于低流速层，其方向与运动方向相同，使流速提高。剪应力大小相等，方向相反，互为作用力与反作用力。黏性就是这种微观分子运动的一种宏观表现。

1.1.2.3　流体的黏度

黏度是流体流动的一个重要物理性质。在国际单位制中，黏度的单位为 Pa·s。有关手册中查到的黏度值常用其他单位表示，例如 cP（厘泊）。不同单位制之间的转换如下：

$$1cP = 0.01P(泊)$$

$$1P(泊) = 1g/(cm \cdot s) = 0.1Pa \cdot s$$

$$1Pa \cdot s = 10P = 1000cP$$

A　气体黏度

气体黏度随温度的升高而增加，温度的升高增大了气体的分子运动速度，但对分子间引力的影响不大，导致气体黏性力增大。

查普曼（Chapman）提出了低压下非极性气体黏度的计算方程：

$$\mu = 2.67 \times 10^{-4} \frac{\sqrt{MT}}{\sigma^2 \Omega_\mu} \tag{1.6}$$

式中　μ——气体黏度，Pa·s；

　　　M——气体的相对分子质量；

　　　T——气体的绝对温度，K；

　　　σ——气体分子特征直径，nm；

　　　Ω_μ——碰撞积分，是温度无因次参数 $k_B T/\varepsilon$ 的函数；

　　　k_B——玻耳兹曼常数，J/K；

　　　ε——分子特征能量参数。

式（1.6）中数据及计算详见《冶金中的传热传质现象》一书。

图 1.5 给出了常见气体的黏度随温度变化的规律。

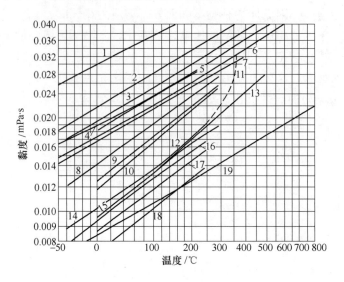

图 1.5　气体的黏度

1—Ne；2—Ar；3—O_2；4—He；5—NO；6—空气；7—CO、N_2；8—CO_2、N_2O；9—Cl_2；10—SO_2；

11—饱和水蒸气；12—NH_3；13—过热水蒸气（1atm）；14—CH_4；15—C_2H_2；16—C_2H_4；

17—C_2H_6；18—C_3H_6；19—H_2

B　液体黏度

液体黏度随温度的升高而减小。温度升高导致液体分子间距增大，则分子间的引力下降，流动性增大，黏度减小。液体是不可压缩流体，压强对于液体黏度的影响可以忽略不计。图 1.6 给出了常见液体的黏度。

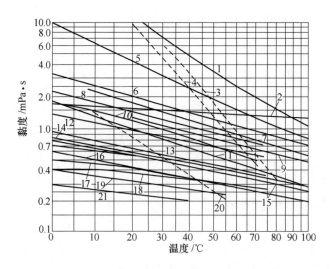

图 1.6　液体的黏度

1—石炭酸；2—水银；3—甘油；4—蓖麻油；5—苯胺；6—硝基苯；7—甲酸；8—松节油；

9—醋酸；10—乙醇；11—水；12—四氯化碳；13—苯；14—甲醇；15—辛烷；

16—醋酸乙酯；17—庚烷；18—二硫化碳；19—己烷；20—橄榄油；21—乙醚

C　液态金属的黏度

开坡曼提出了利用对比黏度的概念用于计算液态金属的黏度，如以 μ^* 表示对比黏度，它是对比温度 T^* 和对比体积 V^* 的函数，其函数关系为：

$$\mu^*(V^*)^2 = f(T^*) \tag{1.7}$$

图 1.7 给出了常见液态金属的黏度。对于液态合金和金属熔盐的黏度还没有可靠的公式。熔盐黏度与温度的关系如图 1.8 所示。冶金中常见熔渣的黏度见表 1.1。

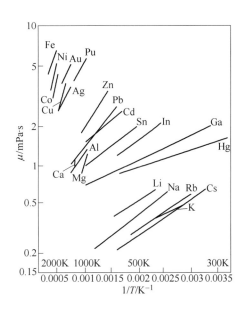

图 1.7　液态金属黏度　　　　　　　图 1.8　熔盐黏度

表 1.1　冶金中常见熔渣黏度

熔渣种类	组 成 成 分	温度范围/℃	黏度/Pa·s
高炉渣	$CaO\text{-}SiO_2\text{-}Al_2O_3\text{-}MgO\text{-}FeO$	1330 ~ 1450	3.4 ~ 0.27
含钒钢渣	$CaO\text{-}FeO\text{-}SiO_2\text{-}V_2O_5\text{-}TiO_2$	1460 ~ 1650	4.6 ~ 0.5
铜渣	$Cu\text{-}Fe_3O_4\text{-}SiO_2\text{-}Al_2O_3\text{-}CaO$	1140 ~ 1300	6.4 ~ 0.3
铅渣	$PbO\text{-}FeO\text{-}CaO\text{-}SiO_2\text{-}ZnO$	1100 ~ 1350	2.5 ~ 0.05
镍渣	$CaO\text{-}SiO_2\text{-}FeO\text{-}MgO\text{-}Ni$	1180 ~ 1500	10.3 ~ 0.3
钛渣	$TiO_2\text{-}FeO\text{-}CaO$	1640 ~ 1710	1.73 ~ 0.04

此外，流体的黏性还可用黏度与密度的比值来表示，称为运动黏度，以 ν 表示，即：

$$\nu = \frac{\mu}{\rho} \tag{1.8}$$

运动黏度在国际制中的单位为 m^2/s；在物理制中的单位为 cm^2/s，称为斯托克斯，简称为斯，以 St 表示，$1St = 100cSt(厘斯) = 10^{-4}m^2/s$。

1.1.2.4　牛顿流体与非牛顿流体

符合牛顿黏性定律的流体称为牛顿流体，所有气体、大多数液体和液态金属都属于牛顿流体。凡不遵循牛顿黏性定律的流体，统称为非牛顿流体，它在过程工程中也很常见。

图 1.9 中的 b、c、d 线所示的非牛顿流体，其表观黏度 μ_a 只随剪切速率而变，与力的作用时间无关，故称为与时间无关的黏性流体。但是，这些曲线在任一点上也有一定的斜率，故与时间无关的黏性流体在指定的剪切速率下，有一个相应的表观黏度值 μ_a（注意 μ_a 不是物质的物性参数），即：

$$\mu_a = \frac{\tau}{\dfrac{du}{dy}} \tag{1.9}$$

剪应力与速度梯度呈线性关系但不过原点的流体称为宾汉塑性流体（见图 1.9 中 d 线），胶体溶液及悬浊液都属于这种物质，如泥浆、牙膏等。在非牛顿流体流动状态方程式中，表观黏度随着剪切应力或剪切速率的增大而减小的流体称为假塑性流体（见图 1.9 中 b 线），如高分子胶体和浓溶液。涨塑性流体（见图 1.9 中 c 线）的剪切应力与剪切速率的关系曲线通过原点，并且随剪切应力或剪切速率的增大，表观黏度逐渐增大，比较典型的是

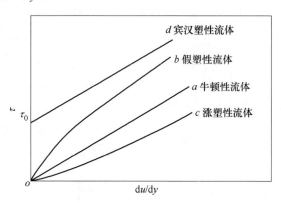

图 1.9　牛顿性流体与非牛顿性流体的流变图

生淀粉糊。向淀粉中加水，混合成糊状后缓慢倾斜容器，淀粉糊会像液体那样流动。但如果施加更大的剪切应力，用力快速搅动淀粉，那么淀粉稀糊反而会变硬，失去流动的性质。若用筷子迅速搅动，所产生的阻力甚至会使筷子折断。含油率 18% 的一次分离稀奶油是既可表现假塑性流动又可表现涨塑性流动的流体。

1.1.3　流体的物理性质

1.1.3.1　密度

密度是指单位体积的流体所具有的质量，$\rho = m/V$，单位为 kg/m^3。某些流体的密度见表 1.2。

表 1.2　气体（标准状态下）**和液体的密度**　　　　　　　　　　　　　　(kg/m^3)

流体	密度	流体	密度
空气	1.293	水	1000
氧气	1.429	NaOH，30% 溶液	1330
氢气	0.089	HCl（发烟）	1210
氩气	1.781	H_2SO_4，98%	1830
二氧化碳	1.976	HNO_3，92%	1500
一氧化碳	1.250	KCl 饱和水溶液	1173
氯气	3.170	水银	13600

影响流体密度的主要因素有温度和压力，因此可表示为 $\rho = f(t, p)$。液体是不可压缩的流体，故密度与压力无关。但随着温度的变化，密度发生改变，因此可表达为温度的函

数，即 $\rho = f(t)$。气体是可压缩的流体，通常（压力不太高，温度不太低时）可按理想气体处理，否则按真实气体状态方程处理：

$$\rho = \frac{m}{V} = \frac{pM}{RT} \tag{1.10}$$

式中　m——质量，kg；

　　　V——体积，m^3；

　　　M——摩尔质量，g/mol；

　　　p——压力，kPa；

　　　R——气体常数，$R = 8.314\text{J}/(\text{mol} \cdot \text{K})$；

　　　T——热力学温度，K。

过程工程中的流体大多数为混合物，而相关手册中一般给出的为纯物质的密度，故常通过纯物质的密度来计算混合物的密度。

（1）液体混合物的密度。取 1kg 液体，令液体混合物中各组分的质量分数分别为：w_A、w_B、$\cdots$、w_n，其中 $w_i = m_i/m_总$；当 $m_总 = 1\text{kg}$ 时，$w_i = m_i$。假设混合后总体积不变，则：

$$V_总 = \frac{w_A}{\rho_1} + \frac{w_B}{\rho_2} + \cdots + \frac{w_n}{\rho_n} = \frac{m_总}{\rho_m}$$

因此，液体混合物的密度为：

$$\frac{1}{\rho_m} = \frac{w_A}{\rho_1} + \frac{w_B}{\rho_2} + \cdots + \frac{w_n}{\rho_n}$$

（2）气体混合物的密度。取 1m^3 的气体为基准，令各组分的体积分数为：x_{VA}，x_{VB}，$\cdots$，x_{Vn}，其中：$x_{Vi} = \frac{V_i}{V_总}$，$i = 1$，2，$\cdots$，n。当 $V_总 = 1\text{m}^3$ 时，$x_{Vi} = V_i$，由 $\rho = \frac{m}{V}$ 知，混合物中各组分的质量为：$\rho_1 x_{VA}$，$\rho_2 x_{VB}$，$\cdots$，$\rho_n x_{Vn}$。若混合前后气体的质量不变，则：

$$m_总 = \rho_1 x_1 + \rho_2 x_2 + \cdots + \rho_n x_n = \rho_m V_总$$

当 $V_总 = 1\text{m}^3$ 时，气体混合物密度为：

$$\rho_m = \rho_1 x_1 + \rho_2 x_2 + \cdots + \rho_n x_n$$

当混合物气体可视为理想气体时，其混合物密度为：

$$\rho_m = \frac{pM_m}{RT}$$

1.1.3.2　比容

比容是单位质量的流体所具有的体积，用 ν 表示，单位为 m^3/kg。数值上：

$$\nu = \frac{1}{\rho} \tag{1.11}$$

1.1.3.3　相对密度

某物质的密度与 4℃ 下水的密度的比值，用相对密度 d 表示：

$$d = \frac{\rho}{\rho_{4℃水}} \tag{1.12}$$

其中，$\rho_{4℃水} = 1000\text{kg/m}^3$。

例 1.1　已知硫酸与水的密度分别为 $1830\mathrm{kg/m^3}$ 与 $998\mathrm{kg/m^3}$，试求质量分数为 60% 的硫酸水溶液的密度。

解：硫酸溶液的密度可表示为：

$$\frac{1}{\rho_{\mathrm{m}}} = \frac{0.6}{1830} + \frac{0.4}{998} = (3.28 + 4.01) \times 10^{-4} = 7.29 \times 10^{-4}$$

$$\rho_{\mathrm{m}} = 1372\mathrm{kg/m^3}$$

1.2　流体静力学

1.2.1　液体静压强

1.2.1.1　定义与单位

液体的静压强是指流体垂直作用于单位面积上的静压力。某一点的压强在不同方向的数值相等，因此压强是空间的函数，即 $p = f(x, y, z)$。压强的单位是帕斯卡，符号为 Pa。常见的液体压强还有用液柱高度、大气压强（atm）表示。具体换算关系如下：

$$1\mathrm{atm} = 1.013 \times 10^5 \mathrm{Pa} = 760\mathrm{mmHg} = 10.33\mathrm{mH_2O} = 1.033\mathrm{kgf/cm^2} = 1.0133\mathrm{bar}$$

$$1\mathrm{at} = 9.81 \times 10^4 \mathrm{Pa} = 735\mathrm{mmHg} = 10\mathrm{mH_2O}(\mathrm{at}\ 为工程大气压单位，为\ 1\mathrm{kg}\ 物体$$
$$在\ 1\mathrm{cm^2}\ 面积上产生的压强)$$

1.2.1.2　表示方法

静压强主要有三种表示方法：绝对压强、表压强、真空度。其中，绝对压强是以绝对真空为基准量得的压强。表压强是以大气压强为基准量得的压强。真空度是表压强以大气压为起点计算，有正负之分，负表压强就称为真空度。三者之间的关系如图 1.10 所示。

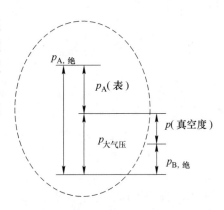

$$表压强 = 绝对压强 - 大气压强$$
$$真空度 = 大气压强 - 绝对压强$$

流体压强具有以下两个重要特性：

（1）流体压力处处与它的作用面垂直，并且总是指向流体的作用面；

图 1.10　绝对压强与表压强的关系

（2）流体中任一点压力的大小与所选定的作用面在空间的方位无关。

1.2.2　液体静力学方程

1.2.2.1　流体微元的受力平衡

从静止流体中取一六面体微元，各边分别与 ox、oy、oz 轴平行，边长分别为 $\mathrm{d}x$、$\mathrm{d}y$、$\mathrm{d}z$，设定其中心点 A 的坐标为 (x, y, z)，流体微元的受力平衡如图 1.11 所示。

流体微元受到的作用力分为面积力和体积力两种：

（1）面积力。设六面体中心 A 点处的静压力为 p，沿 x 方向作用于 $abcd$ 面上的压强为 $p - \frac{1}{2} \cdot \frac{\partial p}{\partial x}\mathrm{d}x$，作用于 $a'b'c'd'$ 面上的压强为 $p + \frac{1}{2} \cdot \frac{\partial p}{\partial x}\mathrm{d}x$。因此作用于该两表面上的压

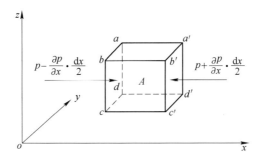

图 1.11　流体微元的受力平衡

力分别为：

$$\left(p - \frac{1}{2} \cdot \frac{\partial p}{\partial x} \mathrm{d}x\right)\mathrm{d}y\mathrm{d}z \quad \text{和} \quad \left(p + \frac{1}{2} \cdot \frac{\partial p}{\partial x}\mathrm{d}x\right)\mathrm{d}y\mathrm{d}z \tag{1.13}$$

对于其他表面，也可以写出相类似的表达式。

（2）体积力。设作用于单位质量流体上的体积力在 x 方向的分量为 X，则微元所受的体积力在 x 方向的分量为 $X\rho\mathrm{d}x\mathrm{d}y\mathrm{d}z$（$\rho$ 为密度）。同理，在 y 及 z 轴上微元所受的体积力分别为 $Y\rho\mathrm{d}x\mathrm{d}y\mathrm{d}z$ 和 $Z\rho\mathrm{d}x\mathrm{d}y\mathrm{d}z$。

流体处于静止状态，外力之和必等于零。对 x 方向，可写成：

$$\left(p - \frac{1}{2}\frac{\partial p}{\partial x}\mathrm{d}x\right)\mathrm{d}y\mathrm{d}z - \left(p + \frac{1}{2}\frac{\partial p}{\partial x}\mathrm{d}x\right)\mathrm{d}y\mathrm{d}z + X\rho\mathrm{d}x\mathrm{d}y\mathrm{d}z = 0 \tag{1.14}$$

结合 y 和 z 方向上的方程，简化后得：

$$\begin{cases} X - \dfrac{1}{\rho}\dfrac{\partial p}{\partial x} = 0 \\[2mm] Y - \dfrac{1}{\rho}\dfrac{\partial p}{\partial y} = 0 \\[2mm] Z - \dfrac{1}{\rho}\dfrac{\partial p}{\partial z} = 0 \end{cases} \tag{1.15}$$

此式称为欧拉平衡方程。等式左边为单位质量流体所受的力。

将方程组（1.15）分别乘以 $\mathrm{d}x$、$\mathrm{d}y$、$\mathrm{d}z$ 并相加得：

$$\frac{\partial p}{\partial x}\mathrm{d}x + \frac{\partial p}{\partial y}\mathrm{d}y + \frac{\partial p}{\partial z}\mathrm{d}z = \rho(X\mathrm{d}x + Y\mathrm{d}y + Z\mathrm{d}z) \tag{1.16}$$

式（1.16）左侧即为压强的全微分 $\mathrm{d}p$，于是

$$\mathrm{d}p = \rho(X\mathrm{d}x + Y\mathrm{d}y + Z\mathrm{d}z) \tag{1.17}$$

式（1.17）是流体平衡的一般表达式。

1.2.2.2　平衡方程在重力场中的应用

如流体所受的体积力仅为重力，并取 z 轴方向与重力方向相反，则

$$X = 0, Y = 0, Z = -g \tag{1.18}$$

将此式带入式（1.17），得：

$$\mathrm{d}p + \rho g\mathrm{d}z = 0$$

$$\int \frac{\mathrm{d}p}{\rho} + g\int \mathrm{d}z = 0 \tag{1.19}$$

设流体不可压缩，即密度 ρ 与压强无关，可将式（1.19）积分得：

$$\frac{p}{\rho} + gz = 常数 \tag{1.20}$$

对于静止流体中任意两点 1 和 2，如图 1.12 所示。

$$\frac{p_1}{\rho} + gz_1 = \frac{p_2}{\rho} + gz_2$$

或 $$p_2 = p_1 + \rho g(z_1 - z_2) = p_1 + \rho gh \tag{1.21}$$

需指出，式（1.19）~式（1.21）仅适用于在重力场中静止的不可压缩流体。

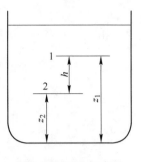

图 1.12   重力场中的静压强分布

1.2.3 液体静力学方程的应用

静力学方程在过程工程中应用广泛，这里介绍测压仪表以及液位的测量原理。

1.2.3.1 压力计

A   U 形管压差计

U 形管压差计如图 1.13 所示。

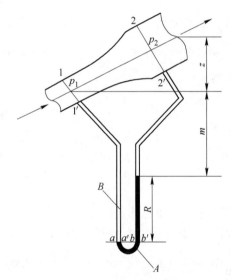

图 1.13   U 形管压差计示意图

由图 1.13 可知：

$$p_a = p_b$$
$$p_a = p_1 + \rho_B g(m + R)$$
$$p_b = p_2 + \rho_B g(z + m) + \rho_A gR \tag{1.22}$$

因此：

$$p_1 + \rho_B g(m + R) = p_2 + \rho_B g(z + m) + \rho_A gR$$
$$p_1 - p_2 = (\rho_A - \rho_B)gR + \rho_B gz \tag{1.23}$$

U 形压差计的读数 R 的大小反映了被测两点间广义压力之差。

当管道平放时：

$$p_1 - p_2 = (\rho_A - \rho_B)gR \qquad (1.24)$$

当被测的流体为气体时，$\rho_A \gg \rho_B$ 时，ρ_B 此时可忽略不计，则

$$p_1 - p_2 \approx \rho_A gR \qquad (1.25)$$

当 $p_1 - p_2$ 值较小时，R 值也较小，若希望读数 R 清晰，可采取 3 种措施：两种指示液的密度差尽可能减小、采用倾斜 U 形管压差计或采用微差压差计。

B　倾斜 U 形管压差计

倾斜 U 形管压差计如图 1.14 所示。假设垂直方向上的高度为 R_m，读数为 R_1，与水平倾斜角度为 α。

$$R_1 \sin\alpha = R_m$$

$$R_1 = \frac{R_m}{\sin\alpha} \qquad (1.26)$$

C　微差压差计

微差压差计如图 1.15 所示。U 形管的两侧管的顶端增设两个小扩大室，其内径与 U 形管的内径之比大于 10，装入两种密度接近且互不相溶的指示液 A 和 C，且指示液 C 与被测流体 B 也不互溶。

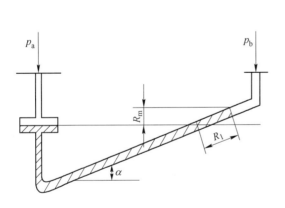

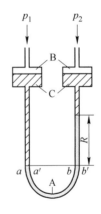

图 1.14　倾斜 U 形管压差计示意图　　　　图 1.15　微差压差计示意图

根据流体静力学方程可以导出微差压差计两点间压差计算公式，如下：

$$p_1 - p_2 = (\rho_A - \rho_C)gR \qquad (1.27)$$

例 1.2　用 3 种压差计测量气体的微小压差 $\Delta p = 100 Pa$，试问：

（1）用普通压差计，以苯为指示液，其读数 R 为多少？

（2）用倾斜 U 形管压差计，$\theta = 30°$，指示液为苯，其读数 R' 为多少？

（3）若用微差压差计，其中加入苯和水两种指示液，扩大室截面积远远大于 U 形管截面积，此时读数 R'' 为多少，R'' 为 R 的多少倍？

已知：苯的密度 $\rho_C = 879\text{kg/m}^3$，水的密度 $\rho_A = 998\text{kg/m}^3$，计算时可忽略气体密度的影响。

解：

（1）普通管 U 形管压差计：

$$R = \frac{\Delta p}{\rho_C g} = \frac{100}{879 \times 9.807} = 0.0116\text{m}$$

（2）倾斜 U 形管压差计：

$$R' = \frac{\Delta p}{\rho_C g \sin 30°} = \frac{100}{879 \times 9.807 \times 0.5} = 0.0232\text{m}$$

（3）微差压差计：

$$R'' = \frac{\Delta p}{(\rho_A - \rho_C)g} = \frac{100}{(998 - 879) \times 9.807} = 0.0857\text{m}$$

故：
$$\frac{R''}{R} = \frac{0.0857}{0.0116} = 7.39$$

1.2.3.2 液位的测定

液位计遵循静止液体内部压强变化的规律，是静力学基本方程的一种应用。其工作原理如图 1.16 所示。

液柱压差计测量液位的方法为：由压差计指示液的读数 R 可以计算出容器内液面的高度。当 $R = 0$ 时，容器内的液面高度将达到允许的最大高度，容器内液面越低，压差计读数 R 越大。

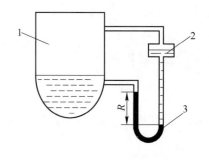

图 1.16　液位计工作原理

1—容器；2—平衡器的小室；3—U 形管压差计

例 1.3　利用远距离测量控制装置测定一分相槽内油和水的两相界面位置（见图 1.17），已知两吹气管出口的间距 $H = 1\text{m}$，压差计中指示液为水银。煤油、水、水银的密度分别为 820kg/m^3、1000kg/m^3、13600kg/m^3。求当压差计指示 $R = 67\text{mm}$ 时，界面距离上吹气管出口端距离 h。

解：忽略吹气管出口端到 U 形管两侧的气体流动阻力造成的压强差：

$$p_a = p_1, \quad p_b = p_2$$

$$p_a = \rho_{油} g(H_1 + h) + \rho_{水} g(H - h), \quad p_b = \rho_{油} g H_1$$

又　　　$p_1 - p_2 = \rho_{Hg} g R$

因此　$\rho_{油} g h + \rho_{水} g(H - h) = \rho_{Hg} g R$

$$h = \frac{\rho_{水} H - \rho_{Hg} R}{\rho_{水} - \rho_{油}} = \frac{1000 \times 1.0 - 13600 \times 0.067}{1000 - 820}$$

$$= 0.493\text{m}$$

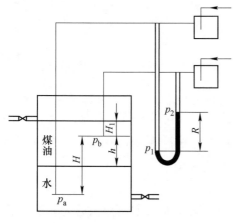

图 1.17　例 1.3 示意图

1.2.3.3　巴斯噶原理

当改变液面上方的压强时，液体内部的压强也发生改变，即液面上所受的压强能以同样大小传递到液体内部的任一点，其示意图如图1.18所示。巴斯噶原理只能用于液体中，由于液体的流动性，封闭容器中的静止流体的某一部分发生的压强变化，将大小不变地向各个方向传递。根据巴斯噶原理，在水力系统中的一个活塞上施加一定的压强，必将在另一个活塞上产生相同的压强增量。巴斯噶原理在生产技术中有很重要的应用，液压机就是巴斯噶原理的典型应用实例。

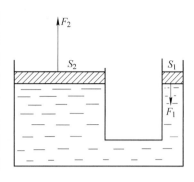

图1.18　巴斯噶原理示意图

巴斯噶原理可用公式表示为：

$$\begin{cases} p_1 = \dfrac{F_1}{S_1} = \dfrac{F_2}{S_2} = p_2 \\ \dfrac{F_1}{F_2} = \dfrac{S_1}{S_2} \end{cases} \tag{1.28}$$

1.3　流体流动中的守恒原理

1.3.1　基本概念

1.3.1.1　流量

单位时间内流过管截面的物质量称为流量。流量如以体积表示，称做体积流量，以V_s表示，常用的单位为m^3/s或m^3/h。如以质量表示，称做质量流量，以m_s表示，常用的单位为kg/s或kg/h。

体积流量与质量流量的关系为：

$$m_s = V_s\rho \tag{1.29}$$

式中　ρ——流体的密度，kg/m^3。

注意，流量是一种瞬时特性，不是某段时间内累计流过的量。

1.3.1.2　平均流速

单位时间内流体在流动方向上流过的距离称为流速，以u表示，其单位为m/s。

由于流体的黏性作用，流体在管道内流动时，任意截面上各点的速度不相等。在管壁处为零，越接近管中心速度越大，在管中心达到最大值。工程上为了计算方便，一般选用管截面上速度的平均值，即平均流速。

通常按流量相等的原则来确定平均流速，常以符号$\bar{u}$表示。

$$\begin{cases} \bar{u} \cdot A = \displaystyle\int_A u\,dA \\ \bar{u} = \dfrac{\displaystyle\int_A u\,dA}{A} \end{cases} \tag{1.30}$$

质量流量除以截面积得到的平均速度，简称质量流速，用 G 表示，单位 $kg/(m^2 \cdot s)$。显然，平均流速 $\bar{u}$ 与质量流速 G 之间存在如下关系：

$$G = \rho \, \bar{u} \tag{1.31}$$

1.3.1.3 稳定流动与不稳定流动

稳定流动：流体在任意空间点上的速度、压力等物理参数均不随时间改变的流动系统。

不稳定流动：流体流动相关物理量随位置和时间都发生改变的流动系统。

1.3.2 质量守恒——连续性方程

1.3.2.1 连续性方程的推导

在充满流体的空间中取出一个固定的空间六面体（控制体），边长分别为 dx、dy、dz，如图 1.19 所示。

在单位时间，沿 x 轴方向通过六面体左侧界面上单位面积流入控制体的流体质量为 ρu_x，则在单位时间内通过控制体右侧界面上的单位面积流出控制体的流体质量为：

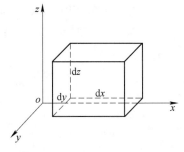

图 1.19 连续性方程推导示意图

$$\rho u_x + \frac{\partial(\rho u_x)}{\partial x}dx$$

因此，在 dt 时间内，在 x 轴方向，流入六面体的流体质量为：

$$\rho u_x dy dz dt$$

在同一 dt 时间内，由六面体流出的流体质量为：

$$\left[\rho u_x + \frac{\partial(\rho u_x)}{\partial x}dx\right]dy dz dt$$

这样，在 dt 时间内沿 x 轴方向，流入控制体的流体质量和流出的流体质量之差为：

$$\rho u_x dy dz dt - \left[\rho u_x + \frac{\partial(\rho u_x)}{\partial x}dx\right]dy dz dt = -\frac{\partial(\rho u_x)}{\partial x}dx dy dz dt \tag{1.32}$$

同理，y、z 轴的流体质量差分别为：

$$-\frac{\partial(\rho u_y)}{\partial y}dy dx dz dt$$

$$-\frac{\partial(\rho u_z)}{\partial z}dz dx dy dt$$

在 dt 时间内，流入与流出控制体的流体质量总差等于各轴差值的总和，即为：

$$-\left[\frac{\partial(\rho u_x)}{\partial x} + \frac{\partial(\rho u_y)}{\partial y} + \frac{\partial(\rho u_z)}{\partial z}\right]dx dy dz dt$$

由于六面体是固定的，体积不变，因此质量的变化必然引起密度的变化，设在 t 时刻，密度为 $\rho(x, y, z, t)$，则六面体内流体的质量为 $\rho dx dy dz$。经过 dt 时间后，密度变为：$\rho(x, y, z, t + dt) = \rho + \dfrac{\partial \rho}{\partial t} dt$，六面体内流体的质量改变为 $\left(\rho + \dfrac{\partial \rho}{\partial t} dt\right) dx dy dz$。所以，在 dt 时间内，六面体内流体质量的变化量为：

$$\left(\rho + \frac{\partial \rho}{\partial t} dt\right) dx dy dz - \rho dx dy dz = \frac{\partial \rho}{\partial t} dx dy dz dt \tag{1.33}$$

根据连续性条件，流入和流出六面体的流体质量差等于六面体内流体质量的变化，即：

$$-\left[\frac{\partial(\rho u_x)}{\partial x} + \frac{\partial(\rho u_y)}{\partial y} + \frac{\partial(\rho u_z)}{\partial z}\right] dx dy dz dt = \frac{\partial \rho}{\partial t} dx dy dz dt \tag{1.34}$$

式（1.34）消去 $dx dy dz dt$ 后，就变成单位时间内单位体积的质量变化：

$$\frac{\partial \rho}{\partial t} + \frac{\partial(\rho u_x)}{\partial x} + \frac{\partial(\rho u_y)}{\partial y} + \frac{\partial(\rho u_z)}{\partial z} = 0 \tag{1.35}$$

式（1.35）即为压缩性流体的连续性方程。

其物理意义是：单位时间、单位体积空间，流体质量随时间的变化量与单位时间通过单位体积六面体的质量变化的代数和等于零，即质量等于常数。

当流体做稳定流动时 $\partial \rho / \partial t = 0$，连续性方程变为：

$$\frac{\partial(\rho u_x)}{\partial x} + \frac{\partial(\rho u_y)}{\partial y} + \frac{\partial(\rho u_z)}{\partial z} = 0 \tag{1.36}$$

式（1.36）为可压缩流体稳定流动的连续性方程。可以看出，流入六面体的流体质量与流出六面体的质量相等，表示六面体内没有流量积累。

当密度为常数时，即不可压缩流体时，则连续性方程变为：

$$\frac{\partial u_x}{\partial x} + \frac{\partial u_y}{\partial y} + \frac{\partial u_z}{\partial z} = 0 \tag{1.37}$$

式（1.37）为不可压缩流体的连续性方程。表明在同一时间内流入六面体内的体积流量和流出的体积流量相等。

1.3.2.2 管路内的连续性方程

设流体在如图 1.20 所示的管道中做连续的稳定流动，取截面 1—1′ 至截面 2—2′ 之间的管段为控制体。根据质量守恒定律，单位时间内流入和流出控制体的质量之差应等于单位时间控制体内物质积累量，即：

$$\rho_1 u_1 A_1 - \rho_2 u_2 A_2 = \frac{\partial}{\partial t} \int_V \rho dV \tag{1.38}$$

式中 V——控制体体积。

定态流动时，式（1.38）右端为零，则 $\rho_1 A_1 u_1 = \rho_2 A_2 u_2$。

对于不可压缩流体，连续性方程可简化为 $Au = $ 常数。对于圆形管路有 $\dfrac{\pi}{4} d_1^2 u_1 = \dfrac{\pi}{4} d_2^2 u_2$ 或 $\dfrac{u_1}{u_2} = \left(\dfrac{d_2}{d_1}\right)^2$，说明不可压缩流体在管路中的流速与管路内径的平方成反比。

如果管道有分支，如图 1.21 所示，则稳定流动时总管中的质量流量应为各支管质量流量之和，故其连续性方程为：

$$m_s = m_{s1} + m_{s2}$$

$$uA = u_1 A_1 + u_2 A_2 \tag{1.39}$$

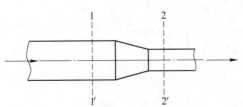

图 1.20　控制体中的质量守恒　　　　　图 1.21　管道有分支状态下流动状态

例 1.4　在稳定流动系统中，水连续从粗管流入细管，分别求粗管内和细管内水的流速。

已知：粗管内径 $d_1 = 10\text{cm}$，细管内径 $d_2 = 5\text{cm}$，水流量为 $4 \times 10^{-3}\text{m}^3/\text{s}$。

解：粗管径内水流速度为：

$$u_1 = \frac{V_s}{A_1} = \frac{4 \times 10^{-3}}{\dfrac{\pi}{4} \times 0.1^2} = 0.51\text{m/s}$$

根据不可压缩流体的连续性方程：

$$u_1 A_1 = u_2 A_2$$

由此

$$\frac{u_2}{u_1} = \left(\frac{d_1}{d_2}\right)^2 = \left(\frac{10}{5}\right)^2 = 4$$

$$u_2 = 4u_1 = 4 \times 0.51 = 2.04\text{m/s}$$

1.3.3　机械能守恒——伯努利方程

1.3.3.1　理想流体运动微分方程式

与流体静力学方程推导类似，在流体运动中，取任一立方形微元。由于假设黏度为零，微元表面不受剪切力，微元受力与静止流体相同。但在静止流体中，微元所受各力必成平衡，而在运动流体中则各力不平衡造成加速度 $\mathrm{d}u/\mathrm{d}t$。由牛顿第二定律可知：

$$体积力 + 表面力 = 质量 \times 加速度$$

故单位质量流体所受的力在数值上等于加速度。因此，直接在欧拉平衡方程的右侧补上加速度，便可得到：

$$\begin{cases} X - \dfrac{1}{\rho}\dfrac{\partial p}{\partial x} = \dfrac{\mathrm{d}u_x}{\mathrm{d}t} \\[2mm] Y - \dfrac{1}{\rho}\dfrac{\partial p}{\partial y} = \dfrac{\mathrm{d}u_y}{\mathrm{d}t} \\[2mm] Z - \dfrac{1}{\rho}\dfrac{\partial p}{\partial z} = \dfrac{\mathrm{d}u_z}{\mathrm{d}t} \end{cases} \tag{1.40}$$

式（1.40）即为理想流体的运动方程，也称欧拉运动微分方程式。

设流体微元在 dt 时间内移动的距离为 dl，它在坐标轴上的分量为 dx、dy、dz。将式 (1.40) 分别乘以 dx、dy、dz，使各项成为单位质量流体的功和能，得：

$$X dx - \frac{1}{\rho} \frac{\partial p}{\partial x} dx = \frac{du_x}{dt} dx$$

$$Y dy - \frac{1}{\rho} \frac{\partial p}{\partial y} dy = \frac{du_y}{dt} dy$$

$$Z dz - \frac{1}{\rho} \frac{\partial p}{\partial z} dz = \frac{du_z}{dt} dz \tag{1.41}$$

将流体位移 dx、dy、dz 转变为运动速度，

$$u_x = \frac{dx}{dt}; \ u_y = \frac{dy}{dt}; \ u_z = \frac{dz}{dt} \tag{1.42}$$

代入式 (1.42)，得：

$$X dx - \frac{1}{\rho} \frac{\partial p}{\partial x} dx = u_x du_x = \frac{1}{2} du_x^2$$

$$Y dy - \frac{1}{\rho} \frac{\partial p}{\partial y} dy = u_y du_y = \frac{1}{2} du_y^2$$

$$Z dz - \frac{1}{\rho} \frac{\partial p}{\partial z} dz = u_z du_z = \frac{1}{2} du_z^2 \tag{1.43}$$

对于定态流动

$$\frac{\partial p}{\partial t} = 0, \ dp = \frac{\partial p}{\partial x} dx + \frac{\partial p}{\partial y} dy + \frac{\partial p}{\partial z} dz \tag{1.44}$$

并且

$$d(u_x^2 + u_y^2 + u_z^2) = du^2 \tag{1.45}$$

于是，将式 (1.43) ~ 式 (1.45) 相加得到：

$$(X dx + Y dy + Z dz) - \frac{1}{\rho} dp = d\left(\frac{u^2}{2}\right) \tag{1.46}$$

若流体只是在重力场中流动，取 z 轴垂直向上，则：

$$X = Y = 0, \ Z = -g \tag{1.47}$$

式 (1.47) 成为：

$$g dz + \frac{dp}{\rho} + d\frac{u^2}{2} = 0 \tag{1.48}$$

对于不可压缩流体，ρ 为常数，式 (1.48) 的积分形式为：

$$gz + \frac{p}{\rho} + \frac{u^2}{2} = 常数 \tag{1.49}$$

此式即为著名的伯努利 (Bernoulli) 方程。它具体地表明了在流体流动中三种机械能的守恒和转换。

对同一流束任取两个有效截面积分可得：

$$gz_1 + \frac{p_1}{\rho} + \frac{u_1^2}{2} = gz_2 + \frac{p_2}{\rho} + \frac{u_2^2}{2} \tag{1.50}$$

式中　u_1, u_2——管路截面 1、2 处流体的流速，m/s；

　　　　p_1, p_2——管路截面 1、2 处流体的压强，Pa；

　　　　z_1, z_2——管路截面 1、2 距基准面的距离，m。

在实际流动中，黏性导致管路截面上各点速度不一样，也就是各点的动能不相同，分别计算各点上的动能十分困难，因此常用平均速度来计算动能。

将式（1.50）两边除以 g，得到：

$$z_1 + \frac{p_1}{\rho g} + \frac{u_1^2}{2g} = z_2 + \frac{p_2}{\rho g} + \frac{u_2^2}{2g} \tag{1.51}$$

式中，每项的单位均为 m，表示单位质量流体所具有的能量。

将式（1.50）两边乘以 ρ，得到：

$$\rho g z_1 + p_1 + \frac{\rho u_1^2}{2} = \rho g z_2 + p_2 + \frac{\rho u_2^2}{2} \tag{1.52}$$

式中，每项单位为 N/m^2。它表示单位体积流体所具有的能量。

式（1.50）~式（1.52）均为理想流体的伯努利方程。其中，式（1.50）和式（1.51）多用于液体，式（1.52）多用于气体。

1.3.3.2 伯努利方程的意义

A 几何意义

伯努利方程（见式（1.51））中每一项都具有长度单位，都表示某项高度，所以具有几何意义。

z_1、z_2 表示微小流束在1—1 和2—2 截面重心在基准面以上的几何高度，称为1、2 两截面的位压头。

$p_1/(g\rho)$、$p_2/(g\rho)$ 表示微小流束在1—1 和2—2 截面中心点上的压强使得流体沿测压管上升的高度，故称为1、2 两截面的静压头。

$u^2/(2g)$ 也具有长度单位，它代表在没有阻力的情况下，具有速度 u 的流体质点垂直向上的喷射高度，所以称为动压头或速度压头。

在动力学中，把位头、静压头和动压头之和称为总压头。因此，伯努利方程表明了流体三项压头之和为一常数。

B 能量意义

z：根据物理学可知，质量为 m 的流体在基准面以上高度为 z 时，它对基准面的位能为 mgz。所以，从能量角度，z 代表单位重量流体对基准面的位压能。

$p/(\rho g)$：压强也是一种能量，一旦释放压力，它就可以做功而变成位能，所以它代表单位质量流体所具有的静压能。

$u^2/(2g)$：如具有质量 m 的流体质点，在所研究的断面处其速度为 u，则其动能为 $mu^2/2$，将其除以流体质点重力 mg，即得单位质量流体的动能。

综上所述，从能量上看伯努利方程就是能量守恒定律在流体力学中的表达式。

1.3.3.3 实际流体的伯努利方程

在工程上所遇到的实际流体是有黏性的，因此在流动中必然有摩擦阻力存在。总压头随着流动的进行要逐渐减少，减少的这部分压头由摩擦产生的热而损失掉，常称阻力损失，衡算时必须计入。流体流动能量衡算示意图如图 1.22 所示。

1kg 流动流体所具有的能量形式见表 1.3。

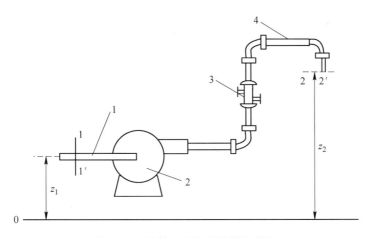

图 1.22 流体流动能量衡算示意图

1—输送机械的吸入管；2—输送机械；3—热交换器；4—系统排出管

表 1.3 流体能量分析

能量形式	意　　义	1kg 流体的能量/J·kg^{-1}	
		输入	输出
内能	物质内部能量的总和	U_1	U_2
位能	将 1kg 的流体自基准水平面升举到某高度 z 所做的功	gz_1	gz_2
动能	将 1kg 的流体从静止加速到速度 u 所做的功	$u_1^2/2$	$u_2^2/2$
静压能	1kg 流体克服截面压力 p 所做的功	$p_1\nu_1$	$p_2\nu_2$
热	换热器向 1kg 流体供应的或从 1kg 流体取出的热量	Q_e 吸热为正	
外功	1kg 流体通过泵（或其他输送设备）所获得的有效能量	W_e	

注：$\nu = 1/\rho$。

根据能量守恒定律，以 1kg 流体为基准的能量，对截面 1—1′ 和 2—2′ 间列衡算式为：

$$U_1 + gz_1 + \frac{u_1^2}{2} + p_1\nu_1 + W_e + Q_e = U_2 + gz_2 + \frac{u_2^2}{2} + p_2\nu_2 \tag{1.53}$$

或总能量衡算式：

$$\Delta U + g\Delta z + \frac{\Delta u^2}{2} + \Delta(p\nu) = W_e + Q_e \tag{1.54}$$

流动系统的机械能衡算式为：

$$Q_e' = Q_e + \sum h_f \tag{1.55}$$

根据热力学第一定律：

$$\Delta U = Q_e' - \int_{\nu_1}^{\nu_2} p\,\mathrm{d}\nu \tag{1.56}$$

或

$$\Delta(p\nu) = \int_1^2 \mathrm{d}(p\nu) = \int_{\nu_1}^{\nu_2} p\,\mathrm{d}\nu + \int_{p_1}^{p_2} \nu\,\mathrm{d}p \tag{1.57}$$

式中 $\sum h_f$——两截面间沿程的能量消耗；

　　　Q_e'——系统的内能变化。

故总能量衡算式可整理成：

$$g\Delta z + \frac{\Delta u^2}{2} + \int_{p_1}^{p_2} \nu\,\mathrm{d}p = W_e - \sum h_f \tag{1.58}$$

式（1.58）为机械能衡算式。

若流体不可压缩，有：

$$\int_{p_1}^{p_2} \nu \mathrm{d}p = \nu(p_2 - p_1) = \frac{\Delta p}{\rho} \tag{1.59}$$

则机械能衡算式（见式（1.58））化为：

$$gz_1 + \frac{u_1^2}{2} + \frac{p_1}{\rho} + W_e = gz_2 + \frac{u_2^2}{2} + \frac{p_2}{\rho} + \sum h_f \tag{1.60}$$

若流体为理想流体，则：

$$gz_1 + \frac{u_1^2}{2} + \frac{p_1}{\rho} + W_e = gz_2 + \frac{u_2^2}{2} + \frac{p_2}{\rho} \tag{1.61}$$

若系统无外功输入，则：

$$gz_1 + \frac{u_1^2}{2} + \frac{p_1}{\rho} = gz_2 + \frac{u_2^2}{2} + \frac{p_2}{\rho} \tag{1.62}$$

1.3.3.4 机械能衡算的应用

（1）作图与确定衡算范围。根据题意画出流动系统的示意图，并指明流体的流动方向。定出上、下游截面，以明确流动系统的衡算范围。

（2）截面的选取。两截面均应与流动方向垂直，并且在两截面间的流体必须是连续的。所求的未知量应在截面上或在两截面之间，且截面上的除所需求取的未知量外，都应该是已知的或能通过其他关系计算出来。两截面上的 z、u、p 与两截面间的 $\sum h_f$ 都应相互对应一致。

（3）基准水平面的选取。基准水平面可任意选取，但须与地面平行。通常以方便计算为准，如衡算系统为水平管道，则基准水平面应通过管道的中心线。

（4）两截面上的压强。两截面的压强要求单位一致、基准一致。

（5）单位必须一致。在用伯努利方程式解题前，应把有关物理量换算成一致的单位，然后计算。

例 1.5 水在如图 1.23 所示的管道中由下而上自粗管流入细管，粗管内径为 0.3m，细管内径为 0.15m。已测得图中 1—1′ 及 2—2′ 截面上的静压强分别为 $1.69 \times 10^5 \mathrm{Pa}$ 及 $1.4 \times 10^5 \mathrm{Pa}$（表压），两个测压口的垂直距离为 1.5m，流体流过两个测压点的阻力损失为 10.6J/kg，试求水在管道中的质量流量为多少（单位为 kg/h）。

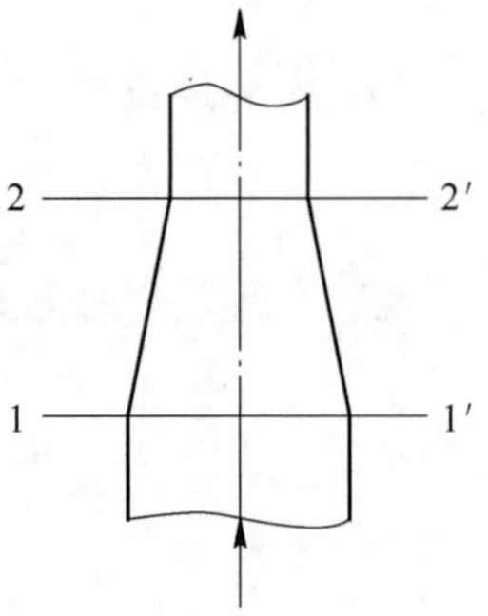

解： 以 1—1′ 截面为基准水平面，在 1—1′ 和 2—2′ 间列伯努利方程有：

$$gz_1 + \frac{u_1^2}{2} + \frac{p_1}{\rho} = gz_2 + \frac{u_2^2}{2} + \frac{p_2}{\rho} + \sum h_f$$

图 1.23 例 1.5 示意图

式中，$z_1 = 0$，$z_2 = 1.5\mathrm{m}$，u_1 未知，$u_2 = \left(\dfrac{d_1}{d_2}\right)^2 u_1 = \left(\dfrac{0.3}{0.15}\right)^2 u_1 = 4u_1$，$p_1 = 1.69 \times 10^5 \mathrm{Pa}$（表），$p_2 = 1.4 \times 10^5 \mathrm{Pa}$（表），$\sum h_f = 10.6\mathrm{J/kg}$。

代入数据得到：

$$\frac{u_1^2}{2} + \frac{1.69 \times 10^5}{1000} = 9.81 \times 1.5 + 8u_1^2 + \frac{1.4 \times 10^5}{1000} + 10.6$$

解得:

$$u_1 = 0.701 \, \text{m/s}$$

$$q_m = u_1 A_1 \rho = 0.701 \times \frac{\pi}{4} \times 0.3^2 \times 1000 = 49.52 \, \text{kg/s} = 1.78 \times 10^5 \, \text{kg/h}$$

例1.6 带有溢流装置的高位槽中的水经
$\phi 89\text{mm} \times 3.5\text{mm}$ 的管子送至某密闭设备内,
水平管路上安装有压力表(见图1.24),读数
为 $60 \times 10^3 \text{Pa}$,已知由高位槽至压力表安装位
置的截面间总能量损失为 10J/kg。每小时用水
$28.5 \times 10^3 \text{kg}$。求高位槽液面至压力表安装处
的垂直距离。

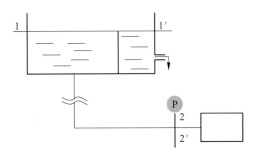

图1.24 例1.6示意图

解: 以高位槽液面 1—1′ 为衡算的上游截
面,以压力表安装位置所在截面 2—2′ 为下游
截面,以水平管中心线为基准水平面,在 1—1′ 和 2—2′ 间列伯努利方程:

$$gz_1 + \frac{u_1^2}{2} + \frac{p_1}{\rho} = gz_2 + \frac{u_2^2}{2} + \frac{p_2}{\rho} + \sum h_f$$

式中, z_1 未知, $z_2 = 0$, $u_1 \approx 0$, $u_2 = \dfrac{q_m}{\rho A_2} = \dfrac{28.5 \times 10^3 / 3600}{1000 \times \pi/4 \times 0.082^2} = 1.5 \, \text{m/s}$, $p_1 = 0$(表),

$p_2 = 60 \times 10^3 \text{Pa}$(表), $\sum h_f = 10 \, \text{J/kg}$。

代入数据得:

$$9.81 z_1 = \frac{1.5^2}{2} + \frac{60 \times 10^3}{1000} + 10$$

解得: $z_1 = 7.25 \, \text{m}$。

例1.7 如图1.25所示,每小时将400kg、平均摩尔质量为28kg/kmol的气体由气柜
稳态输送至密闭设备内。输送过程中的温度稳定在20℃。已测得压强表 A 与 B 上的读数
分别为1060Pa和100Pa。两个测压面间全部能量损失可用 $5w^2$(单位为 kg/(m²·s))表示。
两个测压面中心线间的垂直距离为5m,全系统输送管路直径相同。求输送管路的直径。
当地大气压强为 $101.33 \times 10^3 \text{Pa}$。

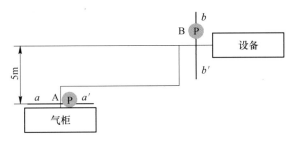

图1.25 例1.7示意图

解:

$$\frac{p_a - p_b}{p_a} = \frac{(1060 + 101.33 \times 10^3) - (100 + 101.33 \times 10^3)}{1060 + 101.33 \times 10^3} = 0.94\% < 20\%$$

故该气体输送可按不可压缩流体来处理。

以两个测压面 a—a'、b—b' 作为衡算的上下游截面，以 a—a' 作为基准水平面。在 a—a' 和 b—b' 间列伯努利方程：

$$gz_a + \frac{u_a^2}{2} + \frac{p_a}{\rho} + H_e = gz_b + \frac{u_b^2}{2} + \frac{p_b}{\rho} + \sum h_{f,a \to b}$$

式中，$z_a = 0$，$z_b = 5m$，$u_a = u_b$，$p_a = 1060Pa(表)$，$p_b = 100Pa(表)$，$H_e = 0$，$\sum h_{f,a \to b} = 5w^2$，$\rho = \dfrac{pM}{RT} = \dfrac{[(1060+100)/2 + 101.33 \times 10^3] \times 28}{8.314 \times 293.15} = 1.171kg/m^3$。

代入数据得：

$$\frac{1060}{1.171} = 9.81 \times 5 + \frac{100}{1.171} + 5w^2$$

解得：$w = 12.416kg/(m^2 \cdot s)$。

又

$$w = \frac{q_m}{A} = \frac{400/3600}{\frac{\pi}{4}d^2} = 12.416$$

故：$d = 0.107m$。

1.3.4　动量守恒——纳维-斯托克斯方程

1.3.4.1　管流中的动量守恒

物体的质量 m 与运动速度 u 的乘积 mu 称为物体的动量。动量和速度一样是向量。

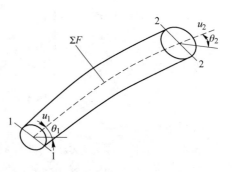

牛顿第二定律的另一种表达方式是：物体动量随时间的变化率等于作用于物体上的外力之和。现取图 1.26 所示的管段作考查对象（称为控制体），将此原理应用于流动流体，即得流动流体的动量守恒定律，它可表述为：

图 1.26　动量守恒示意图

作用于控制体的合外力＝单位时间内流出控制体的动量－单位时间内进入控制体的动量＋单位时间内控制体中流体动量的积累量

力和动量是向量，在直角坐标系中，上述动量守恒定律在 x 轴方向上的数学表达式为：

$$\sum F_x = \int_{A_2} u\rho u dA\cos\theta_2 - \int_{A_1} u\rho u dA\cos\theta_1 + \frac{\partial}{\partial t}\int_V \rho u_x dV \qquad (1.63)$$

式中　θ_1，θ_2——分别为 u_1 和 u_2 与 x 轴的夹角；

　　　　u_x——流速 u 在 x 轴的分量；

　　　　V——图示控制体体积。

对于定态流动，$\dfrac{\partial}{\partial t}\int_V \rho u_x dV = 0$，并假定管界面上的速度作均匀分布，则上述动量方程为：

$$\sum F_x = G(u_{2x} - u_{1x})$$
$$\sum F_y = G(u_{2y} - u_{1y})$$

$$\sum F_z = G(u_{2z} - u_{1z}) \tag{1.64}$$

式中　　　　　　G——流体的质量流量，kg/s；

$\sum F_x, \sum F_y, \sum F_z$——作用于控制体内流体上的外力之和在三个坐标轴上的分量。

1.3.4.2　纳维－斯托克斯方程

理想流体欧拉运动微分方程把流体看做无黏性理想流体，但实际流体是具有黏性的，为此要研究黏性流体的运动微分方程。

采用推导欧拉运动微分方程的方法，再应用牛顿黏性定律，可以推导出黏性不可压缩流体的运动方程：

$$\frac{du_x}{dt} = X - \frac{1}{\rho} \frac{\partial p}{\partial x} + \frac{\mu}{\rho} \left(\frac{\partial^2 u_x}{\partial x^2} + \frac{\partial^2 u_x}{\partial y^2} + \frac{\partial^2 u_x}{\partial z^2} \right)$$

$$\frac{du_y}{dt} = Y - \frac{1}{\rho} \frac{\partial p}{\partial y} + \frac{\mu}{\rho} \left(\frac{\partial^2 u_y}{\partial x^2} + \frac{\partial^2 u_y}{\partial y^2} + \frac{\partial^2 u_y}{\partial z^2} \right)$$

$$\frac{du_z}{dt} = Z - \frac{1}{\rho} \frac{\partial p}{\partial z} + \frac{\mu}{\rho} \left(\frac{\partial^2 u_z}{\partial x^2} + \frac{\partial^2 u_z}{\partial y^2} + \frac{\partial^2 u_z}{\partial z^2} \right) \tag{1.65}$$

这就是实际流体运动的微分方程式，称为纳维－斯托克斯方程，简称 N－S 方程。

当流体所受的质量力只有重力时，则 $X = 0$，$Y = 0$，$Z = -g$，上述方程变为：

$$\frac{du_x}{dt} = -\frac{1}{\rho} \frac{\partial p}{\partial x} + \frac{\mu}{\rho} \left(\frac{\partial^2 u_x}{\partial x^2} + \frac{\partial^2 u_x}{\partial y^2} + \frac{\partial^2 u_x}{\partial z^2} \right)$$

$$\frac{du_y}{dt} = -\frac{1}{\rho} \frac{\partial p}{\partial y} + \frac{\mu}{\rho} \left(\frac{\partial^2 u_y}{\partial x^2} + \frac{\partial^2 u_y}{\partial y^2} + \frac{\partial^2 u_y}{\partial z^2} \right)$$

$$\frac{du_z}{dt} = -\frac{1}{\rho} \frac{\partial p}{\partial z} + \frac{\mu}{\rho} \left(\frac{\partial^2 u_z}{\partial x^2} + \frac{\partial^2 u_z}{\partial y^2} + \frac{\partial^2 u_z}{\partial z^2} \right) \tag{1.66}$$

N－S 方程中仅包含流体的压强和三个速度分量共计 4 个未知数。如将流体的连续性方程与 N－S 方程加在一起从原则上可以直接求解 4 个未知数。但由于流动本身的复杂性，要利用这 4 个方程去解决一般的问题仍然十分困难，只能对简单的流动有精确的答案。对于复杂的流动过程需要借助数值计算手段获得近似解。

1.4　流体流动的内部结构

1.4.1　流动类型与雷诺准数

图 1.27 所示为雷诺实验装置与结果的示意图。从图中可以看出，当玻璃管里水流速度较小时，从细管引到水流中心的有色液体成一直线平稳地流过整根玻璃管，与玻璃管里的水并不相混杂。这种现象表明玻璃管里水的质点是沿着与管轴平行的方向做直线运动。若水流速度逐渐提高，有色液体的细线开始出现波浪形，速度再增，细线便完全消失，有色液体流出细管后随即散开，与水完全混合在一起，使整根玻璃管中的水呈现均匀的颜色。这种现象表明水的质点除了沿着管道向前运动外，各质点还做不规则的杂乱运动，且彼此相互碰撞并相互混合。质点速度的大小和方向随时发生变化。

上述实验称为雷诺实验。它揭示出流体流动有两种截然不同的类型：一种为层流（或滞流），另一种为湍流（或紊流）。

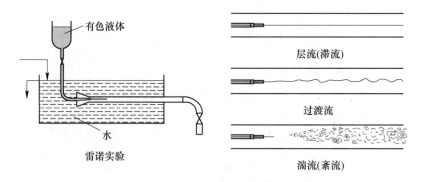

图1.27　雷诺实验装置与结果

（1）层流的特点：流动质点做有规则的平行一维运动、各质点互不混合、流动阻力损失小。

（2）湍流的特点：流动质点做不规则的多维运动、各质点互相碰撞、产生大量旋涡、流动阻力损失大。

若用不同的管径和流体进行实验，还可发现：不仅流速 u 能引起流动状况改变，而且管径 d、流体的黏度 μ 和密度 ρ 也都能引起流动状况的改变。由此可见，流体的流动状况是由多方面因素决定的。

通过进一步的分析与归纳，可以把这些影响流体流动的因素组合成为 $\rho du/\mu$ 的形式。$\rho du/\mu$ 称为雷诺（Reynolds）准数或雷诺数，以 Re 表示。这样就可以依据 Re 数的数值来判断流体流动状态。

雷诺准数的因次为：

$$Re = \frac{\rho du}{\mu} = \frac{\dfrac{M}{L^3} \cdot L \cdot \dfrac{L}{\theta}}{\dfrac{M}{L \cdot \theta}} = L^0 \cdot M^0 \cdot \theta^0$$

可见，Re 数是一个无因次数群。分析过程中要注意，Re 数群的各构成物理量必须采用一致的单位。因此，无论采用何种单位制，只要数群中各物理量的单位一致，Re 数值一定相等。

凡是几个有内在联系的物理量按无因次组合而成的数群，称为无因次数群或准数。这种组合并非是任意拼凑的，一般都是在大量实践的基础上对影响某一现象或过程的各种因素有一定认识之后，再用物理分析、数学推演或二者相结合的方法推导出来的。它既能反映所包含的各物理量的内在关系，又能说明某一现象或过程的一些本质。这种方法在实验流体力学领域内应用十分广泛。

通过上面的雷诺实验发现，流体在直管内流动时：当 $Re \leqslant 2000$ 时，流体的流动类型属于层流，称为层流区；当 $Re \geqslant 4000$ 时，流动类型属于湍流，称为湍流区；当 $2000 < Re < 4000$ 时，可能是层流也可能是湍流，称为不稳定的过渡区。由外界条件所定，如管道直径或方向的改变、外来的轻微震动，都易促成湍流的发生。

综上，雷诺准数 Re 是判断流体湍动程度的一个重要的无因次数群。流体流型有层流和湍流两种，而流体的流动区域有层流区、过渡区和湍流区三个。

层流与湍流的差别不仅在于具有不同的 Re 值，更重要的是它们在流动结构上的本质区别，即：无论是层流或湍流，在管道任意截面上，流体质点的速度沿管径方向发生变化。远端管壁处速度为零，离开管壁后速度逐渐增大，到管路中心处速度最大。通过理论分析和实验研究都已证明：层流时的速度沿管径按抛物线的规律分布，如图 1.28(a) 所示。截面上各点速度的平均值 u 等于管中心处最大速度 u_{max} 的一半。湍流时，流体质点的运动情况比较复杂，目前还不能完全采用理论方法得出湍流时的速度分布规律。经实验测定，湍流时圆管内的速度分布曲线如图 1.28(b) 所示。由于流体质点的强烈分离与混合，截面上靠近管中心部分各点速度彼此扯平，速度分布比较均匀，因此速度分布曲线不再是严格的抛物线。

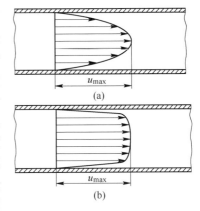

图 1.28　圆管内速度分布
(a) 层流速度分布；(b) 湍流速度分布

实验证明，Re 值越大曲线顶部的区域越广阔平坦，但靠管壁处质点的速度骤然下降，曲线较陡。u 与 u_{max} 的比值随 Re 准数变化。要注意，管路中心流速是容易获得的数据，而分析问题常用流动过程中的平均流速或平均雷诺数。

既然湍流时管壁处的速度也等于零，则靠近管壁的流体仍做层流流动，这一做层流流动的流体薄层，称为层流内层或层流底层。自层流内层向管中心推移，速度逐渐增大，出现了既非层流流动也非完全湍流流动的区域，该区域称为缓冲层或过渡层。层流内层的厚度随 Re 值的增加而减小。层流内层的存在，对传热与传质过程都有重大影响。

例 1.8　20℃的水在 $\phi 219mm \times 6mm$ 的直管内流动。试求：

(1) 管中水的流量（m^3/s）由小变大，当达到多少时能保证开始转为湍流？

(2) 若管内改为运动黏度为 $0.14cm^2/s$ 的某种液体，为保持层流流动，管中最大平均流速应为多少？20℃的水密度为 $998.2kg/m^3$，黏度为 $10^{-3}Pa \cdot s$。

解：(1) 当开始转为湍流时，$Re = 4000$，即

$$Re = \frac{du\rho}{\mu} = \frac{(0.219 - 2 \times 0.006) \times u \times 998.2}{1.0 \times 10^{-3}} = 4000$$

解得：$u = 0.01936m/s$，

$$q_v = uA = 0.01936 \times (0.219 - 2 \times 0.006)^2 \times \pi/4 = 6.512 \times 10^{-4} m^3/s$$

(2) 保持层流流动时，$Re \leqslant 2000$，

$$Re = \frac{du\rho}{\mu} = \frac{du}{\nu} = \frac{(0.219 - 2 \times 0.006) \times u}{0.14 \times 10^{-4}} \leqslant 2000$$

解得：$u \leqslant 0.1353m/s$。

所以管中最大平均流速应为 $0.1353m/s$。

1.4.2　管内流动分析

基于纳维－斯托克斯方程的简化分析，只要根据层流特点简化即可，为应用 N－S 方程解决湍流等问题奠定基础。

1.4.2.1　牛顿力学分析法

管内流动的沿程损失是由管壁摩擦及流体内摩擦造成的。首先建立关于水平圆管内流

动的摩擦阻力与沿程损失间的关系。如图 1.29 所示，取长为 dx、半径为 r 的微元圆柱体，不计质量力和惯性力，仅考虑压力和剪应力，则有：

$$\pi r^2 p - \pi r^2 (p + dp) - \tau \cdot 2\pi r dx = 0$$

得：

$$\tau = -\frac{dp}{dx} \frac{r}{2}$$

由于

$$\frac{dp}{dx} = \frac{p_2 - p_1}{x_2 - x_1} = -\frac{\Delta p}{L}$$

根据牛顿黏性定律 $\tau = -\mu \dfrac{du}{dr}$，则有：

$$\frac{du}{dr} = \frac{p_2 - p_1}{2\mu L} r \tag{1.67}$$

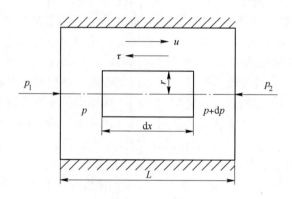

图 1.29 圆管层流

1.4.2.2 速度分布规律与流量

对式（1.67）做不定积分，得：

$$u = \frac{p_2 - p_1}{4\mu L} r^2 + C \tag{1.68}$$

边界条件：$r = R$ 时，$u = 0$；$r = 0$ 时，$u = u_{max}$。

则可定积分常数 $C = \dfrac{p_1 - p_2}{4\mu L} R^2$ 并代入上式，得：

$$u = \frac{p_1 - p_2}{4\mu L} (R^2 - r^2)$$

$$u_{max} = -\frac{(p_1 - p_2) R^2}{4\mu L} \tag{1.69}$$

$$u = u_{max} \left[1 - \left(\frac{r}{R} \right)^2 \right]$$

式（1.69）表明，圆管层流的速度分布是以管轴线为轴线的二次抛物面，如图 1.30 所示。

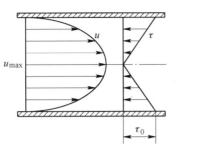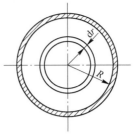

图 1.30 圆管层流的速度和剪应力分布

在半径 r 处取壁厚为 $\mathrm{d}r$ 的微圆环，在 $\mathrm{d}r$ 上可视速度 u 为常数，圆环截面上的微流量 $\mathrm{d}q$ 为：

$$\mathrm{d}q = u\mathrm{d}A = u \times 2\pi r\mathrm{d}r = \frac{2\pi\Delta p}{4\mu L}(R^2 - r^2)r\mathrm{d}r \tag{1.70}$$

积分上式，可求圆管流量 q：

$$q = \int_0^R \frac{2\pi\Delta p}{4\mu L}(R^2 - r^2)r\mathrm{d}r = \frac{\pi R^4}{8\mu L}\Delta p \tag{1.71}$$

式（1.70）称哈根 – 伯稷叶定律（Hagen-Poiseuille law），它与精密实测结果完全一致。

1.4.2.3　最大流速与平均流速

由式（1.69）可知：

$$u_{\max} = -\frac{(p_1 - p_2)R^2}{4\mu L} \tag{1.72}$$

由式（1.70）可求平均流速 $\bar{u}$：

$$\bar{u} = \frac{q}{A} = \frac{1}{2}u_{\max} \tag{1.73}$$

1.4.2.4　圆管中流体的湍流运动

过程工程中的流动大多数为湍流流动，流体在管内的实际流动也多为这种情况。因此，研究湍流流动具有实际的意义。

流体湍流流动时，流体微团在任意时刻都做无规则运动，质点的运动轨迹曲折无序。这就给研究湍流的规律带来了极大的困难。为此，要运用到湍流分析中的时均法来研究。因为它们的平均值有一定的规则可循，所以可将湍流各物理量的瞬时值看成由时均值和脉动值两部分构成，如将瞬时流速表示为：

湍流瞬时流速 = 时均流速 + 脉动流速

如图 1.31 所示，时均流速 $\bar{u}$ 为：

$$\bar{u} = \frac{1}{T}\int_0^T u\mathrm{d}t \tag{1.74}$$

在时间间隔 T 内，尽管 u 随时间变化，但时均流速 $\bar{u}$ 不随时间变化，它只是空间的函数。

瞬时流速 u 与时均流速 $\bar{u}$ 的差值称脉动流速 u'，即 $u - \bar{u} = u'$。

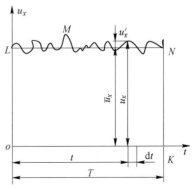

图 1.31 湍流真实流速

脉动流速 u' 的均值 $\overline{u'}$ 为：

$$\overline{u'} = \frac{1}{T}\int_0^T u'\mathrm{d}t = \frac{1}{T}\Big(\int_0^T u\mathrm{d}t - \int_0^T \overline{u}\mathrm{d}t\Big) = (\overline{u} - \overline{u}) = 0 \tag{1.75}$$

同样，也可引出其他物理量时均值，如时均压强 p：

$$p = \frac{1}{\Delta t}\int_0^{\Delta t} p_i\mathrm{d}t \tag{1.76}$$

则其瞬时压强为：

$$p_i = p + p' \tag{1.77}$$

式中　　p_i——瞬时压强；

　　　　p'——脉动压强。

总的来说，湍流基本特征是流体微团运动的随机性。湍流微团不仅有横向脉动，而且有相对于流体总运动的反向运动，因而流体微团的轨迹极其紊乱，随时间变化很快。湍流中最重要的现象是由这种随机运动引起的动量、热量和质量的传递，其传递速率比层流高好几个数量级。

湍流理论的中心问题是求湍流基本方程纳维 – 斯托克斯方程的统计解，由于此方程的非线性和湍流解的不规则性，湍流理论成为流体力学中最困难而又引人入胜的领域。虽然湍流已经研究了一百多年，但是迄今还没有成熟的精确理论，许多基本技术问题得不到理论解释。研究湍流的手段有理论分析、数值计算和实验，后两者具有重要的工程实用意义。

1.4.3　边界层及边界层的分离

1.4.3.1　边界层

当流体流经固体壁面时，由于流体具有黏性，在垂直于流体流动方向上便产生了速度梯度。在壁面附近存在着较大速度梯度的流体层，称为流动边界层，简称边界层，如图1.32 中虚线所示。边界层以外，黏性不起作用，即速度梯度可视为零的区域，称为流体的外流区或主流区。对于流体在平板上的流动，主流区的流速应与未受壁面影响的流速相等，所以主流区的流速仍用 u_s 表示。δ 为边界层的厚度，数值等于由壁面至速度达到主流速度的点之间的距离，但由于边界层内的减速作用是逐渐消失的，因此边界层的界限应延伸至距壁面无穷远处。工程上一般规定边界层外缘的流速 $u = 0.99u_s$，而将该条件下边界层外缘与壁面间的垂直距离定义为边界层厚度。

由于边界层的形成，把沿壁面的流动简化成两个区域，即边界层区与主流区。在边界层区内，垂直于流动方向上存在着显著的速度梯度 $\mathrm{d}u/\mathrm{d}y$，即使黏度 μ 很小，摩擦应力 $\tau = \mu(\mathrm{d}u/\mathrm{d}y)$ 仍然相当大，不可忽视。在主流区内，$\mathrm{d}u/\mathrm{d}y \approx 0$，摩擦应力可忽略不计，则此区流体可视为理想流体。

A　流体在平板上的流动

如图1.32 所示，随着流体向前运动，摩擦力对外流区流体持续作用，促使更多的流体层速度减慢，从而使边界层的厚度 δ 随着平板前缘的距离 x 的增长而逐渐变厚，这种现象说明边界层在平板前缘后的一定距离内是发展的。在平板的前缘处，边界层较薄，流体的流动总是层流，这种边界层称为层流边界层。在距平板前缘某临界距离 x_c 处，边界层

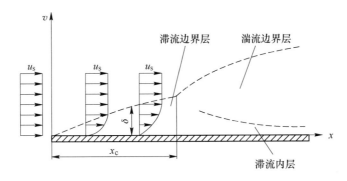

图 1.32 平板上的流动边界层示意图

内的流动由层流转变为湍流，此后的边界层称为湍流边界层。但在湍流边界层内，靠近平板的极薄的一层流体，仍维持层流，即前述的层流内层或层流底层。层流内层与湍流层之间还存在过渡层或缓冲层。其流动类型不稳定，可能是层流，也可能是湍流。

B　流体在圆形直管的进口段内的流动

在过程工程中，常遇到流体在管内流动的情况。图 1.33 所示为流体在圆形直管进口段内流动时，层流边界层内速度分布的发展情况。流体在进入圆管前，以均匀的流速流动。进管时初速度分布比较均匀，仅在靠管壁处形成很薄的边界层。在黏性的影响下，随着流体向前流动，边界层逐渐增厚，而边界层内流速逐渐减小。由于管内流体的总流量维持不变，因此管中心部分的流速增加，速度分布随之改变。在距管入口处 x_0 的地方，管壁上已经形成的边界层在管的中心线上汇合，此后边界层占据整个圆管的截面，其厚度维持不变，数值等于直管半径。距管进口的距离 x_0 称为稳定段长度或进口段长度。在稳定段以后，各截面速度分布曲线形状不随 x 而变，称为完全发展的流动。

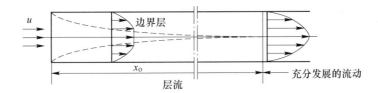

图 1.33 流体在圆形直管进口段内流动

与平板一样，流体在管内流动的边界层可以从层流转变为湍流。如图 1.33 所示，流体经过一定长度后，边界层由层流发展为湍流，并在 x_0 处与管中心线相汇合。在完全发展流动开始之时，若边界层内为层流，则管内流动仍保持层流；若边界层内为湍流，则管内的流动仍保持为湍流。圆管内边界层外缘的流速即为管中心的流速，无论是层流或湍流都是最大流速 u_{max}。

1.4.3.2　边界层的分离

如图 1.34 所示，液体以均匀的流速垂直流过一无限长的圆柱体表面（以圆柱体上半部为例）。由于流体具有黏性，在壁面上形成边界层，其厚度随着流过的距离而增加，液体的流速与压强沿圆柱周边而变化。

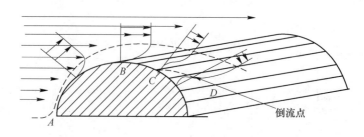

图 1.34　边界层的分离

点 A：当液体到达点 A 时，受到壁面的阻滞，流速为零。点 A 称为停滞点或驻点。在点 A 处，液体的压强最大。

$A{\to}B$：液体在高压作用下被迫改变原来的运动方向，由点 A 绕圆柱表面而流动。流通截面逐渐减小，速度增加，压力能减小。一部分转变为动能，另一部分消耗于克服因流体的内摩擦而引起的流动阻力（摩擦阻力）。

B 点：流速最大而压强最低。

$B{\to}C$：流通截面逐渐增加，动能减小，压力能增加。减小的动能，一部分转变为压力能，另一部分消耗于克服摩擦阻力。

点 C：动能消耗殆尽，流速为零，压强为最大，形成了新的停滞点，后继而来的液体在高压作用下，被迫离开壁面沿新的流动方向前进，点 C 称为分离点。这种边界层脱离壁面的现象，称为边界层分离。

点 C 以后：流体在逆压强梯度作用下发生倒流，产生旋涡，成为涡流区。其中流体质点进行着强烈的碰撞与混合而消耗能量。这部分能量损耗是由于固体表面形状而造成边界层分离所引起的，称为形体阻力。

原因分析：边界层开始脱离壁面，在点 C 的下游形成了液体的空白区，后面的液体必然倒流回来以填充空白区，此时点 C 下游的壁面附近产生了流向相反的两股液体。两股液体的交界面称为分离面，如图 1.34 中曲面 CD 所示。分离面与壁面之间有流体回流而产生旋涡，称为涡流区。

总的来说：

（1）黏性流体绕过固体表面的阻力为摩擦阻力与形体阻力之和。两者之和又称为局部阻力。流体流经管件、阀门、管道进出口等局部的地方，由于流动方向和流道截面的突然改变，都会发生上述情况。

（2）流道扩大时必造成逆压强梯度。

（3）逆压强梯度容易造成边界层的分离。

（4）边界层分离造成大量旋涡，大大增加机械能消耗。

1.5　管道阻力计算

工程上的管路输送系统主要由两种部件组成：一是等径直管；二是各种管件和阀门，如弯头、三通、阀门等。流体流经直管时的机械能损耗称为直管阻力损失或沿程阻力损失。流体流经各种管件和阀门时，由于流速大小或方向突然改变，从而产生大量漩涡，导致很大的机械能损失，这种损失属于形式阻力损失。由管件等局部部位的原因引起的阻力损失称为局部阻力损失。管道的总阻力损失是两者之和。

1.5.1　沿程损失的计算通式

1.5.1.1　沿程阻力的推导

下面以水平等径管内的流动为例（见图1.35），通过机械能衡算和管内流体受力平衡推导沿程损失的计算通式。对于水平等径管，已得到式：

$$p_1 - p_2 = \rho \omega_f = \Delta p_f$$

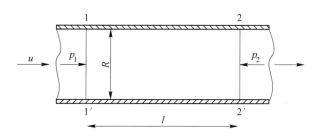

图1.35　圆形等径直管内流动

再对整个管内的流体柱做受力分析。上游截面 1—1′处的流体受向右总压力 $\pi R^2 p_1$ 作用，下游截面 2—2′处的流体受向左总压力 $\pi R^2 p_2$ 作用，流体柱四周的表面受向左壁面剪应力 $2\pi Rl\tau_\mathrm{w}$ 的阻碍作用，因流体匀速运动，故三种力达到平衡，即：$\pi R^2 (p_1 - p_2) = 2\pi Rl\tau_\mathrm{w}$，其中，$R$ 为管半径，$R = d/2$。

于是得：

$$p_1 - p_2 = \frac{4\tau_\mathrm{w} l}{d} \tag{1.78}$$

因水平管中 $p_1 - p_2 = \rho\omega_f = \Delta p_f$，可得：

$$w_f = \frac{4\tau_\mathrm{w} l}{\rho d} \tag{1.79}$$

通常将阻力损失 w_f 表达成动能 $u^2/2$ 的某个倍数，而将上式改写成

$$w_f = 8\left(\frac{\tau_\mathrm{w}}{\rho u^2}\right)\left(\frac{l}{d}\right)\frac{u^2}{2} \tag{1.80}$$

式中　l/d——描述圆形直管几何因素的特征数；

$\tau_\mathrm{w}/(\rho u^2)$——壁面剪应力（沿程损失与之成正比）与单位体积流体的动能之比，是一个无量纲的特征数。

令　　　　　　　　　　　　$$\lambda = \frac{8\tau_\mathrm{w}}{\rho u^2} \tag{1.81}$$

则 λ 称为摩擦系数或摩擦因数。最终将式（1.80）改写成：

单位质量流体的沿程损失　　$$w_f = \lambda \frac{l}{d}\frac{u^2}{2} \quad (\mathrm{J/kg}) \tag{1.82}$$

单位体积流体的沿程损失

$$\Delta p_f = \rho w_f = \lambda \frac{l}{d} \frac{\rho u^2}{2} \quad (J/m^3 \text{ 或 } Pa) \tag{1.83}$$

单位重量流体的沿程损失

$$h_f = \frac{w_f}{g} = \lambda \frac{l}{d} \frac{u^2}{2g} \quad (J/N \text{ 或 } m) \tag{1.84}$$

式（1.82）～式（1.84）称为范宁（Fanning）公式，是沿程损失的计算通式，对层流和湍流均适用。

1.5.1.2　量纲分析法

上述推导层流摩擦系数 λ 的方法，用于湍流却有困难。尽管应用时均速度的概念可将剪应力表示成类似牛顿黏性定律的形式，但其中的湍流黏度还不能从理论求得，故不能从此式出发导出湍流的沿程损失计算式。

对于此类复杂问题，工程技术中经常采用的解决途径是通过实验建立经验关系式。进行实验时，要求每次只改变一个自变量，而固定其他自变量。若牵扯的自变量很多，例如 6 个，设想每个自变量各变化 10 次，共需进行 10^6 个试验。量纲分析法的依据是白金汉（Buckingham）的 π 定理，其内容是：一个表示 n 个物理量间关系的方程式，通常可以转换成包含 $(n-r)$ 个独立的特征间的关系式；r 指 n 个物理量中所涉及的基本量纲的数目。现以圆管内的湍流沿程损失作为应用量纲分析法的一个例子。

（1）首先列出影响沿程损失的所有物理量。根据对沿程损失的分析及有关实验研究，得知湍流的沿程损失与下列因素有关：管径 d、管长 l、平均速度 u、流体密度 ρ、流体黏度 μ 和管壁绝对粗糙度 ε（管壁凹凸部分的平均高度），$n=7$。据此可以列出普通的函数关系式：

$$\omega_f = f(d, l, u, \rho, \mu, \varepsilon) \tag{1.85}$$

（2）找出各物理量量纲中所涉及的基本量纲数 r。力学的基本量纲共计 3 个，即 $r=3$，分别是质量 M、长度 L 和时间 T。

用符号 $[X]$ 表示物理量 X 的量纲，则式中各物理量的量纲表示如下：

$$[d] = [l] = [\varepsilon] = [m] = L \qquad [\mu] = [m \cdot s^{-1}] = LT^{-1} [\rho] = [kg \cdot m^{-3}] = ML^{-3}$$

$$[\mu] = [Pa \cdot s] = ML^{-1}T^{-1} \qquad [\omega_f] = [J \cdot kg^{-1}] = [kg \cdot m^2 \cdot s^{-2} \cdot kg^{-1}] = L^2 T^{-2}$$

根据 π 定理可知，特征数的数目为 $n-r=7-3=4$ 个。下面就具体找出这 4 个特征数。

（3）选择 r 个物理量作为基本物理量。现需选 3 个物理量作为基本物理量，要求它们的量纲中必须包括上述 3 个基本量纲。这里选 d、u 及 ρ 作为基本物理量。

（4）将其余 $(n-r)$ 个物理量逐一与基本物理量组成特征数。特征数均采用幂指数形式表示。用字母 π 表示特征数，有：

$$\begin{cases} \pi_1 = l d^{a_1} u^{b_1} \rho^{c_1} \\ \pi_2 = \mu d^{a_2} u^{b_2} \rho^{c_2} \\ \pi_3 = \varepsilon d^{a_3} u^{b_3} \rho^{c_3} \\ \pi_4 = \omega_f d^{a_4} u^{b_4} \rho^{c_4} \end{cases} \tag{1.86}$$

其中，各指数值待定。

（5）根据量纲一致性原则确定上述待定指数。量纲一致性原则是指每一个物理方程的各项必须具有相同的量纲。

对于 π_1，将 l、d、u、ρ 的量纲代入式（1.86）得：

$$[\pi_1] = [l][d^{a_1}][u^{b_1}][\rho^{c_1}] = L L^{a_1}(LT^{-1})^{b_1}(ML^{-3})^{c_1} = L^{1+a_1+b_1-3c_1}T^{-b_1}M^{c_1}$$

此式等号左边为无量纲，根据量纲一致性原则，等号右边各量纲的指数必为零。故得：

$$1 + a_1 + b_1 - 3c_1 = 0$$
$$-b_1 = 0$$
$$c_1 = 0$$

解得：$a_1 = -1$；$b_1 = 0$；$c_1 = 0$。

将上述 a_1、b_1、c_1 值代入式（1.86）得：

$$\pi_1 = l \times d^{-1} u^0 \rho^0 = \frac{l}{d}$$

对于 π_2，将 μ、d、u、ρ 的量纲代入式（1.86）得：

$$[\pi_2] = (ML^{-1}T^{-1})L^{a_2}(LT^{-1})^{b_2}(ML^{-3})^{c_2} = L^{-1+a_2+b_2-3c_2}T^{-1-b_2}M^{1+c_2}$$

根据量纲一致性原则，等号右边各量纲的指数必为零而得：

$$-1 + a_2 + b_2 - 3c_2 = 0$$
$$-1 - b_2 = 0$$
$$1 + c_2 = 0$$

解得：$a_2 = -1$，$b_2 = -1$，$c_2 = -1$。

将上述 a_2、b_2、c_2 值代入式（1.86）得：

$$\pi_2 = \mu \times d^{-1} u^{-1} \rho^{-1} = \left(\frac{du\rho}{\mu}\right)^{-1} = Re^{-1}$$

类似可得：$\pi_3 = \dfrac{\varepsilon}{d}$，$\pi_4 = \dfrac{w_f}{u^2}$。

至此，找到 4 个特征数，分别为长径比 l/d、雷诺数 Re、相对粗糙度 ε/d 和欧拉数（Euler）$Eu = \omega_f/u^2$；欧拉数的物理意义是阻力损失与动能之比。于是式（1.85）转化为

$$\frac{w_f}{u^2} = F\left(Re, \frac{\varepsilon}{d}, \frac{l}{d}\right) \tag{1.87}$$

将式（1.87）与沿程损失的计算通式对照后，可改写为：

$$w_f = \varphi\left(Re, \frac{\varepsilon}{d}\right)\frac{l}{d}\frac{u^2}{2} \tag{1.88}$$

$$\lambda = \varphi\left(Re, \frac{\varepsilon}{d}\right) \tag{1.89}$$

通过上述量纲分析过程，将原来含有 7 个物理量的式（1.85）转变成了只含有 4 个特征数的式（1.88），最后再简化成求 λ 与 Re 及 ε/d 经验关系的式（1.89），显然，以特征数为变量进行实验，工作量将大大减少。

图 1.36 给出了摩擦系数与雷诺数及相对粗糙度 ε/d 的关系。当 $Re \leqslant 2000$ 即层流时，λ 随 Re 呈直线下降，斜率为 -1，其相应的表达式为：

$$\lambda = \frac{64}{Re} \qquad\qquad (1.90)$$

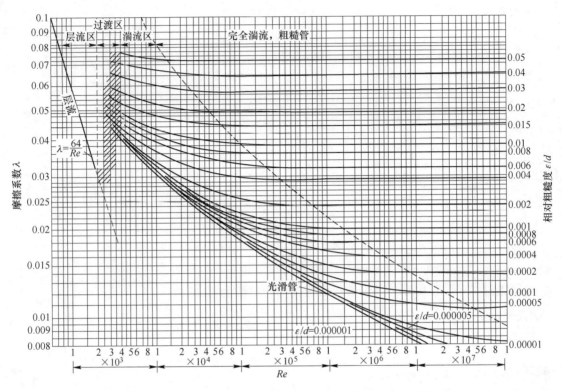

图 1.36　摩擦系数 λ 与雷诺数 Re 及相对粗糙度 ε/d 的关系

在此区域内，λ 随 Re 直线下降并非意味着阻力损失随流速的增大而减小，而是表明层流时阻力损失并不是与流速的平方成正比，而是与速度的一次方成正比，此即层流阻力的一次方定律。

当流动进入过渡区（$2000 < Re < 4000$），管内流型因环境而异，摩擦系数波动。为安全计，工程上常按湍流处理。

当 $Re \geqslant 4000$ 时，流动进入湍流区，摩擦系数随雷诺数的增大而减小，至足够大的 Re 后，摩擦系数不再变化。此时：

$$w_f = \lambda \frac{l}{d} \frac{u^2}{2} \qquad\qquad (1.91)$$

此即湍流时的阻力平方定律。

例 1.9　分别计算下列情况下，1kg 流体流过长 100m 的沿程损失。

（1）20℃硫酸（密度 1830kg/m³，黏度 23mPa·s）在内径 50mm 的钢管内流动，流速 0.4m/s。

（2）20℃的水在内径为 68mm 的钢管内流动，流速 2.0m/s。

已知无缝钢管的粗糙度为 0.2mm。

解：（1）20℃硫酸。将已知数据代入雷诺数计算式：

$$Re = \frac{du\rho}{\mu} = \frac{0.05 \times 0.4 \times 1830}{23 \times 10^{-3}} = 1591 < 2000$$

可见，流型为层流。则：

$$\lambda = \frac{64}{Re} = \frac{64}{1591} = 0.0402$$

沿程损失：

$$w_f = \lambda \frac{l}{d} \frac{u^2}{2} = 0.0402 \times \frac{100}{0.05} \times \frac{0.4^2}{2} = 6.43 \text{J/kg}$$

（2）20℃的水。$\mu = 1 \text{mPa} \cdot \text{s}$，$\rho = 1000 \text{kg/m}^3$。将已知数据代入雷诺数计算式：

$$Re = \frac{du\rho}{\mu} = \frac{0.068 \times 2.0 \times 1000}{1.0 \times 10^{-3}} = 1.36 \times 10^5 > 4000$$

可见，流型为湍流。查图 1.36 得，$\lambda = 0.027$。

沿程损失：

$$w_f = \lambda \frac{l}{d} \frac{u^2}{2} = 0.027 \times \frac{100}{0.068} \times \frac{2.0^2}{2} = 79.4 \text{J/kg}$$

1.5.1.3 非圆形管内的沿程损失

过程工程中也会遇到非圆形的管道，例如有些气体的矩形输送管，有时流体会在内外两管之间的环隙内流过等。对于非圆形管内的流体流动，也可以按前面介绍的圆管公式计算沿程损失，但必须将公式中的管径 d 用当量直径 d_e 替换。

$$d_e = 4 \times 水力半径 = \frac{4 \times 流通截面积}{润湿周边} \tag{1.92}$$

式中　润湿周边——流体与管壁面接触的周边长度。

例如，对于圆形管，流通截面积为 $\pi d^2/4$，润湿周边为 πd，其 $d_e = d$。再如，由内径为 D 的大管和外径为 d 的小管所组成的套管环隙，其 d_e 可表示为：

$$d_e = 4(\pi/4)(D^2 - d^2)/[\pi(D + d)] = D - d \tag{1.93}$$

当量直径的定义是经验性的，并无理论根据。研究结果表明，当量直径方法用于湍流的阻力损失计算比较可靠，如长、宽之比不超过 3:1 的矩形管，而对于截面为环形的管道，其可靠性就较差。对于层流的阻力损失计算则应将层流的 λ 计算式修正为：

$$\lambda = \frac{C}{Re} \tag{1.94}$$

式中　C——常数，无量纲，对于正方形、正三角形或环形，C 分别为 57、53、96。

例 1.10　有正方形管道、宽为高三倍的长方形管道和圆形管道，截面积都为 0.48m^2，分别求它们的润湿周边和当量直径。

解：（1）正方形管道，边长：$a = 0.48^{1/2} = 0.692$。

润湿周边：$\qquad\qquad \Pi = 4d = 4 \times 0.692 = 2.77 \text{m}$

当量直径：$\qquad\qquad d_e = 4A/\Pi = 4 \times 0.48/2.77 = 0.693 \text{m}$

（2）长方形管道短边长 a：$3a \cdot a = 0.48 \text{m}$，$a = 0.4 \text{m}$。

润湿周边：$\qquad\qquad \Pi = 2(a + 3a) = 3.2 \text{m}$

当量直径：$\qquad\qquad d_e = 4 \times 0.48/3.2 = 0.6 \text{m}$

（3）圆形管道直径：$\pi d^2/4 = 0.48$，$d = 0.78 \text{m}$。

润湿周边：$\qquad\qquad \Pi = \pi d = 3.14 \times 0.78 = 2.45 \text{m}$

当量直径：$\qquad\qquad d_e = d = 0.78 \text{m}$

故：$d_{e长方形}(0.6) < d_{e正方形}(0.693) < d_{e圆形}(0.78)$。

1.5.2　局部损失

由于引起局部损失机理的复杂性，目前只有少数情况可进行理论分析，多数情况需要实验方法确定。在实验测定局部损失时应注意：流体流经弯头、阀门等处所产生的漩涡会带到下游，要经过一定长度（约 50 倍管径 d）后，管内流动才能重新达到充分发展流动。也就是说，局部损失的起因虽是局部的，但其完成却需要约 $50d$ 的距离。

局部损失的计算有两种方法：阻力系数法和当量长度法。

1.5.2.1　阻力系数法

阻力系数法将局部损失表达成平均动能的某一个倍数，即

$$w_f = \xi \frac{u^2}{2} \qquad (1.95)$$

式中　ξ——局部阻力系数，以下简称阻力系数，由实验测定。

现在讨论两种常见的阻力系数。

A　突然扩大

如图 1.37(a) 所示，当流体流过突然扩大的管道时，流速减小，压力相应增大，流体在这种逆压流动过程中极易发生边界层分离，即流股与壁面之间的空间产生漩涡，使高速流体的动能大部分变为热能而散失。通过理论分析可以证明突然扩大的阻力系数 ξ 为：

$$\xi = \left(1 - \frac{A_1}{A_2}\right)^2 \qquad (1.96)$$

式中　A_1，A_2——分别为小管、大管的横截面积。

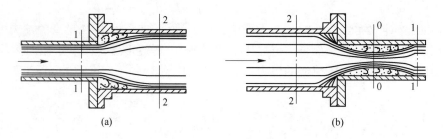

图 1.37　突然扩大与突然缩小
（a）突然扩大；（b）突然缩小

当流体从管内流出到容器时，相当于突然扩大时 $A_1/A_2 \approx 0$ 的情况，由式（1.96）可知此时的阻力系数 $\xi = 1$，称为管道出口阻力系数。

B　突然缩小

如图 1.37(b) 所示，当流体由大管入小管时，流股突然缩小。此后，由于流动惯性，流股将继续缩小，直到截面最窄处，流股截面缩到最小，此处称为缩脉。经过缩脉后，流股开始逐渐扩大，直至重新充满整个管截面。在缩脉之前，管内压力是逐渐减小的，而在缩脉之后则与突然扩大情形类似，会产生边界层分离和涡流。可见，突然缩小的阻力损失主要在于突然扩大。

不同 A_1/A_2 下的 ξ 值见表1.4。

表 1.4　突然缩小阻力系数 ξ 与 A_1/A_2 的关系

A_1/A_2	0	0.2	0.4	0.6	0.8	1.0
ξ	0.5	0.45	0.36	0.21	0.07	0

当流体从容器流进管道时，相当于突然缩小时 $A_1/A_2 \approx 0$ 的情形。按照表1.3，此时阻力系数 $\xi = 0.5$，称为管入口阻力系数。若管入口做得圆滑（逐渐缩小），则 ξ 可以小很多。

1.5.2.2　当量长度法

当量长度法将局部损失看做与某一长度为 l_e 的等径管的沿程损失相当，此折合的管路长度 l_e 称为当量长度。于是，局部损失计算式为：

$$w_f = \lambda \frac{l_e}{d} \frac{u^2}{2} \tag{1.97}$$

管件、阀门等的构造细节与加工的精细程度往往差别很大，使其当量长度与阻力系数都会有很大变动，故以上两种方法均为近似估算。

1.5.3　管内流动总阻力损失的计算

在管路系统中，总阻力损失等于所有沿程损失与局部损失之和，对于等径管有：

$$\sum w_f = \left(\lambda \frac{l}{d} + \sum \xi \right) \frac{u^2}{2} = \lambda \left(\frac{l + \sum l_e}{d} \right) \frac{u^2}{2} \tag{1.98}$$

显然，采用当量长度法便于将沿程损失与局部损失合起来计算。

注意，式（1.98）仅适用于等径管路的阻力计算，若管路系统中存在不同管径段，管路的总阻力损失应将各等径段的阻力损失相加。

一般来说，长距离输送时以沿程损失为主，短程输送时则以局部损失为主。

例1.11　常温水由贮罐用泵送入塔内（见图1.38），水流量为 $20\text{m}^3/\text{h}$，塔内压力为 196.2kPa（表压），AB、BC 和 CD 段管长（包括当量长度，不包括突然扩大和缩小）分别为 40m、20m、50m，管径分别为 $\phi57\text{mm} \times 3.5\text{mm}$，$\phi108\text{mm} \times 4\text{mm}$，$\phi57\text{mm} \times 3.5\text{mm}$，求：所需外加能量（$\varepsilon/d = 0.001$；$A_1/A_2 = 0.25$，$\xi = 0.33$）。

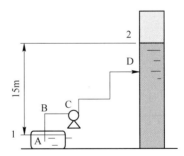

图 1.38　例 1.11 示意图

解：（1）求各段速度：

$$u_{AB} = u_{CD} = \frac{V}{0.785 d_1^2} = \frac{20/3600}{0.785 \times 0.05^2} = 2.83\text{m/s}$$

$$u_{BC} = \frac{20/3600}{0.785 \times 0.1^2} = 0.71\text{m/s}$$

（2）求能量损失：

1）槽面至管的能量损失 $W_f = 0.5 u_{AB}^2/2 = 2.0\text{J/kg}$

2）A—B 直管段 $\mu = 1.005\text{mPa} \cdot \text{s}$；$L + L_e = 40$；$Re = du\rho/\mu = 1.41 \times 10^5$；查得 $\lambda =$

0.0215，则：

$$W_{f,AB} = \lambda \frac{L_e + L}{d} \cdot \frac{u_{AB}^2}{2} = 68.9 \text{J/kg}$$

3）B 端扩大 $W_B = (1 - A_A/A_B)^2 u_{AB}^2/2 = 2.25 \text{J/kg}$

4）BC 管段 $Re = 71000$；查得：$\lambda = 0.0235$，则：

$$W_{f,BC} = \lambda \frac{L_e + L}{d} \cdot \frac{u_{BC}^2}{2} = 1.185 \text{J/kg}$$

5）C 点缩小 $A_C/A_D = (0.05/0.1)^2 = 0.25$，因此 $\xi = 0.33$，$W_C = 1.32 \text{J/kg}$。

6）CD 管段 $W_{CD} = 86.1 \text{J/kg}$。

7）D 点入口 $\xi = 1$；$W_D = 4 \text{J/kg}$。

总能量损失 $W_f = 165.7 \text{J/kg}$。

外加能量 $W = 15 \times 9.81 + 196.2 \times 1000/1000 + 165.7 = 509 \text{J/kg}$。

例 1.12　有一段内径为 100mm 的管道，管长 16m，其中有两个 90°弯头，管道摩擦系数为 0.025，若拆除这两个弯头，管道长度不变，两端总压头不变，求管道中流量能增加的百分数（其中 90°弯头 $\xi = 0.75$）。

解：弯头拆除前，90°弯头 $\xi = 0.75$，则：

$$W_{f1} = \left(\lambda \frac{L}{d} + 2\xi \right) \frac{u^2}{2} = \left(0.025 \times \frac{16}{0.1} + 2 \times 0.75 \right) \frac{u^2}{2} = 5.5 \frac{u^2}{2}$$

弯头拆除后：

$$W_{f2} = \left(0.025 \times \frac{16}{0.1} \right) \times \frac{u^2}{2} = 4 \frac{u_2^2}{2}$$

又：原总压头差 $\Delta E_1 =$ 现总压头差 ΔE_2，故：

$$\Delta E_1 = (gZ_1 + p_1/\rho + u^2/2) - (gZ_2 + p_2/\rho + u^2/2) = W_{f1} = 5.5u^2/2$$
$$\Delta E_2 = (gZ_1 + p_1/\rho + u_2^2) - (gZ_2 + p_2/\rho + u_2^2) = W_{f2} = 4u_2^2/2$$
$$\Delta E_1 = \Delta E_2$$

所以　　　　　　　　　　$\sum W_{f1} = \sum W_{f2}$

即　　　　　　　　　　　$5.5u^2/2 = 4u_2^2/2$

　　　　　　　　　　　　$(u_2/u)^2 = 5.5/4$

　　　　　　　　　$V_2/V = (u_2/u) = (5.5/4)^{1/2} = 1.17$

因此，流量增加了 17%。

1.6　流　体　输　送

工业生产中，常常需要将流体从低处输送到高处，或从低压区输送到高压区，或沿管道输送到远处。这些过程都不能自动发生，必须对流体加入外功以克服流体的阻力，补充输送流体时所损耗的能量。流体输送机械就是向流体做功以提高其机械能的装置。过程工程中，流体的种类很多，流体的性质以及所需提供的能量都有很大的不同。为适应不同流体输送的要求，需要不同结构和特性的流体输送机械。通常输送液体的机械称为泵，输送（或压缩）气体的机械有风机、压缩机和真空泵等。

1.6.1 离心泵

离心泵是过程工程中最常用的一种流体输送机械。它具有结构简单、流量大而均匀、操作方便等优点，适用于输送有腐蚀性、含悬浮物等性质特殊的液体。

1.6.1.1 离心泵的操作原理与构造

A 操作原理

图1.39所示为离心泵的结构和工作原理简图。在蜗壳形泵壳内，有一固定在泵轴上的工作叶轮，叶轮由若干个弯曲的叶片组成。泵轴由外界的动力带动，使叶轮在泵壳内旋转，液体由入口沿轴向垂直进入叶轮中央，在叶片之间形成了使液体通过的流道。泵壳中央由一个吸入口和吸入管连接，在吸入管底部装一止逆阀。泵壳的侧边为排出口，与排出管路相连，装有调节阀。

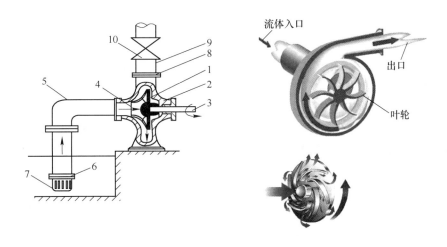

图1.39 离心泵结构和工作原理图

1—叶轮；2—泵壳；3—泵轴；4—吸入口；5—吸入管；6—底阀；
7—滤网；8—排出口；9—排出管；10—调节阀

泵启动前，先在泵内灌满要输送的液体。启动后，叶轮高速旋转产生离心力。液体从叶轮中心被抛向叶轮外周，压力增高，并以很高的速度（5～25m/s）流入泵壳。在蜗形泵壳内流速减慢，大部分动能转化为压力能。最后液体以较高的静压强从排出口流入排出管道。泵内的液体被抛出后，叶轮的中心形成了真空，在液面压强（大气压）与泵内压力（负压）的压差作用下，液体便经吸入管路进入泵内，填补了被排除液体的位置。离心泵之所以能输送液体，主要是因为依靠高速旋转叶轮所产生的离心力，因此称为离心泵。

离心泵启动时，如果泵壳内存在空气，由于空气的密度远小于液体的密度，叶轮旋转所产生的离心力很小，叶轮中心处产生的低压不足以将液体吸入泵内，虽然启动离心泵，但不能输送液体，离心泵无法正常工作，这种现象称做"气缚"。因此，为了使启动前泵内充满液体，在吸入管道底部装带有吸滤网的止逆阀。此外，在离心泵的出口管路上装有调节阀，用于开停车和调节流量。

B　基本部件和构造

a　叶轮

叶轮是离心泵的重要构件，通常由 4～12 片向后弯曲的叶片组成，根据结构分为闭式、开式、半开式三种类型，如图 1.40 所示。

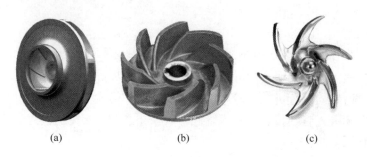

（a）　　　　　　　　　　（b）　　　　　　　　　　（c）

图 1.40　离心泵叶轮的类型

（a）闭式；（b）半开式；（c）开式

开式叶轮：没有前后盖板，适合输送含有固体颗粒悬浮物的液体。半开式叶轮：只有后盖板，可用于输送浆料或含有固体悬浮物的液体，效率较低。闭式叶轮：叶片的内侧带有前后盖板，适于输送干净流体，效率较高。

根据吸液方式可分为单吸式和双吸式叶轮，如图 1.41 所示。单吸式叶轮，液体只能从叶轮一侧被吸入，结构简单。双吸式叶轮，相当于两个没有盖板的单吸式叶轮背靠背并在了一起，可以从两侧吸入液体，具有较大的吸液能力，而且可以较好地消除轴向推力。

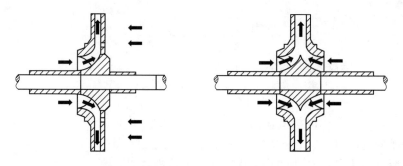

图 1.41　单级单吸和单级双吸离心泵

b　泵壳

泵壳就是泵体的外壳，其在叶轮四周形成一个截面积逐步扩大的蜗牛壳形通道，具有汇集液体、导出液体的作用。由于流道截面积逐渐增大，由叶轮四周抛出的高速流体的速度逐渐减低，而其位置变化很小，因而能使液体的能量发生转换，部分动能转变为静压能。

为了减少液体直接进入蜗壳时的碰撞，在叶轮与泵壳之间有时还装有一个固定不动的带有叶片的圆盘，称为导叶轮。导叶轮上叶片的弯曲方向与叶轮上叶片的弯曲方向相反，其弯曲角度正好与液体从叶轮流出的方向相适应，引导液体在泵壳的通道内平缓的改变方向，能量损失减小，使动能向静压能的转换更为有效。

c 轴封装置

由于泵轴转动而泵壳不动，其间必有缝隙。为了防止高压液体从泵壳内沿轴的四周漏出，或者外界空气漏入泵壳内，必须设置密封装置。常用的密封装置有填料密封和机械密封。填料密封是主要由填料函、软填料和填料压盖组成，普通离心泵采用这种密封。机械密封主要由装在泵轴上随之转动的动环和固定于泵壳上的静环组成，两个环形端面由弹簧的弹力互相贴紧而做相对运动，起到密封作用。对于输送酸、碱的离心泵，密封要求比较严，多采用机械密封。

1.6.1.2 离心泵的基本方程

A 离心泵基本方程式的导出

离心泵的压头与泵的构造、尺寸、叶轮的转速和流量有关，假设理想条件下：泵叶轮的叶片数目为无限多个，也就是说叶片的厚度为无限薄，液体质点沿叶片弯曲的表面流动，不发生任何环流现象；输送的是理想液体，流动中无流动阻力。离心泵在理想条件下所能产生的压头称为理论压头，用符号 H_∞ 表示。

液体从叶轮中央入口沿着叶片流道叶轮周边的流动情况如图 1.42 所示。在高速旋转的叶轮当中，液体质点的运动包括：液体随叶轮旋转、经叶轮流道向外流动。液体与叶轮一起旋转的速度 u_1 或 u_2 方向与所处圆周的切线方向一致，大小为：

$$u_1 = \frac{2\pi r_1 n}{60}$$

$$u_2 = \frac{2\pi r_2 n}{60} \quad (1.99)$$

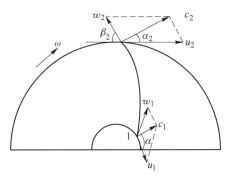

图 1.42 液体进入与离开叶轮时的速度

液体沿叶片表面运动的速度 w_1、w_2，方向为液体质点所处叶片的切线方向，大小与液体的流量、流道的形状等有关。两个速度的合成速度就是液体质点在点 1 或点 2 处相对于静止的壳体的速度，称为绝对速度，用 c_1、c_2 来表示，方向如图 1.42 所示。为了推导理论压头的表达式，在叶轮进口与出口之间列伯努利方程：

$$H_\infty = H_p + H_c = \frac{p_2 - p_1}{\rho g} + \frac{c_2^2 - c_1^2}{2g} \quad (1.100)$$

式中　H_∞——叶轮对液体所增加的理论压头，m；

　　　H_p——静压能增加项，m；

　　　H_c——动压能增加项，m；

　p_1，p_2——液体在点 1、2 处的静压，Pa；

　c_1，c_2——液体在点 1、2 处的绝对速度，m/s；

　　　ρ——液体的密度，kg/m^3；

　　　g——重力加速度，9.81m/s^2。

静压能增加项 H_p 主要由于两个方面的因素促成：

（1）液体在叶轮内接受离心力所做的外功，单位质量液体所接受的外功可以表示为：

$$\int_{r_1}^{r_2} \frac{F}{g}\mathrm{d}r = \int_{r_1}^{r_2} \frac{r\omega^2}{g}\mathrm{d}r = \frac{\omega^2}{2g}(r_2^2 - r_1^2) = \frac{u_2^2 - u_1^2}{2g} \tag{1.101}$$

（2）叶轮中相邻的两叶片构成自中心向外沿逐渐扩大的液体流道，液体通过时部分动能转化为静压能，这部分静压能的增加可表示为：$(w_1^2 - w_2^2)/2$。

单位质量流体经叶轮后的静压能增加为：

$$H_{\mathrm{p}} = \frac{u_2^2 - u_1^2}{2g} + \frac{w_1^2 - w_2^2}{2g} \tag{1.102}$$

将式（1.102）代入 H_∞，得：

$$H_\infty = \frac{u_2^2 - u_1^2}{2g} + \frac{w_1^2 - w_2^2}{2g} + \frac{c_2^2 - c_1^2}{2g} \tag{1.103}$$

根据余弦定理，上述速度之间的关系可表示为：

$$w_1^2 = c_1^2 + u_1^2 - 2c_1 u_1 \cos\alpha_1 \tag{1.104}$$

$$w_2^2 = c_2^2 + u_2^2 - 2c_2 u_2 \cos\alpha_2 \tag{1.105}$$

最后整理得到：

$$H_\infty = (u_2 c_2 \cos\alpha_2 - u_1 c_1 \cos\alpha_1)/g \tag{1.106}$$

一般离心泵的设计中，为提高理论压头，使 $\alpha_1 = 90°$，即 $\cos\alpha_1 = 0$。

$$H_\infty = u_2 c_2 \cos\alpha_2/g \tag{1.107}$$

式（1.107）即离心泵理论压头的表达式，为离心泵的基本方程。为将其改写成理论压头 H_∞ 与流量的关系，先将流量 Q 用叶轮出口处的液体径向速度与叶轮周边面积之积表示。

$$Q = 2\pi r_2 b_2 c_2 \sin\alpha_2 \tag{1.108}$$

式中 Q——泵的流量，m^3/s；

r_2——叶轮的半径，m；

b_2——叶轮周边的宽度，m；

c_2——液体在点 2 处的绝对速度，m/s。

从点 2 处的速度三角形可以得出：

$$c_2 \cos\alpha_2 = u_2 - c_2 \sin\alpha_2 \cot\beta_2 \tag{1.109}$$

代入 H_∞ 得：

$$H_\infty = \frac{u_2 c_2 \cos\alpha_2}{g} = \frac{u_2}{g}(u_2 - c_2 \sin\alpha_2 \cot\beta_2) = \frac{1}{g}\left(u_2^2 - \frac{u_2 Q \cot\beta_2}{2\pi r_2 b_2}\right)$$

$$= \frac{1}{g}(r_2\omega)^2 - \frac{Q\omega}{2\pi b_2 g}\cot\beta_2 \tag{1.110}$$

式（1.110）表示离心泵的理论压头与理论流量 Q、叶轮的转速 ω 和直径、叶轮的几何形状（β_2、r_2、b_2）间的关系。对于某个离心泵（即其 β_2、r_2、b_2 固定），当转速 ω 一定时，理论压头与理论流量之间呈线形关系，可表示为：

$$H_\infty = A - BQ \tag{1.111}$$

B 离心泵基本方程式的讨论

由式（1.110）可知，理论压头 H_∞ 与流量 Q、叶轮转速 ω、叶轮的尺寸和构造 r_2、b_2、β_2 有关；叶轮直径及转速越大，理论压头越大。理论压头 H_∞ 与液体密度无关，即同一台泵无论输送何种密度的液体，对单位质量流体所能提供的能量是相同的。在叶轮转速和直径一定时，流量 Q 与理论压头 H_∞ 的关系受装置的影响如图 1.43 所示。

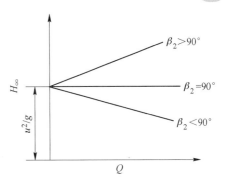

图 1.43 离心泵 $H_\infty - Q$ 的关系图

离心泵的不同叶片形式（见图 1.44）有以下 3 种方式：

（1）叶片后弯，$\beta_2 < 90°$，$\cot\beta_2 > 0$，即 H_∞ 随流量增大而减小；

（2）叶片径向，$\beta_2 = 90°$，$\cot\beta_2 = 0$，即 H_∞ 不随流量而变化；

（3）叶片前弯，$\beta_2 > 90°$，$\cot\beta_2 < 0$，即 H_∞ 随流量增大而增大。

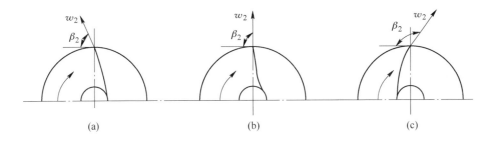

图 1.44 离心泵不同叶片形式

（a）后弯叶片；（b）径向叶片；（c）前弯叶片

考虑到离心泵内的实际情况与理想情况的不同，即叶片的数目并非无限多，液体均有黏性，因而液体通过泵的过程中产生如下几种压力损失，如图 1.45 所示。

（1）叶片间的环流运动。由于叶片并非无限多，液体不是严格按叶片的轨道流动，而是有环流出现，产生涡流损失，此损失主要取决于叶片数目、装置角 β_2、叶轮大小等因素，而与流量大小几乎无关。考虑这一因素后，图 1.45 中理论压头直线 a 变为直线 b。

（2）阻力损失。此种损失主要由于流体流动和流动速度引起的。其中，实际流体从泵的进口到出口有阻力损失，它可近似视为与流速的平方呈正比。考虑这项损失后，压头线应为图 1.45 中曲线 c。

（3）冲击损失。当流体以绝对速度 c_2 突然离开叶轮周边冲入沿蜗壳四周流动的液流中，产生涡流。在设计流量下，此项损失最小。流量若偏离设计量越远，冲击损失越大。考虑这项损失后，压头线应为图 1.45 中曲线 d。此即为实际压头与流量之间的大致关系。

1.6.1.3 离心泵的主要性能参数和特性曲线

A 离心泵的主要性能参数

离心泵的主要性能参数包括：流量、压头、有效功率、轴功率和效率等。

a 流量和压头

泵的流量即泵在单位时间内所输送的液体体积，用 Q 表示，单位为 m^3/h。泵的压头指泵对单位质量的液体所提供的有效能量，以 H 表示，单位为 m，又称为泵的扬程，其大小取决于泵的结构（叶轮直径的大小，叶片的弯曲程度）、转速和流量。

　　由于液体在泵内的运动十分复杂，因此泵的压头常用实验方法测定。如图 1.46 所示，在泵的入口与出口处分别安装真空表和压力计，在管道中装一流量计。

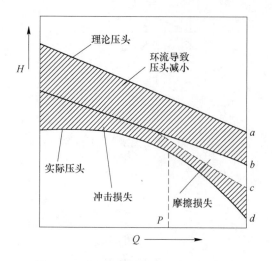

图 1.45　离心泵的理论压头与实际压头

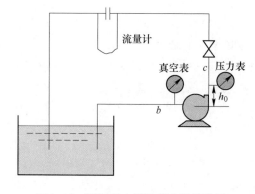

图 1.46　测定离心泵性能参数的装置

　　在真空表和压力表所在的两截面 b、c 之间列出伯努利方程，即压头 H 测量式（1.112）或式（1.113）：

$$\frac{p_b}{\rho g} + \frac{u_b^2}{2g} + H = Z + \frac{p_c}{\rho g} + \frac{u_c^2}{2g} + (h_f)_{bc} \tag{1.112}$$

$$H = \Delta Z + \frac{p_c - p_b}{\rho g} + \frac{u_c^2 - u_b^2}{2g} + (h_f)_{bc} \tag{1.113}$$

　　式中由于两截面之间的管长很短，其阻力损失项通常可以忽略不计，两截面间的动压头之差和高度差一般也略去。于是

$$H \approx \frac{p_c - p_b}{\rho g} = \frac{p_c(表) + p_b(真空)}{\rho g} \tag{1.114}$$

　　因此，采用此装置测量离心泵压头时，只需知道泵出口压力表的读数和泵进口处的真空表读数（真空度）即可测得其近似值。

　　b　有效功率、轴功率和效率

　　离心泵的有效功率 N_e，指根据离心泵的压头 H 和流量 Q 计算得到的功率，即泵的输出功率。

$$N_e = QH\rho g \tag{1.115}$$

　　而外界电机给泵输入的功率称为轴功率，用 N 表示。离心泵输送液体时，通过电机的叶轮将电机的能量传给液体。在这个过程中，不可避免地会有能量损失，通常用效率来反映能量损失，为有效功率与轴功率之比。

$$\eta = N_e/N = Q\rho gH/N \tag{1.116}$$

　　显然，效率反映了离心泵运转过程中能量损失的大小。泵内部的能量损失主要有三种：

　　（1）容积损失。由泵的泄漏造成。离心泵在运转过程中，一部分获得能量的高速液

体从叶轮与泵壳间的缝隙流回吸入口，导致泵的流量减小，并且这部分液体获得的能量形同无用，从而造成容积损失。

（2）水力损失。泵内水力损失包括环流损失、摩擦损失和冲击损失，即理论压头与实际压头之差。

（3）机械损失。泵轴与轴承、密封圈等机械部件之间的摩擦，以及叶轮盖板外表面与液体之间的摩擦造成机械损失，导致泵的轴功率通常大于理论功率。

泵的效率反映了这三项能量损失的总和，又称为总效率，与泵的大小、类型、制造精密程度和所输送液体的性质有关。小型水泵的效率 η 一般为 50% ~ 70%，大型泵可达 90% 以上。油泵、耐腐蚀泵的效率比水泵的低，杂质泵的效率更低。

B   离心泵特性曲线

离心泵的 H、η、N 都与离心泵的 Q 有关，它们之间的关系由确定离心泵压头的实验来测定，实验测出的三种关系曲线：H-Q 曲线、η-Q 曲线、N-Q 曲线。它们分别表示压头、轴功率和效率与流量的关系，如图 1.47 所示。这些曲线又称为离心泵的特性曲线。这些曲线是在固定的转速下测出的，随转速而变，故特性曲线图上一定要注明转速 n 的值。

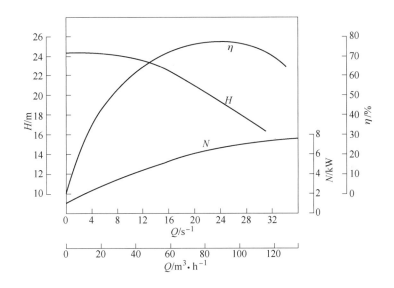

图 1.47   离心泵的特性曲线（4B20，$n = 2900 \text{r/min}$）

各种型号的离心泵都有本身独自的特性曲线，但形状基本相似，具有共同的特点。

（1）H-Q 曲线：表示泵的压头与流量的关系，压头普遍是随流量的增大而下降（流量很小时可能有例外）。

（2）η-Q 曲线：表示泵的轴功率与流量的关系，轴功率随流量的增加而上升，流量为零时轴功率最小。故离心泵启动前应关闭出口阀，使启动电流最小，以保护电机。

（3）N-Q 曲线：表示泵的效率与流量的关系，效率随着流量的增大而上升，达到一个最大值后再下降。

由图 1.47 可知，离心泵在一定转速下有一最高效率点。离心泵在与最高效率点相对应的流量及压头下工作最为经济。与最高效率点所对应的 Q、H、N 值称为最佳工况参数。离心泵的铭牌上标明的就是指该泵在运行时最高效率点的状态参数。在选用离心泵时，应使离心泵在该点附近工作，一般要求操作时的效率应不低于最高效率的 92%。

1.6.1.4　离心泵性能的改变

A　液体性质的影响

泵厂商所提供的特性曲线一般都是用清水做实验求得的，若所输送的液体的物性与水差异较大，需考虑物性的影响。

a　密度的影响

由离心泵流量计算式可知，离心泵的流量与液体密度无关；而由泵的理论压头也可知离心泵的压头与液体的密度无关。所以 H-Q 曲线不因输送的液体的密度不同而变；泵的效率 η 一般也不随输送液体的密度而变。但是离心泵的轴功率与输送液体密度有关，与密度成正比。

b　黏度的影响

当液体的运动黏度小于 $2 \times 10^{-5} \mathrm{m}^2/\mathrm{s}$ 时，如汽油、柴油、煤油等，黏度的影响可不进行修正。而当输送的液体黏度大于常温（20℃）清水的黏度时，泵的压头减小；因此泵的特性曲线发生改变，选泵时应根据原特性曲线进行修正。

B　转速与叶轮尺寸的影响

当液体的黏度不大且泵的转速变化不大时，可近似认为液体离开叶轮的速度三角形相似，利用三角形近似定律，泵的流量、压头、轴功率与转速的近似关系可表示为：

$$\begin{cases} \dfrac{Q'}{Q} = \dfrac{n'}{n} \\[2mm] \dfrac{H'}{H} = \left(\dfrac{n'}{n}\right)^2 \\[2mm] \dfrac{N'}{N} = \left(\dfrac{n'}{n}\right)^3 \end{cases} \qquad (1.117)$$

叶轮直径可以选择属于同一系列而尺寸不同的泵来改变，叶轮几何形状完全相似，b_2/D_2 保持不变，则有：

$$\begin{cases} \dfrac{Q'}{Q} = \left(\dfrac{D_2'}{D_2}\right)^3 \\[2mm] \dfrac{H'}{H} = \left(\dfrac{D_2'}{D_2}\right)^2 \\[2mm] \dfrac{N'}{N} = \left(\dfrac{D_2'}{D_2}\right)^5 \end{cases} \qquad (1.118)$$

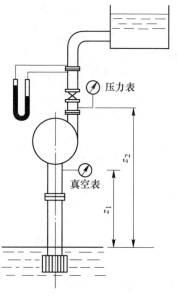

例 1.13　用清水测定某离心泵的特性曲线，实验装置如图 1.48 所示。当调节出口阀使管路流量为 25m³/h 时，泵出口处压力表读数为 0.28MPa（表压），泵入口处真空表读数为 0.025MPa，测得泵的轴功率为 3.35kW，电机转速为 2900r/min，真空表与压力表测压截面的垂直距离为 0.5m。试由该组实验测定数据确定出与泵的特性

图 1.48　例 1.13 示意图

曲线相关的其他性能参数。

解： 与泵的特性曲线相关的性能参数有泵的转速 n、流量 Q、压头 H、轴功率 N 和效率 η。其中流量和轴功率已由实验直接测出，压头和效率则需进行计算。

以真空表和压力表两测点为 1、2 截面，对单位质量流体列伯努力方程：

$$H = (z_2 - z_1) + \frac{p_2 - p_1}{\rho g} + \frac{u_2^2 - u_1^2}{2g} + \sum H_{f_{1-2}}$$

把数据代入，得：

$$H = z_2 - z_1 + \frac{p_2 - p_1}{\rho g} = 0.5 + \frac{(0.28 + 0.025) \times 10^6}{1000 \times 9.81} = 31.6 \mathrm{mH_2O}$$

$$N_e = HQg\rho = \frac{31.6 \times 25 \times 1000 \times 9.81}{3600} = 2153\mathrm{W} = 2.15\mathrm{kW}$$

$$\eta = \frac{N_e}{N} \times 100\% = \frac{2.15}{3.35} \times 100\% = 64.2\%$$

1.6.1.5 离心泵的工作点与流量调节

当离心泵安装在特定的管路系统中工作时，实际工作压头与流量不仅与离心泵本身的性能有关，还与管路特性有关。离心泵在具体操作条件下提供的压头 H 和流量 Q，可用其 H-Q 特性曲线上的某一点表示。其压头和实际输送量要由泵的特性与管路特性共同决定。

A 管路特性曲线

某一特定管路的流量 Q 与所需压头 h_e 之间的关系式，称为管路特性方程。

$$h_e = \Delta z + \frac{\Delta p}{\rho g} + \frac{\Delta u^2}{2g} + \sum h_f \tag{1.119}$$

$$\sum h_f = \lambda \frac{(l + \sum l_e)}{d} \frac{u^2}{2g} = \frac{8\lambda(l + \sum l_e)}{\pi^2 d^5 g} Q^2 \tag{1.120}$$

式中　h_e——泵向液体提供的有效扬程，m；

　　$\sum h_f$——液体在管路中的阻力损失，m；

　　$\sum l_e$——管路中所有局部阻力的当量长度之和，m。

对于某一特定管路，式（1.120）中的各量除 λ 与 Q 外，其他均为固定值；而 λ 对于常见的湍流情况变化不大，若在湍流平方区，λ 只取决于管路的相对粗糙度，因此可写成：

$$\frac{\Delta u^2}{2g} + \sum h_f = BQ^2 \tag{1.121}$$

对于某特定的管路，Δz 和 $\Delta p/\rho g$ 为一定值，令其为 A，则式（1.121）简化为：

$$h_e = A + BQ^2 \tag{1.122}$$

将式（1.122）绘制于坐标图上，称该曲线为管路的特性曲线。此线的形状与管路布置和操作条件有关，而与泵的性能无关。

B 工作点与流量调节

把管路特性曲线和离心泵的特性曲线绘于同一坐标图内，两曲线的交点 M 即为离心泵在该管路中的工作点。M 点所对应的流量和扬程就是泵在此管路中运转的实际流量和扬程。当 M 所对应的效率较高时，说明泵选择得较好；反之，则不好。

泵在实际操作中，常常需根据生产任务要求改变流量。为了调节流量，即改变泵的工作点，实质上就是改变离心泵的特性曲线或管路特性曲线。

（1）改变管路特性，通常通过调节管路局部阻力（阀门）来调节管路特性。在离心泵出口处安装适当的调节阀，阀门的开大或关小将改变阀门的局部阻力系数，式（1.122）中的系数 B 将相应的变小或变大，从而使管路特性曲线发生变化，导致离心泵的工作点发生移动。如图 1.49 所示，当阀门关小时，管路局部阻力增大，管路特性曲线将变陡（曲线 1），离心泵的工作点由 M 移至 M_1，流量由 Q_M 降至 Q_{M_1}；当阀门开大时，管路局部阻力减小，则管路特性曲线变平缓（曲线 2），离心泵的工作点由 M 移至 M_2，流量由 Q_M 升至 Q_{M_2}。

采用调节出口阀门，改变管路特性曲线的方法调节流量十分简便、灵活，可在某一最大流量与零之间随意调节。但其实质上是人为地增大管路阻力来适应离心泵的特性，以减小流量，其结果是比实际需要多耗动力，并可能使泵在离设计点较远处工作而降低效率，经济上不够合理。

（2）改变泵的特性，通常通过调节泵的转速来调节泵的特性。图 1.50 中工作点 M 为曲线 1 和离心泵转速 n 下的特性曲线 3 的交点，当离心泵转速提高至 n_1，则泵的特性曲线相应的上移（曲线 2），工作点将由 M 移至 M_1，流量由 Q_M 升至 Q_{M_1}；把泵的转速降至 n_2，则曲线下移，工作点移至 M_2，流量减小到 Q_{M_2}。

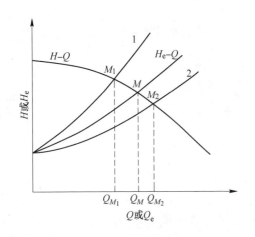

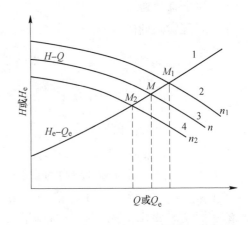

图 1.49　用阀门调节流量示意图　　　　图 1.50　改变叶轮转速以调节流量示意图

显然，改变泵的特性曲线来调节流量，不会额外增加管路的阻力，节能效果显著，在一定范围内可保证离心泵在高效区工作。近 20 多年来，交流电动机变频调速技术的进展及推广使用，取得了显著的节能效果；且在减小流量的同时，还有减少机械磨损及故障率、降低噪声等优点；又便于自动控制，是大中型泵的首选。

1.6.1.6　离心泵的安装高度

根据离心泵的工作原理，由离心泵的吸入管路到离心泵入口，并无外界对液体做功，液体是通过液面与泵的进口处（真空）之间的压差作用而进入泵内的。即使离心泵叶轮入口处达到绝对真空，吸上液体的液柱高度也不会超过相当于当地大气压的液柱高度。这里就存在一个离心泵的安装高度问题。离心泵的安装高度指离心泵的安装位置与被吸入液

体液面的垂直高度，用 z_s 表示。它直接影响到离心泵
能否正常输送液体。离心泵安装示意图如图 1.51
所示。

    显然，当叶轮旋转时，液体在叶轮上流动过程中，
其速度和压力是变化的，通常在叶轮入口处附近 K 点
最低。若泵的安装高度提高，将导致泵内压力降低，
当 K 点处的压力等于或低于液体在该温度下的饱和蒸
气压 p_v 时，液体将部分气化，生成大量的气泡。当气
泡随液体进入叶轮流至高压区时，由于气泡周围的静
压大于气泡内的蒸气压，气泡将急剧凝结而破裂。气
泡的消失产生了局部真空，使周围的液体以极高的速
度涌向原气泡中心，产生频率很高，瞬时压力很大的

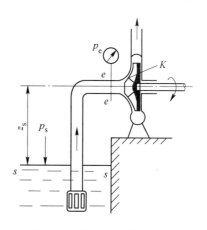

图 1.51   离心泵安装示意图

冲击，从而对叶轮和泵壳产生冲击，使其震动并发出噪声。这种现象称为"汽蚀"现象。
汽蚀发生时产生噪声和震动，叶轮局部在巨大冲击的反复作用下，表面出现斑痕及裂纹，
甚至呈海绵状并逐渐脱落。同时，由于蒸汽的生成使液体的表观密度减小，液体的实际流
量明显降低，压头、效率也大幅度降低，严重时会导致完全吸不上液体。

    因此，为保证离心泵的正常工作，应避免"汽蚀"现象的发生。这就要求叶轮入口
处的绝对压力必须高于工作温度下液体的饱和蒸气压，即要求离心泵的安装高度不能超过
某一定值。一般离心泵的铭牌上都标注有允许吸上真空高度或"汽蚀余量"，借此确定泵
的安装高度。

    由于实验不能直接测出叶轮入口处的最低压力位置以及该处的压力 p_K，往往以测定
泵入口 e 处的压力 p_e（绝压，见图 1.51）为准。显然，$p_e > p_K$。以贮罐液面 s 为基准的水
平面，在液面 s 与截面 e 之间列伯努利方程，得

$$\frac{p_s}{\rho g} = z_s + \frac{p_e}{\rho g} + \frac{u_e^2}{2g} + \sum h_{f(s-e)} \tag{1.123}$$

式中 p_s——液面 s 处的压力，通常为大气压，即 $p_s = p_a$，Pa；

        z_s——安装高度，m；

        p_e——泵入口处压力，Pa；

        u_e——泵入口处液体流速，m/s；

  $\sum h_{f(s-e)}$——吸入管线由液面 s 至截面 e 的压头损失，m。

    泵入口处的动压头 Δh 与静压头之和 $[(p_e/\rho g) + (u_e^2/2g)]$ 与以液柱高度表示的被输
送液体在操作温度下的饱和蒸气压 $(p_v/\rho g)$ 之差称为汽蚀余量，用 Δh 表示，单位为 m。

$$\Delta h = \left(\frac{p_e}{\rho g} + \frac{u_e^2}{2g}\right) - \frac{p_v}{\rho g} \tag{1.124}$$

    Δh 应为正值，且越大，越能防止汽蚀现象的出现。反之，Δh 越小，表明泵入口处的
压力 p_e 或叶轮中心处的压力 p_K 越低，离心泵的操作状态越接近汽蚀。

    泵刚好发生汽蚀时（p_e 将为 $p_{e,min}$，p_K 恰好等于 p_v 时）的汽蚀余量称为最小汽蚀余
量，以 Δh_{min} 表示。

$$\Delta h_{\min} = \left(\frac{p_{e,\min}}{\rho g} + \frac{u_e^2}{2g} \right) - \frac{p_v}{\rho g} \tag{1.125}$$

可通过实验测定，以泵的扬程较正常值下降3%为准。

为避免汽蚀现象发生，保证泵的正常运行，离心泵入口处压力不能过低，而应有一最低允许值，此时所对应的汽蚀余量称为允许汽蚀余量，以 $\Delta h_{允许}$ 表示，一般由泵制造厂通过汽蚀实验测定，并作为离心泵的性能列于泵的产品样本中（离心油泵的汽蚀余量用 $\Delta h_{\min}$ 表示）。离心泵正常操作时，实际汽蚀余量必须大于允许汽蚀余量，标准中规定应大于0.3m，即

$$\Delta h_{允许} = \Delta h_{\min} + 0.3 \tag{1.126}$$

由式（1.125）和式（1.126），通过允许汽蚀余量计算得到离心泵允许安装高度为：

$$z_{s,允许} = \frac{p_s}{\rho g} - \left(\frac{p_e}{\rho g} + \frac{u_e^2}{2g} \right) - \sum h_{f(s-e)} = \frac{p_s}{\rho g} - \frac{p_v}{\rho g} - \Delta h_{允许} - \sum h_{f(s-e)} \tag{1.127}$$

实际的安装高度还应比允许值低0.4~0.6m。

值得注意的是，离心泵的性能表中所列 $\Delta h_{允许}$ 值是在液面压力 p_s 为101.3kPa、20℃水测得的。若离心泵输送的是与水不同的液体，比如油，则要根据油的密度、蒸气压对所规定的 $\Delta h_{允许}$ 值进行校正，然后才能用于允许安装高度的计算。求校正系数的曲线常载于泵的说明书中。

为了尽量减小吸入管道的压头损失 $\sum h_{f(s-e)}$，泵的吸入管直径可比排出管直径适当增大；泵的位置应接近液源以缩短吸入管长度；吸入管应少拐弯，省去不必要的管件；调节阀应安装在排出管路上。

当液体输送温度较高或液体沸点较低时，可能出现允许安装高度为负值，对此，应将离心泵安装于贮罐液面以下，使液体自灌流入泵内。

1.6.1.7　离心泵的类型、选用、安装与操作

A　离心泵的类型

离心泵的种类很多，分类方法也多种多样，按输送液体的性质不同，可分为清水泵、耐腐蚀泵、油泵、泥浆泵等。以下就冶金化工工厂常用的几种离心泵加以介绍。

（1）水泵。用来输送清水或物性类似于水、无腐蚀性且杂质很少的液体的泵都称为水泵。按系列代号又可分为 B 型、D 型、IS 型和 Sh 型。

（2）耐腐蚀泵（系列代号为 F）。用来输送酸、碱等腐蚀性液体，扬程为 15~105m 液柱，流量为 2~400m³/h，输送介质温度一般为 0~105℃。

这种泵的主要特点是接触液体的部件（叶轮、泵体），都必须用各种耐腐蚀材料制造，因而要求结构简单，零件易更换，维修方便，密封可靠。同时，由于材料不同，在系列代号 F 后加上材料的代号，常用材料有高硅铸铁、不锈钢、各种合金钢、聚四氟乙烯塑料、陶瓷和玻璃等。

（3）油泵（系列代号为 Y）。用来输送石油产品及其他易燃、易爆液体。扬程为 60~603m 液柱，流量为 6.25~500m³/h，为化工生产中常用泵之一。由于油品易燃易爆，因而对油泵重要的要求是密封完善，对于热油（200℃以上）泵的密封圈、轴承、支座等都装有水夹套，用冷却水冷却，以防其受热膨胀。泵的吸入口与排出口均向上，以便液体中分离出的气体不致积存于泵内。

（4）杂质泵（系列代号为 P）。用来输送悬浮液及稠厚浆液。又可细分为污水泵（PW 型）、砂泵（PS 型）和泥浆泵（PN 型）。对这种泵的要求是不堵塞、易拆卸且耐磨。它在构造上的特点是叶轮流道宽，叶片数少（一般 2～5 片），常用开式或闭式叶轮，有些泵壳内还衬以耐磨又可更换的钢护板。

B　离心泵的选用

选用离心泵的基本原则是以能满足液体输送的工艺要求为前提。选用时，须遵循技术合理、经济等原则，同时兼顾供给能量一方（泵）和需求能量一方（管路系统）的要求。通常按以下步骤进行：

（1）确定输送系统的流量与压头。液体的输送量一般是生产任务所规定的，如果流量在一定范围内波动，选泵时按最大流量考虑。然后，根据输送系统管路的安排，用伯努利方程计算出在最大流量下管路所需压头。

（2）选择泵的类型与型号。根据被输送液体的性质和操作条件确定泵的类型，并按已确定的流量和压头从泵样本或产品目录中选出适合的型号。泵的流量和压头应留有适当余地，且应保证离心泵能在高效率区工作。

（3）校核泵的性能参数。泵的型号一旦确定，则应进一步查出其详细的性能参数。若输送液体的黏度和密度与水相差较大，则应核算泵的流量、压头及轴功率等性能参数。

C　离心泵的安装与操作

为了保证不发生汽蚀现象，泵的实际安装高度必须低于理论计算的最大安装高度。为了防止"气缚"现象的发生，在泵启动前，向泵内灌注液体直至泵壳顶部排气嘴处在打开状态下有液体冒出时为止，即泵启动前先"灌泵"。为了不致启动时电流过大而烧坏电机，泵启动时要将出口阀完全关闭，等电机运转正常后，再逐渐打开出口阀，并调节到所需的流量。具体参阅各类型泵的安装使用说明书。

例 1.14　将浓度为 95% 的硝酸自常压贮槽输送至常压设备中去，要求输送量为 $36m^3/h$，液体的升扬高度为 7m。输送管路由内径为 80mm 的钢化玻璃管构成，总长为 160m（包括所有局部阻力的当量长度）。输送条件下管路特性曲线方程为：$H_e = 7 + 0.06058Q_e^2$（Q_e 单位为 L/s）。现采用某种型号的耐酸泵，其性能列于表 1.5 中。已知：黏度为 $1.15 \times 10^{-3} Pa \cdot s$；密度为 $1545kg/m^3$；摩擦系数可取为 0.015。

表 1.5　某种型号的耐酸泵的性能

$Q/L \cdot s^{-1}$	0	3	6	9	12	15
H/m	19.5	19	17.9	16.5	14.4	12
$\eta/\%$	0	17	30	42	46	44

问：（1）该泵是否合用？（2）实际的输送量、压头、效率及功率消耗各为多少？

解：（1）管路所需要压头及流量贮槽液面 1—1' 和常压设备液面 2—2' 之间列伯努利方程：

$$\frac{u_1^2}{2g} + z_1 + \frac{p_1}{\rho g} + H_e = \frac{u_2^2}{2g} + z_2 + \frac{p_2}{\rho g} + H_f$$

得：$z_1 = 0$，$z_2 = 7m$，$p_1 = p_2 = 0$（表压），$u_1 = u_2 \approx 0$。

管内流速：

$$u = \frac{4Q}{\pi d^2} = \frac{36}{3600 \times 0.785 \times 0.080^2} = 1.99 \mathrm{m/s}$$

管路压头损失：

$$H_f = \lambda \frac{l + \sum l_e}{d} \frac{u^2}{2g} = 0.015 \times \frac{160}{0.08} \times \frac{1.99^2}{2 \times 9.81} = 6.06 \mathrm{m}$$

管路需要压头：

$$H_e = (z_2 - z_1) + H_f = 7 + 6.06 = 13.06 \mathrm{m}$$

管路需要流量：

$$Q = \frac{36 \times 1000}{3600} = 10 \mathrm{L/s}$$

由泵工作表可知所提供的压头高于管路所需要压头，泵可用。

（2）实际的输送量、功率消耗和效率取决于泵的工作点。管路的特性曲线方程为：

$$H_e = 7 + 0.06058 Q_e^2$$

管路的特性曲线见表 1.6。

表 1.6　管路的特性曲线数据

$Q/\mathrm{L \cdot s^{-1}}$	0	3	6	9	12	15
H/m	7	7.545	9.181	11.91	15.72	20.63

作出管路和泵的特性曲线图，如图 1.52 所示。

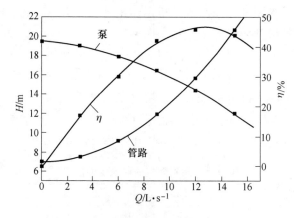

图 1.52　管路和泵的特性曲线图

对应的压头为 14.8m；流量为 11.4L/s；效率为 0.45；轴功率为 5.68kW。

1.6.2　其他类型泵

1.6.2.1　往复泵

往复泵依靠活塞的往复运动依次开启吸入和排出阀从而吸入和排出液体，完成流体的输送。输送流体的流量只与活塞的位移有关，输送流体的压头只与管路情况有关。

往复泵主要由泵缸、活塞、活塞杆、吸入和排出单向阀等部件构成（见图1.53）。活塞在外力作用下做往复运动，其与单向阀之间的空隙称为工作室。活塞的移动距离称为冲程，当活塞往复一次运动时（即双冲程），完成吸入一次和排出一次液体，这种泵称为单动泵。若活塞左右两侧都装有阀门，这种结构的泵称为双动泵，可使吸液与排液同时进行。

当输送腐蚀性料液或悬浮液时，为了使活塞不受到损伤，多采用隔膜泵，即用一弹性薄膜（橡胶、皮革或塑料制成）将活塞和被输送液体隔离开的往复泵（见图1.54）。隔膜将泵分隔成不连通的两部分，被输送液体位于隔膜一侧，活塞或活柱位于另一侧。

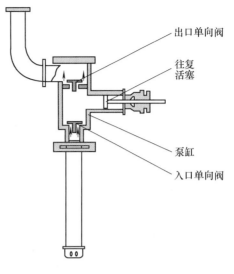

图 1.53　往复泵结构示意图

当活塞或活柱做往复运动时，迫使隔膜交替地向两边弯曲，致使另一侧的被输送液体经球形活门吸入或排出，而不与活塞或活柱接触。隔膜泵技术要求复杂，易损坏，难维修。

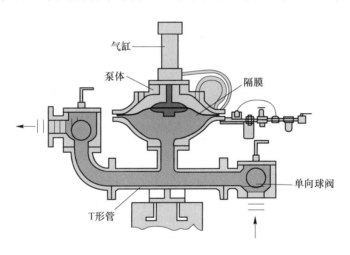

图 1.54　气动隔膜泵工作原理图

1.6.2.2　计量泵

有些过程要求输送的液体量十分准确而又便于调整，有时要求两种或多种液体按严格的比例输送。因此利用往复泵流量固定的特点，发展出小流量的计量泵。它通过偏心轮把电机的旋转运动变成柱塞的往复运动。偏心轮的偏心距离可以调整，柱塞的冲程也随之改变，流量与冲程是正比关系，从而达到准确控制和调节流量的目的。

1.6.2.3　齿轮泵

齿轮泵壳内有两个齿轮，一个用电机带动旋转，另一个被啮合着向相反方向旋转。吸入腔内两轮的齿互相拨开，形成低压而吸入液体，被吸入的液体被齿嵌住，随齿轮转动而达到排出腔，排出腔内两轮的齿互相合拢，形成高压而排出液体。齿轮泵可以产生较高的压头，但流量较小，往往用于输送黏稠的液体，但不能输送含颗粒的悬浮液。

1.6.2.4　螺杆泵

螺杆泵（见图 1.55）内有一个或多个螺杆，可分为单螺杆泵、双螺杆泵、三螺杆泵和五螺杆泵等。单螺杆泵内的螺杆在具有内螺纹的泵壳中偏心转动，将液体沿轴向推进，最终沿排出口排出。双螺杆泵的工作原理与齿轮泵十分相似，它利用两根相互啮合的螺杆来输送液体。螺杆泵转速大、螺杆长，因此具有压头高、效率高、无噪声等特点，适用于在高压下输送高黏度液体。

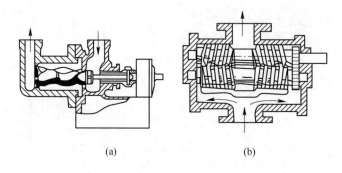

(a)   (b)

图 1.55　螺杆泵结构示意图

（a）单螺杆泵；（b）双螺杆泵

1.6.2.5　旋涡泵

旋涡泵是一种特殊类型的离心泵，由叶轮和泵体组成（见图 1.56）。叶轮是一个圆盘，四周由凹槽构成的叶片成辐射状排列。叶轮在泵壳内转动，其间有引水道，吸入管接头和排出管接头之间为间壁，间壁与叶轮只有很小的缝隙，用来分隔吸腔和排出腔。泵内液体在随叶轮旋转的同时，又在引水道与各叶片间做旋涡形运动。因而，被叶片拍击多次，获得较多的能量。液体在叶片与引水道之间的反复迂回是靠离心力的作用，因此，旋涡泵在开动前也要灌满液体。旋涡泵适用于要求输送量小，压头高而黏度不大的液体，虽然效率较低，但其体积小，结构简单，因此在过程工程中应用较多。

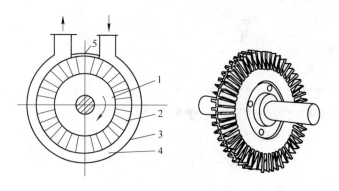

图 1.56　旋涡泵示意图

1—叶轮；2—叶片；3—泵壳；4—引水道；5—吸入口与排出口的隔舌

1.6.3 气体输送设备

气体输送设备与液体输送设备的结构和工作原理大致相同，作用都是向流体做功以提高流体的静压强。但是由于气体密度比液体小得多且具有可压缩性，使气体输送设备有独特的特点：

（1）密度小，体积流量大，质量流量一定时，气体输送设备的体积大。

（2）流速大，在相同直径的管道内输送同样质量流量的流体，气体的阻力损失比液体阻力损失大得多，因此需要提高的压头也大。

（3）气体具有可压缩性，压力变化时其体积和温度同时发生变化，因而对气体输送设备的结构形状有很大的影响。

气体输送设备按工作原理和设备结构可分为离心式、往复式、旋转式和流体作用式。按一般气体输送设备产生的压缩比（排气绝压与进气绝压之比）可分为四类，见表1.7。

表 1.7 气体输送设备分类

种　类	出口压力（表压）/kPa	压　缩　比
通风机	≤15	1~1.15
鼓风机	15~300	<4
压缩机	>300	>4
真空泵	大气压	范围很大，根据所需真空度而定

1.6.3.1 通风机

常用的通风机有轴流式和离心式两种。轴流式通风机的风压很小，一般只用于通风换气，或输送气体。离心通风机按其产生的全风压（表压）大小可分为：低压（≤1kPa）、中压（1~3kPa）和高压离心通风机（3~15kPa）。低压和中压风机大多用于通风换气、排尘和空调系统，高压风机则用于强制通风和气力输送等。

A　离心通风机的结构及原理

离心式通风机的结构和工作原理与单级离心泵相似。图1.57所示为一个低压离心通风机的示意图。离心通风机主要是由蜗壳形机壳和多叶片叶轮组成，依靠叶轮的高速旋转

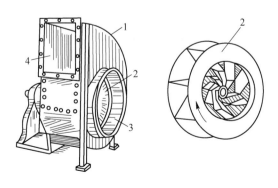

图 1.57 离心通风机示意图

1—机壳；2—叶轮；3—吸入口；4—排出口

所产生的离心力，使气体的压力增大而排出。

为了达到输送量大、风压高的要求，离心式通风机具有以下的结构特点：

（1）壳内通道及出口的截面常为矩形而不是圆形，加工方便并可直接与矩形截面的气体管道连接。

（2）叶轮直径大、叶片数目多、叶片比较短，有平直、前弯和后弯等类型。

若通风机主要的要求是送气量大，可用前弯片，以利于减少叶轮及风机直径。但前弯片往往效率不高，因此高效通风机的叶片通常采用后弯片。

与离心泵一样，离心通风机的基本性能参数也可用特性曲线表示（见图 1.58）。离心通风机的特性曲线包括 p_t-Q、η-Q、N-Q 三条曲线。特性曲线一般由厂家在通风机出厂前实验测定，通常风机的性能图表上列出的风压是按"标定状况"（20℃ 及 101.3kPa）下，空气密度为 $1.2kg/m^3$ 下测定的，将称为标定风压 H_{t0}。计算功率及进行选型时需根据操作条件，将全风压 H_t、风量 Q、密度 ρ 等转换为同一状态的数值，然后再根据 H_{t0} 查性能图表，以便确定风机型号。

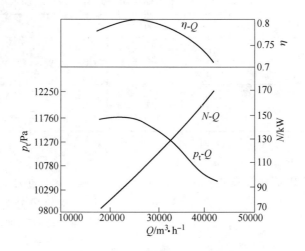

图 1.58   离心通风机特性曲线（$n = 1450r/min$）

B   离心通风机的选用

（1）根据气体的种类（清洁空气、易燃气体、腐蚀性气体、含尘气体、高温气体等）与风压范围，确定风机的类型；

（2）根据所要求的风量与全压（风压应换算为操作条件下的），从产品样本或规格目录中的特性曲线或性能表格中查得适宜的类型与机号。

1.6.3.2   鼓风机

常用的鼓风机可分为离心式和旋转式两种。

（1）离心鼓风机。离心鼓风机又称为透平鼓风机，其外形结构与离心泵相像，蜗壳形的通道为圆形。但其外壳直径与宽度之比较大，叶轮数目较多，转速较高，并有一固定的导轮。

由于单级风机不可能产生较高的风压（一般不超过 30kPa），因此压头较高的鼓风机一般是由几个叶轮串联组成多级离心鼓风机。由于离心鼓风机送风量大，多级鼓风机产生的风压仍不太高，多级离心鼓风机中各级的压缩比不大，无需冷却装置，各级叶轮尺寸大致上相等。离心鼓风机的选用方法与离心通风机相同。

（2）旋转式鼓风机。旋转式鼓风机的类型很多，罗茨鼓风机是其中最常用的一种，其工作原理和齿轮泵相似。如图 1.59 所示，机壳内有两个渐开摆线形（"8"字形）的转子，并安装在两个平行轴上，通过对同步齿轮作用，使两个转子作反方向旋转。当转子旋转时，可将

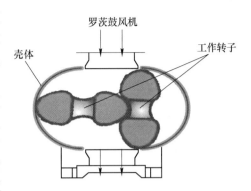

图 1.59　罗茨鼓风机结构示意图

机壳与转子之间的气体强行排出，且两转子运动方向相反，使气体则从一侧吸入，从另一侧排出，若改变两转子旋转方向，则吸入口与排出口互换。由于两转子之间、转子与机壳之间缝隙很小，转子能自由运动而不会引起过多的泄漏。

罗茨鼓风机的特点：

（1）风量与转速成正比，转速一定时，出口压力提高（一定限度内），风量可保持大体不变，故又称为定容式鼓风机。

（2）输气量范围：2 ~ 500m³/min。出口表压在 80kPa 以内且在 40kPa 附近效率较高。

（3）出口安装气体缓冲罐和安全阀，流量调节一般用支路调节，出口阀不可完全关闭，操作温度不能过高（80 ~ 85℃），以防转子受热膨胀卡死。

1.6.3.3　压缩机

过程工程中使用的压缩机主要有离心压缩机和往复压缩机两种。

（1）离心式压缩机。离心压缩机的基本结构及工作原理与离心鼓风机相同，其特点是叶轮级数多（通常在 10 级以上）、转速高（一般在 5000r/min 以上）、出口压力高（高达 1MPa）。由于压缩比高，气体体积缩小很多。因此压缩机都分成几段，每段包括若干级。叶轮的直径逐级缩小，宽度也逐级略有缩小，在各段之间设有中间冷却器。

离心压缩机的体积与质量都较小而流量很大，供气均匀，运转平稳，易损部件少，维护方便。

（2）往复压缩机。往复压缩机的构造和工作原理与往复泵相似，主要由气缸、活塞、吸气阀和排气阀组成。往复压缩机是利用曲柄连杆机构，将驱动机的回转运动变为活塞的往复运动，使气体在气缸内完成进气、压缩、排气等过程。有进、排气阀控制气体进入和排出气缸，以达到提高气体压力的目的。由于气体的密度小，可压缩，因此压缩机的吸入及排出阀门应更为精巧灵活。

图 1.60 所示为单动往复压缩机的操作循环原理。在理想状态下（活塞与气缸盖之间没有缝隙以及各种能量损失），当活塞由左向右运行时，吸气阀 D 打开，气体在 p_1 压力下吸入气缸内（4—1 线），气缸内体积为 V_1；当活塞开始从右向左运行时，吸气阀 D 被关闭，气缸内的气体被压缩（1—2 线）；当气缸内气体压力大于气阀 S 外的气体压力时，排气阀 S 被顶开，气体在 p_2 压力下排出气缸（2—3 线）；而当活塞从气缸最左端退回时，气缸内的压力很快下降到 p_1，气体沿 3—4 线而变化。3—4 线也可表示为排气终了和吸气

初期气缸内的压力变化。如此不断重复，完成了吸气—压缩—排气过程。

往复压缩机选用时，首先根据输送气体的性质，确定压缩机种类；然后根据生产要求以及厂房情况，选定压缩机结构形式；最终根据生产要求的排气量和排气压力，定出压缩机的规格型号。压缩机产品样本或规格目录上对每个型号都载有相关性能参数，其标定条件为20℃、101.33kPa的气体，使用时注意根据使用条件换算。

1.6.3.4 真空泵

从设备或系统中抽气，使其绝对压力低于外界大气压的机械称为真空泵。实质上，真空泵也是气体压缩机械，只是其入口压力低，出口压力为常压。

真空泵的主要性能参数有：极限剩余压力和抽气速率。极限剩余压力是指真空泵所能达到的最低绝压；而抽气速率是指单位时间内真空泵在剩余压力下所吸入的气体体积，即真空泵的生产能力，单位为 m^3/h。真空泵选用时根据这两个指标选用。真空泵的类型很多，下面简单介绍3种。

（1）往复真空泵。往复真空泵的基本机构和工作原理与往复压缩机并无显著区别，只是真空泵在低压下操作，气缸内外压差很小，所用阀门必须更为轻巧；所达到的真空度较高时，压缩比很大，故余隙必须很小。为减少余隙的影响，在气缸左右两端之间设置一平衡气道，在活塞排气终了时，使平衡气道短时间连通，余隙中残余气体从活塞一侧流向另一侧，从而降低残余气体的压力，减小余隙的影响。

（2）水环真空泵。水环真空泵的外形呈圆形（见图1.61），壳内有一个偏心安装的叶轮，上有辐射状叶片。水环真空泵的壳内注入一定量的水，当叶轮旋转时，在离心力的作用下将水甩至壳壁形成水环，故称为水环真空泵。水环具有密封作用，由于叶轮偏心安装而使叶片间的空隙形成大小不同的密封室。当叶轮旋转在右半部分时，这些密封的小室体积扩大，气体通过左侧的吸入口被吸入。当叶轮旋转至左半部分时，小室体积缩小，气体由右侧的排气口排出。

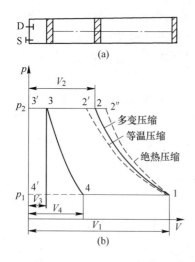

图 1.60　单动往复压缩机的操作循环原理图

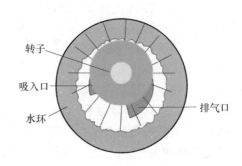

图 1.61　水环真空泵结构示意图

水环真空泵最高真空度可达 $83.4 \times 10^3 Pa$ 左右，但所产生的表压强不超过 $98.07 \times$

$10^3 Pa$，也可作为鼓风机使用。当被抽吸的气体不宜与水接触时，泵内可充以其他液体。水环真空泵具有结构简单、紧凑，易于制造和维修的特点，但是为了维持泵内液封以及冷却泵体，运转时需不断向泵内充水。水环真空泵的效率较低，一般为30%～50%，产生的真空度受泵内水温的限制。

（3）喷射泵。喷射泵利用高速流体射流时静压能转换为动能产生的真空将气体吸入泵体，与射流流体混合，气体及工作流体一并排出泵体。它既可输送液体，又可输送气体。生产中它常用于抽真空，故又称为喷射真空泵。

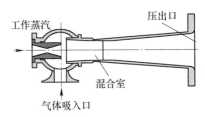

图1.62　一级水蒸气喷射泵示意图

图1.62所示为一级水蒸气喷射泵。工作水蒸气在高压下以很高的流速从喷嘴中喷出，将低压气体或蒸汽带入高速流体中，吸入的气体接受水蒸气的动能，一并进入扩散管，速度逐渐降低，静压力因而升高，而后从压出口排出。

单级蒸汽喷射泵可以达到90%的真空度，为要获得更高的真空度，可以采用多级蒸汽喷射泵。喷射泵结构简单，无运动部件，但效率低，工作流体消耗很大。

习　题

概念题

1.1　雷诺数的定义与物理意义。

1.2　泵的压头与压头的意义。

1.3　可压缩流体与不可压缩流体。

1.4　内能、位能与动能。

1.5　有效功率、轴功率和效率。

1.6　牛顿流体与非牛顿流体。

1.7　气缚现象。

思考题

1.1　流体的流动形态有哪几种，如何判断？

1.2　边界层分离及其对流体输送、传热和传质的影响？

1.3　离心泵的汽蚀现象及安装高度的确定方法。

1.4　泵工作点的确定和调节。

1.5　简述离心泵实际压头低于理论压头的原因。

1.6　为什么离心泵可用出口阀来调节流量？往复泵可否采用同样方法调节流量？为什么？

1.7　简述离心分离与旋风分离的差别。

计算题

1.1　试计算空气在 $-50℃$ 和 350mmHg 真空度下的密度。

1.2　在兰州操作的苯乙烯真空蒸馏塔塔顶真空表读数为80kPa，在天津操作时，真空表读数应为多少？已知兰州地区的平均大气压85.3kPa，天津地区为101.33kPa。

1.3　图1.63所示的开口容器内盛有油和水。油层高度 $h_1 = 0.7m$、密度 $\rho_1 = 800kg/m^3$，水层高度 $h_2 = 0.6m$、密度 $\rho_2 = 1000kg/m^3$。

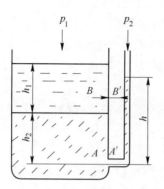

图 1.63   第 1.3 题示意图

（1）判断下列关系是否成立，即 $p_A = p'_A$；$p_B = p'_B$？

（2）计算水在玻璃管内的高度 h。

1.4   如图 1.64 所示，封闭的罐内存有密度为 $1000 kg/m^3$ 的水。水面上所装的压力表的读数为 42kPa。在水面以下安装一压力表，表中心线在测压口以上 0.15m，其读数为 58kPa。求罐内水面至下方测压口的距离 Δz。

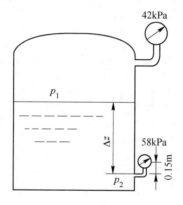

图 1.64   第 1.4 题示意图

1.5   用水银压强计（见图 1.65）测量容器内水面上方压力 p_0，测压点位于水面以下 0.2m 处，测压点与 U 形管内水银界面的垂直距离为 0.3m，水银压强计的读数 $R = 300mm$，水银密度为 $13600 kg/m^3$，试求：

（1）容器内压强 p_0 为多少？

（2）若容器内表压增加一倍，压差计的读数 R 为多少？

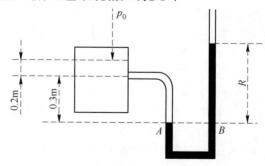

图 1.65   第 1.5 题示意图

1.6 如图 1.66 所示，蒸汽锅炉上装置一复式 U 形水银测压计，截面 2、4 间充满水。已知对某基准面而言各点的标高为 $z_0 = 2.1\text{m}$，$z_2 = 0.9\text{m}$，$z_4 = 2.0\text{m}$，$z_6 = 0.7\text{m}$，$z_7 = 2.5\text{m}$。水银密度为 13600kg/m^3，试求锅炉内水面上的蒸汽压强。

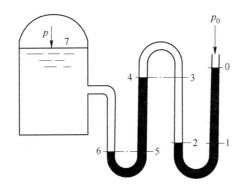

图 1.66　第 1.6 题示意图

1.7 如图 1.67 所示，水从倾斜直管中流过，在断面 A 和断面 B 接一空气压差计，其读数 $R = 10\text{mm}$，两个测压点垂直距离 $a = 0.3\text{m}$，试求：

（1）A、B 两点的压差等于多少？

（2）若采用密度为 830kg/m^3 的煤油作指示液，压差计读数为多少？

（3）管路水平放置而流量不变，压差计读数及两点的压差有何变化？

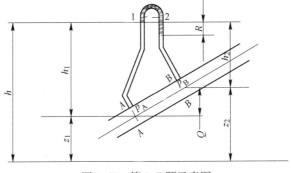

图 1.67　第 1.7 题示意图

1.8 将高位槽内料液向塔内加料（见图 1.68）。高位槽和塔内的压力均为 1 个大气压。要求料液在管内

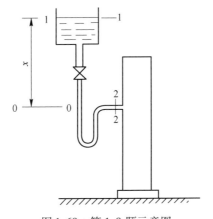

图 1.68　第 1.8 题示意图

以 0.5m/s 的速度流动。设料液在管内压头损失为 1.2m（不包括出口压头损失），试求高位槽的液面应该比塔入口处高出多少米？

1.9 从容器 A 用泵将密度为 $890kg/m^3$ 的液体送入塔 B（见图 1.69），输入量为 15kg/s。容器内与塔内的表压如图所示，流体流经管路的阻力损失为 122J/kg（包括沿程阻力损失和局部阻力损失）。求泵的有效功率。

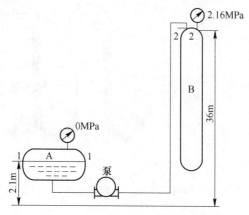

图 1.69 第 1.9 题示意图

1.10 如图 1.70 所示，20℃水由高位水箱经管道从喷嘴流出，已知 $d_1 = 125$ mm，$d_2 = 100$mm，喷嘴 $d_3 = 75$mm，压差计读数 $R = 80$mm 汞柱。若忽略阻力损失，求 H 和 p_A（表压，Pa）。

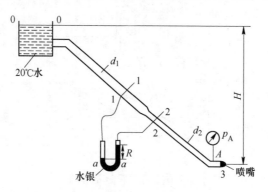

图 1.70 第 1.10 题示意图

1.11 20℃的空气在直径为 80mm 的水平管流过。现于管路中接一文丘里管，如图 1.71 所示。文丘里管

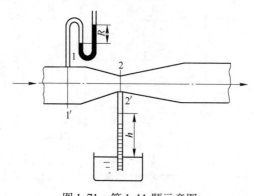

图 1.71 第 1.11 题示意图

的上游接一水银 U 形管压差计，在直径为 20mm 的喉颈处接一细管，其下部插入水槽中。空气流过文丘里管的能量损失可忽略不计。当 U 形管压差计读数 $R = 25\text{mm}$、$h = 0.5\text{m}$ 时，试求此时空气的流量。当地大气压强为 $101.33 \times 10^3 \text{Pa}$。

1.12　如图 1.72 所示的文丘里管，直管直径 $D = 200\text{mm}$，喉管直径 $d = 100\text{mm}$，$H = 200\text{mm}$，输送气体密度 $\rho = 1.2\text{kg/m}^3$。利用水银 U 形管压差计测量压力，当 $R = 30\text{mm}$ 时，水银密度为 13600kg/m^3，将水从水池中吸入水平管中间，此时气体流速应不低于多少？（忽略气体阻力损失）

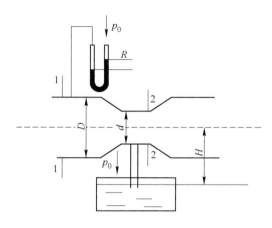

图 1.72　第 1.12 题示意图

1.13　如图 1.73 所示，贮水槽水位恒定，槽底放水管直径为 $\phi107\text{mm} \times 3.5\text{mm}$，距管子入口 15m 处接一 U 形管水银压差计，其左壁上方充满水，右壁通大气，测压点距管子出水口 20m。其间装一闸阀控制流量。水银密度为 13600kg/m^3，试求：

（1）当闸阀关闭时，测得 $h = 1510\text{mm}$，$R = 620\text{mm}$；当闸阀部分开启时，$h = 1410\text{mm}$，$R = 400\text{mm}$。设管路摩擦系数 $\lambda = 0.02$，管入口阻力系数为 0.5，则每小时从管中流出的水量及此时闸阀的当量长度为多少？

（2）当闸阀全开时（$l_e/d = 15$，$\lambda = 0.018$），U 形管压差计的度数为多少毫米？

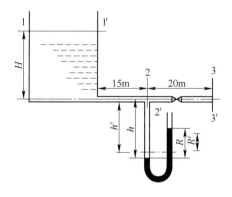

图 1.73　第 1.13 题示意图

1.14　如图 1.74 所示，水平通风管道某处的直径自 400mm 渐缩到 250mm，为了粗略估计其中空气的流量，在锥形接头两端各引出一个测压口与 U 形管压差计相连，用水作指示液测得读数为 $R = 40\text{mm}$。设空气流过锥形接头的阻力可以忽略，求空气的体积流量。空气的密度为 1.2kg/m^3。

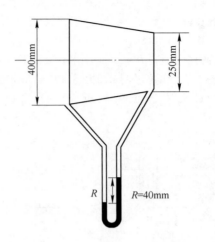

图 1.74   第 1.14 题示意图

1.15   水（黏度为 1cp，密度 1000kg/m³）以平均速度为 1m/s 流过直径为 0.001m 的水平管路。
      试求：
      （1）水在管路的流动是层流还是湍流？
      （2）水流过管长为 2m 时的压降为多少毫米水柱？
      （3）求最大速度及发生的位置。
      （4）求距离管中心什么位置时，其速度恰好等于平均速度？

1.16   某列管换热器中共有 250 根平行换热管。流经管内的总水量为 144t/h，平均水温 10℃，水的黏度
      为 1.305×10^{-3} Pa·s，为了保证换热器的冷却效果，需使管内水流处于湍流状态，问对管径有何
      要求？

1.17   有一供粗略估计的规则：湍流条件下，管长每等于管径的 50 倍，则压头损失约等于一个速度头，
      试用范宁公式论证其合理性。

1.18   20℃水的流量为 20m³/h。高位液面比贮罐液面高 10m（见图 1.75）。吸入管为 $\phi89mm \times 4mm$ 无缝
      钢管，直管长 5m，一个底阀、一个 90° 标准弯头。排出管为 $\phi57mm \times 3.5mm$ 无缝钢管，直管长
      20m，有一个全开闸阀、一个全开截止阀和两个标准弯头。液面恒定且与大气相通。求泵的轴功
      率（泵的效率为 70%）。

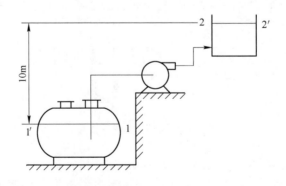

图 1.75   第 1.18 题示意图

已知：90°标准弯头 $\zeta = 0.75$，全开闸阀 $\zeta = 0.17$，底阀 $\zeta = 1.5$，全开截止阀 $\zeta = 6.4$。

1.19　30℃的空气以每小时 2000m³ 的流量自内径 200mm 的管道流入内径 300mm 的管道。求突然扩大前后的压力变化，以毫米水柱（mmH₂O）表示。常压下 30℃空气的密度 $\rho = 1.165\mathrm{kg/m^3}$。

1.20　用泵将贮槽中密度为 1200kg/m³ 的溶液送到蒸发器内（见图 1.76），贮槽内液面维持恒定，其上方压强为 $101.33 \times 10^3\mathrm{Pa}$，蒸发器上部的蒸发室内操作压强为 26670Pa（真空度），蒸发器进料口高于贮槽内液面 15m，进料量为 20m³/h，溶液流经全部管路的能量损失为 120J/kg，求泵的有效功率。设本题泵的效率为 0.65，管路直径为 60mm。

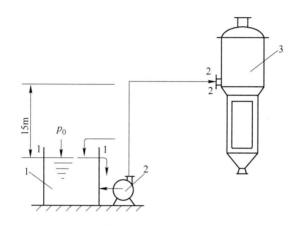

图 1.76　第 1.20 题示意图

1.21　如图 1.77 所示，从高位水塔引水到车间，水塔的水位可视为不变，管段 1、2 管径相同，现因管段 2 有渗漏，而将其换成一较小管径的管子，长度与原来相同，试分析输送能力和阀门前压力的变化。

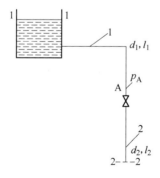

图 1.77　第 1.21 题示意图

1.22　用内径为 300mm 的钢质管子输送 20℃的水。为了测量管内水的流量，采用主管旁边并联安装一转子流量计的支管的装置，如图 1.78 所示。在 2m 长的一段主管路上并联了一根总长为 10m（包括分支直管及局部阻力的当量长度）的 $\phi60\mathrm{mm} \times 3.5\mathrm{mm}$ 的支管。支管上转子流量计读数为 3m³/h，试求水在总管中的流量。假设主管与支管的摩擦阻力系数分别为 0.02 和 0.03。

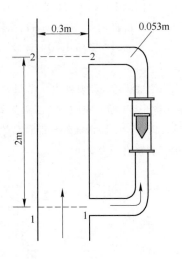

图 1.78   第 1.22 题示意图

1.23 图 1.79 所示为测定离心泵特性曲线的实验装置，实验中已测出如下一组数据：泵进口处真空表读数 $p_1 = 2.67 \times 10^4 \mathrm{Pa}$（真空度），泵出口处压强表读数 $p_2 = 2.55 \times 10^5 \mathrm{Pa}$（表压），泵的流量 $Q = 12.5 \times 10^{-3} \mathrm{m^3/s}$，功率表测得电动机所消耗功率为 6.2kW，吸入管直径 $d_1 = 80\mathrm{mm}$，压出管直径 $d_2 = 60\mathrm{mm}$，两个测压点间垂直距离 $Z_2 - Z_1 = 0.5\mathrm{m}$，泵由电动机直接带动，传动效率可视为 1，电动机的效率为 0.93，实验介质为 20℃的清水。

试计算在此流量下泵的压头 H、轴功率 N 和效率 η。

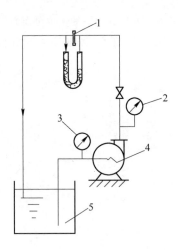

图 1.79   第 1.23 题示意图

1—流量计；2—压强表；3—真空计；4—离心泵；5—贮槽

1.24 将 20℃的清水从贮水池送至水塔，已知塔内水面高于贮水池水面 13m。水塔及贮水池水面恒定不变，且均与大气相通。输水管为 $\phi 140\mathrm{mm} \times 4.5\mathrm{mm}$ 的钢管，总长为 200m（包括局部阻力的当量长度）。现拟选用 4B20 型水泵，当转速为 2900r/min 时，其特性曲线如图 1.80 所示，试分别求泵在运转时的流量、轴功率及效率。摩擦系数 λ 可按 0.02 计算。

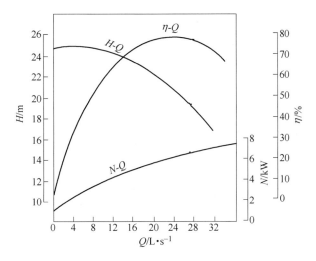

图 1.80　第 1.24 题示意图 （$n = 2900\text{r/min}$）

1.25　如图 1.81 所示的输水系统，已知管内径为 $d = 50\text{mm}$，在阀门全开时输送系统的 $(l + \sum l_e) = 50\text{m}$，摩擦系数 λ 可取 0.03，泵的性能曲线在流量为 $6 \sim 15\text{m}^3/\text{h}$ 范围内可用下式描述：$H = 18.92 - 0.82Q^{0.8}$（H 为泵的扬程，Q 为泵的流量）。问：

（1）如要求输送量为 $10\text{m}^3/\text{h}$，单位质量的水所需外加功为多少，此泵能否完成任务？

（2）如要求输送量减至 $8\text{m}^3/\text{h}$（通过关小阀门来达到），泵的轴功率减少的百分比（设泵的效率变化忽略不计）。

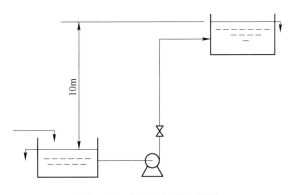

图 1.81　第 1.25 题示意图

1.26　用离心泵输送 65℃ 的水，分别提出了如图 1.82 所示的三种安装方式（图中安装高度与压出高度所标注的数字单位都是 mm）。三种安装方式的管路总长（包括管件的当量长度）可视为相同。试讨论：

（1）这三种安装方式是否都能将水送至高位槽，若能送到，其流量是否相等？

（2）这三种安装方式，泵所需功率是否相等？

已知：65℃ 水的饱和蒸气压为 25.0kPa，密度为 980.5kg/m^3。

1.27　将密度为 1500kg/m^3 的硝酸送入反应釜，最大流量为 $6\text{m}^3/\text{h}$，升举高度为 8m。釜内压力为 300kPa，管路的压力损失为 30kPa。试在下面的耐腐蚀泵性能表（见表 1.8）中选定一个型号，并估计泵的轴功率。

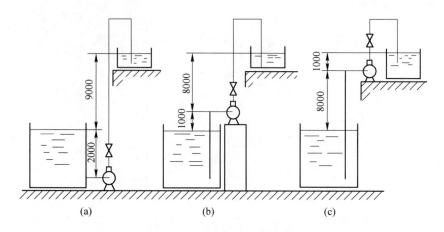

图 1.82　第 1.26 题示意图

表 1.8　IH 型耐腐蚀泵的性能参数

型　　号	流量/$m^3 \cdot h^{-1}$	扬程/m	转速/$r \cdot min^{-1}$	效率/%
IH40-32-160		32		36
IH40-32-200	6.3	50	2900	34
IH40-32-250		80		26

注：耐腐蚀泵型号的意义，以 IH40-32-160 为例，IH—国际标准化工泵系列产品；40—泵入口直径，mm；
　　32—泵排出口直径，mm；160—叶轮的名义直径，mm。

1.28　在图 1.83 所示的管路中装有离心泵，吸入管直径 $d_1 = 80mm$，长 $l_1 = 6m$，阻力系数 $\lambda_1 = 0.02$，压出管直径 $d_2 = 60mm$，长 $l_2 = 13m$，阻力系数 $\lambda_2 = 0.03$，在压出管 E 处装有阀门，其局部阻力系数 $\xi_E = 6.4$，管路两端水面高度差 $H = 10m$，泵进口高于水面 2m，管内流量为 $12 \times 10^{-3} m^3/s$。试求：

（1）每千克流体需要从离心泵获得多少机械能？

（2）泵进、出口断面的压强 p_C 和 p_D 各为多少？

（3）如果是高位槽中的水沿同样管路向下流出，管内流量不变，问是否需要安装离心泵？

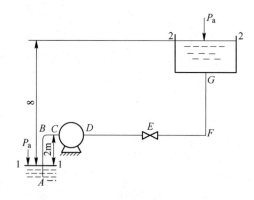

图 1.83　第 1.28 题示意图

1.29　如图 1.84 所示，用离心泵将池中常温水送至一敞口高位槽中。泵的特性方程可近似用 $H = 25.7 - 7.36 \times 10^{-4} Q^2$ 表示（H 的单位为 m，Q 的单位为 m³/h）；管出口距池中水面高度为 13m，直管长 90m，采用 $\phi 114mm \times 4mm$ 的钢管。管路上有 2 个 $\zeta_1 = 0.75$ 的 90°弯头，1 个 $\zeta_2 = 6.0$ 的全开标准阀，一个 $\zeta_3 = 8$ 的底阀。试求：

（1）标准阀全开时，管路中实际流量为多少（单位为 m³/h）？

（2）为使流量达到 60m³/h，现采用调节阀门开度的方法，应如何调节？求此时的管路特性方程。

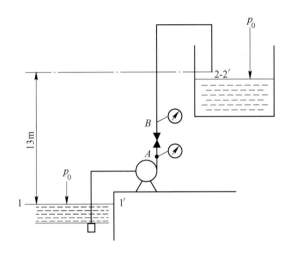

图 1.84　第 1.29 题示意图

1.30　用某离心泵从贮槽向反应器输送液态异丁烷，贮槽内异丁烷液面恒定，液面上方压强为 652.37kPa（绝压），泵位于贮槽液面以下 1.5m 处，吸入管路的全部压头损失为 1.6m。异丁烷在输送条件下的密度为 530kg/m³，饱和蒸气压为 637.65kPa。在泵的性能表上查得输送流量下泵允许气蚀余量为 3.5m。

试问：该泵能否正常操作？若要使该泵能够正常操作，则应该采取什么措施？

两相流的分离与输送

掌握内容：

　　掌握均相混合物和非均相混合物的概念；自由沉降、干扰沉降、离心沉降、过滤及流态化的概念；沉降速度的计算，斯托克斯方程的运用及离心沉降速度表达式的运用；滤饼过滤中流体流动简化模型的计算；过滤基本方程式和恒压过滤方程的运用；流态化过程的特点及起始流化速度的计算。

熟悉内容：

　　熟悉降尘室生产能力的数学描述；旋风及旋液分离器的基本结构、工作原理和操作特性；散式流态化与聚式流态化过程。

了解内容：

　　了解物料水力输送特性；物料气力输送特点。

2.1　两相流相对运动

　　两相流是两相物质（至少一相为流体）所组成的流动系统，其相间存在质量、热量与动量传递，同时相内还可能伴随着化学反应。与单相流相比，两相流的复杂性在于相界面的存在，各相运动参量在界面上发生跳跃，通过界面各相间进行质量、动量和能量的传递。

　　两相流动涉及的范围非常广泛，研究单颗粒运动、高浓度颗粒流化床到颗粒碰撞作用占优势的颗粒流等的理论都属于两相流范畴。至今尚未建立两相流理论分析的通用微分方程组。大量理论工作采用的是两类简化模型：（1）均相模型。将两相介质看成是一种混合非常均匀的混合物，假定处理单相流动的概念和方法仍然适用于两相流，但需对它的物理性质及传递性质作合理的假定；（2）分相模型。认为单相流的概念和方法可分别用于两相系统的各个相，同时考虑两相之间的相互作用。

2.2　两相流的分离

　　沉降和过滤是典型的两相流分离单元操作。其中，沉降是借助某种力的作用，利用连续相与分散相的密度差异使之发生相对运动而分离的过程。按混合物所处的力场，可分重力沉降分离和离心沉降分离。前者适于分离出较大的固体颗粒（100μm以上），而后者则可分离出较小的颗粒（5~10μm以上）。其中重力沉降分离又包括自由沉降和干扰沉降。

2.2.1 自由沉降

任意一颗粒的沉降不因流体中存在其他颗粒而受干扰，颗粒间相互独立，互不影响的沉降称为自由沉降。

重力场内，当颗粒在静止的流体中自由沉降时，共受到三个力的作用：重力、浮力和阻力。m为颗粒的质量，a为颗粒的加速度，则有：

$$（重力 - 浮力）- 阻力 = ma \tag{2.1}$$

初始时，颗粒的沉降速度为零，所受阻力为零，颗粒将加速下降。随着降落速度的增加，阻力也相应增大，直至与净重力（重力 - 浮力）相等，颗粒受力达到平衡，加速度也减为零。此后，颗粒即以等速下降，这一终端速度称为沉降速度。

直径为d的球形颗粒的沉降速度：

$$重力 = F_g = \frac{\pi}{6}d^3\rho_s g \tag{2.2}$$

$$浮力 = F_b = \frac{\pi}{6}d^3\rho g \tag{2.3}$$

$$阻力 = F_d = \xi A \frac{\rho u_0^2}{2} \tag{2.4}$$

对于球形颗粒：

$$A = \frac{\pi}{4}d^2 \tag{2.5}$$

则

$$F_d = \xi \cdot \frac{\pi}{4}d^2 \cdot \frac{\rho u_0^2}{2} \tag{2.6}$$

达到沉降速度时，阻力的大小应等于净重力，即

$$\frac{\pi}{6}d^3\rho_s g - \frac{\pi}{6}d^3\rho g = \xi\frac{\pi}{4}d^2\frac{\rho u_0^2}{2} \tag{2.7}$$

解得

$$u_0 = \sqrt{\frac{4dg(\rho_s - \rho)}{3\rho\xi}} \tag{2.8}$$

式（2.8）即为沉降速度的一般表达式。

采用式（2.8）计算沉降速度时，须知阻力系数ξ，采用量纲分析法可导出ξ是流体与颗粒做相对运动时雷诺数Re_0的函数。

对于球形颗粒而言，可以分为三段，用不同的公式表示。

（1）$Re_0 \leq 0.3$（可近似用到$Re_0 = 2$）层流区，又称斯托克斯区，此时

$$\xi = \frac{24}{Re_0} \tag{2.9}$$

（2）$2 < Re_0 \leq 500$ 过渡区，又称艾伦（Allen）区

$$\xi = \frac{18.5}{Re_0^{0.6}} \tag{2.10}$$

（3）$500 < Re_0 \leqslant 2 \times 10^5$ 湍流区，又称牛顿区，此时

$$\xi = 0.44 \tag{2.11}$$

雷诺数超过 2×10^5 在工业沉降过程中一般达不到。

将式（2.9）~式（2.11）逐个代入式（2.8），可以得到下列计算沉降速度的公式。

（1）$Re_0 \leqslant 0.3$（可近似用到 $Re_0 = 2$）层流区，又称斯托克斯区，则

$$u_0 = \frac{d^2 (\rho_s - \rho) g}{18 \mu} \tag{2.12}$$

式（2.12）也称为斯托克斯定律。

（2）$2 < Re_0 \leqslant 500$ 过渡区，又称艾伦区

$$u_0 = 0.269 \sqrt{\frac{g d (\rho_s - \rho) Re_0^{0.6}}{\rho}} \tag{2.13}$$

（3）$500 < Re_0 \leqslant 2 \times 10^5$ 湍流区，又称牛顿区，此时

$$u_0 = 1.74 \sqrt{\frac{d (\rho_s - \rho) g}{\rho}} \tag{2.14}$$

须根据雷诺数数值选用式（2.12）~式（2.14），而雷诺数不能预先算出，解决方法之一是：先假设沉降属于层流区，用式（2.12）计算出 u_0，再核算 Re_0，如 $Re_0 > 2$，便根据其大小使用相应的公式另算 u_0，直至确认所用的公式适合为止。

例 2.1   计算直径为 $95 \mu m$，密度为 $3000 kg/m^3$ 的固体颗粒在 $20 ℃$ 的水中的自由沉降速度（$20 ℃$ 时水的密度为 $998.2 kg/m^3$，黏度 $\mu = 1.005 \times 10^{-3} Pa \cdot s$）。

解：用试差法计算，先假设颗粒在层流区内沉降

$$u_0 = \frac{d^2 (\rho_s - \rho) g}{18 \mu}$$

$20 ℃$ 时水的密度为 $998.2 kg/m^3$，$\mu = 1.005 \times 10^{-3} Pa \cdot s$，故

$$u_0 = \frac{(95 \times 10^{-6})^2 \times (3000 - 998.2) \times 9.81}{18 \times 1.005 \times 10^{-3}} = 9.797 \times 10^{-3} m/s$$

核算流型：

$$Re_0 = \frac{d u_0 \rho}{\mu} = \frac{95 \times 10^{-6} \times 9.797 \times 10^{-3} \times 998.2}{1.005 \times 10^{-3}} = 0.9244 < 2$$

原假设层流区正确，求得的沉降速度有效。

2.2.2   干扰沉降

若颗粒之间的距离相当近，即使没有相互接触，一个颗粒沉降时也会受到其他颗粒的影响，这种沉降称为干扰沉降。典型的干扰沉降设备有降尘室和沉降槽。

2.2.2.1   降尘室

借重力沉降以除去气流中的尘粒，此类设备称为降尘室，如图 2.1 所示。含尘气体进入降尘室后流动截面增大，流速降低，在室内有一定的停留时间使颗粒能在气体离室之前沉降至室底而被除去。显然，气流在降尘室内的均匀分布是十分重要的。若设计不当，气流分布不均甚至有死角存在，则必有部分气体停留时间较短，其中所含颗粒就来不及沉降而被带出室外。为使气流均匀分布，降尘室采用锥形进出口。

　　降尘室的容积一般较大，气体在其中的流速小于 1m/s。实际上为避免沉下的尘粒重新被扬起，往往采用更低的气速。通常它可捕获大于 50μm 的粗颗粒。

　　颗粒在降尘室内的运动情况如图 2.2 所示。设有流量为 $V_s(\mathrm{m^3/s})$ 的含尘气体进入降尘室。降尘室的底面积为 $A_0(\mathrm{m^2})$，高度为 $H(\mathrm{m})$。若气流在整个流动截面上均匀分布，则任一流体质点从进入至离开降尘室的时间间隔（停留时间）θ_t，为：

$$\theta_t = \frac{L}{u} \tag{2.15}$$

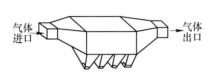

图 2.1　降尘室

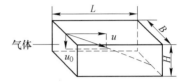

图 2.2　颗粒在降尘室中的运动

沉降时间 θ_0：

$$\theta_0 = \frac{H}{u_0} \tag{2.16}$$

　　降尘室的工作条件：颗粒停留时间不小于沉降时间，即 $\theta_t \geqslant \theta_0$。

　　根据极限条件取等号，降尘室的最大处理量为：

$$V_s = BHu = BLu_0 = A_0u_0 \tag{2.17}$$

　　式（2.17）表明，含尘气体的处理量为降尘室的底面积与沉降速度之积，而与降尘室的高度无关。因此，降尘室一般做成扁平形的。如将除尘室做成多层，即室内以水平隔板分割成若干层，则称为多层降尘室，可以提高含尘气体的处理量。

　　若沉降时斯托克斯定律适用，又设颗粒在降尘室中做自由沉降，则可完全分离出的最小颗粒直径 $d_{\min}$，可计算如下：

$$d_{\min} = \sqrt{\frac{18\mu V_s}{g(\rho_s - \rho)A_0}} \tag{2.18}$$

　　例 2.2　拟采用降尘室除去常压炉气中的球形尘粒。降尘室的宽和长分别为 2m 和 6m，气体处理量（标态）为 $1\mathrm{m^3/s}$，炉气温度为 427℃，相应的密度 $\rho = 0.5\mathrm{kg/m^3}$，黏度 $\mu = 3.4 \times 10^{-5}\mathrm{Pa \cdot s}$，固体密度 $\rho_s = 400\mathrm{kg/m^3}$ 操作条件下，规定气体速度不大于 0.5m/s，试求：

　　（1）降尘室的总高度 H；

　　（2）理论上能完全分离下来的最小颗粒尺寸；

　　（3）粒径为 40μm 的颗粒的回收百分率。

　　解：（1）降尘室的总高度 H：

$$V_s = V_0 \times \frac{273 + t}{273} = 1 \times \frac{273 + 427}{273} = 2.564\mathrm{m^3/s}$$

$$H = \frac{V_s}{Bu} = \frac{2.564}{2 \times 0.5} = 2.564\mathrm{m}$$

　　（2）理论上能完全除去的最小颗粒尺寸：

$$u_0 = \frac{V_s}{BL} = \frac{2.564}{2 \times 6} = 0.214 \text{m/s}$$

用试差法由 u_0 求 $d_{\min}$。假设沉降在斯托克斯区

$$d_{\min} = \sqrt{\frac{18\mu u_0}{(\rho_s - \rho)g}} = \sqrt{\frac{18 \times 3.4 \times 10^{-5} \times 0.214}{(4000 - 0.5) \times 9.807}} = 5.78 \times 10^{-5} \text{m}$$

核算沉降流型

$$Re_0 = \frac{du_0\rho}{\mu} = \frac{5.78 \times 10^{-5} \times 0.214 \times 0.5}{3.14 \times 10^{-5}} = 0.182 < 2$$

所以原假设正确。

（3）粒径为 $40\mu\text{m}$ 的颗粒回收百分率。粒径为 $40\mu\text{m}$ 的颗粒假定在层流区，其沉降速度：

$$u_0' = \frac{d^2(\rho_s - \rho)g}{18\mu} = \frac{(40 \times 10^{-6})^2 \times (4000 - 0.5) \times 9.807}{18 \times 3.4 \times 10^{-5}} = 0.103 \text{m/s}$$

气体通过降沉室的时间为：

$$\theta = \frac{L}{u} = \frac{6}{0.5} = 12\text{s}$$

直径为 $40\mu\text{m}$ 的颗粒在 12s 内的沉降高度为：

$$H' = u_0'\theta = 0.103 \times 12 = 1.234\text{m}$$

假设颗粒在降尘室入口处的炉气中是均匀分布的，则颗粒在降尘室内的沉降高度与降尘室高度之比约等于该尺寸颗粒被分离下来的百分率。

直径为 $40\mu\text{m}$ 的颗粒被回收的百分率为：

$$\frac{H'}{H} = \frac{1.234}{2.564} \times 100\% = 48.13\%$$

2.2.2.2　沉降槽

沉降槽是固液分离用的重力沉降设备，也称增稠器或澄清器，用来提高悬浮液浓度并同时得到澄清液。沉降分离的目的主要是为了得到澄清液时称为澄清器；若分离的目的是得到含固体粒子的沉淀物时称为增稠器。悬浮液的沉降过程属于干扰沉降，且越往下颗粒浓度越高。悬浊液浓度越大，沉降的阻力便越大；颗粒越密集，被置换出的液体向上运动时对沉降的阻滞作用也越大，因此颗粒越往下沉降速度越慢。另一方面，沉降很快的大颗粒又会把沉降慢的小颗粒向下拉，结果小颗粒被加速而大颗粒则变慢。此外，颗粒又会相互聚结成棉絮状整团往下沉，使沉降加快，称为絮凝现象。所以，这种过程中的沉降速度难以进行计算，通常由实验决定。

沉降过程可用图2.3说明。在玻璃量筒中，加入均匀的悬浮液，如图2.3(a)的情况。过程开始后所有的颗粒都开始沉降，并且很快就达到沉降终速，于是就出现了几个区域。如图2.3(b)所示，最先沉降的较重颗粒构成了4区，称为粗粒固体区。在这个区域上边紧接着有一个过渡区，界线不很明显，此过渡区中有一股股的上升液体形成沟流，这些沟流是由于固体颗粒进入4区压紧间隙而排出来的。此区上面就是由不同粒径的颗粒及不同浓度分布的悬浮液组成的3区。3区之上为均匀浓度2区，而在3区和2区之间有一过渡区。2区浓度与开始时的浓度几乎一致。最上面是清液区1，如果固体颗粒直径比较均匀

时，在 1、2 区之间有十分清晰的界面。各区的高度随时间而变化，如图 2.3(b)~(d)所示，1 区和 4 区高度不断增加，而 2 区、3 区高度不断减少，最后 2 区、3 区消失，只剩 1 区和 4 区，如图 2.3(e)所示，且在 1 区和 4 区之间有一个界面，此时全部固体颗粒均进入 4 区，这称之为沉降的临界点，而从此以后进行着沉淀的压紧过程。

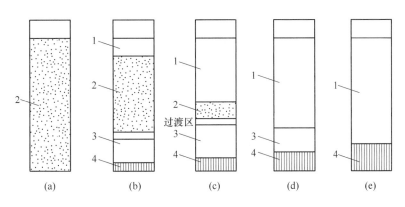

图 2.3 沉降过程示意图
1—清液区；2—均一浓度区；3—浓度及粒径不均匀区；4—粗粒固体区

在连续操作的沉降槽中也大体上存在上述各区。操作稳定之后各区的高度保持不变，如图 2.4 所示。槽的总深度为 4 个区之总和，即清液区、加料区、过渡区及压缩区。计算出的压缩区深度的数值要乘以 1.75，此值作为安全因素，以保证压缩到足够的浓度。此外还要加 1~2m 作为清液区、加料区及过渡区深度。若沉降槽的处理量增加还会引起槽内流动情况的变化，尤其是给料筒的高度不够或直径过于小时，进料带来的激烈搅动会更加严重，从而影响清液的质量。另外，上升流造成的沟流现象的加剧，会使槽的面积效率进一步降低，同时短路流也会加剧。考虑到后续的分离过程，也容易引起槽内湍流搅混、产生沟流及短路现象。由于短路流和湍流搅混会使体积效率进一步降低，这些都只有通过加高槽体的高度才能克服。增加沉降槽的高度，可以减少沉降槽中湍流搅混，减少短路流，从而提高溢流的澄清度和底流的压缩程度，提高槽的产能。

2.2.3 离心沉降

2.2.3.1 离心沉降原理

当颗粒在离心力场中沉降时其路径呈弧形，如图 2.5 中的虚线 ACB 所示。当颗粒位于距旋转中心 O 的距离为 r 的点 C 处时，其切线速度为 u_t，径向速度（即沉降速度）为 u_r，绝对速度即为此二者的合速度 u，其方向为点 C 处弧线 ACB 的切线方向。

与重力场中的自由沉降类似，颗粒在离心场中自由沉降时，共受到三个力的作用：

$$离心力 = \frac{\pi d^3}{6} \rho_s \frac{u_t^2}{r} \tag{2.19}$$

$$浮力 = \frac{\pi d^3}{6} \rho \frac{u_t^2}{r} \tag{2.20}$$

$$阻力 = \xi \frac{\pi d^2}{4} \frac{\rho u_r^2}{2} \tag{2.21}$$

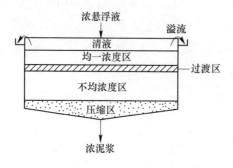

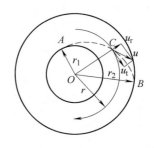

图 2.4　连续沉降槽的沉降区　　　　　　　图 2.5　颗粒在旋转流场中的运动

三力达到平衡，则：

$$\frac{\pi d^3}{6}\rho_s\frac{u_t^2}{r} - \frac{\pi d^3}{6}\rho\frac{u_t^2}{r} - \xi\frac{\pi d^2}{4}\frac{\rho u_r^2}{2} = 0 \tag{2.22}$$

解出离心沉降速度：

$$u_r = \sqrt{\frac{4d(\rho_s - \rho)u_t^2}{3\xi\rho r}} \tag{2.23}$$

工程上，将粒子所在位置上的惯性离心力场强度与重力场强度之比称为离心分离因数 K_c：

$$K_c = \frac{u_t^2}{gr} \tag{2.24}$$

颗粒与流体介质的相对运动属于层流时，阻力系数 $\xi = \dfrac{24}{Re_0}$，离心沉降速度简化为：

$$u_r = \frac{d^2(\rho_s - \rho)u_t^2}{18\mu r} \tag{2.25}$$

2.2.3.2　离心沉降分离设备

A　旋风分离器

旋风分离器是离心沉降的典型分离设备。图 2.6 中旋风分离器各部分尺寸均按一定比例，如规定出直径 D 或进气口宽度 B，其他尺寸相应可确定。旋风分离器处理的气体体积流量即为其生产能力。

旋风分离器的主要性能是分离效率和气体通过旋风分离器的压强降。

（1）临界直径。颗粒在层流情况下做自由沉降，径向速度为：

$$u_r = \frac{d^2(\rho_s - \rho)u_t^2}{18\mu r}$$

其中，进入旋风分离器的气流严格按照螺旋形路线做等速运动，且切线速度恒定，等于进口气速，即 $u_t = u_i$；颗粒沉降过程中所穿过的气流厚度为进气口宽度 B，因 $\rho \ll \rho_s$，故 ρ 可略去，而旋转半径 r 可取平均值 r_m，并用进口

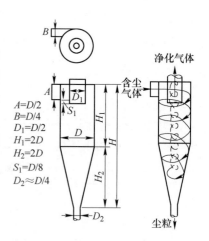

$A = D/2$
$B = D/4$
$D_1 = D/2$
$H_1 = 2D$
$H_2 = 2D$
$S_1 = D/8$
$D_2 \approx D/4$

图 2.6　旋风分离器操作原理图

速度 u_i 代替 u_t。此式成为:

$$u_r = \frac{d^2 \rho_s u_i^2}{18\mu r_m}$$ (2.26)

颗粒到达器壁所需要的时间:

$$\theta_0 = \frac{B}{u_r} = \frac{18\mu r_m B}{d^2 \rho_s u_i^2}$$ (2.27)

停留时间为:

$$\theta_t = \frac{2\pi r_m N}{u_i}$$ (2.28)

旋风分离器的工作条件:颗粒的停留时间不小于沉降时间,对某尺寸的颗粒所需的沉降时间 θ_0 恰好等于停留时间 θ_t,该颗粒就是理论上能被完全分离下来的最小颗粒,用 d_c 表示这种颗粒的直径,即临界粒径:

$$\frac{18\mu r_m B}{d_c^2 \rho_s u_i^2} = \frac{2\pi r_m N}{u_i}$$ (2.29)

解出临界粒径的表达式:

$$d_c = \sqrt{\frac{9\mu B}{\pi N \rho_s u_i}}$$ (2.30)

(2)分离效率。表征旋风分离器的分离效率有两种表示方法:粒级效率和总效率。

粒级效率是指进入旋风分离器的某一粒径颗粒被分离下来的质量分数。理论上,直径不小于 d_c 的颗粒,粒级效率为1。能分离的直径之比等于颗粒距筒壁的距离之比的平方,故直径等于 d 的颗粒粒级效率:

$$\eta = (d/d_c)^2$$ (2.31)

总效率是指进入旋风分离器的全部粉尘中被分离下来的粉尘的质量分数。

(3)压强降。气体通过旋风分离器时,由于进气管、排气管及主体器壁所引起的摩擦阻力,气体流动时的局部阻力以及气体旋转所产生的动能损失造成了气体的压强降:

$$\Delta p = \frac{\xi_c \rho u_i^2}{2}$$ (2.32)

式中 ξ_c ——阻力系数,需要实验测定,对于同一种结构形式的旋风分离器,不论其尺寸大小,阻力系数为常数。

例 2.3 气体中所含尘粒的密度为 2000kg/m³,气体的流量为 5500m³/h,温度为 500℃,密度为 0.43kg/m³,黏度为 3.6×10^{-5} Pa·s,拟采用标准形式的旋风分离器进行除尘,要求分离效率不低于90%,且已知相应的临界粒径不大于 10μm,要求压降不超过 700Pa,试确定旋风分离器的尺寸与个数($\xi_c = 8.0$)。

解:根据允许的压降确定气体在入口的流速 u_i:

$$\Delta p = \xi_c \frac{\rho u_i^2}{2} = 700, \quad \xi_c = 8.0$$

$$u_i = \sqrt{\frac{2\Delta p}{\xi_c \rho}} = \sqrt{\frac{2 \times 700}{8.0 \times 0.43}} = 20.2 \text{m/s}$$

按分离要求,临界粒径不大于 10μm,故取临界粒径 $d_c = 10$μm 来计算粒径的尺寸。

由 u_i 与 d_c 计算 D：

$$d_c = \sqrt{\frac{9\mu B}{\pi N u_i \rho_s}} = 10 \times 10^{-6}\text{m},\ N = 5$$

$$B = \frac{\pi N \rho_s u_i d_c^2}{9\mu} = \frac{\pi \times 5 \times 2000 \times 20.2 \times (10 \times 10^{-6})^2}{9 \times 3.6 \times 10^{-5}} = 0.196\text{m}$$

旋风分离器的直径：$D = 4B = 4 \times 0.196 = 0.78\text{m}$。

根据 D 与 u_i 计算每个分离器的处理量，再根据气体流量确定旋风分离器的数目。

进气管截面面积：

$$AB = \frac{D}{2} \times \frac{D}{4} = \frac{D^2}{8} = 0.076\text{m}^2$$

每个旋风分离器的气体处理量为：

$$V'_s = (AB)u_i = 0.076 \times 20.2 = 1.535\text{m}^3/\text{s}$$

含尘气体在操作状况下的总流量为：

$$V_s = \frac{5500}{3600} \times \frac{273 + 500}{273} = 4.32\text{m}^3/\text{s}$$

所需旋风分离器的台数为：

$$n = \frac{V_s}{V'_s} = 2.8$$

为满足规定的气体处理量、压强降及分离效率三项指标，需要直径不大于 0.78m 的标准分离器至少 3 台，为了便于安排，现采用 4 台并联。

校核压力降与分离效率：4 台并联时，每台旋风分离器的气体处理量为：

$$V'_s = \frac{V_s}{4} = 1.08\text{m}^3/\text{s}$$

为了达到指定的分离效率，临界粒径仍取为 10μm。

$$d_c = \sqrt{\frac{9\mu B}{\pi N \rho_s u_i}},\ B = \frac{D}{4},\ u_i = \frac{V'_s}{AB} = \frac{8V'_s}{D^2} \Longrightarrow d_c = \sqrt{\frac{9\mu \cdot \dfrac{D}{4}}{\pi N \rho_s \dfrac{8V'_s}{D^2}}}$$

因此

$$D = \sqrt[3]{\frac{32\pi\rho_s V'_s d_c^2}{9\mu}} = 0.695\text{m}$$

校核 Δp：

$$u_i = \frac{8V'_s}{D^2} = \frac{8 \times 1.08}{0.695^2} = 17.9\text{m/s}$$

$$\Delta p = \xi \frac{\rho u_i^2}{2} = 8.0 \times \frac{0.43 \times 17.9^2}{2} = 550\text{Pa}\ (<700\text{Pa})$$

或者从维持指定的最大允许压降数值为前提，求得每台旋风分离器的最小直径。已知 $\Delta p = 700\text{Pa}$，$u_i = 20.2\text{m/s}$，则：

$$AB = \frac{D^2}{8} = \frac{V'_s}{u_i} = \frac{1.08}{20.2} = 0.0535\text{m}^2$$

$$D = \sqrt{8 \times 0.0535} = 0.654\text{m}$$

校核临界粒径

$$d_c = \sqrt{\frac{9\mu B}{\pi N \rho_s u_i}} = 9.1 \times 10^{-6} m = 9.1 \mu m$$

根据以上计算可知，当采用4个尺寸相同的标准型旋风分离器并联操作来处理本题中的含尘气体时，只要分离器在 $0.654 \sim 0.695$ m 范围内，便可同时满足气量、压强降及效率指标。倘若直径 $D > 0.695$ m，则在规定的气量下不能达到规定的分离效率。倘若直径 $D < 0.654$ m，则在规定的气量下，压降将超出允许的范围。

B 旋液分离器

旋液分离器是一种利用离心力从液流中分离固体颗粒的设备。其构造及原理都与旋风分离器基本相同，其工作条件也是：颗粒的停留时间≥沉降时间。图2.7所示为旋液分离器的操作原理图，含有固体颗粒的液体从圆筒上侧的进料管以切线方向注入，按螺旋形路线旋转，到达底部后折返，形成内层的上旋流，从顶部中央的出料口排出。液体中较大的固体颗粒随着液体的旋转被逐渐甩向器壁并沿器壁落下，滑向底部锥形出口，成为较浓的悬浮液排出，称为底流；清液或只含有很细颗粒的液体，随上旋流体从顶部中心管排出，称为溢流。

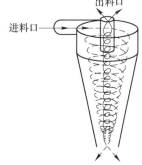

图2.7 旋液分离器的操作原理图

2.2.4 过滤

与沉降比较，过滤能够分离的颗粒更细，所得的颗粒含液量更少。

2.2.4.1 液固过滤

A 过滤原理

过滤是过程工程中固液分离的典型单元操作，其是以某种多孔物质为介质，在外力作用下，使固体悬浮液中的液体通过多孔性物质，而固体颗粒被截留在介质上，从而实现固、液分离。固体悬浮液称为滤浆，多孔性物质称为过滤介质，截留在过滤介质上的固体微粒称为滤饼或滤渣，通过滤饼和过滤介质的清液称为滤液。

过滤分为滤饼过滤和深层过滤，其原理如图2.8所示。

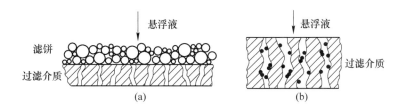

图2.8 滤饼过滤（a）和深层过滤（b）操作示意图

过滤速率指单位时间内通过单位过滤面积的滤液体积，因为过滤为不稳定的流动过程，瞬时过滤速率可表示如下：

$$u = \frac{\mathrm{d}V}{A\mathrm{d}\theta} = \frac{滤液体积流量}{滤饼截面积} \tag{2.33}$$

式中 u ——瞬时过滤速率，m/s；

     A ——滤饼层总截面积，m^2；

     θ ——过滤时间，s；

     V ——滤液体积，m^3。

     B   颗粒床层的简化物理模型

数学模型法（半经验半理论方法）是在对实际过程的机理进行深入分析的基础上，抓住过程的本质，做出某些合理的"等效"与"简化"，建立物理模型，进行数学描述，得出数学模型，通过实验确定模型参数。

固定床中颗粒间的空隙形成许多可供流体流动的细小通道，这些通道是曲折而且互相交联的。同时，这些通道的截面大小和形状又是很不规则的，流体通过如此复杂的通道时的阻力（压降）自然很难进行理论计算，必须依靠实验来解决问题。在固定床内大量细小而密集的固体颗粒对流体的流动提供了很大的阻力，此阻力一方面可使流体沿床截面的速度分布变得相当均匀，另一方面却在床层两端造成很大的压降。为解决压降问题，可在保证单位体积表面积相等的前提下，将颗粒床层内的实际流动过程大幅度的简化，使之可以用数学方程式加以描述，经简化而得到了等效流体流动过程称之为原真实流动过程的物理模型。即，将液体通过饼层内微小通道的流动等效成在平行细管内的流动，这样可通过计算细管内空隙中流动的压强差 Δp，来取代液体通过饼层克服流动阻力的压强差 Δp_f，如图 2.9 所示。

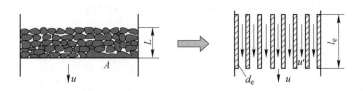

图 2.9   流体在固定床内流动的简化模型

假设：（1）细管长度 l_e 与床层高度 L 成正比。（2）细管的内表面积等于全部颗粒的表面积，流体的流动空间等于床层中颗粒之间的全部空隙体积。

滤液通过饼层的流动看做液体以速度 u 通过许多平均直径为 d_e、长度 l_e 的平行细管内的流动，故可用范宁公式来描述其流动：

$$w_f = \frac{\Delta p_1}{\rho} = \lambda \frac{l_\mathrm{e}}{d_\mathrm{e}} \frac{u'^2}{2} \tag{2.34}$$

其中

$$\lambda = \frac{64}{Re'} \tag{2.35}$$

$$Re' = \frac{d_\mathrm{e} u' \rho}{\mu} \tag{2.36}$$

将式（2.35）和式（2.36）带入式（2.34）中，得到

$$u' = \frac{\Delta p_1}{32\mu l_\mathrm{e}} d_\mathrm{e}^2 \tag{2.37}$$

式中　Δp_1——通过滤饼的压降，Pa；

　　　u'——滤液在虚拟细管中的流速，m/s；

　　　μ——滤液的黏度，Pa·s；

　　　l_e——细管长度，m，与滤饼厚度 L 具有一定的比例关系，令 $l_e = K_0 L$，K_0 为无量纲的比例常数；

　　　d_e——平行细管的直径，m。

由质量守恒得

$$A \varepsilon u' = Au \tag{2.38}$$

于是

$$u' = \frac{u}{\varepsilon} \tag{2.39}$$

$$d_e = \frac{4 \times 流通截面积}{润湿周边长} = \frac{4 \times 细管的流动空间}{细管的全部内表面积} \tag{2.40}$$

令滤饼的体积为 V，其空隙率为 ε（空隙体积/滤饼体积），滤饼的比表面积 a_B（单位体积的滤饼层所具有的表面积），如果忽略因颗粒相互接触而使裸露的颗粒表面减少，则 a_B 与颗粒的比表面积 a 的关系为 $a_B = a(1 - \varepsilon)$。

$$d_e = \frac{4 \varepsilon V}{a_B V} = \frac{4 \varepsilon}{a(1 - \varepsilon)} \tag{2.41}$$

将式（2.39）、式（2.41）带入式（2.37）中得到 u 的表达式（2.42）。

$$u = \frac{\varepsilon^3}{2 K_0 a^2 (1 - \varepsilon)^2} \frac{\Delta p_1}{\mu L} \tag{2.42}$$

令 $r = \dfrac{2 K_0 a^2 (1 - \varepsilon)^2}{\varepsilon^3}$（比阻，单位 m^{-2}），则

$$u_1 = \frac{\mathrm{d}V}{A \mathrm{d}\theta} = \frac{\mathrm{d}q}{\mathrm{d}\theta} = \frac{\Delta p_1}{r \mu L} = \frac{过滤推动力}{过滤阻力} \tag{2.43}$$

$$u_2 = \frac{\Delta p_2}{r' \mu L'} = \frac{\Delta p_2}{r \mu L_e} \tag{2.44}$$

$$u = \frac{\Delta p_1}{r \mu L} + \frac{\Delta p_2}{r \mu L_e} = \frac{\Delta p}{r \mu (L + L_e)} \tag{2.45}$$

将滤饼体积设为 c，得到的滤液体积为 V，则式（2.45）变为：

$$\frac{\mathrm{d}V}{A \mathrm{d}\theta} = \frac{A \Delta p}{r \mu c (V + V_e)} \tag{2.46}$$

式中　V_e——滤出厚度为 l_e 的一层滤饼所获得的滤液体积，m^3。

　　式（2.46）称为过滤基本方程式，表示过滤过程中任意瞬间的过滤速度与有关因素间的关系，是过滤计算及强化过滤操作的基本依据。该式适用于不可压缩滤饼。对于大多数可压缩滤饼，式中 $r = r_0 \Delta p^s$（其中，r_0、s 均为实验常数，且 s 为压缩指数）。

　　过滤操作有两种典型方式，即恒压过滤和恒速过滤。恒压过滤时维持操作压强差不变，但过滤速度将逐渐下降；恒速过滤则逐渐加大压强差，保持过滤速度不变。对于可压缩滤饼，随着过滤时间的延长，压强差会增加许多，因此恒速过滤无法进行到底。由于过程工程中大多数过滤属恒压过滤，因此以下讨论恒压过滤的基本计算。

　　恒压过滤基本方程式在恒压过滤中，压强差 Δp 为定值。对于一定的悬浮液和过滤介质，r、μ、ν（滤饼体积 c 与滤液体积 V 的比值）、V_e 也可视为定值，故可对式（2.46）

进行积分：

$$\int_0^{V_e}(V+V_e)\,\mathrm{d}V=\frac{\Delta pA^2}{\mu r\nu}\int_0^\theta \mathrm{d}\theta \tag{2.47}$$

令 $K=\dfrac{2\Delta p}{\mu r\nu}$，$q=\dfrac{V}{A}$，$q_e=\dfrac{V_e}{A}$，则式（2.47）变为：

$$q^2+2q_eq=K\theta \tag{2.48}$$

式（2.48）为恒压过滤方程，该式表达了过滤时间 θ 与获得滤液体积 V 或单位过滤面积上获得的滤液体积的关系。式中的 K 与物料特性及压强差有关，单位为 $\mathrm{m^2/s}$；q_e 与过滤介质阻力大小有关，单位为 $\mathrm{m^3/m^2}$。两者均为一定条件下的过滤参数，可由实验测定。

将恒压过滤方程式（2.48）两边求导，得到：

$$2(q+q_e)\,\mathrm{d}q=K\mathrm{d}\theta \quad 或 \quad \frac{\Delta\theta}{\Delta q}=\frac{2}{K}q+\frac{2q_e}{K} \tag{2.49}$$

在过滤面积 A 上对待测的悬浮料浆进行恒压过滤试验，每隔一定时间测定所得滤液体积，并由此算出相应的 $q=\dfrac{V}{A}$ 值，从而得到一系列相互对应的 $\Delta\theta$ 与 Δq 值。在直角坐标系中标绘出 $\dfrac{\Delta\theta}{\Delta q}$ 与 q 间的函数关系，可得一条直线，由直线的斜率 $\dfrac{2}{K}$ 及截距 $\dfrac{2}{K}q_e$ 的数值便可求得 K 与 q_e，求出 θ 值。

C 过滤设备

过滤设备按操作方法可分为间歇式和连续式，按推动力可分为加压和真空过滤机。其中板框压滤机和加压叶滤机为间歇型过滤机，转筒真空过滤机则为连续型过滤机。板框压滤机主要由机架、滤板、滤框和压紧装置等组成，其结构如图 2.10 所示。

板框压滤机的板和框多为正方形，左右角上留有圆孔，构成供悬浮液或洗涤液流通的孔道。框的右上角的圆孔内侧面开有暗孔与框内空间相通，供

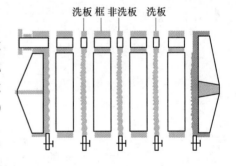

图 2.10 板框压滤机示意图

悬浮液进入。框的两侧覆以滤布，使空框两侧的滤布围成一个空间，称为过滤室。滤板分为过滤板和洗涤板两种起支撑滤布的作用，滤板的表面上制成各种凹凸的沟槽，两者凹者形成滤液或洗涤液的流道。

过滤时，悬浮液在一定的压差作用下，经悬浮液通道从滤框右上角圆孔侧面的暗孔进入框内进行过滤。而滤液则分别通过两侧滤布，再沿相邻滤板的板面的凹槽汇合至滤液出口排出，滤渣则被截留于框内。待滤渣全部充满框内，即停止过滤。若滤渣需要洗涤，则将洗涤液压入洗涤液通道，并经洗涤板左上角侧面的暗孔进入板滤布之间。洗涤结束后，将压紧装置松开，卸下滤渣，清洗滤布，整理板、框，重新组装，即可进行下一个操作循环。

例 2.4 某板框过滤机有 5 个滤框，框的尺寸为 $635\mathrm{mm}\times635\mathrm{mm}\times25\mathrm{mm}$。过滤操作

在20℃、恒定压差下进行，过滤常数 $K = 4.24 \times 10^{-5} \mathrm{m^2/s}$，$q_e = 0.0201\mathrm{m}$，滤饼体积与滤液体积之比 $\nu = 0.081$，滤饼不洗涤，卸渣、重整等辅助时间为10min，试求框全充满所需时间。

解： 过滤面积：

$$A = 2A_{侧} = 2 \times 0.635 \times 0.635 = 0.806 \mathrm{m^2}$$

$$V_{饼} = 0.635 \times 0.635 \times 0.025 = 0.0101 \mathrm{m^3}（框全充满）$$

滤液量：

$$V = \frac{V_{饼}}{\nu} = \frac{0.0101}{0.081} = 0.126 \mathrm{m^3}$$

$$q = \frac{V}{A} = \frac{0.126}{0.806} = 0.156 \mathrm{m}$$

再根据恒压过滤方程：

$$q^2 + 2qq_e = K\theta$$

得出：$K = 4.24 \times 10^{-5} \mathrm{m^2/s}$，$q_e = 0.0201\mathrm{m}$。则：

$$\theta = \frac{q^2 + 2qq_e}{K} = \frac{0.156^2 + 2 \times 0.156 \times 0.0201}{4.24 \times 10^{-5}}$$

$$= 721.9\mathrm{s} = 12.0\mathrm{min}$$

2.2.4.2　气固过滤

过滤在液固的分离中用得更多些，但过滤基本理论对于气体非均相混合物的过滤也是适用的，常用气固过滤分离技术包括颗粒层分离及袋式除尘分离技术等。

A　颗粒层除尘理论

颗粒层除尘器主要是通过颗粒间的空隙和曲折通道来发挥除尘作用，除了直接拦截外，它还汇集了布朗扩散、重力沉降和静电力等多种除尘机理。

图2.11所示为一种流化床式颗粒层除尘器。含尘气流由进气口进入，粗颗粒在沉降室中沉降下来，细尘在过滤室自上而下经过过滤层沉降下来，净化后的气流经净气口排出。清灰时，反吹气流由下向上经下筛板进入颗粒层，使滤料流化，然后夹带已凝聚成大颗粒的尘团进入沉降室。自排灰口排出气流则经其他过滤层净化。

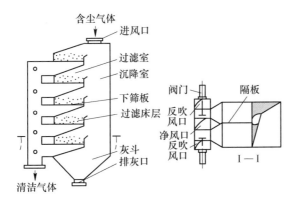

图2.11　流化床颗粒层除尘器

B   袋式除尘理论

袋式除尘器是一种过滤式除尘器。它主要采用滤袋对含尘气体进行过滤，使粉尘阻留在袋上，以达到除尘的目的。

简单的袋式除尘器如图 2.12 所示，含尘气流从下部进入圆筒形滤袋，在通过滤料的孔隙时粉尘被滤料阻留下来，透过滤料的清洁气流由排气口排出。沉积于滤料上的粉尘层，在机械振动的作用下从滤料表面落下来，落入灰斗中。

袋式除尘器的形式多种多样，从滤袋断面形状上分，有圆筒形和扁平形滤袋两种。按含尘气流通过滤袋的方向分，有内滤式和外滤式两类（见图 2.13）。内滤式是指含尘气流进入滤袋内部，粉尘被阻留在袋内侧，净气透过滤料逸到袋外侧排出；反之，为外滤式。除尘器的进气布置有上进气和下进气两种方式（见图 2.12），现在用得较多的是下进气方式。按除尘器内气体压力划分，有正压式和负压式两类。正压式（又称压入式）除尘器内部气体压力高于大气压力，一般设在通风机出风段；反之为负压式的。

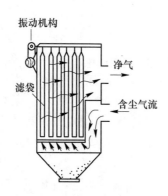

图 2.12   机械振动袋式除尘器

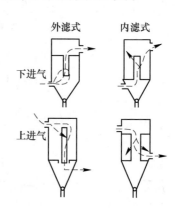

图 2.13   布袋除尘器的结构形式

2.2.4.3   膜过滤

在膜分离过程中，物质不发生相变（个别膜分离过程除外），分离效果好，操作简单，可在常温下进行避免热破坏，其具体内容在 11 章膜分离中详述。

2.3   流 态 化

依靠流体流动的作用使固体颗粒悬浮在流体中或随流体一起流动的过程称为固体流态化。固体流态化可以用气体或液体进行，目前过程工程中用得较多的是气体，本节主要介绍气固系统的流态化。

2.3.1   流态化过程

如果流体自下而上流过颗粒层，根据流速不同，会出现下述三种不同情况。

（1）固定床阶段。如果流体通过颗粒床层的表观速度（即空床速度）u 较低，颗粒空隙中流体的真实速度 u_1 小于颗粒的沉降速度 u_0，则颗粒保持静止不动，颗粒层称为固定床，如图 2.14(a)所示。

（2）流化床阶段。当流体的表观速度 u 加大到某一数值时，真实速度 u_1 比颗粒的沉降速度 u_0 稍大，此时床层内较小的颗粒将松动或"浮起"，颗粒床层高度也有明显地增大。但随着床层的膨胀，床内空隙率 ε 也增大，而真实速度 $u_1 = u/\varepsilon$，又随着 ε 的增大而减小，直至减到沉降速度 u_0 为止。也就是说，在某一表观速度下，颗粒床层只会膨胀到一定程度，此时颗粒悬浮于流体中，床层有一个明显的上界面，这种床层称为流化床，如图 2.14（b）所示。

（3）颗粒输送阶段。如果继续提高流体的表观速度 u，使真实速度 u_1 大于颗粒的沉降速度 u_0，则颗粒将被带走，此时床层上界面消失，达到了颗粒输送阶段，如图 2.14（c）所示，依此，可以实现固体颗粒的气力输送。

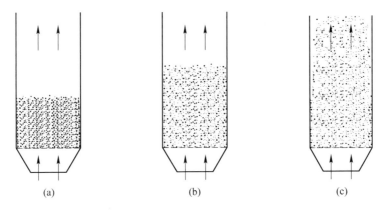

图 2.14 流态化过程的几个阶段
（a）固定床；（b）流化床；（c）气力输送

2.3.2 流化床的流化类型与不正常现象

根据颗粒在流体中分散得是否均匀，可将流态化分成散式流态化和聚式流态化。

2.3.2.1 散式流态化

散式流态化的特点是固体颗粒均匀地分散在流动的流体中，床层中各部分的密度几乎相等，床层有一比较稳定的上界面，随着流体空塔速度的增加，颗粒间的距离（即床层的空隙率）均匀增大，床层的高度均匀增加，所以流体通过床层的压降稳定，波动很小。流体与固体密度差小的体系趋向于形成散式流态化，所以通常固液流化系统多为散式流态化。

2.3.2.2 聚式流态化

聚式流态化也称为鼓泡流态化，它的特点是床层中存在不同的两个相：一个是固体浓度大而分布比较均匀的连续相，称为乳化相；另一个是夹带少量固体颗粒以气泡形式通过床层的不连续的气泡相。气泡在床层上界面处破裂，造成上界面的波动，因此床层上界面不像散式流态化那样平稳，流体通过床层的压降的波动也较大。气固流态化系统多为聚式流态化。

经过广泛地研究，已建立一些用来判别流化状态的关联式。J. B. Bomero 和 I. N. Johanson 提出采用以下无因次数群式来判别流化状态：

散式流态化：
$$(Fr_{mf})(Re_{p,mf})\frac{\rho_p-\rho}{\rho_p}\cdot\frac{L_{mf}}{D}<100 \qquad (2.50)$$

聚式流态化：
$$(Fr_{mf})(Re_{p,mf})\frac{\rho_p-\rho}{\rho_p}\cdot\frac{L_{mf}}{D}>100 \qquad (2.51)$$

$$Fr_{mf}=\frac{u_{mf}^2}{d_p g} \qquad (2.52)$$

Fr_{mf}是临界流态化条件下的弗鲁特准数，该条件下的颗粒雷诺数为：

$$Re_{p,mf}=\frac{d_p u_{mf}\rho}{u} \qquad (2.53)$$

式中　L_{mf}——临界流态化条件下床层的高度，m；

　　　D——床层的直径，m。

聚式流化床中可能发生以下两种不正常现象，分别是：

（1）腾涌。在聚式流态化时，小气泡在上升过程中会合并成大气泡，如果床层高度与直径的比值过大，或气速过高时，气泡直径可长大到与床径相等，此时气泡形成团，将床层分为气泡与颗粒层相互隔开的若干段，颗粒层像活塞那样被气泡向上推进，达到床层上部而崩裂，颗粒分散下落，这种现象称为腾涌。出现腾涌现象时，床层起伏波动很大，器壁被颗粒的磨损加剧，引起设备振动，甚至将床中内构件冲坏。

（2）沟流。在大直径床层中，由于颗粒堆积不匀或气体初始分布不良，可在床内局部地方形成沟流。此时，大量气体经过局部地区的通道上升，而床层的其余部分仍处于固定床状态（死床）。显然，当发生沟流现象时，气体不能与全部颗粒良好接触，将使工艺过程严重恶化。

2.3.3　流化床的主要特性

2.3.3.1　类似液体的特性

流化床中气固的运动情况很像沸腾的液体，所以通常也称它为沸腾床，它具有一些类似于液体的性质，例如：床体倾斜，床层表面仍能保持水平，如图2.15(a)所示；在两个联通的床中，当床层高度不同时，能自动调整平衡，如图2.15(b)所示；床层中任意两点压力差可以用液柱压差计测量，如图2.15(c)所示；有流动性，颗粒能像液体那样从器壁

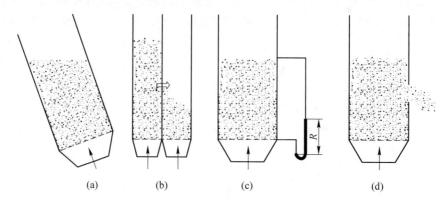

　　(a)　　　　　　(b)　　　　　　(c)　　　　　　(d)

图2.15　流化床的类似于液体的特性

小孔流出，如图2.15(d)所示。流化床的这种类似于液体的流动性可以实现固体颗粒在设备内与设备间的流动，易于实现过程的连续化与自动化。

2.3.3.2 近似恒定的压力损失

床层一旦流化，全部颗粒处于悬浮状态，则整个床层受力平衡，即合力为零，现取整个床层做受力分析，如图2.16所示。忽略流体与容器壁面间的摩擦力，则整个床层的重量（包括流体）等于床层的压差 $\Delta p(\Delta p = p_1 - p_2)$ 乘以截面积 A，即

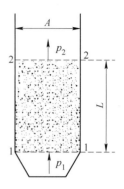

$$\Delta p A = m_p g + m_1 g \tag{2.54}$$

式中 m_p——床层颗粒的总质量，kg；

m_1——床层内流体的质量，kg。

令床层高度为 L，则

$$m_1 g = \left(AL - \frac{m_p}{\rho_s} \right) \rho g \tag{2.55}$$

图 2.16 流化床

式中 ρ，ρ_s——分别为流体、固体颗粒的密度，kg/m³。

将式（2.55）带入式（2.54），得

$$\Delta p A = \frac{m_p (\rho_s - \rho) g}{\rho_s} + AL \rho g \tag{2.56}$$

即

$$\Delta p - L \rho g = \frac{m_p (\rho_s - \rho) g}{A \rho_s} \tag{2.57}$$

再对图2.16中面1—1、面2—2间的流化床做机械能衡算时有

$$\Delta p = L \rho g + \Delta p_f \tag{2.58}$$

式中 Δp_f——压力损失。

结合式（2.58）与式（2.57），得

$$\Delta p_f = \Delta p - L \rho g = \frac{m_p (\rho_s - \rho) g}{A \rho_s} \tag{2.59}$$

式（2.59）表明，在流态化阶段，流体通过床层的压力损失等于流化床中全部颗粒的净重力（以单位床层面积计）。由于后者不随流速而变化，因此流化床的压力损失 Δp_f 不变，如图2.17中水平线段 BC 所示。注意，图中 BC 段略向上倾斜是由于流体流过器壁及分布板时的阻力损失随气速增大而造成的。

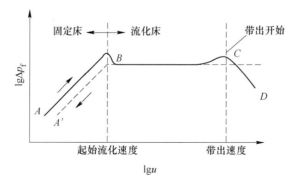

图 2.17 流化床压力损失与气速关系

图 2.17 中 AB 段为固定床阶段，由于流体在此阶段流速较低且颗粒较细时，常处于层流状态，压力损失与表观速度的一次方成正比，因此该段为斜率等于 1 的直线。图中 A'B 段表示从流化床恢复到固定床时的压力损失变化关系，由于颗粒从逐渐减慢的上升气流中落下所形成的床层较随机装填的要疏松一些，导致压力损失也小一些，因此 A'B 段处在 AB 的下方。CD 段向下倾斜，表示此时由于某些颗粒开始为上升气流所带走，床内颗粒量减少，平衡颗粒重力所需的压力自然不断下降，直至颗粒全部被带走。

根据流化床恒定压力损失的特点，在流化床操作时可以通过测量床层压力损失来判断床层流化的优劣。如果床内出现腾涌，压力损失将有大幅度的波动；如果床内发生沟流，则压力损失较正常时低。

2.3.4　流化床的操作流速范围

流化床的空隙率随流体表观速度的增大而变大，因此，能够维持流化床状态的表观速度有一个较宽的范围。

床层开始流态化时的流体表观速度称为起始流化速度，用 u_{mf} 表示。当某指定颗粒开始被带出时的流体表观速度称为带出速度，用 u_0 表示。流化床的操作流速应大于 u_{mf}，又要小于 u_0。

2.3.4.1　起始流化速度 u_{mf}

起始流化速度又称临界流化速度，或最小流化速度，它是固定床到流化床的转折点，如图 2.17 中的点 B 所示，可通过固定床与流化床压力损失线的交点决定。此交点最好由实验测定，也可用下述方法估算。

当颗粒较细时，流体通过固定床的压力损失 Δp_f 可应用以下公式：

$$u = \frac{\varepsilon^3}{2K_0 a^2 (1-\varepsilon)^2} \frac{\Delta p_f}{\mu L} \tag{2.60}$$

将式（2.60）中的比表面积 a 用 $a = 6/(\varphi d_{ev})$ 表示，得到

$$\Delta p_f = 72 K_0 L \frac{(1-\varepsilon)^2 u \mu}{\varepsilon^3 (\varphi d_{ev})^2} \tag{2.61}$$

式中　d_{ev}——非球形颗粒的体积当量直径，对于非均匀的颗粒群，用此当量直径的体积表面积平均直径，m；

　　　φ——球形度。

根据欧根的实验数据，层流时 $72K_0$ 取为 150，代入式（2.61）得

$$\Delta p_f = 150 L \frac{(1-\varepsilon)^2 u \mu}{\varepsilon^3 (\varphi d_{ev})^2} \tag{2.62}$$

当 u 达到起始流化速度 u_{mf} 时，Δp_f、ε 及 L 都达到固定床的最大值 Δp_{mf}、ε_{mf} 及 L_{mf}，式（2.62）改写为

$$\Delta p_{mf} = 150 \times \frac{(1-\varepsilon_{mf})^2 u_{mf} \mu L_{mf}}{\varepsilon_{mf}^3 (\varphi d_{ev})^2} \tag{2.63}$$

将式（2.63）与流化床压力损失计算式（2.58）联立，并利用 $m_p = A L_{mf}(1-\varepsilon_{mf})\rho_s$ 这一关系，可得起始流化速度

$$u_{mf} = \frac{(\varphi d_{ev})^2 (\rho_s - \rho) g}{150 \mu} \cdot \frac{\varepsilon_{mf}^3}{1 - \varepsilon_{mf}} \tag{2.64}$$

应用式（2.64）计算 u_{mf} 时，ε_{mf} 和 φ 的可靠数据常难以获得。而对于常见的细颗粒，发现有 $\frac{1 - \varepsilon_{mf}}{\varphi^2 \varepsilon_{mf}^2} \approx 11$，代入式（2.64）得

$$u_{mf} = \frac{d_{ev}^2 (\rho_s - \rho) g}{1650 \mu} \tag{2.65}$$

式（2.65）适用于起始流化雷诺数 $Re_{mf} = d_{ev} u_{mf} \rho / \mu$ 小于 20 的范围，偏差约达 $\pm 30\%$。

2.3.4.2　带出速度

颗粒床层通常由非均匀的颗粒组成，当流体表观速度 u 稍大于某指定粒径颗粒的沉降速度 u_0 时，此种颗粒及更小的颗粒将被流体带出，因此流化床中指定粒径颗粒的带出速度应当等于其沉降速度 u_0。层流范围内，u_0 按式（2.66）计算：

$$u_0 = \frac{d^2 (\rho_s - \rho) g}{18 \mu} \tag{2.66}$$

流化床操作流速范围的大小可用 u_0 / u_{mf} 表示。设一理想情况，床层由均匀的球形颗粒组成，则式（2.65）中的 d_{ev} 与式（2.66）中的 d 相等，在两式都适用的范围内，则

$$\frac{u_0}{u_{mf}} = \frac{1650}{18} = 91.7 \tag{2.67}$$

可见，流化床的操作流速范围可以相当宽。实际上，由于床内颗粒通常大小不均匀，被带出的颗粒粒径 $d < d_{ev}$，使得操作流速范围比上述的要窄。若颗粒较大，流化或带出时超出层流范围，式（2.65）不适用，其适用公式算出的 u_0 / u_{mf} 也比上述的小。

例 2.5　某流化床在常压，20℃ 下操作，固体颗粒群的直径范围为 $50 \sim 175 \mu m$，平均颗粒直径为 $98 \mu m$，其中直径大于 $60 \mu m$ 的颗粒不能被带出，试求流化床的初始流化速度和带出速度（已知：固体密度为 $1000 kg/m^3$，颗粒的球形度为 1，初始流化时，床层的孔隙率为 0.4，20℃ 的空气黏度为 $0.0181 mPa \cdot s$，密度为 $1.205 kg/m^3$）。

解：（1）假设颗粒的雷诺数 $Re_0 < 2$，其临界流化速度为：

$$\begin{aligned}
u_{mf} &= \frac{(\varphi d_{ev})^2 (\rho_s - \rho) g}{150 \mu} \cdot \frac{\varepsilon_{mf}^3}{1 - \varepsilon_{mf}} \\
&= \frac{(1 \times 98 \times 10^{-6})^2}{150} \times \frac{1000 - 1.205}{0.0181 \times 10^{-3}} \times 9.81 \times \left(\frac{0.4^3}{1 - 0.4} \right) \\
&= 0.0037 \, m/s
\end{aligned}$$

校核雷诺数：　　$Re_{mf} = \frac{d_{ev} u_{mf} \rho}{\mu} = \frac{98 \times 10^{-6} \times 0.0037 \times 1.205}{0.0181 \times 10^{-3}} = 0.024 < 2$

（2）由于不希望夹带直径大于 $60 \mu m$ 的颗粒，因此最大气速不能超过 $60 \mu m$ 颗粒的带出速度，假设沉降属于层流区，其沉降速度应用斯托克斯公式计算，则：

$$u_0 = \frac{d^2 (\rho_s - \rho) g}{18 \mu} = \frac{(60 \times 10^{-6})^2 \times (1000 - 1.205)}{18 \times 0.0181 \times 10^{-3}} \times 9.81 = 0.108 \, m/s$$

校核雷诺数：　　$Re_0 = \frac{d u_0 \rho}{\mu} = \frac{60 \times 10^{-6} \times 0.108 \times 1.205}{0.0181 \times 10^{-3}} = 0.4326 < 2$

（3）最大颗粒（$d=175\mu m$）能否流化起来：

$$u'_{mf}=\frac{(\varphi d_{ev})^2(\rho_s-\rho)g}{150\mu}\cdot\frac{\varepsilon_{mf}^3}{1-\varepsilon_{mf}}$$

$$=\frac{(175\times10^{-6})^2}{150}\times\frac{1000-1.205}{0.0181\times10^{-3}}\times9.81\times\left(\frac{0.4^3}{1-0.4}\right)$$

$$=0.0118m/s$$

校核雷诺数： $Re_{mf}=\dfrac{d_{ev}\mu'_{mf}\rho}{\mu}=\dfrac{175\times10^{-6}\times0.0118\times1.205}{1.81\times10^{-5}}=0.137<2$

（4）流化数：

$$\frac{u_0}{u_{mf}}=\frac{0.108}{0.0037}=29$$

例 2.6   在 900℃、常压下用空气流化焙烧某金属矿粉，此矿粉的平均直径为 0.34mm，密度为 4200kg/m³。若焙烧过程中气体的摩尔数不变，气体的性质可取该温度下干空气的性质，求此流化床的起始流化速度（已知 $\rho_s=4200kg/m^3$，$d_{ev}=0.34\times10^{-3}m$，900℃、常压下空气的密度 $\rho=0.301kg/m^3$，黏度 $\mu=4.67\times10^{-5}Pa\cdot s$）。

解：起始流化速度 u_{mf} 为：

$$u_{mf}=\frac{d_{ev}^2(\rho_s-\rho)g}{1650\mu}=\frac{(0.34\times10^{-3})^2\times(4200-0.301)\times9.81}{1650\times4.67\times10^{-5}}=0.0618m/s$$

核验雷诺数 $Re_{mf}=\dfrac{d_{ev}u_{mf}\rho}{\mu}=\dfrac{0.34\times10^{-3}\times0.0618\times0.301}{4.67\times10^{-5}}=0.135<2$

2.3.5 物料的输送

工业上流体输送具有经济效益大、投资少、运营费低、无污染、建设速度快等优势。根据流体介质的不同可分为气力输送和水力输送。

粉粒物料悬浮在气流中进行输送的方式称为气力输送，按其原理基本可分为吸送式和压送式两种。吸送式气力输送，是将大气与物料一起吸入管道内，用低于大气压力的气流进行输送，如图 2.18 所示。压送式气力输送，是用高于大气压力的压缩空气推动物料进行输送的，如图 2.19 所示。

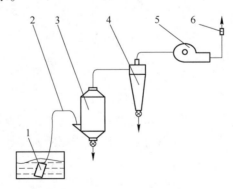

图 2.18 吸送式气力输送装置

1—吸嘴；2—熟料管；3—分离器；4—除尘器；5—风机；6—消声器

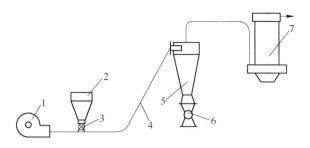

图 2.19　压送式气力输送装置

1—风机；2—料斗；3—加料器；4—管道；5—分离器；6—出料器；7—除尘器

　　水力输送是利用水流来输送矿物的。有时利用流槽和自流管，靠重力输送矿浆，这种方法叫做无压输送（或称自流输送）。由于这种方法既便于生产，又节省动力、费用和机械设备，因此生产中应尽可能地利用自流法输送矿浆。当自流坡度不够，或者需要把矿浆输送到高处时，可利用压力管道输送矿浆，需要的能量由砂泵供给。这种方法灵活性大，可缩小设备之间或厂房之间的距离，不受高差限制，布置紧凑，但需要增加设备，消耗动力。选矿厂的尾矿也是采用水力输送的方法送到尾矿场。选矿厂位于丘陵山区地带时，往往用砂泵将矿浆压送到高地后，再利用流槽运输，即采用压力输送与无压输送相结合的方法。

　　在两相流中，位能、压能及动能间相互转换关系，仍然要符合能量守恒定律，采用类似于推导单相流体伯努利方程的方法，得出了两相流的伯努利方程。其中气、固两相流，伯努利方程常写成下列形式：

$$\gamma_m Z_1 + p_1 + \gamma_m \frac{v_1^2}{2g} = \gamma_m Z_2 + p_2 + \gamma_m \frac{v_2^2}{2g} + \Delta p_{1-2} \qquad (2.68)$$

式中　　γ_m——混合液的重度，N/m^3；

　　v_1，v_2——1、2 两断面上混合液的平均流速，m/s；

　　Δp_{1-2}——压力损失，$Pa(N/m^2)$。

　　式（2.68）中各项单位为 Pa，其为两相流中能量转换的基本方程。

习　题

概念题

2.1　均相混合物与非均相混合物。

2.2　可压缩滤饼与不可压缩滤饼。

2.3　自由沉降和干扰沉降。

2.4　滤饼过滤与深层过滤。

2.5　聚式流态化与散式流态化。

2.6　沉降终速。

2.7　过滤比阻。

2.8　起始流化速度与带出速度。

2.9　沟流和腾涌。

思考题

2.1 图2.20中表述了聚式流化床压降与流速的关系，请指出，1、2、3线段分别代表什么阶段，4和5分别代表什么现象？

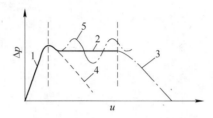

图2.20　流化床压降与流速的关系图

2.2 简述深层过滤与滤饼过滤过程。

2.3 分别概括流态化、固体流态化、聚式流态化和散式流态化过程。

2.4 什么是过滤操作？过滤操作有何优点？

2.5 为什么工业上气体的除尘常放在冷却之后进行？而在悬浮液的过滤分离中，滤浆却不宜在冷却后才进行过滤？

2.6 重力收尘与旋风收尘的工作条件。

计算题

2.1 尘粒的直径为30μm，密度为2000kg/m³，求它在空气中做自由沉降时的速度。空气的密度为1.2kg/m³，黏度为0.0185mPa·s。

2.2 流量为1m³/s的20℃常压含尘气体在进入反应器之前需要尽可能除尽尘粒并升温至400℃。已知固体密度为1800kg/m³，降尘室底面积为65m²。试求：

（1）先除尘后升温理论上能够完全除去的最小颗粒直径；

（2）先升温后除尘理论上能够完全除去的最小颗粒直径；

（3）如欲更彻底地除去尘粒，对原降尘室应如何改造？（已知：含尘气的物性数据可按空气查取，即20℃时，$\rho = 1.205 \text{kg/m}^3$，$\mu = 1.81 \times 10^{-5} \text{Pa} \cdot \text{s}$；400℃时，$\rho = 0.524 \text{kg/m}^3$，$\mu = 3.31 \times 10^{-5} \text{Pa} \cdot \text{s}$）

2.3 石英和方铅矿的混合球形颗粒在如图2.21所示的水力分级器中进行分离。两者的密度分别为2650kg/m³和7500kg/m³，且粒度范围均为20~100μm。水温为20℃。假设颗粒在分级器中均做自由沉降。试计算能够得到纯石英和纯方铅矿的粒度范围及三个分级器中的水流速度。

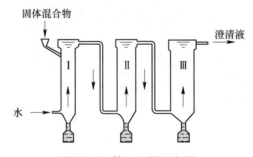

图2.21　第2.3题示意图

2.4 用板框压滤机在恒压强差下过滤某种悬浮液,测得过滤方程为 $V^2 + V = 6 \times 10^{-5} A^2 \theta$（$\theta$的单位为s）。试求：（1）欲在30min内获得5m³滤液，需要边框尺寸为635mm×635mm×25mm的滤框多少个？（2）过滤常数K、q_e、θ_e。

2.5　流化床反应器所用的硅胶催化剂颗粒的平均直径 $d_{eV} = 0.3mm$，密度 $\rho_s = 1150kg/m^3$，求其在470℃气流中的起始流化速度 u_{mf}。设气体的物性可近似按空气推算。若不希望粒径 $d = 0.15mm$ 的催化剂被带出，气速范围 u_0/u_{mf} 为多少？（470℃气流相应的密度 $\rho = 0.48kg/m^3$、黏度 $\mu = 3.53 \times 10^{-5}Pa \cdot s$）

2.6　将含有石英微粒的水溶液置于间歇沉降槽中，0.5h 后用吸管在水面下 10cm 处吸取少量试样。试问可能存于试样中的最大微粒直径是多少微米？（石英密度 $\rho_s = 2650kg/m^3$，水的密度 $\rho = 1000kg/m^3$，黏度 $\mu = 1 \times 10^{-3}Pa \cdot s$）

2.7　求直径为 $60\mu m$ 的石英颗粒（密度 $2600kg/m^3$）分别在 20℃水中和 20℃的空气中的沉降速度。（石英颗粒：$d = 60 \times 10^{-6}m$，$\rho_s = 2600kg/m^3$；20℃水：$\rho = 1000kg/m^3$，$\mu = 1 \times 10^{-3}Pa \cdot s$；20℃空气：$\rho = 1.205kg/m^3$，$\mu = 0.0181 \times 10^{-3}Pa \cdot s$）

2.8　拟在 9.81×10^3Pa 的恒定压强差下过滤某悬浮液。已知该悬浮液由直径为 0.1mm 的球形颗粒状物质悬浮于水中组成，过滤时形成不可压缩滤饼，其空隙率为 60%，水的黏度为 $1.0 \times 10^{-3}Pa \cdot s$，过滤介质阻力可以忽略，若每获得 $1m^3$ 滤液所形成的滤饼体积为 $0.333m^3$。

试求：（1）每平方米过滤面积上获得 $1.5m^3$ 滤液所需的过滤时间；（2）若将此过滤时间延长一倍，可再得滤液多少？

2.9　流量为 $15m^3/h$ 的某悬浮液中固体粉末的体积分数为 $0.01m^3_{固}/m^3_{悬浮液}$，滤液为常温的水。已通过小型试验测得，$s = 0.3$，$r_0 = 2.2 \times 10^{12}$，$q_e = 0.05m^3/m^2$。拟采用叶滤机进行过滤，滤饼不必洗涤，其他辅助时间为 10min，试分别计算：当操作压差 Δp 为 98.1kPa 和 196.2kPa 时，恒压操作所需的最小过滤面积。

2.10　拟采用降尘室回收常压炉气中所含的球形固体颗粒。降尘室底面积为 $10m^2$，宽和高均为 2m。操作条件下，气体的密度为 $0.75kg/m^3$，黏度为 $2.6 \times 10^{-5}Pa \cdot s$；固体的密度为 $3000kg/m^3$；降尘室的生产能力为 $3m^3/s$。试求：（1）理论上能完全捕集下来的最小颗粒直径；（2）粒径为 $40\mu m$ 的颗粒回收百分率。

3 两相流的混合

掌握内容：

掌握射流的概念及其几何特征，紊动混合区、射流核心区，射流的初始段、过渡段和主体段的概念，圆形紊动射流的动量积分方程解法；掌握搅拌单元操作的概念、作用以及搅拌性能的影响因素，典型搅拌器的结构，搅拌器的类型及应用范围，搅拌功率的计算，搅拌设备的放大判据。

熟悉内容：

熟悉射流的分类、射流问题的分析方法及其在过程工程中的作用；熟悉打漩现象的概念及避免方法，分散体系、分散相与连续相的概念，两相流的混合类型，气泡分散与微细化、液滴形成与分散、颗粒悬浮与分散过程。

了解内容：

了解紊动射流的微分方程组的表达形式及各项的物理意义，限制射流的概念；了解气–液分散、非均相液–液分散、均相液–液混合以及固–液悬浮等搅拌过程的机理。

3.1 概　　述

两相流的混合是过程工程中用机械方法使两种物料相互分散而达到一定均匀程度的单元操作。该单元操作主要用以加速传热、传质和化学反应，也用以促进物理变化，制取混合体，如溶液、乳浊液、悬浊液、混合物等。两相流混合的方法有多种，其中，射流和搅拌是两种最为常见的混合方法。

射流，指流体从管口、孔口、狭缝射出，或靠机械推动，并同周围流体掺混的一股流体流动。射流混合即利用射流与周围流体交界处的湍流脉动，使两种流体发生混合。射流涉及物质的动量传递、热量传递和质量传递，与很多工程过程密切相关，如发酵罐的射流搅拌、氧气顶吹转炉炼钢等。

射流的分类如下：按照射流的周围环境可分为自由射流和非自由射流；按流体形态可分为层流射流和紊动射流；按射流口形状可划分为圆形射流、平面射流、矩形射流等。工程中的射流多为非常复杂的限制紊动射流，难以通过理论分析求解，因此本章选择自由紊动射流过程阐明射流的一些基本原理。

搅拌是将液体、气体或固体粉粒分散到液体中的一种最常用的方法。搅拌操作中所涉及的介质可能是液体、气体和固体，但以液相为主。无论是搅拌机理，还是具体的搅拌器结构设计和搅拌功率计算都和参与搅拌过程的介质性质密切相关。因此，在工程设计中，搅拌类型基本可分为气 – 液分散和混合、固 – 液悬浮、均相液 – 液混合和非均相液 – 液分散四大类。

搅拌既可以是一种独立的流体力学范畴的单元操作，以促进混合为主要目的，又往往是完成其他单元操作的必要手段，以促进传热、传质、化学反应为主要目的，如在搅拌设备内进行流体的加热与冷却、萃取、吸收、溶解、结晶、聚合等操作。

搅拌过程涉及流体的流动、传热和传质，影响因素复杂繁多。影响搅拌效果的因素主要包括流动状态、介质的物理性质、操作条件和几何因素等。

3.2 射 流

3.2.1 紊动射流的基本特征

3.2.1.1 紊动射流的涡结构、卷吸与扩散作用

射流的能量传递、动量输运、流体卷吸和混掺扩散等物理机制，与喷管出口处存在的速度间断面所产生的自由剪切层中涡结构的发展和演变过程密切相关。如图 3.1 所示，流体射入静止环境时，与周围静止流体之间存在速度不连续的间断面，间断面一般受不可避免的干扰，失去稳定而产生涡旋，涡旋卷吸周围流体进入射流，同时不断移动、变形、分裂产生紊动，其影响逐渐向内外两侧发展形成内外两个自由紊动的混合层。由于动量的横向传递，卷吸进入的流体取得动量而随同原来射出的流体向前流动；原来的流体失去动量而降低速度，在混合层中形成一定的流速梯度，出现剪切应力，因此也称为剪切层。卷吸与掺混作用的结果是射流断面不断扩大，而流速不断降低，流量沿程增加。

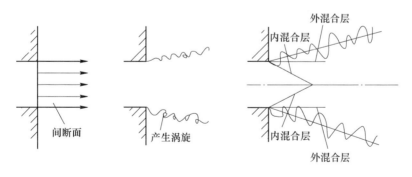

图 3.1 紊动射流的形成与发展

3.2.1.2 紊动射流的分区结构及相关概念

紊动射流在形成稳定的流动形态后，整个射流可划分为以下几段：由喷管出口边界向内外扩展的剪切流动区称为自由剪切层区或紊动混合区；中心部分未受掺混影响，并保持喷管喷出速度的区域称为射流核心区；沿着纵向（指 x 轴方向）从喷管出口至核心区末端的区域称为射流的初始段或射流的发展区；在初始段下游区域绝大部分为充分发展的紊

动混掺区，称为射流的主体段或射流的充分发展区；在射流的初始段和主体段之间有过渡段。过渡段较短，在分析中为简化起见常被忽略，仅将射流分为初始段和主体段，如图3.2所示。

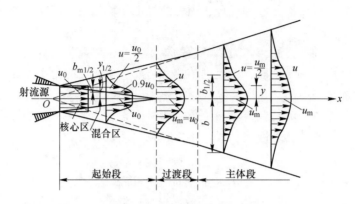

图 3.2　紊动射流分区

在射流问题分析过程中，一般认为沿 y 轴方向为横向，沿 x 轴方向为纵向。在图 3.2 中，u 为某断面任一点纵向时均速度；u_m 为断面中心轴线上的纵向最大时均速度；b 为射流的半扩展厚度，也称为射流的理论半扩展厚度。由于射流边界的不规则性，实验上很难确定，因此常用其他定义方式给出射流的特征半厚度，也称为射流的名义半扩展厚度，如 $b_{1/2}$ 定义为 $u = 0.5u_m$ 时的 y 值，b_e 定义为 $u = e^{-1}u_m$ 时的 y 值，$b_{0.1}$ 定义为 $u = 0.1u_m$ 时的 y 值。

3.2.1.3　紊动射流速度分布的相似性

在射流的主体段，不同截面上的纵向流速分布有明显的相似性，称自保持性或自模仿性。图 3.3 所示为静止流体中平面射流不同断面时均速度分布图。由图可见，在射流任意断面上，随着横向坐标 y 的增加，射流纵向时均速度 u 从中心轴处的最大值逐渐地衰减到零值；随着纵向坐标 x 的增加，射流中心轴线处纵向最大时均速度 u_m 不断减小，纵向时均速度分布也趋于平坦。

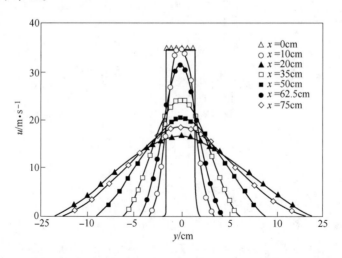

图 3.3　静止流体中平面射流不同断面的时均速度分布（引自 Forthmann 的实验资料）

在射流主体段，若用 u_m 和 b 作为量纲为 1 的速度和长度尺度，即以 u/u_m 为纵坐标，y/b 为横坐标作图，则不同断面上量纲为 1 的纵向时均速度分布可归结在同一条曲线上，如图 3.4 所示，这就是射流速度分布的相似性。

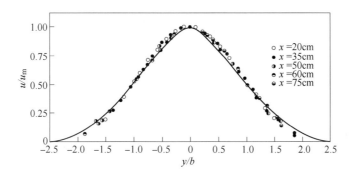

图 3.4　静止流体中平面射流量纲为 1 时不同断面的时均速度分布（引自 Forthmann 的实验资料）

图 3.4 表明量纲为 1 时各断面纵向时均速度分布可用一个函数表示：

$$\frac{u}{u_m} = f\left(\frac{y}{b}\right) \tag{3.1}$$

另外，射流的这种相似性不仅仅针对射流主体段纵向时均速度的分布，而且也针对在射流初始段剪切层区纵向时均速度分布，在远离喷口下游某一位置以后，射流的某些紊动特征量的统计平均值分布也是相似的。

3.2.1.4　紊动射流边界的线性扩展规律

严格而言，紊动射流的边界是紊流和非紊流之间的交界面，是有间歇性的复杂流动。此界面由紊流大尺度涡旋结构决定，并随时间发生极不规则的变化。但实验发现，在统计意义上，射流主体段的半厚度 b 按线性扩展，即

$$\frac{b}{x} = 常数 \tag{3.2}$$

紊动射流的这一线性扩展规律具有相当普遍的意义，对于平面射流、轴对称射流的主体段和初始段的剪切层区都是适用的。

将式（3.2）代入式（3.1）中，则有

$$\frac{u}{u_m} = f_2\left(\frac{y}{x}\right) \tag{3.3}$$

式（3.3）说明主体段中无量纲流速的等值线是通过极点（射流源）的一簇直线，如图 3.5 所示。

3.2.1.5　等密度自由射流的动量守恒

自由紊动射流沿射流轴向动量的守恒性质与压强的分布和变化有关。有关资料表明，自由紊动射流区任一点的压强与射流周围环境的静压分布略有差别，但最大差值不超过 ρu_m^2 的 5% ~ 6%，一般分析时可按周围环境的静压分布处理，则沿射流轴向的时均压强梯度为零，即

$$\frac{\partial p}{\partial x} = 0 \tag{3.4}$$

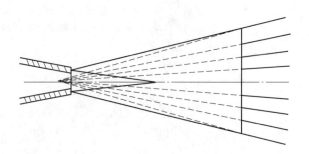

图 3.5　紊动射流区无量纲流速等值线

由此根据动量定律可得：单位时间通过自由射流各断面流体的总动量，即动量通量保持守恒，也就是

$$\int u\,dm = \int_A \rho u^2 \,\mathrm{d}A = 常数 \tag{3.5}$$

对于变密度射流过程，此关系式不成立。

3.2.2　射流的基本方程及理论计算

3.2.2.1　射流问题的分析方法

对于紊动射流问题的研究，主要包括两大分支：其一是研究射流时均物理量变化及其分布规律，如确定射流的轴线轨迹、射流的扩展范围、射流时均速度分布及其衰变等；其二是以研究射流机理为出发点，利用各种手段（以实验为主）揭示射流的扩散和卷吸机理、紊动涡体的产生和发展机理（特别是紊动大涡拟序结构）、射流能量的耗散机理等。对于前者，主要包括三种分析途径：第一，以实验为主，采用量纲分析整理实验资料，求得实用的经验关系式的方法，这个方法虽然经验性较大，但对于复杂的射流问题，难以用理论计算解决时，此方法无疑是一个重要的途径；第二，以理论分析和数值模拟为主，直接通过求解射流边界层微分方程组来确定各物理量的分布，计算机的出现和高速发展，为这类方法提供了强有力的工具；第三，在通过实验方法确定射流断面上流速分布的基础上，利用射流的积分方程求解，这类方法是为了避免求解复杂的射流微分方程提出的，是确定射流中某些时均物理量分布的一条较为简便而有效的途径。

3.2.2.2　紊动射流的微分方程组

根据紊动射流的基本特性，对不可压缩流体运动的雷诺方程组进行适当简化，可得到控制紊动射流的微分方程，也称边界层（薄剪切层）方程。在直角坐标系中，描述不可压缩流体瞬时运动的 N－S 方程组为

$$\frac{\partial u_i^*}{\partial t} + u_j^* \frac{\partial u_i^*}{\partial x_j} = -\frac{1}{\rho}\frac{\partial p^*}{\partial x_i} + \frac{1}{\rho}\frac{\partial p^*}{\partial x_j}\left(\mu\frac{\partial u_i^*}{\partial x_j}\right) + F_i^* \quad （运动方程） \tag{3.6}$$

$$\frac{\partial u_i^*}{\partial x_i} = 0 \quad （连续性方程） \tag{3.7}$$

式中　u_i^*——紊流场的瞬时流速分量，m/s；

　　　p^*——紊流场的瞬时压强，Pa；

　　　ρ——流体的密度，kg/m³；

μ——流体的动力黏度，Pa·s；

F_i^*——为单位质量力的瞬时分量，N/m²。

式（3.6）左侧为单位质量流体的惯性力，右侧 $-\dfrac{1}{\rho}\dfrac{\partial p^*}{\partial x_i}$ 为单位质量流体的压力梯

度，$-\dfrac{1}{\rho}\dfrac{\partial}{\partial x_j}\left(\mu\dfrac{\partial u_i^*}{\partial x_j}\right)$ 为黏性力。式（3.7）表明，对于不可压缩流体，单位时间单位体积

空间内流入和流出的流体体积之差为零，即流体体积守恒。

雷诺基于时均值的概念，将瞬时量分解为时均量和脉动量之和，即

$$u_i^* = u_i + u_i' \tag{3.8}$$

式中　u_i——时均速度分量，m/s；

　　　u_i'——脉动速度分量，m/s。

进一步导出了表征紊流时均运动的雷诺方程组，即

$$\frac{\partial u_i}{\partial t} + u_j\frac{\partial u_i}{\partial x_j} = -\frac{1}{\rho}\frac{\partial p}{\partial x_i} + \frac{1}{\rho}\frac{\partial}{\partial x_j}\left(\mu\frac{\partial u_i}{\partial x_j} - \rho\,\overline{u_i'u_j'}\right) + F_i \quad \text{（运动方程）} \tag{3.9}$$

$$\frac{\partial u_i}{\partial x_i} = 0 \quad \text{（连续性方程）} \tag{3.10}$$

式中　i,j——均为1、2、3；

　　　u_i——时均速度分量，m/s；

　　　u_i'——脉动速度分量，m/s；

　　　p——时均压强，Pa；

　　　F_i——单位质量体积力的时均值，N/kg；

　$\rho\,\overline{u_i'u_j'}$——脉动速度的二阶相关项，也称为紊动应力项，物理上被解释为由脉动运动
　　　　　　引起的动量交换项。

3.2.2.3　圆形自由紊动射流的理论分析

本节以圆形自由紊动射流理论的求解过程为例，说明射流问题的分析方法。

A　量纲分析法

对于轴对称圆形紊动自由射流，轴向最大速度可表示为下列变量的函数：

$$u_m = f_1(M_0, \rho, x) \tag{3.11}$$

式中　M_0——喷管出口动量；

　　　x——射流轴向坐标，m。

其中 M_0 可以写为

$$M_0 = \frac{\pi d^2}{4}\rho u_0^2 \tag{3.12}$$

利用量纲分析，结合式（3.12）可写为

$$\frac{u_m}{\sqrt{\dfrac{M_0}{\rho x^2}}} = \text{常数} \tag{3.13}$$

将式（3.12）代入式（3.13）得：

$$\frac{u_m}{u_0} = \frac{C_0}{x/d} \qquad\qquad (3.14)$$

式中　C_0——常数，由实验确定。

　　B　动量积分方程解法

　　a　射流的几何特征

　　射流外边界扩散的变化规律称为射流的几何特征，主要指射流扩散半径 R 与射程 s 之间的关系。其中射程 s 是指射流断面与射流出口断面的距离。

　　如图 3.6 所示，AB 与 DE 夹角的一半，称为射流极角或扩散角，即图中 α，其值的大小与湍流强度和喷口断面的形状有关，可按下式计算：

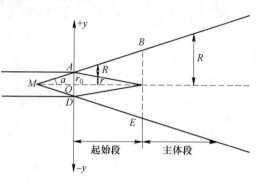

$$\tan\alpha = a\varphi \qquad (3.15)$$

式中　a——湍流系数；

　　　　φ——射流喷口的形状系数。

　　湍流系数的值取决于喷口结构形式和气流经过喷口时受扰动的程度，α 值越大表示湍流强度越大。对于圆形喷口，射流喷口的形状系数 $\varphi = 3.4$。

图 3.6　射流动力特征推导示意图

　　由几何关系知：

$$\tan\alpha = \frac{R}{x_0 + s} \qquad\qquad (3.16)$$

式中　x_0——极点 M 到射流出口断面中心的距离。

　　将式（3.16）右边上下同除射流出口断面半径 r_0，得：

$$\tan\alpha = \frac{R/r_0}{x_0/r_0 + s/r_0} \qquad\qquad (3.17)$$

又由几何关系知 $\dfrac{x_0}{r_0} = \dfrac{1}{\tan\alpha}$，代入式（3.17）得：

$$\frac{R}{r_0} = 3.4\left(\frac{as}{r_0} + 0.294\right) \qquad\qquad (3.18)$$

　　式（3.18）表明了射流的扩散半径 R 与射程 s 之间的关系，也是用数学关系表示的射流几何特征。

　　b　轴心速度

　　如忽略纵向压力梯度，则圆形自由射流的时均动量积分沿程不变，总动量保持守恒，即：

$$M = \int_0^R \rho u^2 \cdot 2\pi \mathrm{d}y = \frac{\pi}{4} d^2 \rho u_0^2 \qquad\qquad (3.19)$$

　　主体段：y 为断面上任一点主轴心的距离，R 为断面的射流半径，u 为 y 点的流速，u_m 为该断面的轴心速度。

　　起始段：y 为断面上边界层内任一点至内边界的距离，R 为该断面上边界层厚度，u 为 y 点的流速，u_m 为核心流速 u_0。

将式 (3.19) 两边除以 $\pi\rho R^2 u_m^2$, 得:

$$\left(\frac{r_0}{R}\right)^2 \left(\frac{u_0}{u_m}\right)^2 = 2\int_0^1 \left(\frac{u}{u_m}\right)^2 \frac{y}{R}\mathrm{d}\left(\frac{y}{R}\right) \tag{3.20}$$

令 $\eta = \dfrac{y}{R}$, 代入式 (3.20) 得:

$$\left(\frac{r_0}{R}\right)^2 \left(\frac{u_0}{u_m}\right)^2 = 2\int_0^1 \left(\frac{u}{u_m}\right)^2 \eta\mathrm{d}\eta \tag{3.21}$$

令

$$B_n = \int_0^1 \left(\frac{u}{u_m}\right)^n \eta\mathrm{d}\eta \tag{3.22}$$

由于 $\dfrac{y}{R}$ 从轴心或核心边界到射流外边界的变化范围为 $0\rightarrow1$; $\dfrac{u}{u_m}$ 从轴心或核心边界到射流外边界的变化范围为 $1\rightarrow0$。利用无量纲速度分布曲线分段进行数值积分, 得出 B_n 的具体数值, 见表3.1。

表 3.1 B_n 的数值

n	1	1.5	2	2.5	3
B_n	0.0985	0.064	0.0464	0.0359	0.0286

于是

$$\int_0^1 \left(\frac{u}{u_m}\right)^2 \eta\mathrm{d}\eta = B_2 = 0.0464 \tag{3.23}$$

$$\left(\frac{r_0}{R}\right)^2 \left(\frac{u_0}{u_m}\right)^2 = 2\times0.0464 \tag{3.24}$$

所以有

$$\frac{u_m}{u_0} = 3.28\frac{r_0}{R} \tag{3.25}$$

将式 (3.18) 代入式 (3.25) 得:

$$\frac{u_m}{u_0} = \frac{0.965}{\dfrac{as}{r_0} + 0.294} \tag{3.26}$$

c 断面流量 q_v

取无量纲流量为:

$$\frac{q_v}{q_{v_0}} = \frac{射流任一断面流量}{射流出口断面流量}$$

$$\frac{q_v}{q_{v_0}} = \frac{2\pi\int_0^R uy\mathrm{d}y}{\pi r_0^2 u_0} = 2\int_0^{\frac{R}{r_0}} \frac{u}{u_0}\frac{y}{r_0}\mathrm{d}\left(\frac{y}{r_0}\right) \tag{3.27}$$

将 $\dfrac{u}{u_0} = \dfrac{u}{u_m}\cdot\dfrac{u_m}{u_0}$, $\dfrac{y}{r_0} = \dfrac{y}{R}\cdot\dfrac{R}{r_0}$ 代入式 (3.27) 得:

$$\frac{q_v}{q_{v_0}} = 2\frac{u_m}{u_0}\left(\frac{R}{r_0}\right)^2 \int_0^1 \frac{u}{u_m}\frac{y}{R}\mathrm{d}\left(\frac{y}{R}\right) \tag{3.28}$$

查表3.1可知:

$$\int_0^1 \frac{u}{u_m} \frac{y}{R} \mathrm{d}\left(\frac{y}{R}\right) = B_1 = 0.0985 \tag{3.29}$$

因此, 有:

$$\frac{q_v}{q_{v_0}} = 0.197 \frac{u_m}{u_0}\left(\frac{R}{r_0}\right)^2 \tag{3.30}$$

将式 (3.18) 和式 (3.26) 代入式 (3.30), 得:

$$\frac{q_v}{q_{v_0}} = 2.2\left(\frac{as}{r_0} + 0.294\right) \tag{3.31}$$

d　断面平均流速

在求得射流主体段各断面流量后, 根据断面平均流速的定义, 可求得射流主体段各断面平均流速:

$$v_1 = \frac{q_v}{A} = \frac{q_v}{\pi R^2} \tag{3.32}$$

喷口断面平均速度:

$$u_0 = \frac{q_{v_0}}{A_0} = \frac{q_{v_0}}{\pi r_0^2} \tag{3.33}$$

两式相比得:

$$\frac{v_1}{u_0} = \frac{q_v}{q_{v_0}}\left(\frac{r_0}{R}\right)^2 \tag{3.34}$$

将式 (3.31) 和式 (3.18) 代入式 (3.34), 整理得:

$$\frac{v_1}{u_0} = \frac{0.19}{\dfrac{as}{r_0} + 0.294} \tag{3.35}$$

例 3.1　某厂房通过向下的风口进行岗位送风。已知: 风口距地面 4m, 工作区在距地面 1.5m 高的范围。若要求射流在工作区造成直径为 1.5m 的射流截面, 限定轴心流速为 2m/s, 求喷口直径和出口风量 (已知圆形喷口 $a = 0.08$)。

解:　由已知条件可知 $R = \frac{D}{2} = 0.75\mathrm{m}$, $s = (4 - 1.5)\mathrm{m} = 2.5\mathrm{m}$。将其代入式 (3.18)

$$\frac{R}{r_0} = 3.4\left(\frac{as}{r_0} + 0.294\right)$$

解得: $r_0 = 0.07\mathrm{m}$。

故喷口直径为 $d = 0.14\mathrm{m}$。

又已知 $u_m = 2\mathrm{m/s}$, 代入式 (3.26):

$$\frac{u_m}{u_0} = \frac{0.965}{\dfrac{as}{r_0} + 0.294}$$

得: $u_0 = 6.531\mathrm{m/s}$。

所以出口风量:

$$q_{v_0} = \frac{\pi d^2}{4} u_0 = 0.1\mathrm{m^3/s}$$

3.2.2.4　限制射流

在射流的大多数实际应用中, 射流是射入限制空间, 而不是射入无限介质。简单限制射流的流线谱如图 3.7 所示。由图可见，固体壁的存在既限制了射流的膨胀，又限制了对周围流体的抽吸。限制射流系统的主要特点是建立了环流区。

图 3.7 所示的流动类型，在燃烧室的设计（室内由中心孔口射入的燃料与周围空气相互作用）和连续浇注中，具有重大的实用意义。同时，这一流动现象在流线通过槽、容器等流动系统时也是很常见的。

由于流线谱的复杂性（涉及环流流动），因此，即使对于图 3.7 所示的比较简单的情况，也不可能得到前节对自由射流讨论的那种分析解。对限制射流问题的深入学习，请参照相关专著。

3.2.3　射流在过程工程中的应用

3.2.3.1　冶金工程中的应用

射流广泛应用于冶金生产过程中，图 3.8 展示了射流系统在一些典型的冶金单元过程中的应用，包括氧气顶吹转炉炼钢、铜吹炼、连续铸锭和带钢的水射流冲击冷却等。

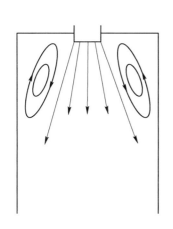

图 3.7　简单限制
射流的流线谱

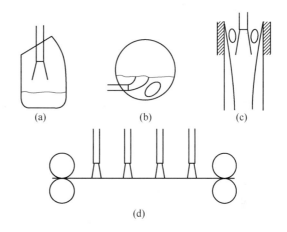

图 3.8　射流系统在冶金过程中的应用示例
(a) 氧气顶吹转炉炼钢；(b) 铜吹炼；
(c) 连续铸锭；(d) 轧钢中钢材的冷却

A　氧气顶吹转炉炼钢

氧气顶吹转炉炼钢属于限制射流的一种，其过程是在液体表面的冲击射流。图 3.9 所示为氧气顶吹转炉（BOF、BOP）的示意图。

超声速氧气通过转炉顶部的氧枪射入熔池，钢液中的杂质（碳、锰、硅等）则被氧化。其中，由于碳的氧化产生了一氧化碳，导致了泡沫渣的形成，并且金属液滴会悬浮于泡沫渣中，大面积的渣–钢乳化层的生成，是转炉能够达到很高反应速率的原因。

由于系统的三维特点，在氧气顶吹转炉过程中的流体流动问题是极其复杂的。一些学者绘制了描述射流穿透深度与氧气体积流量、氧枪高度以及喷管直径间关系的诺谟图（见图 3.10）。下面举例说明此诺谟图的应用。

例 3.2　在氧气顶吹转炉中，氧气流量为 $4.67\text{m}^3/\text{s}$，氧枪直径为 0.057m。试求当氧枪高度为 1.75m 时，射流的穿透深度。

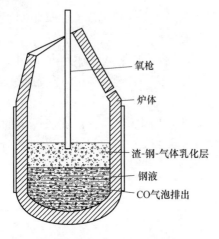

图 3.9　氧气顶吹转炉的示意图

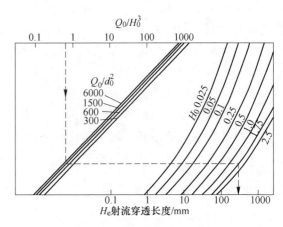

图 3.10　确定钢液中射流穿透深度的诺谟图

Q_0—氧气流量，m^3/s；H_0—氧枪高度，m；

d_0—喷管内径，m；H_e—射流穿透深度，m

解：为利用图 3.10，先求出

$$\frac{Q_0}{H_0^3} = 0.87$$

$$\frac{Q_0}{d_0^2} = 1400$$

如诺谟图上虚线所示，可得射流深度约为 0.350m。

B　氧气底吹转炉炼钢

氧气底吹转炉炼钢过程属于垂直浸没射流，通过埋置于可卸炉底的喷嘴对熔池进行喷吹（见图 3.11）。喷嘴由两个同心圆管所组成，氧气通过中心圆管吹入，而丙烷或天然气通过环形截面吹入。这种天然气的分解过程是吸热过程，通过天然气的吸热，可对喷嘴提供有效的冷却。

Turkdogan 等人对垂直浸没射流的特征进行了描述：在喷孔附近，由于液滴的分裂以及不稳定的气－液表面对液体的剪切作用，消耗了气体带入系统的绝大多数动能。接着，沿流动方向液滴逐渐聚集，直至形成液体中的气泡区（见图 3.12）。射流破裂的机理中，液体的分裂（即反抗表面张力做功）起着重要作用。

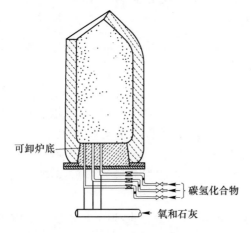

图 3.11　氧气底吹转炉炼钢过程

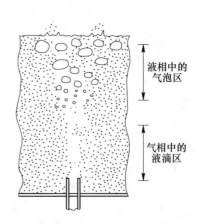

图 3.12　射流破裂的机理

C　铜吹炼

铜的吹炼属于浸没限制紊动射流。在铜吹炼过程中，空气水平或与水平成很小倾角射入熔池（见图3.13），空气中的 O_2 与CuS反应，炼出含铜98%左右的粗铜。

图3.14所示为水模型模拟的铜吹炼过程，高速相机拍摄的照片展示了水平空气射流特性，可以看出，射流边界是不稳定性的，甚至在靠近喷口处，即射流核心区也存在气–液混合。

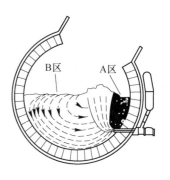

图3.13　铜转炉示意图

熔池内射流的轨迹，是浸没射流的重要特征之一。射流在喷出一定距离后就会破散（见图3.14），这是由于射流抽吸液体，射流的流动逐渐变慢，一旦射流水平速度下降到比液体中大气泡的上升速度（如0.3m/s）还小时，垂直速度分量将起主导作用，射流将破裂为气泡。

图3.14　空气射流射入水中的照片

3.2.3.2　化工中的应用

射流气化炉广泛应用在油气、煤气气化等领域，气化的原料可以是液态原料或固态原料。图3.15所示为一种喷嘴在底部的气化炉，该炉是由不同直径的三段壳体组成的圆筒形容器。原料煤、输送气、气化剂和流化剂以及由旋风除尘器回收的焦粉均从炉子的下部进入，灰球则从下部排出，因此，完成气化工艺最为关键而复杂的部位是该气化炉的下部两段。

煤料由高压输送气通过位于炉子中心的输送管连续不断地输入炉内。输送气通过管口的喷嘴形成一股射流，向上运动，这个区域即为射流高温燃烧区，使煤和半焦燃烧。由于射流功能的消失，颗粒不再上升，而转向四周，沿容器内壁下降。这种环流颗粒的高速循环，把热量输送到整个床层，使床层温度保持在760～1040℃（视煤种类而定），气化压力一般在0.88～1.57MPa（表压）。

在射流高温燃烧区，碳含量降低后的颗粒变得越来越软，碰撞后互相黏结并增大，形成灰球。随着灰球逐渐增大，直到无法被流化时，落在炉底的倾斜段中，并经送入的循环煤气所冷却，最后由灰斗排出。

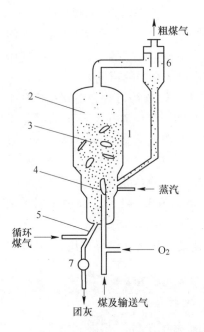

图 3.15　气化炉示意图

1—气化炉；2—游离层；3—气化层；4—喷嘴燃烧区；5—灰分分离区；6—旋风除尘；7—回转排灰机

3.3　搅拌与混合

3.3.1　搅拌设备的基本结构

常用的机械搅拌装置一般由搅拌槽（盛装液体），一根旋转的中心轴和安装在轴上的搅拌器，以及密封装置、支架、槽壁上的挡板等辅助部件构成。

图 3.16 所示为一个典型的搅拌装置。搅拌器作为该系统的核心部件，通过电动机的驱动随轴旋转，将机械能施加于液体，推动液体运动。搅拌装置的性能及消耗的功率取决于多种因素，包括搅拌器形状、大小和转速，槽内液体的物性，搅拌槽的形状、大小及槽壁上是否有挡板等因素。

3.3.1.1　搅拌容器

搅拌容器常被称为搅拌釜（或搅拌槽），其用作反应器时，又被称为搅拌釜式反应器，有时简称反应釜。通常，釜体结构形式为立式圆筒形，其高径比主要由操作时容器装液高径比及装料系数大小确定。容器装液高径比又因槽内物料性质、搅拌特征及搅拌器层数的不同而有所差异，一般取 1~1.3，最大可达 6。釜底形状有平底、椭圆底和锥形底等，有时也用方形釜。根据工艺的传热要求，釜体外部可加设夹

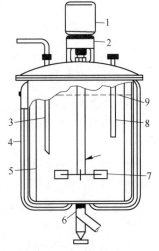

图 3.16　典型搅拌装置

1—电动机；2—减速器；3—插入管；
4—夹套；5—挡板；6—排放阀；
7—叶轮；8—温度计套；9—液面

套，并通入蒸汽、冷却水等载热介质；传热面积不足时，釜体内部还可加设盘管。

3.3.1.2　叶轮与搅拌轴

搅拌器又称叶轮或桨叶，是搅拌设备的核心部件。根据各种搅拌器在釜内产生的不同流型，基本上可将搅拌器分为轴向流搅拌器和径向流搅拌器，如推进式桨、新型翼型桨等属于轴向流搅拌器，各种直叶、弯叶涡轮桨则属于径向流搅拌器。使流体既可产生轴向流又可产生径向流的搅拌器称为混合流型搅拌器。

图 3.17 和图 3.18 所示分别为典型轴向流搅拌器和径向流搅拌器，其中双螺带式、螺杆式和螺杆螺带式适用于高黏度的物料。

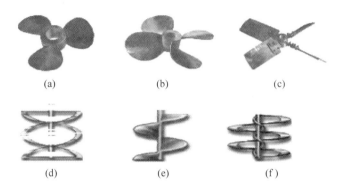

图 3.17　典型轴向流搅拌器
（a）三叶推进式搅拌器；（b）四叶推进式搅拌器；（c）翼型四叶搅拌器；
（d）双螺带式搅拌器；（e）螺杆式搅拌器；（f）螺杆螺带式搅拌器

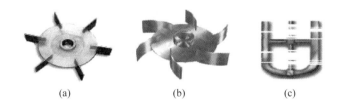

图 3.18　典型径向流搅拌器
（a）六直叶圆盘涡轮搅拌器；（b）六弯叶圆盘涡轮搅拌器；（c）锚式搅拌器

通常，将搅拌轴从搅拌釜顶部的中心位置垂直插入釜内，但根据要求不同，有时也采用侧面插入、底部伸入等方式。电动机输出的动力通过搅拌轴传递给搅拌器，因此搅拌轴要有足够的强度。同时，搅拌轴不仅要与搅拌器连接，又要穿过轴封装置及轴承、联轴器等零件，因此搅拌轴还应有合理的结构、较高的加工精度和配合公差。

3.3.1.3　挡板

为消除打漩现象（如果搅拌槽为平底圆形槽，槽壁光滑且未安装任何障碍物，液体黏度不大，且搅拌器置于槽的中心线上，则液体将随着搅拌器旋转的方向循着槽壁滑动，这种旋转运动产生所谓的打漩现象），使物料可以轴向流动，在全釜形成均匀混合，通常需要在槽内加入若干块挡板。通常，可加入 2～6 块挡板，由具体情况确定。挡板的存在会使搅拌功耗明显上升，且随挡板数量的增加而增加；但满足全挡板条件后，再增加挡板数不会使搅拌功耗继续增加。通常,挡板宽度约为容器内径的 1/12～1/10。在进行固液悬浮操作时,还可在釜底加装底挡板,促进固体颗粒的悬浮。若槽中有传热盘管,则可部分甚至全部代替挡板;若槽中有垂直换热管,一般也可不再加装挡板。

3.3.1.4　导流筒

导流筒是引导液体流入和流出搅拌器的圆形导筒,置于搅拌容器中心,可控制液体的流向和速度,减少短路机会,提高混合效果,特别是含有固体颗粒的液体可得到均匀的悬浮。通常导流筒的上端都低于静液面,且在筒身上开有槽或孔。当生产中液面降低时物料仍可从槽或孔进入。通常,推进式搅拌器可位于导流筒内或略低于导流筒的下端;涡轮式或桨式搅拌器常置于导流筒的下端。当搅拌器置于导流筒之下,且筒体直径又较大时,筒的下端直径应缩小,使下部开口小于搅拌器直径。

3.3.2　搅拌机理

在介绍搅拌机理之前,首先介绍分散体系、分散相及连续相的概念。一种或几种物质以细分状态分散于另一种物质中形成的体系称为分散体系,称被分散的物质为分散相,分散其他物质的物质为连续相。搅拌过程是典型的分散过程。

搅拌的目的是充分混合参与搅拌的各物料,针对不同类型搅拌过程,流体的流动状况和对搅拌的要求并不相同。因此,需要分别探讨气－液分散、非均相液－液分散、均相液－液混合以及固液悬浮等搅拌过程的机理。

3.3.2.1　气－液分散

A　搅拌设备中气－液分散状态

在气－液搅拌设备中,气体会以小气泡的形式分散于液体中,气泡的分散状态将随搅拌转速和通气速率的变化而发生转变。图 3.19 描述了在一定的通气速率下,气－液分散状态随搅拌转速逐渐增大时的变化,该过程可分为三个状态。

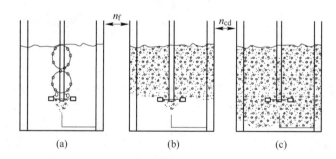

图 3.19　气泡分散状态示意图
(a) 气泛;(b) 载气;(c) 完全分散

(1) 气泛状态,如图 3.19(a)所示,大部分的气体未能得到分散,气泡很大并沿搅拌轴直接上升到液面,相当于鼓泡釜。

(2) 载气状态,如图 3.19(b)所示,气体基本得到分散,气泡可达釜壁,但分布器以下分散不良,气泡仅能随液流做有限的再循环。载气状态与气泛状态的相互转变存在临界转速,称为泛点转速 n_f,通常随通气速率的增大而增大。

（3）完全分散状态，如图 3.19(c) 所示，气体在设备内得到良好分散，气泡较小，往往随着液体再循环。完全分散状态与载气状态的相互转变存在临界转速，称为完全分散转速 n_{cd}，因载气状态的操作条件较窄，故 n_f 与 n_{cd} 差别不大，因此在工程中一般不严格区分 n_f 与 n_{cd}。

B　气泡直径与气含率

气泡直径与气含率决定了体系的相界面积，是表征搅拌设备内气-液分散特性的重要参数。

a　气泡的平均直径

气-液分散体系中的气泡大小不一（如空气-水体系中，气泡符合正态分布），在计算时常以体积表面积平均直径 d_B 表示气泡的大小。通常，空气-水系统的 d_B 为 2~5mm。设气-液分散体系中有 m 种气泡尺寸，则 d_B 的表达式为：

$$d_B = \frac{\sum_i^m m_{gi} d_i^3}{\sum_i^m m_{gi} d_i^2} \tag{3.36}$$

式中　d_i——第 i 种尺寸的气泡直径，m；

　　　　m_{gi}——具有第 i 种尺寸的气泡数量。

b　气含率

气含率为搅拌设备内气-液分散系统中气体的持有量，以通气后分散体系中气体容积与气-液分散系统容积之比表示。

实验室常用电导探针法、膨胀法和压差法等测量气含率。

C　气-液体系双层桨搅拌研究

气-液体系双层桨搅拌研究属于湍流（低黏流体）研究，因此选取代表性的 DT-6 桨（六直叶圆盘涡轮桨，径向桨）和 CBY 桨（变截面螺旋弧叶桨式搅拌器，轴向桨）两种桨型为例（见图 3.20），对气-液分散与混合进行说明。不同桨型组合下气泡微细化情况如图 3.21 所示。

(a)　　　　　　　　　　　　　　(b)

图 3.20　径向桨及轴向桨的典型代表

（a）DT-6 桨；（b）CBY 桨

轴向桨与径向桨组合而成的双层搅拌桨在气-液体系的气泡微细化效果中发挥独特的优势。以 CBY 为代表的轴向桨可以明显促进液体与气泡的轴向循环效果，有利于延长气泡的停留时间和增大体系内的气含率，以 DT-6 为代表的径向桨可以产生密集的径向剪切

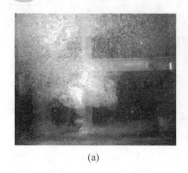

（a）　　　　　　　　　　　　（b）　　　　　　　　　　　　（c）

图 3.21　不同桨型组合下气泡微细化情况
（a）无导流筒（CBY 在上）；（b）无导流筒（CBY 在下）；（c）加导流筒（CBY 在上）

力，显著破碎气泡，从而减小气泡直径。双层桨的组合方式对气泡微细化效果影响非常大。如图 3.21（a）所示，此种情况 CBY 桨在上，DT-6 桨在下，气泡从下至上的运动过程中，经过下部 DT-6 桨时被破碎成细小气泡，但由于没有轴向的循环作用，导致槽底有大面积的"气泡死区"，搅拌槽内整体气泡微细化状况不好。如图 3.21（b）所示，DT-6 桨在上，CBY 桨在下，气泡被 CBY 桨推向槽底部四周，再向上运动至 DT-6 桨处被再次破碎，气含率和气体停留时间均增大，气泡直径减小，提升了气泡微细化效果。在图 3.21（a）上加入导流筒，可以控制液体的流向和速度，减少短路机会，提高气液混合效果，强化气泡微细化，如图 3.21（c）所示。

3.3.2.2　液 – 液分散与混合

液 – 液两相体系搅拌的目的包括：增加相界面；减小分散相液滴外部的扩散阻力；产生湍流促进浓度和温度均一化；使分散相液滴反复进行破碎、聚并，促进分散相液滴间传质。

A　非均相液 – 液分散

a　分散机理及液滴的破碎与聚并

搅拌不互溶的液 – 液两相时，液滴在连续相内不断地被破碎和聚并，一段时间后将达到一动态平衡（即液滴的破碎速率等于液滴的聚并速率），此时在搅拌设备内形成了稳定的分散体系。分散体系中的液滴大小并不均一，且液滴平均直径 d_D 与转速 n 有密切关系。如图 3.22 所示，BC 线右侧是破碎区，AB 线下方是聚并区，AC 线左侧是悬浮区，落在此三区内的液滴均不稳定，将分别发生破碎、聚并和相分离。只有与某个 n 相对应，液滴直径落在 $\triangle ABC$（阴影部分）以内才是稳定的，故称 $\triangle ABC$ 为稳定三角区。在 $b_1 Bb_2$ 所包围的三角形区域内，液滴将频繁发生破碎和聚并，若希望通过液滴之间反复破碎和聚并来提高传质速率，应使操作点落在此三角区内。

在湍流场内，当液滴直径大于漩涡的最小尺度时，若湍流动压头作用于液滴的力大于液体的表面张力，则液滴将被分散成更小的液滴。图 3.22 中 BC 线表示稳定的分散体系中能存在的最大滴径。两液滴的相互碰撞并不一定会使

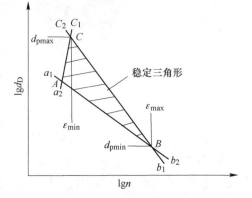

图 3.22　液滴破碎、聚并和悬浮的理论关系

两者聚并成较大的液滴，只有当液滴的附着能大于液滴的动能时，液滴之间才能发生聚并。图3.22中 *AB* 线表示稳定分散体系中能存在的最小滴径。

b 分散程度

通常用完全分散和均匀分散描述液－液两相的分散程度。

完全分散：直观地看，当在设备顶部和底部都看不到清液块时，即认为达到完全分散状态。但此时，在靠近设备内壁处，仍有可能残留一些清液块，要清除这些清液块，需进一步增加搅拌转速。故完全分散状态只能粗略反映分散程度。

均匀分散：当搅拌设备内各部位的液滴浓度都相等时，即认为达到均匀分散状态。均匀分散通常通过取样分析，测定分散相的平均体积分数，并由式（3.37）计算取样点的分散指标值。

$$i_D = \frac{R}{S} \tag{3.37}$$

式中 R——样品中含量少的相的实测体积分数；

S——样品含量少的相在全釜中的平均体积分数，即相比。

整个搅拌设备的分散指标为：

$$I_D = \frac{1}{z} \sum i_D \tag{3.38}$$

式中 z——测点数目，z 越大，I_D 越能反映设备内分散情况。当 $I_D = 0.98$ 时即认为达到均匀分散状态。

溶剂萃取是典型的非均相液－液分散操作，该过程在化工生产中常在混合澄清器中进行。不互溶的两液相需要在混合室中充分搅拌混合，使传质过程接近平衡，而后两相溢流至澄清室内进行分离。在混合室中，液相湍动增强，有机相与水相的混合强度越大，混合越均匀。两液体在混合室内被搅拌的强度以及停留时间对于传质能否充分进行至关重要。

B 均相液－液混合

对于均相液－液混合，通过搅拌使两种或两种以上的液体达到分子级均匀混合，故只有互溶液体才可参与均相液－液混合。互溶液体间不存在物相界面，因此，在搅拌时，对液体流动时的剪切速度无过高要求，但需达到充分的对流循环。槽内各部位液体需均匀流动，故不可有死区，同时为缩短液体间的均匀混合时间，槽内液体还需有一定的湍流强度。

进行均相液－液混合操作时，将依次发生宏观混合过程和微观混合过程。槽内的两种液体最初以块团形式结合，而这些块团会随着搅拌的进行逐步被打碎、变小，但每一个块团仍为同一种液体物料，该过程为宏观混合过程。在宏观混合过程中，分子量级的相互扩散实际上已经在两种液体物料块团间进行，但该扩散过程与块团被打碎而变小的过程相比不占主要地位。由于搅拌的继续进行，液体物料的块团将变得足够小，此时，两种液体物料块团间分子量级的扩散过程开始占主要地位，该过程称为微观混合过程。两种物料的均匀混合操作将在微观混合过程中被最终完成。

均相液－液混合操作的效率可用混合时间数表示，即

$$\theta = T_m n \tag{3.39}$$

式中　T_m——完成液－液混合操作所需要的时间，s。

混合时间数越小，表明该搅拌器的搅拌效率越高。从式（3.39）可以看出，混合时间数 θ 的物理意义是完成均相液－液混合操作时搅拌器所需转过的圈数。

3.3.2.3　固—液悬浮

在固－液两相体系的搅拌过程中，若固体颗粒完全脱离釜底悬浮起来（简称完全离底悬浮），可减小固体颗粒周围的扩散阻力，促进固体物料的溶解或结晶，加强反应物料与催化剂之间的接触和传质；若固体颗粒在全釜中均匀悬浮（简称均匀悬浮），则可制备均匀悬浮液。

A　固－液悬浮机理

（1）完全离底悬浮。一般认为，固体悬浮由湍动漩涡控制。具有一定尺度小漩涡的扰动将导致釜底沉积的颗粒悬浮。假设与颗粒尺寸同一数量级的小漩涡作用于固体颗粒，并将能量传递给固体颗粒，当漩涡的作用力克服了固体颗粒所受重力与浮力之差时，则颗粒将悬浮起来。

另一种观点认为，釜底附近的主体流动将导致颗粒的悬浮。釜底附近颗粒悬浮的条件是流体向上运动的速度与颗粒的沉降速度相平衡。

（2）均匀悬浮。主要由循环流动引起。只要釜内循环流速达到一定值，使颗粒沉降速度等于流体上升速度，就能形成均匀悬浮状态。达到均匀悬浮需要搅拌器能提供较高的循环流量，还需要釜内流体漩涡有较高的湍动强度，即有足够数量的湍动漩涡进入颗粒沉积区，使沉积的颗粒完全悬浮起来。

B　临界悬浮转速与均匀悬浮转速

a　临界悬浮转速

临界悬浮转速是指釜内悬浮操作达到某一指定的悬浮状态时，搅拌器所需要的最小转速。只有确定了临界悬浮转速，才能计算出过程所需的最小功率。

常用直接观察法和电导法测定完全离底悬浮临界转速。

直接观察法是用肉眼观察釜底颗粒的运动状态，当颗粒全部处于运动状态时，且颗粒在釜底停留（静止）的时间不超过 1～2s，即认为达到了完全离底悬浮。用此方法进行实验室规模的研究可得到较满意的结果。

电导法是在釜底安装多个电导元件，依据电信号的变化确定完全离底悬浮临界转速。此方法的优点在于可测量不透明釜的完全离底悬浮临界转速。

在固－液悬浮操作中，发表了不少有关临界转速的关联式的研究结果。Zwietering 通过大量实验研究后发现，影响悬浮操作的主要因素是搅拌釜结构尺寸、固体颗粒粒径、固相浓度、液体黏度、固－液两相密度差等，并最早提出了完全离底悬浮临界转速的关联式，且得到了许多研究者的证实。

$$n_c = K D^{-0.85} d_p^{0.2} X^{0.13} \nu^{0.1} \left| g \frac{\rho_p - \rho}{\rho} \right|^{0.45} \tag{3.40}$$

式中　n_c——完全离底悬浮临界转速，s^{-1}；

　　　K——与釜结构、搅拌器型式、所用单位有关的常数；

　　　d_p——固相颗粒直径，m；

X——固－液的质量比（$\times 100$）；

ν——液体运动黏度，m^2/s；

ρ_p——固体颗粒的密度，kg/m^3；

ρ——液体的密度，kg/m^3；

D——搅拌器直径，m；

g——重力加速度，m/s^2。

b 均匀悬浮临界转速

常通过测量釜内各点的固相浓度，根据釜内固相浓度分布的均匀度来判断均匀悬浮临界转速。

一般情况下，釜内很难达到均匀悬浮，典型的固体颗粒沿釜深浓度的分布情况为：搅拌转速较低时，釜上部颗粒浓度低于全釜平均浓度，釜下部颗粒浓度高于全釜平均浓度，此时颗粒浓度分布不均匀。增大搅拌转速，颗粒浓度分布渐趋均匀。当搅拌转速增至一定程度，颗粒浓度均匀性不再增加，沿液面深度始终存有一定的浓度差，且沿液面深度总有一高浓度区。

衡量搅拌釜内固体颗粒浓度分布均匀性有多种判据，目前，广泛采用浓度分布的标准偏差 $\overline{\sigma}$。

$$\overline{\sigma} = \sqrt{\frac{1}{z}\sum_{i=1}^{m}\left(\frac{c_i}{c_0} - 1\right)^2} \tag{3.41}$$

式中 z——测点数目；

$\dfrac{c_i}{c_0}$——测点固相浓度与全釜平均固相浓度之比。

$\overline{\sigma}$ 越小，固体颗粒在釜内分布的均匀程度就越高。达到均匀悬浮时的均匀度（$\overline{\sigma}$ 值）与叶轮型式及转速有关。

C 固－液悬浮体系的搅拌研究

以晶种分解过程为例，该过程是精制的过饱和 $NaAlO_2$ 溶液在添加 $Al(OH)_3$ 晶种、降低分解温度和不断搅拌的条件下分解析出 $Al(OH)_3$ 的过程，简称种分过程。种分过程是拜耳法生产 Al_2O_3 的关键工序之一，不仅影响产品 Al_2O_3 的数量和质量，还直接影响循环效率及其他工序。因此，种分过程的目的是为了得到质量良好的 $Al(OH)_3$ 和摩尔比值较高的种分母液，以提高拜耳法的循环效率。

沈阳铝镁设计研究院为了改进产品质量，提高设备运转率和系统效率，减少清理沉淀结疤的费用和由沉淀结疤造成的浪费，以及消除清理结疤过程造成的环境污染，开发了 HSG 搅拌桨和 HQG 搅拌桨，如图 3.23 所示。

HSG 搅拌桨为水平布置的圆弧面搅拌桨，叶片截面为经过特殊优化设计的圆弧曲面。上述结构特点使 HSG 搅拌桨的排量准数最大，而能耗最低，最适合用于种分槽搅拌装置的底层桨，能够有效消除槽底部沉淀结疤。

HQG 搅拌桨为倾斜布置的圆弧面搅拌桨，叶片截面为经过特殊优化设计的圆弧曲面。上述结构特点使 HQG 搅拌桨的轴向作用范围和强度远超过其他类型的搅拌桨。HQG 搅拌桨作为上层桨具有显著的优势，多层 HQG 搅拌桨可以在种分槽中心形成圆柱形轴向流导

(a)　　　　　　　　　　　　　　(b)

图 3.23　HSG 搅拌桨与 HQG 搅拌桨结构

（a）HSG 搅拌桨；（b）HQG 搅拌桨

流区域，料浆沿圆柱形区域从上向下运动，在槽底部进一步加强了 HSG 搅拌桨的推力，使 HSG 搅拌桨产生的涡流更强，更好地提高了种分槽内料浆的均匀度。

3.3.3　搅拌功率

搅拌器的功率是为了达到规定的搅拌目的所需要的动力，是衡量其性能好坏的根据之一。

液体受搅拌所需功率取决于所期望的液流速度及湍动程度。具体地说，搅拌功率与叶轮形状、大小、转速和在液体中的位置，液体的物性（黏度和密度），搅拌槽的尺寸及其内部构件（是否存在挡板或其他障碍物）有关。因所涉及的变量较多，故可将搅拌功率与其他参数联系起来，借助于量纲分析进行实验。

3.3.3.1　功率关联式

经验表明，搅拌功率取决于：叶轮直径 D，叶轮转速 n，液体密度 ρ，液体黏度 μ，重力加速度 g，槽径 T，槽内液体深度 H_1，挡板数目、大小、位置等几何尺寸。假定这些尺寸都和叶轮直径成一定的比例（例如符合对典型搅拌器构型的规定），并将这些比值，如 $S_1 = T/D$、$S_2 = w/D$、$S_3 = r/D$ 等定为形状因数（见图 3.24）。

除非完全消除打漩现象，否则液面上会出现漩涡，有一些液体被升举到平均液面以上，而这种升举需克服重力，因此需要考虑重力的影响。

暂不考虑形状因数，则功率 N 可表述为上述变量的函数

$$N = f(n, D, \rho, \mu, g) \qquad (3.42)$$

采用量纲分析法，设

$$N = K n^a D^b \rho^c \mu^d g^e \qquad (3.43)$$

式中　K——无量纲常数。

以质量 M、长度 L、时间 T 为基本量纲，可将式（3.43）转换为下述的量纲关系式

$$ML^2 T^{-3} = (T^{-1})^a (L)^b (ML^{-3})^c (ML^{-1} T^{-1})^d (LT^{-2})^e$$

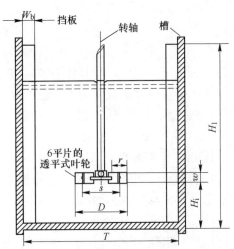

图 3.24　典型搅拌器的构型

即
$$ML^2T^{-3} = M^{c+d}L^{b-3c-d+e}T^{-a-d-2e}$$

比较等号两侧各量纲的指数，得下列关系：

$$\begin{cases} c+d=1 \\ b-3c-d+e=2 \\ -a-d-2e=-3 \end{cases}$$

可解得：

$$c=1-d,\, b=5-2d-e,\, a=3-d-2e$$

代入式（3.43），得：

$$N = Kn^{3-d-2e}D^{5-2d-e}\rho^{1-d}\mu^d g^e$$

上式可改写为：

$$\frac{N}{\rho n^3 D^5} = K\left(\frac{D^2 np}{\mu}\right)^{-d}\left(\frac{n^2 D}{g}\right)^{-e} \tag{3.44}$$

令：$x = -d$，$y = -e$，则式（3.44）又可写成：

$$\frac{N}{\rho n^3 D^5} = K\left(\frac{D^2 np}{\mu}\right)^{x}\left(\frac{n^2 D}{g}\right)^{y} \tag{3.45}$$

或

$$Po = KRe^x Fr^y \tag{3.46}$$

式中 Po——功率特征数，$Po = N/\rho n^3 D^5$；

Re——搅拌雷诺数，$Re = D^2 np/\mu$；

Fr——搅拌弗劳德数，$Fr = n^2 D/g$；

K——代表系统几何构型的总形状因数，为常数。

若把各种形状因数 S_1，S_2，$\cdots$，也考虑进去，式（3.46）可写成：

$$Po = K' Re^x Fr^f S_1^f S_2^g \cdots S_n^z \tag{3.46a}$$

如果这些形状因数保持不变（即对某种构型的搅拌系统，其各部分尺寸的比例固定），式（3.46a）便简化为式（3.46）。

搅拌雷诺数 Re：Re 代表加速力 $A = \rho d^2 u^2$ 与黏性力 $M = \mu du$ 之比。在搅拌系统中，加速力 A 是叶轮或桨叶推动液体运动的力，其中，代表性长度采用叶轮直径 D，代表性速度采用叶轮外端速度 $u_t = \pi Dn \propto Dn$；于是 $A \propto \rho D^2 u_t^2 \propto \rho D^2 (Dn)^2 = \rho D^4 n^2$。黏性力 M 是液体内的剪切力，是阻碍液体运动的力，$M \propto \mu Du_t = \mu D^2 n$。故有

$$Re \propto \frac{A}{M} \propto \frac{\rho D^4 n^2}{\mu D^2 n} = \frac{\rho D^2 n}{\mu}$$

搅拌弗劳德数 Fr：代表加速力 A 与重力 $G = mg \propto \rho D^3 g$ 之比：

$$Fr \propto \frac{A}{G} \propto \frac{\rho D^4 n^2}{\rho D^3 g} = \frac{Dn^2}{g}$$

搅拌功率特征数 Po：叶轮旋转时，其作用与离心泵叶轮相仿，既输送液体又产生压头（施加给单位重量流体的功），为此要消耗功率。体积流量、压头与 N 之间的关系为：

$$N = QH\rho g \tag{3.47}$$

式中 N——功率，W；

Q——体积流量，$\mathrm{m^3/s}$；

H——压头，m；

ρ ——液体密度，kg/m^3；

g ——重力加速度，m/s^2。

压头 H 通常可以写成速度头 $u^2/(2g)$ 的倍数（u 为液体的线速度，m/s），速度头大小既是剪切力大小也是湍动强弱的量度。叶轮外端速度 u_t 可作为线速度的代表，而 $u_t \propto nD$，这样，叶轮所产生的液体速度头就与 n^2D^2 成正比。体积流量则与速度与面积之积，即 $(nD)(D^2) = nD^3$ 成正比。将这两个关系式代入式（3.47），得

$$N \propto \rho n^3 D^5 \tag{3.48}$$

Po 即代表式中的比例常数。另一方面，N 是推动液体的加速力与速度之积，即

$$N \propto Fu_t \propto \rho D^2 u_t^2 u_t \propto \rho D^2 (Dn)^3 = \rho n^3 D^5$$

与 $N \propto \rho n^3 D^5$ 结果相同。

式（3.46）可写为：

$$\phi = \frac{Po}{Fr^y} = KRe^x \tag{3.49}$$

式中 ϕ——功率函数。

对于不打漩系统，重力的影响甚微，可不考虑，弗劳德指数 y 可取为零，因此式（3.49）又简化为：

$$\phi = Po = KRe^x \tag{3.50}$$

3.3.3.2 功率曲线

将 ϕ 值对 Re 值在双对数坐标纸上标绘，可得到功率曲线。一个具体的几何构型，只有一条功率曲线，它与搅拌槽的大小无关。因此，大小不同的搅拌槽，只要几何构型相似（各部分的尺寸比例相同），就可应用同一条功率曲线。

文献上已发表了许多不同的功率曲线，它们代表许多不同几何构型的搅拌器。利用这些曲线根据 Re 读出 ϕ 后，即可求出 Po 以及 N。

图 3.25 所示为有挡板典型搅拌器（见图 3.24）的功率曲线。

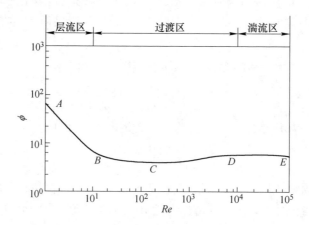

图 3.25　典型搅拌器构型的功率曲线（有挡板）

由图 3.25 可知，在低雷诺数（$Re < 10$）下，功率曲线是一段斜率为 -1 的直线。在此区域（线段 AB）中，液体的黏性力控制系统内的流动，重力影响可忽略，因此可不考

虑 Fr。此层流区域内的直线 AB 可用式（3.51）表示：

$$\phi = Po = N/(\rho n^3 D^5) = 71.0 Re^{-1.0} \qquad (3.51)$$

即

$$N = 71.0 (\rho n^3 D^5) \left(\frac{D^2 n \rho}{\mu}\right)^{-1.0} \qquad (3.52)$$

所以对于有挡板的典型构型搅拌器，$Re < 10$ 时

$$N = 71.0 (\mu n^2 D^3) \qquad (3.53)$$

当 Re 增加时，流动从层流过渡到湍流。对于典型构型，这种过渡缓慢。在 $Re \approx 300$ 以前（曲线 BC 段），N 和流动特征仍只取决于 Re。在 $Re \approx 300$ 以后（曲线 CD 段），有足够的能量传给液体引起打漩现象，但由于挡板有效地加以抑制，故流动仍取决于 Re，直到 $Re = 10000$ 为止。在此 Re 范围内的曲线 BCD，仍可用式（3.50）来表示，但式中的 K 和 x 并不恒定，由 Re 求 ϕ 要直接根据图 3.25。由 ϕ 求 N 可用下列关系：

$$N = \phi \rho n^3 D^5 \qquad (3.54)$$

当流动变为充分湍流时，即 $Re > 10000$ 以后（线段 DE），功率曲线变成水平线，此时流动与 Re 和 Fr 都无关，由曲线的 DE 段可得：

$$\phi = Po = 6.1 \qquad (3.55)$$

所以对于有挡板的典型构型搅拌器，$Re > 10000$ 时

$$N = 6.1 \rho n^3 D^5 \qquad (3.56)$$

在无挡板的搅拌槽中，打漩现象随 Re 的增大而越发明显，Fr 变得重要。图 3.26 所示为与典型构型相同唯独没有挡板的搅拌器的功率曲线。

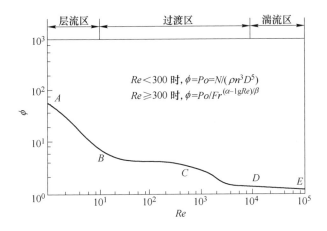

图 3.26　典型搅拌器构型的功率曲线（无挡板）

比较图 3.25 与图 3.26 可知，对于有挡板和没有挡板的搅拌系统，功率曲线一直到 $Re \approx 300$（各曲线的 ABC 段）时都一样，这表示打漩现象尚未明显。当打漩加剧，功率陡然下降，图 3.26 中的功率曲线（CD 段）有一个改变着的负的斜率，即式（3.49）中的指数 x 为一变动着的负值。在充分发展的湍流情况下（$Re \approx 10000$），功率曲线从斜率为负而趋于成为水平线（DE 段），功率函数 ϕ 必近于一个常数值。

对于无挡板的搅拌系统，当 $Re < 300$，$\phi = Po$，故从功率曲线上读出 ϕ 后，求 N 仍可用下列关系式：

$$N = \phi \rho n^3 D^5 \tag{3.57}$$

对于无挡板的搅拌系统，当 $Re \geqslant 300$，$\phi = \dfrac{Po}{Fr^y}$，y 可用下式表示：

$$y = (\alpha - \lg Re)/\beta \tag{3.58}$$

于是得

$$\phi = Po/Fr^{(\alpha - \lg Re)/\beta} \tag{3.59}$$

$$N = \phi \rho n^3 D^5 Fr^{(\alpha - \lg Re)/\beta} \tag{3.60}$$

几种搅拌器的 α、β 值（用于式（3.59）及式（3.60））见表 3.2。

表 3.2　几种搅拌器的 α 值与 β 值

搅拌器型式	功率曲线	α	β
透平式，6 平片（标准构型）	图 3.26	1.0	40.0
螺旋桨式，$T/D = 3.3$	图 3.27 中曲线 B	1.7	18.0
螺旋桨式，$T/D = 4.5$	图 3.27 中曲线 C	0	18.0
螺旋桨式，$T/D = 2.7$	图 3.27 中曲线 D	2.3	18.0

各种不同构型的搅拌器，各有其不同的功率曲线。图 3.27 所示为螺旋桨式搅拌器的功率曲线。

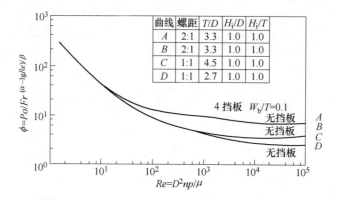

图 3.27　三叶片螺旋桨式搅拌器的功率曲线

上面的讨论，仅限于搅拌器所消耗的净功率。考虑到电机与机械上的各种损失，实际的功率应大于净功率，约等于净功率值除以 0.8。

3.3.4　搅拌设备的放大

3.3.4.1　基本方法

通常，体系中某一点的状态可由一系列状态变量（温度、压力、流速、浓度等）表示。一个复杂体系常可分解为几个简单的子体系进行实验与分析，从而使所获得的基本数据更有表征的价值，如在小试中通常将反应和传递因素进行单独研究。但被分离的变量之间常存在互动和耦合效应，因此中试时常将它们重新合并研究。若两个子体系之间的连接是单方向的（比如 i 到 j，j 体系的输入 $= i$ 体系的输出），则两个体系通常是独立的。要避免将明显互相耦合的两个变量分离研究，必须研究它们之间的耦合效应。例如，可将一个复杂的化工过程分为进料段、反应段和后处理段进行分离研究，其中的反应器往往是最复杂的单元设备，难以再继续细分。

当体系确定后，输入变量、输出变量、作用参数等即可确定。如，输入变量可包括进料中的化学组成和纯度等；输出变量可包括流出物的化学组成和流出速率等；作用参数可包括进料速率、催化剂类型、反应器进口温度、反应器进口压力、再循环流率等。定义子体系后，需对单个子体系进行研究，即小试研究。当小试研究完成后，需考虑放大到模试。在模试阶段，除考虑与小试过程同样关系的变量（转化率）外，还要考虑副反应、热力学平衡、物理性质、化学平衡、热传递、相间和相内的传质、流体或固体的流动等问题。

3.3.4.2 相似放大

相似放大基于这样一种认识，即如果能够在放大釜中实现小釜中的流体力学条件和传递行为，如速度场、浓度场和温度场以及停留时间和停留时间分布等，小釜的过程就能在大釜中实现。

搅拌设备中有多种相似条件，如几何相似、运动相似、动力相似和热相似等。几何相似是指放大过程保持所有主要尺寸的比例相同；运动相似是指所有的速度保持相同的比例；动力相似是指所有的力保持相同的比例；热相似是指所有位置的温差保持相同的比例。根据相似理论，要推广试验参数，必须使两个系统具有相似性。

通常，几何相似是搅拌设备放大技术中首先要满足的条件，并分析在几何相似条件下，各搅拌参数间的变化关系；然后，根据具体搅拌过程的特性，确定放大因子；最后，对过程效果及经济性进行综合评价，修正某些几何条件，完成搅拌设备的放大设计。

3.3.4.3 几何相似与转速的变化关系

几何相似要求大、小釜间各对应的线性尺寸成比例。按几何相似条件，当大釜体积确定后，大釜直径、高度、搅拌器直径、叶片宽度、搅拌器安装位置、挡板等尺寸便可以确定了。这样，确定大釜的转速成为放大的主要问题。

几何相似时，大釜转速通常可表示为

$$n_{\mathrm{L}} = n_{\mathrm{S}} \left(\frac{D_{\mathrm{S}}}{D_{\mathrm{L}}} \right)^{X} \tag{3.61}$$

式中　X——放大指数，一般在 2/3 ~ 1 之间，依据过程类别而定；

　　　　S——表示小釜；

　　　　L——表示大釜。

当 $X = 1$ 时，表明在几何相似的大、小釜中，搅拌器的叶端线速度或单位体积的扭矩相同。

当 $X = 2/3$ 时，表明在几何相似的大、小釜中，被搅液体的单位体积功率相同。

当 $X = 0$ 时，表明在湍流条件下，几何相似的大、小釜中，混合时间相同。

在几何相似条件下，大釜中被搅物料单位体积搅拌功率也可表示为：

$$(N_V)_L = (N_V)_S \left(\frac{D_S}{D_L}\right)^Y \tag{3.62}$$

式中　Y——以单位体积功率表示的放大指数。

3.3.4.4　动力相似

研究表明，搅拌设备内各种重要的力中，有四种力较为关键，即惯性力（或称搅拌动力）F_I、黏性力 F_V、重力 F_g、表面张力 F_σ。当四种力的比例在放大过程中都保持相同时，便可实现动力相似。也就是说，要获得动力相似，需要考虑这四种力的相似性。惯性力来自搅拌器，有助于混合，其余三种力则阻碍混合。为此，习惯用惯性力与其他三种力的比值来度量搅拌。

$$Re = \frac{惯性力}{黏性力} = \frac{F_I}{F_V} = \frac{nd^2\rho}{\mu} \tag{3.63}$$

$$Fr = \frac{惯性力}{重力} = \frac{F_I}{F_g} = \frac{n^2 d}{g} \tag{3.64}$$

$$We = \frac{惯性力}{表面张力} = \frac{F_I}{F_\sigma} = \frac{nd^3\rho}{\sigma} \tag{3.65}$$

式中　n——叶轮转速；

　　　d——小叶轮直径；

　　　ρ——液体密度；

　　　μ——液体黏度；

　　　g——重力加速度。

要达到动力相似，必须使大釜和小釜中的力的比例关系保持一致，即

$$\frac{(F_I)_S}{(F_I)_L} = \frac{(F_V)_S}{(F_V)_L} = \frac{(F_g)_S}{(F_g)_L} = \frac{(F_\sigma)_S}{(F_\sigma)_L} \tag{3.66}$$

但大釜和小釜中所用的流体总是相同的，故这些关系式事实上相互矛盾，这说明要使一个过程的所有条件都相似并不可能。此时，就要根据具体的搅拌过程，以达到规定的生产效果为前提条件，找出对该过程最有影响的相似条件，舍弃次要因素，并采用某些无因次数组的关联常可获得较好的效果。如搅拌功率影响因素的关联式为：

$$\frac{N}{\rho n^3 d^5} \propto \left[\frac{nd^2\rho}{\mu}\right]^\alpha \left[\frac{n^2 d}{g}\right]^\beta \left[\frac{d}{T}\right]^\gamma \tag{3.67}$$

式中　T——槽径。

或传热系数影响因素的关联式为：

$$\frac{N}{\rho n^3 d^5} \propto \left[\frac{nd^2\rho}{\mu}\right]^\alpha \left[\frac{C_p\mu}{k}\right]^\beta \left[\frac{\mu}{\mu_\sigma}\right]^\gamma \tag{3.68}$$

式中　C_p——热容。

对于混合搅拌，也可建立一个类似的关系，即

$$\theta_M n \propto \left[\frac{nd^2\rho}{\mu}\right]^\alpha \left[\frac{d}{D}\right]^\beta \tag{3.69}$$

式中　D——大叶轮直径。

概念题

3.1　射流。

3.2　紊动射流速度分布的相似性。

3.3　射流的分类。

3.4　搅拌中的打漩现象。

3.5　搅拌单元操作。

思考题

3.1　紊动射流问题的分析方法主要包括哪些？

3.2　紊动射流的分区结构包括哪几个部分？

3.3　搅拌单元操作的作用是什么？

3.4　叶轮搅拌中打漩现象的危害以及避免打漩现象的方法是什么？

3.5　影响液体搅拌功率的因素有哪些？

3.6　影响搅拌功率的物理因素有哪些？

3.7　影响搅拌功率的几何因素有哪些？

3.8　反应器（搅拌器）放大的基本原则是什么？

3.9　列举三种搅拌桨叶轮型式，并简述其使用范围？

计算题

3.1　圆射流以 $Q_0 = 0.55 \text{m}^3/\text{s}$，从 $d_0 = 0.3\text{m}$ 管嘴流出。试求 2.1m 处射流半宽度 R、轴心速度 u_m、断面平均速度 v_1，并进行比较（$a = 0.08$）。

3.2　已知空气淋浴喷口直径为 0.3m，要求工作区的射流半径为 1.2m，质量平均流速为 3m/s。求喷口至工作区的距离和喷口流量（$a = 0.08$）。

3.3　一股水的紊流射流由直径为 0.05m 的孔口，以平均速度 1.5m/s 喷入盛水的大容器。设容器中的水可看做无限介质。试计算离孔口 1m 处的轴线速度（$a = 0.08$）。

3.4　某冶炼厂厂房装有圆形送风口，直径 0.5m，风口距离工作区高为 50m，工作区风速（平均流速）要求不超过 0.3m/s，求风口的送风量应限制在多少（$a = 0.08$）？

3.5　搅拌器系统有一个带 6 个平片的透平式叶轮，位于搅拌槽中央，槽径为 1.8m，推动器直径为 0.6m，叶轮在槽底以上 0.6m。槽中装有 50% 烧碱溶液，液体深度为 1.8m，液体温度为 65℃，在此温度下液体的黏度为 12cP，密度为 1500kg/m³。叶轮转速为 90r/min，壁上没有挡板。求搅拌器所需功率。

3.6　某厂小试用容积为 $9.36 \times 10^{-3} \text{m}^3$ 的搅拌罐，罐直径为 0.229m，采用直径为 0.0763m 的六叶涡轮搅拌器，在转速为 1273r/min 时获得较佳的搅拌效果。拟根据小试数据设计一套容积为 2m³ 的搅拌罐，问如何进行放大设计？

3.7　以搅拌过程为例，用量纲分析法推导功率 N 的表达式。假设不考虑形状因数，功率消耗取决于：叶轮直径 D 和转速 n、液体密度 ρ 和黏度 μ、重力加速度 g。

3.8　在一标准装置内搅拌溶液，$d = 0.61\text{m}$，$n = 90\text{r/min}$，$\rho = 149\text{kg/m}^3$，$\mu = 12\text{mPa} \cdot \text{s}$，求有挡板和无挡板时搅拌功率各为多少？

4 传热学基础

掌握内容:

掌握热传导、热对流、热辐射的基本定律；传热过程及特点,传热过程的热量分析和计算,包括通过平壁的传热过程、通过圆筒壁的传热过程；牛顿冷却定律及传热温差的概念。

熟悉内容:

熟悉对流传热系数的影响因素、求解方法和对流传热问题的分类,在无相变和有相变时对流传热系数的计算方法；熟悉黑体、灰体、白体的区别,以及两固体间的相互辐射。

了解内容:

了解传热在生产过程中的应用,即了解颗粒群的传热方式和填料床、流化床中的传热方式,以及其传热分析。

4.1 传热的目的及基本方式

4.1.1 传热的目的

在单元操作中,如蒸馏、吸收、干燥等,对物料都有一定的温度要求,需要输入或输出热量。此外,高温或低温条件下操作的设备和管道都要求保温,以便减少它们和外界的传热。近年来,建设节约型社会对节能减排的要求越来越苛刻,热量的合理利用和余热的回收得到高度重视,尤其是冶金炉窑高温余热以及高温尾气余热的回收利用。

工业生产对传热过程有以下两方面的要求:

(1)强化传热过程。在传热设备中加热或冷却物料,希望以高传热速率来进行热量传递,使物料达到指定温度或回收热量,同时使传热设备紧凑,节省设备费用。

(2)削弱传热过程。如对高低温设备或管道进行保温,以减少热损失。

一般来说传热设备在工厂设备投资中占 40% 左右,传热是过程工程中重要的单元操作之一。

4.1.2 传热的基本方式

实际生产过程中热量的传递只能以热传导、热对流、热辐射三种方式进行。

4.1.2.1 热传导

热量从物体内温度较高的部分传递到温度较低的部分，或从温度较高的物体传递到与之接触的温度较低的物体的过程称为热传导，又称导热。

从微观角度来看，气体、液体、导电固体和非导电固体的导热机理各不相同。气体导热是气体分子做不规则热运动时相互碰撞的结果。对于固体，良好的导体通过自由电子在晶格间的运动进行导热；而非导电的固体中，导热是通过晶格结构的振动来实现的。至于液体的导热机理，一种观点认为其与气体类似，然而液体分子间距离较近，分子间作用力对碰撞过程影响较大；另一种观点认为其与非导电固体导热机理相似，主要依靠原子、分子在其平衡位置的振动，只是该平衡位置间歇移动。

4.1.2.2 热对流

热对流是流体内部质点发生相对位移而引起的热量传递过程，只能发生在流体中。由于引起质点发生相对位移的原因不同，可分为自然对流和强制对流。自然对流是指原本静止的流体，由于内部温度不同、密度不同，造成流体内部上升下降运动而产生的对流现象。强制对流是指流体在外力的强制作用下发生运动而产生的对流现象。

4.1.2.3 热辐射

热辐射是一种以电磁波传递能量的现象。物体会因各种原因产生辐射能，其中物体因自身温度而产生辐射能的过程称为热辐射。物体放热时，内能变为辐射能，以电磁波的形式在空间传递，当遇到另一物体，则部分或全部被吸收，重新又转变为内能。热辐射不仅是能量的转移，而且伴有能量形式的转化。此外，辐射能可以在真空中传播，不需要任何物质作媒介。

传热过程的首要问题是确定传热速率。不论哪种传热方式，传热速率都可以用以下两种方式表达。

传热速率 Q：又称热流量，单位时间内通过传热面传递的热量，W 或 J/s。

热流密度 q：又称热通量，单位时间内通过单位传热面传递的热量，W/m^2 或 $J/(m^2 \cdot s)$。

$$q = \frac{Q}{A} \tag{4.1}$$

式中　A——总传热面积，m^2。

4.2　热　传　导

热传导是物体内部分子微观运动的一种传热方式，微观机理非常复杂，但其宏观规律可用傅里叶定律来描述。实际生产过程中只有固体中存在纯导热。

4.2.1　热传导的基本概念

4.2.1.1　温度场和等温面

温度场是指某一时刻，物体上（或空间中）各点的温度分布（见图4.1）。通式为：

$$t = f(x, y, z, \theta)$$

式中　t——某点的温度，K；

x, y, z——某点的坐标；

　　θ——时间。

　　各点温度随时间而改变的温度场称为不稳定温度场。任意一点温度均不随时间而改变的温度场称为稳定温度场。在同一时刻，温度场中由所有温度相同的点组成的面称为等温面。不同温度的等温面不相交。

4.2.1.2　温度梯度

　　温度梯度是两等温面的温度差 Δt 与其间的垂直距离 Δn 之比，当 Δn 趋于零时，该比值即表示温度场内某一点等温面法线方向的温度变化率（见图4.2），单位为 K/m。

$$\mathbf{grad}\,t = \lim_{\Delta n \to 0} \frac{\Delta t}{\Delta n} = \frac{\partial t}{\partial n} \qquad (4.2)$$

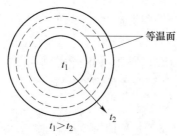
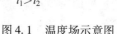
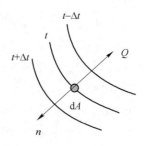

图4.1　温度场示意图　　　　　图4.2　温度梯度与热流方向的关系

4.2.2　傅里叶定律

　　导热的宏观规律用傅里叶定律描述，即某一微元的热传导速率（单位时间内传导的热量）与该微元等温面的法向温度梯度及该微元的导热面积成正比。

$$\mathrm{d}Q = -\lambda \cdot \mathrm{d}A\, \frac{\partial t}{\partial n} \qquad (4.3)$$

式中　Q——热传导速率，是与热流方向相同、与温度梯度方向相反的向量，W 或 J/s；

　　　A——导热面积，m^2；

　　$\partial t/\partial n$——温度梯度，℃/m 或 K/m；

　　　λ——导热系数，表征材料导热性能的物性参数，λ 越大，导热性能越好，W/(m·℃) 或 W/(m·K)。

　　用热通量来表示：
$$q = \frac{\mathrm{d}Q}{\mathrm{d}A} = -\lambda\, \frac{\partial t}{\partial \boldsymbol{n}} \qquad (4.4)$$

　　一维稳态热传导：
$$\mathrm{d}Q = -\lambda \mathrm{d}A\, \frac{\mathrm{d}t}{\mathrm{d}\boldsymbol{x}} \qquad (4.5)$$

　　导热系数定义由傅里叶定律给出：

$$\lambda = -\frac{q}{\partial t/\partial \boldsymbol{n}} \qquad (4.6)$$

　　物理意义：温度梯度为 1K/m 时，单位时间内通过单位传热面积的热量；导热系数在数值上等于单位温度梯度下的热通量，λ 越大，导热性能越好。从强化传热来看，应选用 λ 大的材料；相反，要削弱传热，应选用 λ 小的材料。

　　与黏度 μ 相似，导热系数 λ 是分子微观运动的宏观表现，与分子运动和分子间相互作用力有关，数值大小取决于物质的结构及组成、温度和压力等因素。

各种物质的导热系数可用实验测定。常见物质可查《实用热物理性质手册》。

4.2.2.1　固体的导热系数

纯金属的导热系数随温度升高而减小，纯金属的导热系数比合金的导热系数大。非金属的导热系数随温度升高而增大，同一温度下，密度越大，导热系数越大。

在一定温度范围内，大多数均质固体 λ 与 t 呈线形关系，可用式（4.7）表示：

$$\lambda = \lambda_0(1 + at) \tag{4.7}$$

式中　λ——t℃时的导热系数，$W/(m \cdot ℃)$ 或 $W/(m \cdot K)$；

　　　λ_0——0℃时的导热系数，$W/(m \cdot ℃)$ 或 $W/(m \cdot K)$；

　　　a——温度系数，对大多数金属材料为负值（$a < 0$），对大多数非金属材料为正值（$a > 0$）。

4.2.2.2　液体的导热系数

液体分为金属液体和非金属液体两类，金属液体导热系数较高，后者较低。而在非金属液体中，水的导热系数最大。

除水和甘油等少量液体物质外，绝大多数液体温度越高，导热系数越小（略微）。一般来说，纯液体的导热系数大于溶液的导热系数。

4.2.2.3　气体的导热系数

气体温度越高，导热系数越大。在通常压力范围内，一般不考虑压强对导热系数的影响。

一般来说，λ（金属固体）$> \lambda$（非金属固体）$> \lambda$（液体）$> \lambda$（气体）。λ 的大概范围：λ（金属固体 $10^1 \sim 10^2 W/(m \cdot K)$）、$\lambda$（建筑材料 $10^{-1} \sim 10^0 W/(m \cdot K)$）、$\lambda$（绝缘材料 $10^{-2} \sim 10^{-1} W/(m \cdot K)$）、$\lambda$（液体 $10^{-1} W/(m \cdot K)$）、λ（气体 $10^{-2} \sim 10^{-1} W/(m \cdot K)$）。

4.2.3　平壁稳定热传导

4.2.3.1　单层平壁的稳定热传导

假设：（1）平壁内温度只沿 x 方向变化，y 和 z 方向上温度恒定，即一维温度场（见图4.3）。

（2）各点的温度不随时间而变，即稳定温度场。

一维稳定的温度场：$t = f(x)$

傅里叶定律可写为：　　$Q = -\lambda A \dfrac{dt}{dx} \tag{4.8}$

在平壁内取厚度为 dx 的薄层，并对其做热量衡算：

$$Q_x = Q_{x+dx} + dx \cdot A \cdot \rho \cdot c_p \dfrac{\partial t}{\partial \theta} \tag{4.9}$$

式中　c_p——热容，$kJ/(kg \cdot K)$。

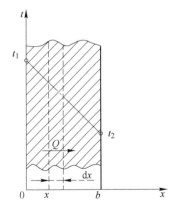

图4.3　单层平壁热传导

对于稳定温度场，$\dfrac{\partial t}{\partial \theta} = 0$，薄层内无热量积累：

$$Q_x = Q_{x+dx} = Q = 常数 \tag{4.10}$$

在稳定温度场中，各传热面的传热速率相同，不随 x 而变，统一用 Q 来表示，代入上面的傅里叶公式中：

$$Q = -\lambda A \frac{\mathrm{d}t}{\mathrm{d}x} \tag{4.11}$$

边界条件为：$x=0$ 时；$t=t_1$；$x=b$ 时，$t=t_2$，改变式（4.11）形式，得：

$$\int_0^b Q\mathrm{d}x = -\int_{t_1}^{t_2} \lambda A\mathrm{d}t \tag{4.12}$$

设 λ 不随 t 而变，所以 λ 和 Q 均可提到积分号外，得：

$$Q = \frac{\lambda}{b}A(t_1 - t_2) = \frac{t_1 - t_2}{\dfrac{b}{\lambda A}} \tag{4.13}$$

式中 Q——热流量，即单位时间通过平壁的热量，W 或 J/s；

         A——平壁的面积，m^2；

         b——平壁的厚度，m；

         λ——平壁的导热系数，W/（m·℃）或 W/（m·K）；

         t_1，t_2——平壁两侧的温度，K。

上面的积分式 $\int_0^b Q\mathrm{d}x = -\int_{t_1}^{t_2} \lambda A\mathrm{d}t$ 的上限从 $x=b$ 时，$t=t_2$ 改为 $x=x$ 时，$t=t$；积分得：

$$Q = \frac{\lambda}{x}A(t_1 - t) \qquad t = t_1 - \frac{Qx}{\lambda A} \tag{4.14}$$

从式（4.14）知，当 λ 不随 t 变化，t 与 x 呈直线关系；若 λ 随 t 变化关系为：$\lambda = \lambda_0(1 + at)$，则 t 与 x 呈抛物线关系。

4.2.3.2   通过多层平壁的稳定热传导

假定：（1）一维稳定温度场；（2）各层接触良好，接触面两侧温度相同（见图4.4）。

$$Q = \frac{t_1 - t_2}{\dfrac{b_1}{\lambda_1 A}} = \frac{t_2 - t_3}{\dfrac{b_2}{\lambda_2 A}} = \frac{t_3 - t_4}{\dfrac{b_3}{\lambda_3 A}} \tag{4.15}$$

$$Q = \frac{\sum \Delta t_i}{\sum \dfrac{b_i}{\lambda_i A}} = \frac{t_1 - t_4}{\sum\limits_{i=1}^{3} \dfrac{b_i}{\lambda_i A}} = \frac{t_1 - t_4}{\sum R_i} = \frac{总推动力}{总热阻} \tag{4.16}$$

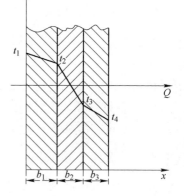

推广至 n 层： $$Q = \frac{t_1 - t_{n+1}}{\sum\limits_{i=1}^{n} \dfrac{b_i}{\lambda_i A}} = \frac{t_1 - t_{n+1}}{\sum\limits_{i=1}^{n} R_i} \tag{4.17}$$

图 4.4   多层平壁热传导

式（4.17）说明，当总温差一定时，传热速率的大小取决于总热阻的大小。

4.2.3.3   各层的温差

从上面的式子可以推出：

$$(t_1 - t_2) : (t_2 - t_3) : (t_3 - t_4) = \frac{b_1}{\lambda_1 A} : \frac{b_2}{\lambda_2 A} : \frac{b_3}{\lambda_3 A} = R_1 : R_2 : R_3 \tag{4.18}$$

例 4.1   由三层材料组成的加热炉炉墙，第一层为耐火砖，第二层为硅藻土绝热层，第三层为红砖。各层的厚度及导热系数分别为 $b_1 = 0.24\text{m}$，$\lambda_1 = 1.04\text{W}/(\text{m}\cdot\text{℃})$；$b_2 = 0.05\text{m}$；$\lambda_2 = 0.15\text{W}/(\text{m}\cdot\text{℃})$；$b_3 = 0.115\text{m}$；$\lambda_3 = 0.63\text{W}/(\text{m}\cdot\text{℃})$。炉墙内侧耐火砖的表面温度为1000℃，炉墙外侧红砖的表面温度为60℃。试计算硅藻土层两侧的壁温分别是多少？

解： 已知 $b_1 = 0.24\text{m}$，$\lambda_1 = 1.04\text{W}/(\text{m}\cdot\text{℃})$；$b_2 = 0.05\text{m}$；$\lambda_2 = 0.15\text{W}/(\text{m}\cdot\text{℃})$；$b_3 = 0.115\text{m}$；$\lambda_3 = 0.63\text{W}/(\text{m}\cdot\text{℃})$；$t_1 = 1000℃$，$t_4 = 60℃$。

$$q = \frac{t_1 - t_4}{\dfrac{b_1}{\lambda_1} + \dfrac{b_2}{\lambda_2} + \dfrac{b_3}{\lambda_3}} = \frac{1000 - 60}{\dfrac{0.24}{1.04} + \dfrac{0.05}{0.15} + \dfrac{0.115}{0.63}} = 1259\text{W}/\text{m}^2$$

$$t_2 = t_1 - q\frac{b_1}{\lambda_1} = 1000 - 1259 \times \frac{0.24}{1.04} = 709℃$$

$$t_3 = t_2 - q\frac{b_2}{\lambda_2} = 709 - 1259 \times \frac{0.05}{0.15} = 289℃$$

4.2.4 圆筒壁稳定热传导

4.2.4.1 通过单层圆筒壁的稳定热传导

假设：（1）稳定温度场；（2）沿径向的一维温度场（见图4.5）。

一维稳定的温度场：

$$t = f(\boldsymbol{r})$$

以柱坐标表示，此时的傅里叶定律可写为：

$$Q = -\lambda A \frac{\mathrm{d}t}{\mathrm{d}r} \tag{4.19}$$

在圆筒壁内取厚度为 $\mathrm{d}r$ 同心薄层圆筒，并对其做热量衡算：

$$Q_r = Q_{r+\mathrm{d}r} + 2\pi r l \mathrm{d}r \rho c_p \frac{\partial t}{\partial \theta} \tag{4.20}$$

稳定温度场，$\dfrac{\partial t}{\partial \theta} = 0$，薄层内无热量积累

$$Q_r = Q_{r+\mathrm{d}r} = Q = 常数 \tag{4.21}$$

即在稳定温度场中，各传热面的传热速率相同，不随 x 而变，统一用 Q 来表示，代入上面的傅里叶公式中：

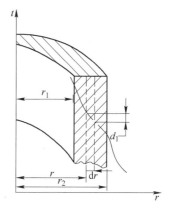

图4.5 单层圆筒壁热传导

$$Q = -\lambda A \frac{\mathrm{d}t}{\mathrm{d}r} = -\lambda \cdot 2\pi r l \frac{\mathrm{d}t}{\mathrm{d}r} \tag{4.22}$$

边界条件为：$r = r_1$ 时，$t = t_1$；$r = r_2$ 时，$t = t_2$。

$$\int_{r_1}^{r_2} \frac{1}{\lambda \cdot 2\pi r l} \mathrm{d}r = -\int_{t_1}^{t_2} \frac{1}{Q} \mathrm{d}t \tag{4.23}$$

设 λ 不随 t 而变，所以 λ 和 Q 均可提到积分号外，得：

$$Q = \frac{2\pi \cdot \lambda \cdot l(t_1 - t_2)}{\ln \dfrac{r_2}{r_1}} = \frac{2\pi \cdot l(t_1 - t_2)}{\dfrac{1}{\lambda}\ln \dfrac{r_2}{r_1}} \tag{4.24}$$

式中　Q——热流量，即单位时间通过圆筒壁的热量，W 或 J/s；

　　λ——圆筒壁的导热系数，W/（m·℃）或 W/（m·K）；

　t_1，t_2——圆筒壁两侧的温度，℃。

　r_1，r_2——圆筒壁内外半径，m。

讨论：

　　（1）式（4.24）可变为：

$$Q = \frac{2\pi \cdot \lambda \cdot l(t_1 - t_2)(r_2 - r_1)}{(r_2 - r_1)\ln \frac{r_2}{r_1}} = \frac{\lambda \cdot (t_1 - t_2)(A_2 - A_1)}{b\ln \frac{A_2}{A_1}} = \frac{(t_1 - t_2)}{\frac{b}{\lambda A_m}} = \frac{\Delta t}{R} = \frac{\text{推动力}}{\text{热阻}}$$

(4.25)

$$A_m = \frac{A_2 - A_1}{\ln(A_2/A_1)}$$

式中　A_m——对数平均面积，m^2。

　　（2）分析圆筒壁内的温度分布情况。

　　上面的积分式 $\int_{r_1}^{r_2} Q dr = -\int_{t_1}^{t_2} \lambda \cdot 2\pi \cdot rl dt$ 的上限从 $r = r_2$，$t = t_2$ 改为 $r = r$，$t = t$ 时，积分得：

$$Q = -2\pi \cdot \lambda \cdot l(t - t_1)\ln \frac{r_1}{r} \longrightarrow t = t_1 + \frac{Q}{2\pi \cdot \lambda \cdot l}\ln \frac{r}{r_1}$$

(4.26)

　　从式（4.26）可知，t 与 r 呈对数曲线变化（假设 λ 不随 t 变化）。

　　（3）通过平壁的热传导，各处的 Q 和 q 均相等；而在圆筒壁的热传导中，圆筒的内外表面积不同，各层圆筒的传热面积不相同，所以在各层圆筒的不同半径 r 处传热速率 Q 相等，但各处热通量 q 却不等。

4.2.4.2　通过多层圆筒壁的稳定热传导

　　对于 n 层圆筒壁：

$$Q = \frac{t_1 - t_{n+1}}{\sum_{i=1}^{n} \frac{b_i}{\lambda_i A_{mi}}} = \frac{t_1 - t_{n+1}}{\sum_{i=1}^{n} R_i} = \frac{2\pi l(t_1 - t_{n+1})}{\sum_{i=1}^{n} \frac{1}{\lambda_i}\ln \frac{r_{i+1}}{r_i}}$$

(4.27)

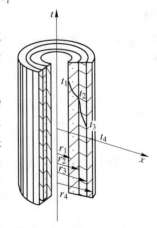

　　多层圆筒壁导热（见图4.6）的总推动力也为总温度差，总热阻也为各层热阻之和，但是计算时与多层平壁不同的是其各层热阻所用的传热面积不相等，所以应采用各层各自的平均面积 A_{mi}。

　　由于各层圆筒的内外表面积均不相同，因此在稳定传热时，虽然单位时间通过各层的传热量 Q 相同，但单位时间通过各层内外壁单位面积的热通量 q 却不相同，其相互的关系为：

$$Q = 2\pi r_1 l q_1 = 2\pi r_2 l q_2 = 2\pi r_3 l q_3 \qquad (4.28)$$

或　　　　　　　　$r_1 q_1 = r_2 q_2 = r_3 q_3 \qquad (4.29)$

式中　q_1，q_2，q_3——分别为半径 r_1，r_2，r_3 处的热通量。

　　例4.2　某管道外径为 $2r$，外壁为 t_1，如外包两层厚度均

图4.6　多层圆筒壁热传导

为 r（即 $b_2 = b_3 = r$），导热系数分别为 λ_2 和 λ_3（$\lambda_2/\lambda_3 = 2$）的保温材料，外层外表面温度为 t_2。如将两层保温材料的位置对调，其他条件不变，保温情况变化如何，由此能得出什么结论？

解：设两层保温层内、外直径分别为 d_2、d_3 和 d_4，则 $d_3/d_2 = 2$，$d_4/d_3 = 3/2$。

导热系数大的在里层：

$$Q = \frac{t_1 - t_2}{\dfrac{1}{2\pi\lambda_2}\ln\dfrac{d_3}{d_2} + \dfrac{1}{2\pi\lambda_3}\ln\dfrac{d_4}{d_3}} = \frac{\Delta t}{\dfrac{1}{2\pi \cdot 2\lambda_3}\ln 2 + \dfrac{1}{2\pi\lambda_3}\ln\dfrac{3}{2}} = \frac{2\pi\lambda_3\Delta t}{\dfrac{1}{2}\ln 2 + \ln\dfrac{3}{2}}$$

导热系数大的在外层：

$$Q' = \frac{t_1 - t_2}{\dfrac{1}{2\pi\lambda_3}\ln\dfrac{d_3}{d_2} + \dfrac{1}{2\pi\lambda_2}\ln\dfrac{d_4}{d_3}} = \frac{\Delta t}{\dfrac{1}{2\pi\lambda_3}\ln 2 + \dfrac{1}{2\pi \cdot 2\lambda_3}\ln\dfrac{3}{2}} = \frac{2\pi\lambda_3\Delta t}{\ln 2 + \dfrac{1}{2}\ln\dfrac{3}{2}}$$

$$\frac{Q}{Q'} = \frac{\dfrac{2\pi\lambda_3\Delta t}{\dfrac{1}{2}\ln 2 + \ln\dfrac{3}{2}}}{\dfrac{2\pi\lambda_3\Delta t}{\ln 2 + \dfrac{1}{2}\ln\dfrac{3}{2}}} = \frac{\ln 2 + \dfrac{1}{2}\ln\dfrac{3}{2}}{\dfrac{1}{2}\ln 2 + \ln\dfrac{3}{2}} = 1.19$$

$$\frac{Q'}{Q} = \frac{\dfrac{2\pi\lambda_3\Delta t}{\ln 2 + \dfrac{1}{2}\ln\dfrac{3}{2}}}{\dfrac{2\pi\lambda_3\Delta t}{\dfrac{1}{2}\ln 2 + \ln\dfrac{3}{2}}} = \frac{\dfrac{1}{2}\ln 2 + \ln\dfrac{3}{2}}{\ln 2 + \dfrac{1}{2}\ln\dfrac{3}{2}} = 0.84$$

所以，导热系数大的材料在外层，导热系数小的材料在里层对保温更有利。

4.3 对 流 传 热

对流传热是指流体中质点发生相对位移而引起的热交换。对流传热仅发生在流体中，与流体的流动状况密切相关。实质上对流传热是流体的对流与热传导共同作用的结果。

4.3.1 对流传热的基本概念

与热传导相比，过程工程中更常见的情况是对流传热，即冷热流体之间进行的热交换。根据冷热流体的接触方式不同，工业上的对流传热过程可分为三大类：直接接触式传热、蓄热式传热、间壁式传热。

4.3.1.1 直接接触式传热

在这类传热中，冷、热流体在传热设备中通过直接混合的方式进行热量交换，又称为混合式传热。对于在工艺上允许两种流体能够相互混合的情况，较为方便和有效，且设备结构简单，常用于热气体的水冷或热水的空气冷却。

4.3.1.2　蓄热式传热

图 4.7 所示为蓄热式传热的示意图。这种传热方式是冷、热两种流体交替通过同一蓄热室时，即可通过填料将从热流体来的热量，传递给冷流体，达到换热的目的。由于填料需要蓄热，设备的体积较大，且两种流体交替时难免会有一定程度的混合。这种传热结构较简单，可耐高温，常用于气体的余热或冷量的利用。

4.3.1.3　间壁式传热

图 4.8 所示为间壁式传热的示意图。在多数情况下，化工工艺上不允许冷热流体直接接触，因此工业上应用最多的是间壁式传热过程。这类换热器的特点是在冷、热两种流体之间用一金属壁（或石墨等导热性能好的非金属壁）隔开，以便使两种流体在不相混合的情况下进行热量传递。这类换热器中以套管式换热器和列管式换热器为典型设备。

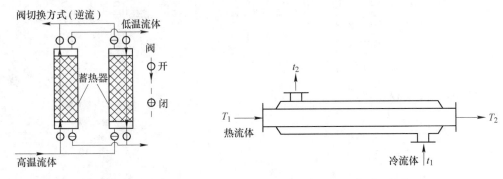

图 4.7　蓄热式传热　　　　　　　　　图 4.8　间壁式传热

套管换热器是由两根不同直径的直管组成的同心套管。一种流体在内管内流动，而另一种流体在内外管间的环隙中流动，两种流体通过内管的管壁传热，即传热面为内管壁的表面积。

列管式换热器又称为管壳式换热器，是最典型的间壁式换热器。由壳体、管束、管板、折流挡板和封头等组成。一种流体在管内流动，其行程称为管程；另一种流体在管外流动，其行程称为壳程。管束的壁面即为传热面。

热载体：为了将冷流体加热或热流体冷却，必须用另一种流体供给或取走热量，此流体称为热载体。起加热作用的热载体称为加热剂；而起冷却作用的热载体称为冷却剂。

工业中常用热水（40～100℃）、饱和水蒸气（100～180℃）、矿物油、联苯或二苯醚混合物等低熔混合物（180～540℃）、烟道气（500～1000℃）等作加热剂；除此外还可用电来加热。用饱和水蒸气冷凝放热来加热物料是最常用的加热方法，其优点是饱和水蒸气的压强和温度——对应，调节其压强就可以控制加热温度，使用方便。其缺点是饱和水蒸气冷凝传热能达到的温度受压强的限制。

工业上常用水（20～30℃）、空气、冷冻盐水、液氨（-33.4℃）等作冷却剂。水又可分为河水、海水、井水等，水的传热效果好，应用最为普遍。在水资源较缺乏的地区，宜采用空气冷却，但空气传热速度慢。

热边界层：流体在平壁上流过时，流体和壁面间将进行换热，引起壁面法向方向上温度分布的变化，形成一定的温度梯度，近壁处，流体温度发生显著变化的区域，称为热边界层或温度边界层。

4.3.2 对流传热速率方程

4.3.2.1 对流传热过程分析

由于对流是依靠流体内部质点发生位移来进行热量传递，因此，对流传热的快慢与流体流动的状况有关。层流流动时，由于流体质点只在流动方向上做一维运动，在传热方向上无质点运动，此时主要依靠热传导方式来进行热量传递，但由于流体内部存在温差还会有少量的自然对流，此时传热速率小，应尽量避免此种情况。

流体在换热器内的流动大多数情况下为湍流。流体作湍流流动时，靠近壁面处流体流动分别为层流底层、过渡层（缓冲层）、湍流核心。

（1）层流底层。流体质点只沿流动方向上做一维运动，在传热方向上无质点的混合，温度变化大，传热主要以热传导的方式进行。导热为主，热阻大，温差大。

（2）湍流核心。在远离壁面的湍流主体中心，流体质点充分混合，温度趋于一致（热阻小），传热主要以对流方式进行。质点相互混合交换热量，温差小、热阻小。

（3）过渡区域。在层流底层之外到湍流主体之间的区域，称为过渡区域，其温度分布不像湍流主体那么均匀，也不像层流底层变化明显，传热以热传导和对流两种方式共同进行。质点混合，分子运动共同作用，温度变化平缓。

流体做湍流流动时，热阻主要集中在层流底层中。如果要加强传热，必须采取措施来减少层流底层的厚度。

4.3.2.2 对流传热速率方程

对流传热大多是指流体与固体壁面之间的传热，其传热速率与流体性质及边界层的状况密切相关。如图 4.9 所示，在靠近壁面处引起温度的变化形成温度边界层。温度差主要集中在层流底层中。假设流体与固体壁面之间的传热热阻全集中在厚度为 δ_t 有效膜中，在有效膜之外无热阻存在，在有效膜内传热主要以热传导的方式进行。该膜既不是热边界层，也非流动边界层，而是集中了全部传热温差并以导热方式传热的虚拟膜。由此假定，此时的温度分布情况如图 4.9 所示。

建立膜模型：$\qquad \delta_t = \delta_e + \delta \qquad$ (4.30)

式中　δ_t——总有效膜厚度；

$\quad\quad\delta_e$——湍流区虚拟膜厚度；

$\quad\quad\delta$——层流底层膜厚度。

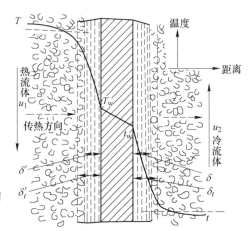

图 4.9 对流传热的温度分布

使用傅里叶定律表示虚拟膜内的传热速率：

流体被加热：$\qquad Q = \dfrac{\lambda}{\delta_t} A(t_w - t) \qquad$ (4.31)

流体被冷却：$\qquad Q = \dfrac{\lambda'}{\delta_t'} A(T - T_w) \qquad$ (4.32)

设 $\alpha = \dfrac{\lambda}{\delta_t}$，对流传热速率方程可用牛顿冷却定律来描述：

流体被加热：$\qquad Q = \alpha A(t_w - t) \qquad$ (4.33)

流体被冷却：$\qquad Q' = \alpha' A(T - T_w) \qquad$ (4.34)

式中　Q'，Q——对流传热速率，W；

　　　α'，α——对流传热系数，W/($m^2 \cdot \mathrm{^\circ\!C}$)；

　　　T_w，t_w——壁温，$\mathrm{^\circ\!C}$；

　　　T，t——流体（平均）温度，$\mathrm{^\circ\!C}$；

　　　A——对流传热面积，m^2。

牛顿冷却定律并非从理论上推导的结果，而只是一种推论，是一个实验定律，由式（4.33）导出：

$$Q = \alpha A(t_w - t) = \frac{t_w - t}{\dfrac{1}{\alpha A}} = \frac{\Delta t}{R} = \frac{推动力}{热阻} \tag{4.35}$$

因此，传热温差 Δt 和传热面积 A 一定时，对流传热系数 α 越大，对流传热速率 Q 越大。

4.3.3　对流传热过程计算

在过程工程中，经常需要冷热两种流体进行的对热交换，但不允许它们混合，为此需要采用间壁式的换热器。此时，冷、热两流体分别处在间壁两侧，两流体间的热交换包括了固体壁面的导热和流体与固体壁面间的对流传热。关于导热和对流传热在前面已介绍过，本节主要在此基础上进一步讨论间壁式换热器的传热计算。

4.3.3.1　总传热速率方程

间壁两侧流体的热交换过程包括如下三个串联的传热过程。流体在换热器中沿管长方向的温度分布如图4.9所示，现截取一段微元来进行研究（见图4.10），其传热面积为 dA，微元壁内、外流体温度分别为 T、t（平均温度），则单位时间通过 dA 冷、热流体交换的热量 dQ 应正比于壁面两侧流体的温差，即

$$dQ = KdA(T - t) \tag{4.36}$$

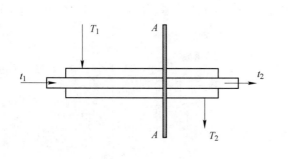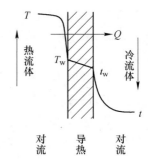

图4.10　间壁两侧流体的热交换

前已述及，两流体的热交换过程由三个串联的传热过程组成：

管外对流：　　　　　　　$dQ_1 = \alpha_1 dA_1(T - T_w) \tag{4.37}$

管壁热传导：　　　　　　$dQ_2 = \dfrac{\lambda}{b} dA_m(T_w - t_w) \tag{4.38}$

管内对流：　　　　　　　$dQ_3 = \alpha_2 dA_2(t_w - t) \tag{4.39}$

对于稳定传热：　　　　　$dQ = dQ_1 = dQ_2 = dQ_3 \tag{4.40}$

$$dQ = \frac{T - T_w}{\dfrac{1}{\alpha_1 dA_1}} = \frac{T_w - t_w}{\dfrac{b}{\lambda dA_m}} = \frac{t_w - t}{\dfrac{1}{\alpha_2 dA_2}} = \frac{T - t}{\dfrac{1}{\alpha_1 dA_1} + \dfrac{b}{\lambda dA_m} + \dfrac{1}{\alpha_2 dA_2}} \tag{4.41}$$

与 $dQ = KdA \ (T - t)$，即 $dQ = \dfrac{T - t}{\dfrac{1}{KdA}}$ 对比，得：

$$\frac{1}{KdA} = \frac{1}{\alpha_1 dA_1} + \frac{b}{\lambda dA_m} + \frac{1}{\alpha_2 dA_2} \tag{4.42}$$

式中　K——总传热系数，$W/(m^2 \cdot ℃)$。

讨论：

（1）当传热面为平面时，$dA = dA_1 = dA_2 = dA_m$，则：

$$\frac{1}{K} = \frac{1}{\alpha_1} + \frac{b}{\lambda} + \frac{1}{\alpha_2} \tag{4.43}$$

（2）当传热面为圆筒壁时，两侧的传热面积不等，如以外表面为基准（在换热器系列化标准中常如此规定），即取上式中 $dA = dA_1$，则：

$$\frac{1}{K_1} = \frac{1}{\alpha_1} + \frac{b}{\lambda}\frac{dA_1}{dA_m} + \frac{1}{\alpha_2}\frac{dA_1}{dA_2} \quad 或 \quad \frac{1}{K_1} = \frac{1}{\alpha_1} + \frac{b}{\lambda}\frac{d_1}{d_m} + \frac{1}{\alpha_2}\frac{d_1}{d_2} \tag{4.44}$$

式中　K_1——以换热管的外表面为基准的总传热系数；

　　　　d_m——换热管的对数平均直径，$d_m = (d_1 - d_2)/\ln\dfrac{d_1}{d_2}$。

以内表面为基准：

$$\frac{1}{K_2} = \frac{1}{\alpha_1}\frac{d_2}{d_1} + \frac{b}{\lambda}\frac{d_2}{d_m} + \frac{1}{\alpha_2} \tag{4.45}$$

以壁表面为基准：

$$\frac{1}{K_m} = \frac{1}{\alpha_1}\frac{d_m}{d_1} + \frac{b}{\lambda} + \frac{1}{\alpha_2}\frac{d_m}{d_2} \tag{4.46}$$

对于薄层圆筒壁 $\dfrac{d_1}{d_2} < 2$，近似用平壁计算（误差小于 4%，工程计算可接受）。

（3）$1/K$ 值的物理意义：

$$\frac{1}{K_1} = \frac{1}{\alpha_1} + \frac{b}{\lambda}\frac{d_1}{d_m} + \frac{1}{\alpha_2}\frac{d_1}{d_2} \tag{4.47}$$

若想求出整个换热器的 Q，需要对 $dQ = KdA(T - t)$ 积分，因为 K 和 $(T - t)$ 均具有局部性，因此积分有困难。为此，可以将该式中 K 取整个换热器的平均值 K，$(T - t)$ 也取为整个换热器上的平均值 Δt_m，则积分结果如下：

$$Q = KA\Delta t_m \tag{4.48}$$

式中　K——平均总传热系数，$W/(m^2 \cdot ℃)$；

　　　　Δt_m——平均温度差，℃。

式（4.48）即为总传热速率方程。

换热器使用一段时间后，传热速率 Q 会下降，这往往是由于传热表面有污垢积存的缘故，污垢的存在增加了传热热阻。虽然此层污垢不厚，由于其导热系数小，热阻大，在

计算 K 值时不可忽略。通常根据经验直接估计污垢热阻值，将其考虑在 K 中，即

$$\frac{1}{K} = \left(\frac{1}{\alpha_1} + R_1\right) + \frac{b}{\lambda}\frac{d_1}{d_m} + \left(R_2 + \frac{1}{\alpha_2}\right)\frac{d_1}{d_2} \tag{4.49}$$

式中 R_1，R_2——分别为传热面两侧的污垢热阻，$m^2 \cdot K/W$。

为消除污垢热阻的影响，应定期清洗换热器。

4.3.3.2　热量衡算式和传热速率方程间的关系

如图 4.11 所示的换热过程，冷、热流体的进、出口温度分别为 t_1、t_2，T_1、T_2；冷、热流体的质量流量为 G_1、G_2，单位为 kg/s。设换热器绝热良好，热损失可以忽略，则两流体流经换热器时，单位时间内热流体放出热等于冷流体吸收热。

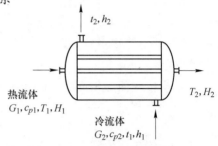

图 4.11　换热过程示意图

（1）无相变：

$$Q = G_1 c_{p1}(T_1 - T_2) = G_2 c_{p2}(t_2 - t_1) \tag{4.50}$$

或 $Q = G_1(H_1 - H_2) = G_2(h_2 - h_1) \tag{4.51}$

（2）有相变。若热流体有相变化，如饱和蒸汽冷凝，而冷流体无相变化，如式（4.52）所示：

$$Q = G_1\left[r + c_{p1}(T_s - T_2)\right] = G_2 c_{p2}(t_1 - t_2) \tag{4.52}$$

式中 Q——流体放出或吸收的热量，J/s；

   r——流体的汽化潜热，kJ/kg；

   T_s——饱和蒸汽温度，$T_s = T_1$，$℃$。

热负荷是由生产工艺条件决定的，是对换热器换热能力的要求；而传热速率是换热器本身在一定操作条件下的换热能力，是换热器本身的特性，两者是不相同的。

对于一个能满足工艺要求的换热器，其传热速率值必须等于或略大于热负荷值。而在实际设计换热器时，通常将传热速率和热负荷数值上认为相等，通过热负荷可确定换热器应具有的传热速率，再依据传热速率来计算换热器所需的传热面积。因此，传热过程计算的基础是传热速率方程和热量衡算式。

4.3.3.3　平均温差的计算

按照参与热交换的冷热流体在沿换热器传热面流动时各点温度变化情况，可分为恒温差传热和变温差传热。

恒温差传热是指两侧流体均发生相变，且温度不变，则冷热流体温差处处相等，不随换热器位置而变的情况。如间壁的一侧液体保持恒定的沸腾温度 t 下蒸发；而间壁的另一侧，饱和蒸汽在温度 T 下冷凝，此时传热面两侧的温度差保持均一不变，即为恒温差传热。

$$\Delta t = T - t \tag{4.53}$$

变温差传热是指传热温度随换热器位置而变的情况。间壁传热过程中一侧或两侧的流体沿着传热壁面在不同位置点温度不同，因此传热温度差也必随换热器位置而变化，该过程可分为单侧变温和双侧变温两种情况。

平均温度差 Δt_m 与换热器内冷热流体流动方向有关，下面先来介绍工业上常见的几种流动形式，如图 4.12 所示。

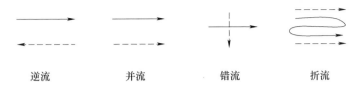

逆流　　　　　　并流　　　　　　错流　　　　　　折流

图4.12　换热器内冷热流体流动形式

参与换热的两种流体沿传热面平行而同向的流动称为并流；沿传热面平行而反向的流体称为逆流。

沿传热面的局部温度差（$T-t$）是变化的，所以在计算传热速率时必须用积分的方法求出整个传热面上的平均温度差 Δt_m。下面以逆流操作（两侧流体无相变）为例，推导 Δt_m 的计算式。

如图4.13所示，热流体的质量流量 G_1，比热容 c_{p1}，进出口温度为 T_1、T_2；冷流体的质量流量 G_2，比热容 c_{p2}，进出口温度为 t_1、t_2。在如下假定条件下（稳定传热过程）：

（1）稳定操作，G_1，G_2 为定值；

（2）c_{p1}、c_{p2} 及 K 沿传热面为定值；

（3）换热器无损失。

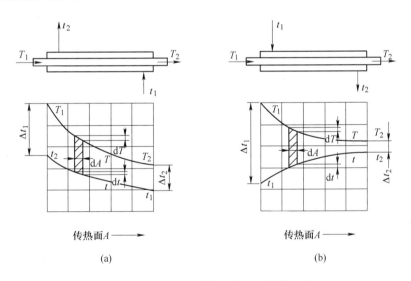

(a)　　　　　　　　　　　　　　(b)

图4.13　两侧流体均属变温时的温差变化
（a）逆流；（b）并流

现取换热器中一微元段为研究对象，其传热面积为 dA，在 dA 内热流体因放出热量温度下降 dT，冷流体因吸收热量温度升高 dt，传热量为 dQ。

dA 段热量衡算的微分式：
$$dQ = G_1 c_{p1} dT = G_2 c_{p2} dt \qquad (4.54)$$

dA 段传热速率方程的微分式：
$$dQ = K(T-t) dA \qquad (4.55)$$

$$dQ = G_1 c_{p1} dT = G_2 c_{p2} dt = K(T-t) dA \qquad (4.56)$$

$$K(T-t) dA = \frac{-dT}{1/G_1 c_{p1}} = \frac{-dt}{1/G_2 c_{p2}} = \frac{-d(T-t)}{1/G_1 c_{p1} - 1/G_2 c_{p2}} \qquad (4.57)$$

因为 dT 和 dt 都为负数，所以上式中取负数。

分离变量：
$$KdA = \frac{-d(T-t)}{(T-t)(1/G_1c_{p1} - 1/G_2c_{p2})} \tag{4.58}$$

逆流时，边界条件为：$A=0$ 时，$\Delta t_1 = T_1 - t_2$；$A=A$ 时，$\Delta t_2 = T_2 - t_1$。代入式（4.58）中，得：

$$\int_0^A KdA = \int_{\Delta t_1}^{\Delta t_2} \frac{-d(T-t)}{(T-t)(1/G_1c_{p1} - 1/G_2c_{p2})} = \int_{\Delta t_1}^{\Delta t_2} \frac{d\Delta t}{\Delta t(1/G_1c_{p1} - 1/G_2c_{p2})} \tag{4.59}$$

$$KA = \frac{1}{1/G_1c_{p1} - 1/G_2c_{p2}} \ln\frac{\Delta t_1}{\Delta t_2} \tag{4.60}$$

对整个换热器做热量衡算：
$$Q = G_1c_{p1}(T_1 - T_2) = G_2c_{p2}(t_2 - t_1) \tag{4.61}$$

得：
$$\frac{1}{G_1c_{p1}} = \frac{T_1 - T_2}{Q}; \qquad \frac{1}{G_2c_{p2}} = \frac{t_2 - t_1}{Q} \tag{4.62}$$

$$\ln\frac{\Delta t_1}{\Delta t_2} = KA\frac{(T_1 - T_2) - (t_2 - t_1)}{Q} = KA\frac{(T_1 - t_2) - (T_2 - t_1)}{Q} = KA\frac{\Delta t_1 - \Delta t_2}{Q} \tag{4.63}$$

$$Q = KA\frac{\Delta t_1 - \Delta t_2}{\ln\dfrac{\Delta t_1}{\Delta t_2}} = KA\Delta t_m \tag{4.64}$$

$$\Delta t_m = \frac{\Delta t_1 - \Delta t_2}{\ln\dfrac{\Delta t_1}{\Delta t_2}} （对数平均温差） \tag{4.65}$$

讨论：

（1）上式虽然是从逆流推导来的，但也适用于并流；

（2）习惯上将较大温差记为 Δt_1，较小温差记为 Δt_2；

（3）当 $\Delta t_1/\Delta t_2 < 2$，则可用算术平均值代替 $\Delta t_m = (\Delta t_1 + \Delta t_2)/2$（误差小于4%，工程计算可接受）；

（4）当 $\Delta t_1 = \Delta t_2$，$\Delta t_m = \Delta t_1 = \Delta t_2$。

在大多数的列管换热器中，传热的好坏除考虑温度差的大小外，还要考虑影响传热系数的多种因素以及换热器的结构是否紧凑合理等。所以实际上两流体的流向是比较复杂的多程流动，或是相互垂直的交叉流动。

参与换热的两种流体的流向垂直交叉称为错流。一流体只沿一个方向流动，另一流体反复来回折流；或者两流体都反复折回的现象称为简单折流。几种流动形式的组合即为复杂流。

例4.3 在一单壳单管程无折流挡板的列管式换热器中，用冷却水将热流体由 100℃ 冷却至 40℃，冷却水进口温度 15℃，出口温度为 30℃。试求在这种温度条件下，逆流和并流时的平均温差。

解：逆流时：
$$\Delta t_1 = 100 - 30 = 70℃；\Delta t_2 = 40 - 15 = 25℃$$

$$\Delta t_{m,逆} = \frac{70 - 25}{\ln\dfrac{70}{25}}℃ = 43.7℃$$

并流时：

$$\Delta t_1 = 100 - 15 = 85\text{℃}；\ \Delta t_2 = 40 - 30 = 10\text{℃}$$

$$\Delta t_{\text{m,并}} = \frac{85 - 10}{\ln\dfrac{85}{10}}\text{℃} = 35\text{℃}$$

由此可见，在冷热流体的初、终温度相同的条件下，逆流的平均温度差大。

4.3.3.4　流向选择

如前所述的各种流动形式，逆流和并流可以看成是两种极端情况。在流体进出口温度相同的条件下，逆流的平均温差最大，并流最小，其他流动形式的 Δt_{m} 介于两者之间。从提高传热推动力来言，逆流最佳。

（1）在热负荷 Q、K 相同时，采用逆流可以较小的传热面积 A 完成相同的换热任务。

（2）在热负荷 Q、A 相同时，可以节省加热和冷却介质的用量。

（3）逆流时，传热面上冷热流体间的温度差较为均匀。

在某些方面并流也优于逆流。如工艺上要求加热某一热敏性物质时，要求加热温度不高于某值（并流 $t_{2\max} < T_2$）；或者易固化物质冷却时，要求冷却温度不低于某值（并流 $T_{2\min} < t_2$），如易于控制流体出口温度。

采用折流和其他复杂流型的目的是为了提高传热系数 α，从而提高 K 来减小传热面积。

当换热器一侧流体发生相变，可能其温度保持不变，此时就无所谓逆并流，不论何种流动形式，只要进出口温度相同，则 Δt_{m} 均相等。

4.3.3.5　壁温的计算

在热损失和某些对流传热系数（如自然对流、强制层流、冷凝、沸腾等）的计算中都需要知道壁温。此外选择换热器类型和管材时，也需要知道壁温。下面来看壁温的计算。

对于稳态传热：
$$Q = KA\Delta t_{\text{m}} = \frac{T - T_{\text{w}}}{\dfrac{1}{\alpha_1 A_1}} = \frac{T_{\text{w}} - t_{\text{w}}}{\dfrac{b}{\lambda A_{\text{m}}}} = \frac{t_{\text{w}} - t}{\dfrac{1}{\alpha_2 A_2}} \tag{4.66}$$

利用式（4.66）计算壁温，得：
$$T_{\text{w}} = T - \frac{Q}{\alpha_1 A_1}；\ t_{\text{w}} = T_{\text{w}} - \frac{bQ}{\lambda A_{\text{m}}}；\ t_{\text{w}} = t + \frac{Q}{\alpha_2 A_2} \tag{4.67}$$

讨论：

（1）一般换热器金属壁的 λ 大，即 $b/(\lambda A_{\text{m}})$ 小，热阻小，$t_{\text{w}} = T_{\text{w}}$；

（2）当 $t_{\text{w}} = T_{\text{w}}$，得 $\dfrac{T - T_{\text{w}}}{T_{\text{w}} - t} = \dfrac{1/(\alpha_1 A_1)}{1/(\alpha_2 A_2)}$，说明传热面两侧的温度差之比等于两侧热阻之比，即热阻大温差大；如 $\alpha_1 \gg \alpha_2$，得：$(T - T_{\text{w}}) \ll (T_{\text{w}} - t)$，$T_{\text{w}}$ 接近于 T，即 α 大、热阻小一侧的流体温度。

（3）如果两侧有污垢，还应考虑污垢热阻的影响。

$$Q = KA\Delta t_{\text{m}} = \frac{T - T_{\text{w}}}{\left(\dfrac{1}{\alpha_1} + R_1\right)\dfrac{1}{A_1}} = \frac{T_{\text{w}} - t_{\text{w}}}{\dfrac{b}{\lambda A_{\text{m}}}} = \frac{t_{\text{w}} - t}{\left(\dfrac{1}{\alpha_2} + R_2\right)\dfrac{1}{A_2}} \tag{4.68}$$

4.3.4　影响对流传热系数的因素

对流传热是流体在具有一定形状及尺寸的设备中流动时发生的热流体到壁面或壁面到冷流体的热量传递过程，因此它必然与下列因素有关：

（1）引起流动的原因。对流可分为自然对流和强制对流两大类。

自然对流是指由于流体内部存在温度差引起密度差形成的浮升力，使流体内部质点上升和下降的运动，一般 u 较小，α 也较小。

强制对流是指在外力作用下引起的流体运动，一般 u 较大，故 α 较大。

（2）流体的物性。当流体种类确定后，根据温度、压力（气体）确定流体的物性，影响 α 较大的物性有：密度 ρ，黏度 μ，导热系数 λ，比热容 c_p。层流内层温度梯度一定时，流体导热系数越大，对流传热系数越大；黏度越大，对流传热系数越小；ρc_p 代表单位体积流体的热容量，ρc_p 越大，流体携带热量的能力越强，对流传热的强度越强。

（3）流动型态。层流流动时，热流主要依靠热传导的方式传热。由于流体的导热系数比金属的导热系数小得多，因此热阻大。湍流流动时，质点充分混合且层流底层变薄，α 较大。湍流的对流系数远比层流时的大。

（4）传热面的形状、大小和位置。不同的壁面形状、尺寸、位置影响流型，会造成边界层分离，产生旋涡，增加湍动，使 α 增大。对于一种类型的传热面常用一个对对流传热系数有决定性影响的特性尺寸 l 来表示其大小。

（5）是否发生相变。发生相变时（蒸汽冷凝和液体沸腾），由于汽化或冷凝的潜热远大于温度变化的显热（$r \gg c_p$）。一般情况下，有相变时对流传热系数较大，机理各不相同。

由于对流传热本身是一个非常复杂的物理问题，现在用牛顿冷却定律把复杂问题转到计算对流传热系数上面。因此，对流传热系数大小的确定成为一个复杂问题，其影响因素非常多。

由量纲分析法可得出：

$$\frac{\alpha l}{\lambda} = C\left(\frac{lu\rho}{\mu}\right)^a \left(\frac{c_p\mu}{\lambda}\right)^k \left(\frac{\beta g\Delta t l^3 p^2}{\mu^2}\right)^g \tag{4.69}$$

式中，$\alpha = f(u,\ l,\ \mu,\ \lambda,\ c_p,\ p,\ g\beta\Delta t)$；$l$ 为特征尺寸；u 为特征流速。

其中：

$$Nu = \frac{\alpha l}{\lambda} \tag{4.70}$$

Nusselt（努塞尔）待定准数（包含对流传热系数）。

$$Re = \frac{lu\rho}{\mu} \tag{4.71}$$

Reynolds（雷诺）表征流体流动型态对对流传热的影响。

$$Pr = \frac{c_p\mu}{\lambda} \tag{4.72}$$

Prandtl（普兰特）反映流体物性对对流传热的影响。

$$Gr = \frac{\beta g\Delta t l^3 \rho^2}{\mu^2} \tag{4.73}$$

Grashof（格拉斯霍夫）表征自然对流对对流传热的影响。

定性温度：由于沿流动方向流体温度的逐渐变化，在处理实验数据时就要取一个有代表性的温度以确定物性参数的数值，这个确定物性参数数值的温度称为定性温度。

定性温度的取法：（1）流体进出口温度的平均值 $t_m = (t_2 + t_1)/2$；（2）膜温 $t = (t_m + t_w)/2$。

特性尺寸：它是代表换热面几何特征的长度量，通常选取对流动与换热有主要影响的某一几何尺寸。另外，实验范围是有限的，准数关联式的使用范围也是有限的。

4.3.5　对流传热系数的经验关联式

4.3.5.1　无相变时对流传热系数的经验关联式

A　圆形直管内的强制湍流

$$Nu = 0.023Re^{0.8}Pr^n \tag{4.74}$$

$$\frac{ad}{\lambda} = 0.023\left(\frac{du\rho}{\mu}\right)^{0.8}Pr^n \tag{4.75}$$

使用范围：$Re > 10000$，$0.6 < Pr < 160$，$l/d > 50$。

注意事项：

（1）定性温度取流体进出温度的算术平均值 t_m。

（2）特征尺寸为管内径 d。

（3）流体被加热时，$n = 0.4$，流体被冷却时，$n = 0.3$。

上述 n 取不同值的原因主要是温度对层流底层中流体黏度的影响。图 4.14 所示为热流方向对层流速度的影响。当管内流体被加热时，靠近管壁处层流底层的温度高于流体主体温度；而流体被冷却时，情况正好相反。对于液体，其黏度随温度升高而降低，液体被加热时层流底层减薄，大多数液体的导热系数随温度升高也有所减少，但不显著，总的结果使对流传热系数增大。液体被加热时，对流传热系数必大于冷却时的对流传热系数。大多数液体的 $Pr > 1$，即 $Pr^{0.4} > Pr^{0.3}$。因此，液体被加热时，n 取 0.4；冷却时，n 取 0.3。对于气体，其黏度随温度升高而增大，气体被加热时层流底层增厚，气体的导热系数随温度升高也略有升高，总的结果使对流传热系数减少。气体被加热时的对流传热系数必小于冷却时的对流传热系数。由于大多数气体的 $Pr < 1$，即 $Pr^{0.4} < Pr^{0.3}$，故同液体一样，气体被加热时 n 取 0.4，冷却时 n 取 0.3。

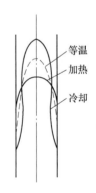

图 4.14　热流方向对层流速度的影响

通过以上分析可知，温度对近壁处层流底层内流黏度的影响，会引起近壁流层内速度分布的变化，故整个截面上的速度分布也将产生相应的变化。

（4）特征速度为管内平均流速。

B　圆形直管内的强制层流

特点：（1）物性特别是黏度受管内温度不均匀性的影响，导致速度分布受热流方向影响。（2）层流的对流传热系数受自然对流影响严重使得对流传热系数提高。（3）层流要求的进口段长度长，实际进口段小时，对流传热系数提高。

$Gr < 25000$ 时，自然对流影响小可忽略：

$$Nu = 1.86 \left(RePr \frac{d}{l} \right)^{1/3} \left(\frac{\mu}{\mu_{\mathrm{w}}} \right)^{0.14} \tag{4.76}$$

适用范围为 $Re < 2300$，$0.6 < Pr < 6700$，$\left(RePr \dfrac{d}{l} \right) > 10$，$l/d > 60$。定性温度、特征尺寸取法与前相同，$\mu_{\mathrm{w}}$ 按壁温确定，工程上可近似处理为：对于液体，加热时：$\left(\dfrac{\mu}{\mu_{\mathrm{w}}} \right)^{0.14} =$ 1.05，冷却时：$\left(\dfrac{\mu}{\mu_{\mathrm{w}}} \right)^{0.14} = 0.95$。

$Gr > 25000$，自然对流的影响不能忽略时，式（4.76）右侧乘以校正系数 f：

$$f = 0.8(1 + 0.015Gr^{1/3})$$

在换热器设计中，应尽量避免在强制层流条件下进行传热，因为此时对流传热系数小，从而使总传热系数也很小。

C　流体垂直流过管束

流体可垂直流过单管和管束两种情况。工业中所用的换热器多为流体垂直流过管束，由于管间的相互影响，其流动的特性及传热过程均较单管复杂得多。在此仅介绍后一种情况的对流传热系数的计算。

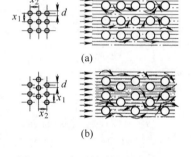

图 4.15　水平管束的排列方式
（a）直列；（b）错列

流体垂直流过管束时，管束的排列情况可以有直列和错列两种，如图 4.15 所示。各排管 α 的变化规律：第一排管，直列和错列基本相同；第二排管，直列和错列相差较大；第三排管以后（直列第二排管以后），基本恒定；从图 4.15 中可以看出，错列传热效果比直列好。

单列的对流传热系数用式（4.77）计算：

$$Nu = C_1 C_2 Re^n Pr^{0.4} \tag{4.77}$$

C_1、C_2 和 n 的值见表 4.1。

表 4.1　流体垂直于管束时的 C_1、C_2 和 n 的值

排数	直列		错列		C_1
	n	C_2	n	C_2	
1	0.6	0.171	0.6	0.171	$x_1/d = 1.2 \sim 3$ 时
2	0.65	0.151	0.6	0.228	$C_1 = 1 + 0.1 x_1/d$
3	0.65	0.151	0.6	0.290	$x_1/d > 3$ 时
4	0.65	0.151	0.6	0.290	$C_1 = 1.3$

注：适用范围：$5000 < Re < 70000$，$x_1/d = 1.2 \sim 5$，$x_2/d = 1.2 \sim 5$（见图 4.15）。

（1）特性尺寸取管外径 d_0，定性温度取法与前相同 t_{m}。

（2）流速 u 取每列管子中最窄流道处的流速，即最大流速。

（3）C_1、C_2 和 n 取决于排列方式和管排数，由实验测定。对于前几列而言，各列的 C_2，n 不同，因此 α 也不同。排列方式不同（直列和错列），对于相同的列，C_2，n 不同，

α 也不同。

（4）对某一排列方式，由于各列的 α 不同，应按下式求平均的对流传热系数：

$$\alpha_m = \frac{\alpha_1 A_1 + \alpha_2 A_2 + \alpha_3 A_3 + \cdots}{A_1 + A_2 + A_3 + \cdots} = \frac{\sum \alpha_i A_i}{\sum A_i} \tag{4.78}$$

式中　α_i——各列的对流传热系数；

　　　A_i——各列传热管的外表面积。

D　流体在换热器管壳间流动

一般在列管换热器的壳程加折流挡板，折流挡板分为圆形和圆缺形两种。由于装有不同形式的折流挡板，流动方向不断改变，在较小的 Re 下（$Re = 100$）即可达到湍流。

圆缺形折流挡板，弓形高度 $0.25D$，对流传热系数 α 的计算式：

$$Nu = 0.36 Re^{0.55} Pr^{1/3} \left(\frac{\mu}{\mu_w}\right)^{0.14} \tag{4.79}$$

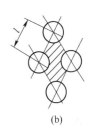

图 4.16　换热管的排列方式
（a）正方形；（b）正三角形

适用范围：$Re = 2 \times 10^3 \sim 2 \times 10^6$。

定性温度：进、出口温度平均值；μ_w 是指壁温下的流体黏度。

特征尺寸：

（1）当量直径 d_e。换热管的排列方式有正方形和正三角形两种，如图 4.16 所示。

正方形排列：

$$d_e = \frac{4(l^2 - 0.785 d_0^2)}{\pi d_0} \tag{4.80}$$

正三角形排列：

$$d_e = \frac{4\left(\frac{\sqrt{3}}{2} t^2 - 0.785 d_0^2\right)}{\pi d_0} \tag{4.81}$$

式中　d_0——管外径；

　　　l——相邻两管中心距。

（2）流速 u 根据流体流过的最大截面积 S_{max} 计算：

$$S_{max} = hD\left(1 - \frac{d_0}{l}\right) \tag{4.82}$$

式中　h——相邻挡板间的距离，m；

　　　D——换热器壳径，m。

提高壳程 α 的措施：随着 Re 的增加，流体从层流变成湍流，α 显著增大，所以应力使流体在换热器内达到湍流流动。由式（4.75）求圆形直管内的 α，若将式中所有物性参数合并为 A，则 $\alpha = Au^{0.8}/d^{0.2}$。$\alpha$ 与流速的 0.8 次方呈正比，与管径的 0.2 次方呈反比。在流体阻力允许的情况下，增大流速比减小管径对对流传热系数的效果更为显著。由式（4.79）求流体在换热器管间流过时，管外加折流挡板情况下的 α，将物性常数合并为 B，则 $\alpha = Bu^{0.55}/d_e^{0.45}$。$\alpha$ 与流速的 0.55 次方呈正比，与当量直径的 0.45 次方呈反比。设置折流挡板提高流速和缩小管子的当量直径，对加大对流传热系数均有较显著的作用。

E　大空间的自然对流传热

所谓大空间自然对流传热是指冷表面或热表面（传热面）放置在大空间内，并且四周没有其他阻碍自然对流的物体存在，如沉浸式换热器的传热过程、换热设备或管道的热表面向周围大气的散热。

对流传热系数仅与反映自然对流的 Gr 和反映物性的 Pr 有关，依经验式计算：

$$Nu = C(GrPr)^n \tag{4.83}$$

$$\alpha = C\frac{\lambda}{l}\left(\frac{c_p\mu}{\lambda} \cdot \frac{\beta g\Delta t l^3\rho^2}{\mu^2}\right)^n \tag{4.84}$$

（1）特性尺寸：对水平管取外径 d_o，垂直管或板取管长和板高 H。

（2）定性温度取膜温 $(t_m + t_w)/2$。

（3）C，$n = f$（传热面的形状和位置，Gr，Pr），具体数值见表4.2。

表4.2 式（4.84）中的 C、n 值和定型尺寸

加热表面形状位置	$GrPr$	n	C	定型尺寸
垂直平板及圆柱	$10\sim10^4$ $10^4\sim10^9$ $10^9\sim10^{13}$	$1/6$ $1/4$ $1/3$	1.23 0.59 0.1	高度 H
水平圆柱体	$10\sim10^3$ $10^4\sim10^9$ $10^9\sim10^{12}$	$1/6$ $1/4$ $1/3$	1.02 0.53 0.13	外径 d_0
水平板热面朝上或 水平板冷面朝下	$2\times10^4\sim8\times10^6$ $8\times10^6\sim1\times10^{11}$	$1/4$ $1/3$	0.54 0.15	正方形取边长 长方形取两边平均值 圆盘取 $0.9d$ 狭长条取短边
水平板热面朝下或 水平板冷面朝上	$10^5\sim10^{11}$	$1/5$	0.58	

4.3.5.2 有相变时对流传热系数的经验关联式

A 蒸汽冷凝

蒸汽与低于其饱和温度的冷壁接触时，将凝结为液体，释放出汽化热。具体冷凝方式（见图4.17）包括：

（1）膜状冷凝。冷凝液能润湿壁面，形成一层完整的液膜布满液面并连续向下流动。

（2）滴状冷凝。冷凝液不能很好地润湿壁面，仅在其上凝结成小液滴，此后长大或合并成较大的液滴而脱落。

冷凝液润湿壁面的能力取决于其表面张力和对壁面的附着力大小。若附着力大于表面张力，则会形成膜状冷凝；反之，则形成滴状冷

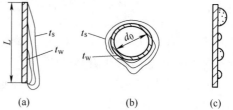

图4.17 蒸汽冷凝方式
（a）（b）膜状冷凝；（c）滴状冷凝

凝。通常滴状冷凝时蒸汽不必通过液膜传热，可直接在传热面上冷凝，其对流传热系数比膜状冷凝的对流传热系数大 5~10 倍。但滴状冷凝难于控制，工业上大多是膜状冷凝。

a 蒸汽在水平管外冷凝

计算公式如下：

$$\alpha = 0.725\left(\frac{r\rho^2 g\lambda^3}{n^{2/3}\mu l\Delta t}\right)^{1/4} \tag{4.85}$$

式中　n——水平管束在垂直列上的管子数；

　　　　r——汽化潜热（t_s下），kJ/kg；

　　　　ρ——冷凝液的密度，kg/m³；

　　　　α——冷凝液的导热系数，W/(m·K)；

　　　　μ——冷凝液的黏度，Pa·s。

特性尺寸 l：管外径 d_o；定性温度：膜温 $t = (t_s + t_w)/2$，用膜温查冷凝液的物性 ρ、λ 和 μ；潜热 r 用饱和温度 t_s 查表得到；此时认为主体无热阻，热阻集中在液膜中。

b 蒸汽在竖直板或竖直管外冷凝

当蒸汽在垂直管或板上冷凝时，冷凝液沿壁面向下流动，同时由于蒸汽不断在液膜表面冷凝得到新的冷凝液，形成一个流量逐渐增加的液膜流，相应于液膜厚度加大，上部分为层流，当板或管足够高时，下部分可能发展为湍流。对于冷凝液来说，临界 $Re = 2100$。如图 4.18 所示，从顶向底流动时，液膜厚度增大，对流传热系数减小；当 H 一定高时，流动从层流过渡到湍流时，Re 增大，层流底层膜厚减小，α 增大。

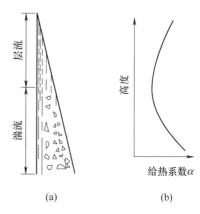

图 4.18　蒸汽在垂直壁面上的冷凝
（a）液膜流动；（b）给热系数示意图

$$Re = \frac{\rho d_e u}{\mu} \tag{4.86}$$

$$d_e = \frac{4S}{b} \tag{4.87}$$

$$Re = \frac{\rho u d_e}{\mu} = \frac{\rho u\left(\frac{4S}{b}\right)}{\mu} = \frac{\left(\frac{4S}{b}\right)\left(\frac{G}{S}\right)}{\mu} = \frac{4M}{\mu} \tag{4.88}$$

$$M = G/b,\ \rho u = G/S$$

式中　S——冷凝液流过的截面积，m²；

　　　　b——湿润周边，m；

　　　　G——冷凝液的质量流量，kg/s；

　　　　M——单位长度湿润周边上冷凝液的质量流量，kg/(s·m)。

当层流时 α 的计算式如下：

$$\alpha = 1.13\left(\frac{r\rho^2 g\lambda^3}{\mu l\Delta t}\right)^{1/4} \tag{4.89}$$

适用范围为 $Re < 1800$；定性温度取膜温；特征尺寸 l 为管高或板高 H。

当湍流时，α 的计算式如下：

$$\alpha = 0.0077\left(\frac{\rho^2 g\lambda^3}{\mu^2}\right)^{1/3} Re^{0.4} \tag{4.90}$$

适用范围为 $Re > 1800$；定性温度取膜温；特征尺寸 l 为管高或板高 H。Re 是指板或管最低处的值（此时 Re 为最大）。

对于纯的饱和蒸汽冷凝时，热阻主要集中在冷凝液膜内，液膜的厚度及其流动状况是影响冷凝传热的关键。所以，影响液膜状况的所有因素都将影响到冷凝传热。

强化传热措施：对于纯蒸汽冷凝，恒压下 t_s 为一定值。即在气相主体内无温差也无热阻，α 的大小主要取决于液膜的厚度及冷凝液的物性。所以，在流体一定的情况下，一切能使液膜变薄的措施将强化冷凝传热过程。减小液膜厚度最直接的方法是从冷凝壁面的高度和布置方式入手。如在垂直壁面上开纵向沟槽，以减薄壁面上的液膜厚度。还可在壁面上安装金属丝或翅片，使冷凝液在表面张力的作用下，流向金属丝或翅片附近集中，从而使壁面上的液膜减薄，使冷凝传热系数得到提高。

例 4.4　0.101MPa（绝）下的水蒸气在单根管外冷凝。管外径 100mm，管长 1.5m，管壁温度为 98℃。试计算：

（1）管子垂直放置时的平均对流传热系数；

（2）管子垂直放置时，圆管上部 0.5m 的平均对流传热系数与底部 0.5m 的平均对流传热系数之比；

（3）管子水平放置时的对流传热系数。

已知冷凝液膜平均温度 $t_m = \dfrac{1}{2}(100 + 98)℃ = 99℃$ 下，水的有关物性为：$\rho = 959.1 \text{kg/m}^3$，

$\mu = 28.56 \times 10^{-5} \text{Pa} \cdot \text{s}$，$\lambda = 0.6819 \text{W/(m} \cdot ℃)$。0.101MPa 下，$T_s = 100℃$，$r = 2258 \text{kJ/kg}$。

解：（1）先假定液膜做层流流动，由式（4.89）求得：

$$\alpha = 1.13\left(\frac{r\rho^2 g\lambda^3}{\mu l \Delta T}\right)^{1/4} = 10537 \text{W/(m}^2 \cdot ℃)$$

验算 Re 是否在层流范围内：

$$Re = \frac{4M}{\mu} = \frac{4W}{\pi d_0 \mu} = \frac{4Q}{\pi d_0 r \mu}$$

因为

$$Q = \alpha A \Delta T$$

所以

$$Re = \frac{4\alpha \pi d_0 l \Delta T}{\pi d_0 r \mu} = \frac{4\alpha l \Delta T}{r\mu}$$

$$= \frac{4 \times 10537 \times 1.5 \times (100 - 98)}{2258 \times 10^3 \times 28.56 \times 10^{-5}} = 196 < 2000$$

故假定层流是正确的。

（2）上部 0.5m 的平均对流传热系数 α_1 为：

$$\alpha_1 = \alpha\left(\frac{l}{l_1}\right)^{1/4} = 10537\left(\frac{1.5}{0.5}\right)^{1/4} = 13867 \text{W/(m}^2 \cdot ℃)$$

上部 1m 长管子的平均对流传热系数 α_2 为：

$$\alpha_2 = \alpha\left(\frac{l}{l_2}\right)^{1/4} = 10537\left(\frac{1.5}{1}\right)^{1/4} = 11661 \text{W/(m}^2 \cdot ℃)$$

下部 0.5m 长圆管的对流传热系数 α_3 为：

$$\alpha_l = \alpha_2 l_2 + \alpha_3 (l - l_2)$$

$$\alpha_3 = \frac{\alpha l - \alpha_2 l_2}{l - l_2} = \frac{10537 \times 1.5 - 11661 \times 1}{1.5 - 1} = 8289 \text{W}/(\text{m}^2 \cdot ℃)$$

$$\frac{\alpha_1}{\alpha_3} = \frac{13867}{8289} = 1.67$$

（3）该管水平放置和垂直放置时的对流传热系数之比为：

$$\frac{\alpha_{水平}}{\alpha_{垂直}} = \frac{0.725}{1.13}\left(\frac{l}{d_0}\right)^{1/4} = 0.642\left(\frac{1.5}{0.1}\right)^{1/4} = 1.263$$

故该管水平放置时的平均对流传热系数为：

$$\alpha_{水平} = 1.263 \times 10537 = 13308 \text{W}/(\text{m}^2 \cdot ℃)$$

B　液体沸腾时的对流传热系数

对液体加热时，液体内部伴有液相变为气相产生气泡的过程称为沸腾。按设备的尺寸和形状可分为：

（1）大容器沸腾。加热壁面浸入液体，液体被加热而引起的无强制对流的沸腾现象。

（2）管内沸腾。在一定压差下流体在流动过程中受热沸腾（强制对流）；此时液体流速对沸腾过程有影响，而且加热面上气泡不能自由上浮，被迫随流体一起流动，出现了复杂的气液两相的流动。

气泡的生成和过热度：由于表面张力的作用，要求气泡内的蒸汽压力大于液体的压力。而气泡生成和长大都需要从周围液体中吸收热量，要求压力较低的液相温度高于汽相的温度，故液体必须过热，即液体的温度必须高于气泡内压力所对应的饱和温度。在液相中紧贴加热面的液体具有最大的过热度。液体的过热是新相——小气泡生成的必要条件。

粗糙表面的汽化核心：开始形成气泡时，气泡内的压力必须无穷大。这种情况显然是不存在的，因此，纯净的液体在绝对光滑的加热面上不可能产生气泡。气泡只能在粗糙加热面的若干点上产生，这种点称为汽化核心。无汽化核心则气泡不会产生。过热度增大，汽化核心数增多。汽化核心是一个复杂的问题，它与表面粗糙程度、氧化情况、材料的性质及其不均匀性质等多种因素有关。

如图4.19所示，以常压水在大容器内沸腾为例，说明 Δt 对 α 的影响。

（1）AB 段，$\Delta t = t_w - t_s$，Δt 很小时，仅在加热面有少量汽化核心形成气泡，长大速

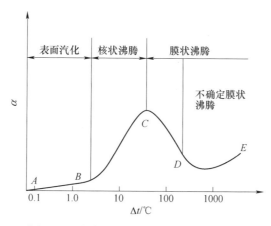

图4.19　水沸腾时温差和给热系数的关系

度慢，所以加热面与液体之间主要以自然对流为主。

$\Delta t < 5℃$ 时，汽化仅发生在液体表面，严格说还不是沸腾，而是表面汽化。此阶段，α 较小，且随 Δt 升高得缓慢。

（2）BC 段，$25℃ > \Delta t > 5℃$ 时，汽化核心数增大，气泡长大速度增快，对液体扰动增强，对流传热系数增加，由汽化核心产生的气泡对传热起主导作用，此时为核状沸腾。

（3）CD 段，$\Delta t > 25℃$ 进一步增大到一定数值，加热面上的汽化核心大大增加，以至气泡产生的速度大于脱离壁面的速度，气泡相连形成气膜，将加热面与液体隔开，由于气体的导热系数 λ 较小，α 减小，此阶段称为不稳定膜状沸腾。

（4）DE 段，$\Delta t > 250℃$ 时，气膜稳定，由于加热面 t_w 高，热辐射影响增大，对流传热系数增大，此时为稳定膜状沸腾。

工业上一般维持沸腾装置在核状沸腾下工作，其优点是：此阶段下 α 大，t_w 小。从核状沸腾到膜状沸腾的转折点 C 称为临界点（此后传热恶化），其对应临界值 Δt_c、α_c、q_c。对于常压水在大容器内沸腾时：$\Delta t_c = 25℃$、$q_c = 1.25 \times 10^6 W/m^2$。

对于沸腾传热，至今还未总结出普遍适用的公式。有相变时的 α 比无相变时的 α 大得多，热阻主要集中在无相变一侧流体，此时有相变一侧流体的 α 只需近似计算。

4.4 热 辐 射

任何物体只要其绝对温度大于零度，都会不停地以电磁波的形式向外辐射能量；同时，又不断吸收来自外界其他物体的辐射能，物体温度越高这种辐射能越大，在高温冶金过程中这种能量传递形式十分显著。当物体向外界辐射的能量与其从外界吸收的辐射能不等时，该物体与外界就产生热量的传递，这种传热方式称为热辐射。

此外，辐射能可以在真空中传播，不需要任何物质作媒介，这是区别于热传导、对流的主要不同点。因此，辐射传热的规律也不同于对流传热和导热。

4.4.1 热辐射的基本概念

辐射：物体通过电磁波来传递能量的过程。

热辐射：物体由于热的原因以电磁波的形式向外发射能量的过程。

电磁波的波长范围极广，从理论上说，固体可同时发射波长从 $0 \sim \infty$ 的各种电磁波。但能被物体吸收而转变为热能的辐射能主要为可见光（$0.38 \sim 0.76 \mu m$）和红外线（$0.76 \sim 100 \mu m$）两部分。

热辐射和可见光的光辐射一样，当来自外界的辐射能投射到物体表面上，也会发生吸收、发射和穿透现象，服从光的反射和折射定律，在均一介质中作直线传播，在真空和大多数气体中可以完全透过，但热射线不能透过工业上常见的大多数固体和液体。

如图 4.20 所示，假设外界投射到物体表面上的总能量 Q，其中一部分进入表面后被物体吸收 Q_A，一部分被物体反射 Q_R，其余部分穿透物体 Q_D。按能量守恒定律：

$$Q = Q_A + Q_R + Q_D \quad 或 \quad \frac{Q_A}{Q} + \frac{Q_R}{Q} + \frac{Q_D}{Q} = 1 \qquad (4.91)$$

式中 $\dfrac{Q_A}{Q}$——吸收率，用 A 表示；

$\dfrac{Q_R}{Q}$——反射率，用 R 表示；

$\dfrac{Q_D}{Q}$——穿透率，用 D 表示。

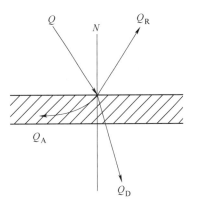

$$A + R + D = 1$$

吸收率、反射率和透过率的大小取决于物体的性质、温度、表面状况和辐射线的波长等，一般来说，表面粗糙的物体吸收率大。对于固体和液体不允许热辐射透过，即 $D = 0$；而气体对热辐射几乎无反射能力，即 $R = 0$；黑体能全部吸收辐射能的物体。即 $A = 0$。黑体是一种理想化物体，实际物体只能或多或少

图 4.20　辐射能的吸收、反射和透过

地接近黑体，但没有绝对的黑体，如没有光泽的黑漆表面，其吸收率为 $A = 0.96 \sim 0.98$。引入黑体的概念是理论研究的需要。

白体是能全部反射辐射能的物体，即 $R = 1$。实际上白体也是不存在的，实际物体也只能或多或少地接近白体，如表面磨光的铜，其反射率为 $R = 0.97$。

透热体是能透过全部辐射能的物体，即 $D = 1$，也称镜体。一般来说，单原子和由对称双原子构成的气体，如 He、O_2、N_2 和 H_2 等，可视为透热体。而多原子气体和不对称的双原子气体则只能有选择地吸收和发射某些波段范围的辐射能。

灰体是指能够以相同的吸收率吸收所有波长的辐射能的物体。工业上遇到的多数物体，能部分吸收所有波长的辐射能，但吸收率相差不多，可近似视为灰体。

4.4.2　发射能力和辐射的基本定律

物体在一定温度下，单位表面积、单位时间内所发射的全部辐射能（波长从 $0 \sim \infty$），称为该物体在该温度下的发射能力，以 E 表示，单位为 W/m^2。

4.4.2.1　黑体的发射能力

斯蒂芬 - 玻尔兹曼定律：黑体的辐射能力与其表面的绝对温度的四次方成正比，也称为四次方定律。

$$E_0 = \sigma_0 T^4 \tag{4.92}$$

式中　E_0——黑体的辐射能力，W/m^2；

　　　σ_0——黑体辐射常数，其值为 $5.67 \times 10^{-8} W/(m^2 \cdot K^4)$；

　　　T——黑体表面的绝对温度，K。

为了方便，通常将上式表示为：

$$E_0 = C_0 \left(\dfrac{T}{100} \right)^4 \tag{4.93}$$

式中　C_0——黑体辐射系数，其值为 $5.67 W/(m^2 \cdot K^4)$。

显然热辐射与对流和热传导遵循完全不同的规律。斯蒂芬 - 玻尔兹曼定律表明辐射传

热对温度异常敏感，低温时热辐射往往可以忽略，而高温时则成为主要的传热方式。

4.4.2.2　实际物体的发射能力

前已表明，由于黑体是一种理想化的物体，在工程上要确定实际物体的辐射能力，为了处理工程的方便，提出了灰体的概念。在同一温度下，实际物体的单色辐射能力 E_λ 恒小于同温度下黑体的单色辐射能力 $E_{\lambda 0}$，而且比值随波长 λ 而变动。灰体与黑体的单色辐射能力之比为一常数，可用下式表示：

$$\varepsilon = \frac{E_\lambda}{E_{\lambda 0}} \tag{4.94}$$

许多工程材料都可近似作为灰体。其中不随波长而变的比值 ε 称为黑度。黑度 ε 的影响因素包括物体的种类、表面温度、表面状况（如粗糙度、表面氧化程度等）及波长。物体的黑度是物体的一种性质，只与物体本身的情况有关，与外界因素无关，其值小于 1。

某些工业材料的黑度 ε 值见表4.3，不同的材料黑度值差异较大。氧化表面的材料比磨光表面的材料 ε 值大，说明其辐射能力也大。但由于多数工程材料，辐射能在波长 0.76 ~ 20μm 范围内，其吸收率随波长变化不大，可把这些物体视为灰体。

表4.3　某些工业材料的黑度 ε

材料	温度/℃	黑度 ε	材料	温度/℃	黑度 ε
红砖	20	0.93	铜（氧化的）	200 ~ 600	0.57 ~ 0.87
耐火砖	—	0.8 ~ 0.9	铜（磨光的）	—	0.03
钢板（氧化）	200 ~ 600	0.8	铝（氧化的）	200 ~ 600	0.11 ~ 0.19
钢板（磨光）	940 ~ 1100	0.55 ~ 0.61	铝（磨光的）	225 ~ 575	0.039 ~ 0.057
铸铁（氧化）	200 ~ 600	0.64 ~ 0.78	银（磨光的）	200 ~ 600	0.021 ~ 0.03
熔融紫铜	1200 ~ 1250	0.138 ~ 0.147	熔融软钢	1600 ~ 1790	0.28
熔融粗铜	1250	0.155 ~ 0.171	熔融钢	1560 ~ 1710	0.27 ~ 0.39
熔融铸铁	1300 ~ 1535	0.29			

根据 $E_\lambda = \varepsilon E_{\lambda 0}$，灰体的辐射能力表示为：

$$E = \int_0^\infty E_\lambda \mathrm{d}\lambda = \varepsilon \int_0^\infty E_{\lambda 0} \mathrm{d}\lambda = \varepsilon C_0 \left(\frac{T}{100}\right)^4 = C\left(\frac{T}{100}\right)^4 \tag{4.95}$$

式中　E——灰体的辐射能力，W/m^2；

　　　C——灰体的辐射系数，$C = \varepsilon C_0$，$C = f$（物质性质，温度，表面情况），C 总小于同温度下的 C_0。

4.4.2.3　克希霍夫定律

克希霍夫定律表明了物体的发射能力 E 和吸收率 A 之间的关系。

如图 4.21 所示，设有两块很大，且相距很近的平行平板，两板间为透热体，板 I 为灰体，板 II 为黑体。现以单位表面积、单位时间为基准，讨论两物体间的热量平衡。设灰体的吸收率、辐射能力及表面的热力学温度为 A_1、E_1、T_1；黑体的吸收率、辐射能力及表面的热力学温度为 A_0、E_0、T_0；且 $T_1 > T_0$。

灰体 I 所发射的能量 E_1 投射到黑体 II 上被全部吸收；黑体 II 所发射的能量 E_0 投射到灰体 I 上只能被部分吸收，即 $A_1 E_0$ 的能量被吸收，其余部分 $(1 - A_1 E_0)$ 被反射回黑体后被黑体 II 吸收。

因此，两平板间热交换的结果，以灰体 I 为例，发射的能量为 E_1，吸收的能量为 $A_1 E_0$，两者的差为：

$$Q = E_1 - A_1 E_0 \qquad (4.96)$$

当两平壁间的热交换达到平衡时，温度相等 $T_1 = T_0$，且灰体 I 所发射的辐射能与其吸收的能量必然相等，即

$$E_1 = A_1 E_0 \quad \text{或} \quad \frac{E_1}{A_1} = E_0 \qquad (4.97)$$

把上面这一结论推广到任一平壁，得：

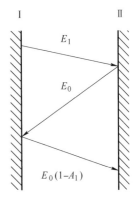

图 4.21　克希霍夫定律的推导

$$\frac{E}{A} = \frac{E_1}{A_1} = E_0 (\text{克希霍夫定律}) \qquad (4.98)$$

此定律说明任何物体的辐射能力与其吸收率的比值恒为常数，且等于同温度下黑体的辐射能力，故其数值与物体的温度有关。与前面的公式相比较，得：

$$\frac{E}{E_0} = A = \varepsilon \qquad (4.99)$$

此式说明在同一温度下，物体的吸收率与其黑度在数值上相等。这样实际物体难以确定的吸收率可用其黑度的数值表示。多数工程材料可视为灰体，对于灰体，在一定温度范围内，其黑度为一定值，所以灰体的吸收率在此温度范围内也为一定值。

例 4.5　温度对物体辐射能力的影响的计算。有一黑体，表面温度为 27℃，问该黑体的辐射能力为多少？如将黑体加热到 627℃，其辐射能力增加到原来的多少倍，实际的辐射能力为多少？

解：27℃时的辐射能力为：

$$E_{01} = C_0 \left(\frac{T_1}{100} \right)^4 = 5.67 \left(\frac{27 + 273}{100} \right)^4 \, \text{W/m}^2 = 459 \, \text{W/m}^2$$

627℃时的辐射能力与 27℃时的辐射能力之比为：

$$\frac{E_{02}}{E_{01}} = \left(\frac{T_2}{T_1} \right)^4 = \left(\frac{627 + 273}{27 + 273} \right)^4 = 81$$

627℃时的辐射能力为：

$$E_{01} = 81 \times 459 = 37179 \, \text{W/m}^2$$

4.4.3　两固体间的相互辐射

工业上常遇到两固体间的相互辐射传热，一般可视为灰体间的热辐射。

两灰体间由于热辐射而进行热交换时，从一个物体发射出来的能量只能部分到达另一物体，而达到另一物体的这部分能量由于还要反射出一部分能量，从而不能被另一物体全部吸收。同理，从另一物体反射回来的能量，也只有一部分回到原物体，而反射回的这部

分能量又有部分的反射和部分的吸收，这种过程被反复进行，直到继续被吸收和反射的能量变为微不足道。

两固体间的辐射传热总的结果是热量从高温物体传向低温物体。它们之间的辐射传热计算非常复杂，与两固体的吸收率、反射率、形状及大小有关，还与两固体间的距离和相对位置有关。

工业上常遇到以下几种情况的固体之间的相互辐射：

（1）两平行壁面之间的辐射（见图 4.22），一般又可分为极大的两平行面的辐射和面积有限的两相等平行面间的辐射两种情况。

（2）一物体被另一物体包围时的辐射（见图 4.23），一般可分为很大物体 2 包住物体 1 和物体 2 恰好包住物体 1 两种情况。

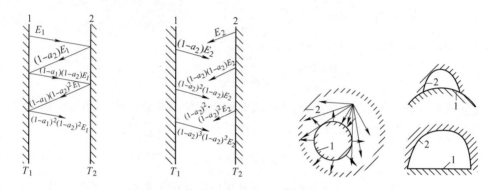

图 4.22　两平行灰体间的相互辐射　　　　　图 4.23　一物体被另一物体包围时的辐射

两固体之间的辐射传热可表示为：

$$Q_{1-2} = C_{1-2} \varphi_{1-2} A \left[\left(\frac{T_1}{100} \right)^4 - \left(\frac{T_2}{100} \right)^4 \right] \qquad (4.100)$$

式中　Q_{1-2}——高温物体 1 向低温物体 2 传递的热量，W；

C_{1-2}——总辐射系数，W/(m^2·K^4)；

φ_{1-2}——几何因子或角系数（总能量被拦截分率）；

A——辐射面积，m^2；

T_1——高温物体的温度，K；

T_2——低温物体的温度，K。

其中总辐射系数 C_{1-2} 和角系数 φ_{1-2} 的数值与物体黑度、形状、大小、距离及相互位置有关，在某些具体情况下其数值见表 4.4。

表 4.4　角系数与总发射系数计算式

序号	辐 射 情 况	面积 A	角系数 φ	总发射系数 C_{1-2}
1	极大的两平行面	A_1 或 A_2	1	$\dfrac{C_0}{\dfrac{1}{\varepsilon_1} + \dfrac{1}{\varepsilon_2} - 1}$

续表4.4

序号	辐 射 情 况	面积 A	角系数 φ	总发射系数 C_{1-2}
2	面积有限的两相等平行面	A_1	<1	$\varepsilon_1 \cdot \varepsilon_2 C_0$
3	很大的物体2包住物体1	A_1	1	$\varepsilon_1 \cdot C_0$
4	物体2恰好包住物体1 $A_1 \approx A_2$	A_1	1	$\dfrac{C_0}{\dfrac{1}{\varepsilon_1} + \dfrac{1}{\varepsilon_2} - 1}$
5	在3、4两种情况之间	A_1	1	$\dfrac{C_0}{\dfrac{1}{\varepsilon_1} + \left(\dfrac{1}{\varepsilon_2} - 1\right)\dfrac{A_1}{A_2}}$

由于在过程工程中设备或管道的外壁温度常常高于周围环境温度，其高温设备的外壁一般以自然对流和辐射两种形式向外散热。

$$Q_T = Q_C + Q_R \tag{4.101}$$

以对流方式损失的热量：

$$Q_C = \alpha_C A_w (t_w - t) \tag{4.102}$$

以辐射方式损失的热量：

$$Q_R = C_{1-2}\varphi_{1-2}A_w\left[\left(\frac{T_w}{100}\right)^4 - \left(\frac{T}{100}\right)^4\right] \tag{4.103}$$

令 $\varphi_{1-2} = 1$，将式（4.103）写为对流传热的形式：

$$Q_R = C_{1-2}A_w\left[\left(\frac{T_w}{100}\right)^4 - \left(\frac{T}{100}\right)^4\right]\frac{t_w - t}{t_w - t} = \alpha_R A_w(t_w - t) \tag{4.104}$$

其中

$$\alpha_R = \frac{C_{1-2}\left[\left(\frac{T_w}{100}\right)^4 - \left(\frac{T}{100}\right)^4\right]}{t_w - t} \tag{4.105}$$

式中 α_C——空气的对流传热系数，W/(m²·K)；

α_R——辐射传热系数，W/(m²·K)；

T_w——设备或管道外壁热力学温度，K；

t_w——设备或管道外壁摄氏温度，℃；

T——周围环境热力学温度，K；

t——周围环境摄氏温度，℃；

A_w——设备或管道的外壁面积或散热的表面积，m²。

设备或管道的总的热损失为：

$$Q = Q_C + Q_R = (\alpha_C + \alpha_R)A_w(t_w - t) = \alpha_T A_w(t_w - t) \tag{4.106}$$

式中 α_T——对流-辐射联合传热系数，$\alpha_T = \alpha_C + \alpha_R$，W/(m²·K)。

对于有保温层的设备、管道等外壁对周围环境散热的联合表面传热系数 α_T，可用下列近似公式：

（1）空气自然对流。

平壁保温层外

$$\alpha_T = 9.8 + 0.07(t_w - t) \tag{4.107}$$

管道及圆筒壁保温层外 $\qquad \alpha_T = 9.4 + 0.052(t_w - t)$ （4.108）

上两式适用于 $t_w < 150℃$ 的情况。

（2）空气沿粗糙壁面强制对流。

空气速度 $u \leqslant 5m/s$ 时 $\qquad \alpha_T = 6.2 + 4.2u$ （4.109）

空气速度 $u > 5m/s$ 时 $\qquad \alpha_T = 7.8u^{0.78}$ （4.110）

例4.6 外径为194mm 的蒸汽管道，外包一层导热系数为 $0.09W/(m \cdot ℃)$ 的保温材料。管内饱和蒸汽温度为133℃，保温层外表面温度要求不超过40℃，周围环境温度为20℃，试求保温层的厚度应为多少？假设管内蒸汽冷凝传热与管壁的热阻均可忽略不计。

解： 由式（4.108）得知，管道保温层外对流 – 辐射联合传热系数为：

$$\alpha_T = 9.4 + 0.052(t_w - t) = 9.4 + 0.052 \times (40 - 20) = 10.4W/(m^2 \cdot ℃)$$

单位管长的散热量为：

$$Q_L = \alpha_T \pi d_0(t_w - t) = 10.4 \times \pi d_0 \times (40 - 20) = 653d_0$$

因管内饱和蒸汽冷凝传热热阻和管壁热阻均可忽略不计，故

$$Q_L = \frac{2\pi\lambda(t - t_w)}{\ln\dfrac{d_0}{d}} = 653d_0$$

即 $\qquad \dfrac{2\pi \times 0.09 \times (133 - 40)}{\ln\dfrac{d_0}{d}} = 653d_0$

解得 $d_0 = 0.264m$，保温层的厚度为：

$$d = \frac{264 - 194}{2} = 35mm$$

4.4.4 传热在冶金过程中的应用实例

已知：炉池内铁液温度1450℃，炉子开盖率为30%，感应器冷却水平均温度为40℃，周围空气温度为40℃。

4.4.4.1 感应器侧壁炉衬散热损耗 Q_{r1} 计算

坩埚侧壁硅砂厚140mm，石棉板厚9.5mm，云母板厚0.5mm，感应线圈总高度为1760mm，各层尺寸如图4.24所示。

假设各层温度：$\theta_1 = 1450℃$，$\theta_2 = 665℃$，$\theta_3 = 360℃$，$\theta_4 = 45℃$，$\theta_5 = 42℃$，$\theta_{sh} = 40℃$。炉衬各层热阻计算如下：

$$R_1 = \frac{\ln\dfrac{d_2}{d_1}}{2\pi h_1 \lambda_1} = \frac{\ln\dfrac{1.410}{1.130}}{2\pi \times 1.76 \times 1.628} = 0.0123K/W$$

式中 λ_1——硅砂热导率，由表4.5查得，取 $\lambda_1 = 1.628W/(m \cdot K)$。

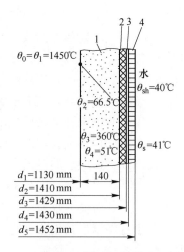

图4.24　侧壁炉衬简图

1—硅砂；2—石棉板；

3—云母板；4—感应器

表 4.5　几种耐火材料的性质

材料	黏土质	硅砂	镁砂	铬砂	水铝石	刚玉	莫来石	尖晶石	锆砂
化学成分①	Al₂O₃约10%~45% SiO₂约88%~52%	SiO₂>95%	MgO 84%~88% Fe₂O₃4.5%~10%	Cr₂O₃约40%~43%	Al₂O₃60%~70%	Al₂O₃65%~92%	硅线石含量70%~90%	Al₂O₃约75% MgO约13%~15%	ZrO₂约70%
耐火度/℃	1630~1770	1710~1750	>2000	>1960	1770	1790~1920	1790~1850	>1850	>1850
在0.2MPa下荷重软化点 开始点/℃	1250~1500	1600	1430~1500	1450	1400	1500~1700	1550~1600	1500~1600	1500
40%变形量/℃	1325~1650	比1600稍高	1440~1600	1550	1640	1680~1750	1650~1750	1700~1800	1620
冷态抗压强度/MPa	15~120	10~30	40~100	80	15~30	30~200	40~60	60~70	60~100
真密度/kg·dm⁻³	约2.4~2.7	2.32~2.45	3.5~3.63	4.0~4.20	3.0~3.12	3.1~3.8	3.0~3.1	3.6	4.8
体积密度/kg·dm⁻³	1.8~2.0	1.8~1.9	2.6~3.0	3.5~3.8	2.2~2.38	2.3~3.0	2.3~2.4	2.9~2.95	3.9
总气孔率/%	17~30	20~26	20~28	<20	23~27	20~28	20~25	17~20	16~20
1500℃时的体积膨胀性（以线膨胀系数表示）/%	−0.0~−3.0	0~+3.0	0~−1.0	±0	0~−1	0~−0.6	0~−0.5	0~−1.5	0~−0.5
到1400℃时的热膨胀	0.6%~1.0% 随成分和焙烧温度而变	1.2%~1.5%，取决于焙烧温度	2.0%稳定	1.4%稳定	0.8%稳定	0.9%稳定	0.7%稳定	1.1%稳定	0.7%稳定
1400℃时的平均比热容/kJ·(kg·K)⁻¹	约1.13	1.17	约1.17	1.17	1.17	1.17	1.17	1.17	1.17
热导率/W·(m·K)⁻¹	约1.16~1.86 (1500℃时)	1.16~1.63 (1500℃时)	8.6(200℃时) 3.93(1100℃时)	—	约2.09 (1100℃时)	约2.09 (1100℃时)	约1.5 (1100℃时)	约3.49 (1100℃时)	约1.85 (1000℃时)
抗渣性	取决于化学成分、焙烧温度和密度	抗酸性渣强	高温下抗碱性渣强	抗含铁炉渣性能好	抗碱性渣、钙、水泥性能佳	高温下抗碱性渣性能极强	适合金属、强碱和玻璃熔融	适合碱性渣和金属熔融	适于金属熔融
耐急热急冷性能	取决于成分、颗粒度组成和焙烧温度	600℃以前不良 600℃以后良	敏感至良	敏感	适中至优	精敏感	极佳	稍敏感	良

① 此处化学成分为质量分数，下同。

$$R_2 = \frac{\ln \dfrac{d_3}{d_2}}{2\pi h_1 \lambda_2} = \frac{\ln \dfrac{1.429}{1.410}}{2\pi \times 1.76 \times 0.252} = 0.0048 \,\mathrm{K/W}$$

式中 λ_2——石棉板热导率，$\lambda_2 = 0.157 + 0.186 \times 10^{-3} \theta_\mathrm{m}$，而 $\theta_\mathrm{m} = \dfrac{\theta_2 + \theta_3}{2} = \dfrac{665 + 360}{2} =$

512.5℃，所以 $\lambda_2 = 0.157 + 0.186 \times 10^{-3} \times 512.5 = 0.252 \,\mathrm{W/(m \cdot K)}$。

$$R_3 = \frac{0.0086}{h_1} = \frac{0.0086}{1.76} = 0.00489 \,\mathrm{K/W}$$

$$R_4 = \frac{\ln \dfrac{d_5}{d_4}}{2\pi h_1 \lambda_4} = \frac{\ln \dfrac{1.452}{1.430}}{2\pi \times 1.76 \times 395} = 0.0000035 \,\mathrm{K/W}$$

式中 λ_4——铜管热导率，$\lambda_4 = 395 \,\mathrm{W/(m \cdot K)}$。

$$R_5 = \frac{1}{\pi h_1 \alpha_\mathrm{sh} d_5} = \frac{1}{\pi \times 1.76 \times 7000 \times 1.452} = 0.0000178 \,\mathrm{K/W}$$

其中 $\alpha_\mathrm{sh} = 7000 \,\mathrm{W/(m^2 \cdot K)}$

将上述求得的 R_1、R_2、R_3、R_4、R_5、θ_1、θ_sh 的值计算热流值 Q_r1：

$$\begin{aligned} Q_\mathrm{r1} &= \frac{\theta_1 - \theta_\mathrm{sh}}{R_1 + R_2 + R_3 + R_4 + R_5} \\ &= \frac{1450 - 40}{0.0123 + 0.0048 + 0.00489 + 0.0000035 + 0.0000178} \\ &= 64058.0 \,\mathrm{W} \end{aligned}$$

各层炉衬温度验算：

$$\theta_2 = \theta_1 - Q_\mathrm{r1} R_1 = 1450 - 64058 \times 0.0123 = 662.1 \,℃$$
$$\theta_3 = \theta_2 - Q_\mathrm{r1} R_2 = 662.1 - 64058 \times 0.0048 = 354.6 \,℃$$
$$\theta_4 = \theta_3 - Q_\mathrm{r1} R_3 = 354.6 - 64058 \times 0.00489 = 41.4 \,℃$$
$$\theta_5 = \theta_4 - Q_\mathrm{r1} R_4 = 41.4 - 64058 \times 0.0000035 = 41.2 \,℃$$

验算后温度与假设温度基本相符，原假设合理（若验算后温度与原假设温度不相符时，则需重新假设温度，直至基本相符为止）。

考虑到感应器侧壁炉衬的上、下部热损失，所以上面求得的 Q_r1 值应乘以系数 1.3 得：

$$Q_\mathrm{r1} = 1.3 \times 64058 = 83275.4 \,\mathrm{W}$$

感应器侧壁散热功率损耗为：

$$P_\mathrm{r1} = \frac{Q_\mathrm{r1}}{1000} = \frac{83275.4}{1000} = 83.28 \,\mathrm{kW}$$

4.4.4.2   炉底散热损耗 Q_r2 计算

炉底硅砂厚 280mm，高铝砖和轻质黏土砖厚各 115mm，石棉板厚 10mm。炉底炉衬结构简图如图 4.25 所示，炉底热损耗计算如下。

假设各层炉衬分界面温度为：$\theta_1 = 1450℃$，$\theta_2 = 984℃$，$\theta_3 = 811℃$，$\theta_4 = 267℃$，$\theta_5 = 170℃$，$\theta_\mathrm{k} = 40℃$。各层炉衬热导率为：$\lambda_1 = 1.628 \,\mathrm{W/(m \cdot K)}$。由表 4.6 和表 4.7 查得高铝砖和轻质黏土砖的热导率分别为：$\lambda_2 = 1.52 - 0.186 \times 10^{-3} \theta_\mathrm{m2}$ 及 $\lambda_3 = 0.291 + 0.256 \times 10^{-3} \theta_\mathrm{m3}$，式中 $\theta_\mathrm{m2} = \dfrac{\theta_2 + \theta_3}{2}$，$\theta_\mathrm{m3} = \dfrac{\theta_3 + \theta_4}{2}$。

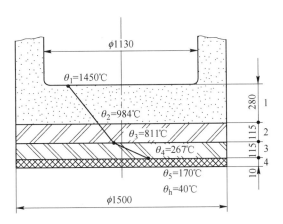

图 4.25 炉底炉衬结构简图
1—硅砂；2—高铝砖；3—轻质黏土砖；4—石棉板

所以：

$$\lambda_2 = 1.52 - 0.186 \times 10^{-3} \times \frac{984 + 811}{2} = 1.353 \mathrm{W/(m \cdot K)}$$

$$\lambda_3 = 0.291 + 0.256 \times 10^{-3} \times \frac{811 + 267}{2} = 0.429 \mathrm{W/(m \cdot K)}$$

$$\lambda_4 = 0.157 + 0.186 \times 10^{-3} \times \frac{267 + 170}{2} = 0.198 \mathrm{W/(m \cdot K)}$$

$$\alpha_k = 15.72 \mathrm{W/(m^2 \cdot K)}（由表 4.8 查出后，插值得）$$

各层炉衬面积分别为：

$$S_1 = \sqrt{S_{01} S_{02}} = \sqrt{1.00287 \times 1.7671} = 1.3312 \mathrm{m}^2$$

其中

$$S_{01} = \frac{\pi}{4} \times 1.13^2 = 1.00287 \mathrm{m}^2$$

$$S_{12} = S_{23} = S_{34} = S_{45} = \frac{\pi}{4} \times 1.50^2 = 1.7671 \mathrm{m}^2$$

$$S_2 = S_3 = S_4 = S_5 = S_{12} = 1.7671 \mathrm{m}^2$$

各层炉衬厚度分别为：$l_1 = 0.28 \mathrm{m}$，$l_2 = 0.115 \mathrm{m}$，$l_3 = 0.115 \mathrm{m}$，$l_4 = 0.01 \mathrm{m}$。

各层炉衬热阻计算如下：

以上述诸参数分别代入 R_1、R_2、R_3、R_4、R_5 各式后得

$$R_1 = \frac{l_1}{\lambda_1 S_1} = \frac{0.28}{1.628 \times 1.3312} = 0.1292 \mathrm{K/W}$$

$$R_2 = \frac{l_2}{\lambda_2 S_2} = \frac{0.115}{1.353 \times 1.7671} = 0.0481 \mathrm{K/W}$$

$$R_3 = \frac{l_3}{\lambda_3 S_3} = \frac{0.115}{0.429 \times 1.7671} = 0.1517 \mathrm{K/W}$$

$$R_4 = \frac{l_4}{\lambda_4 S_4} = \frac{0.01}{0.198 \times 1.7671} = 0.0286 \mathrm{K/W}$$

$$R_5 = \frac{1}{\alpha_k S_5} = \frac{1}{15.72 \times 1.7671} = 0.036 \mathrm{K/W}$$

表 4.6　常用耐火制品的主要性能

耐火制品名称	牌号	主要化学成分	耐火度/℃	使用温度(最高)/℃	显气孔率/%	耐急冷急热性(水冷次数)	常温耐压强度/MPa	0.2MPa重下荷软化点/℃	重烧线收缩 试验温度/℃	重烧线收缩 数值/%	密度 $/kg·m^{-3}$	比热容 $/kJ·(kg·K)^{-1}$	传热系数 $/W·(m^2·K)^{-1}$	平均线膨胀系数 温度范围/℃	平均线膨胀系数 数值 $/℃^{-1}$
普通耐火黏土砖	(NZ)-40	$Al_2O_3 > 40\%$	≥1730	1300~1400	≤26	5~25	≥15.0	1300	1400	≤0.7	2100	$0.837 + 0.264 \times 10^{-3}\theta$	$0.837 + 0.58 \times 10^{-3}\theta$	20~1300	5.2×10^{-6}
	(NZ)-35	$Al_2O_3 > 35\%$	≥1670	1250~1300	≤26		≥15.0	1250	1350	≤0.5					
	(NZ)-30	$Al_2O_3 > 30\%$	≥1610	1200~1250	≤28		≥12.5		1300	≤0.5					
化铁炉用黏土砖	(HN)-35	$Al_2O_3 > 35\%$	≥1690	1200~1300	≤24	4~15	≥25.0	1320	1400	≤0.3	2100	$0.837 + 0.264 \times 10^{-3}\theta$	$0.837 + 0.58 \times 10^{-3}\theta$		
	(HN)-30	$Al_2O_3 > 30\%$	≥1670	1200~1300	≤24		≥20.0	1250	1400	≤0.5					
半硅砖	(HB)-65	$Al_2O_3 > 20\%$, $SiO_2 > 65\%$	≥1670	1250~1300	≤22		≥20.0	1250	1400	≤0.5	2000	$0.837 + 0.264 \times 10^{-3}\theta$	$0.837 + 0.52 \times 10^{-3}\theta$	200~1000	$(7.0~9.0) \times 10^{-6}$
轻质黏土砖	(QN)-1.3a		≥1710	1400			≥4.5		1400	≤1.0	≤1300		$0.41 + 0.35 \times 10^{-3}\theta$	1450	0.001~0.002
	(QN)-1.3b		≥1670	1300			≥3.5		1350	≤1.0	≤1300				
	(QN)-1.0		≥1670	1300			≥3.0		1350	≤1.0	≤1000	$0.837 + 0.264 \times 10^{-3}\theta$	$0.291 + 0.256 \times 10^{-3}\theta$		
	(QN)-0.8		≥1670	1250			≥2.0		1250	≤1.0	≤800		$0.21 + 0.43 \times 10^{-3}\theta$		
	(QN)-0.4		≥1670	1150			≥0.6		1250	≤1.0	≤400		$0.08 + 0.22 \times 10^{-3}\theta$		

续表 4.6

耐火制品名称	牌号	主要化学成分	耐火度/℃	使用温度(最高)/℃	显气孔率/%	耐急冷急热性(水冷次数)	常温耐压强度/MPa	0.2MPa下荷重软化点/℃	重烧线收缩 试验温度/℃	重烧线收缩 数值/%	密度/kg·m⁻³	比热容/kJ·(kg·K)⁻¹	传热系数/W·(m²·K)⁻¹	平均线膨胀系数 温度范围/℃	平均线膨胀系数 数值/℃⁻¹
普通高铝砖	(LZ)-65	Al_2O_3 = 65%~75%	≥1790	1450~1500	≤23	>25	≥40.0	1500	1500	≤0.7	2500				
	(LZ)-55	Al_2O_3 = 55%~65%	≥1770	1400~1450	≤20	>25 2	≥40.0	1470	1500	≤0.7	2300	$0.837 + 0.235 \times 10^{-3}\theta$	$1.52 + 0.186 \times 10^{-3}\theta$	20~1200	6×10^{-6}
	(LZ)-48	Al_2O_3 = 48%~55%	≥1750	1300~1400	≤23	>25	≥40.0	1420	1450	≤0.7	2190			20~1280	5.8×10^{-6}
高温炉用高铝砖	(LZ)-75	Al_2O_3 >75%	≥1790	1500	≤19	>25	≥60.0	1530	1550	≤0.5	2600	$0.837 + 0.235 \times 10^{-3}\theta$	$1.69 + 0.233 \times 10^{-3}\theta$	1000	0.005
轻质高铝砖	(PM)-1.0	Al_2O_3 >48%, Fe_2O_3 <2.0%	≥1750	1350			≥4.0	1230①	1400	≤0.5	1000				
	(PM)-0.8	Al_2O_3 >48%, Fe_2O_3 <2.0%	≥1750				≥3.0	1180①	1400	≤0.6	800				
	(PM)-0.6	Al_2O_3 >48%, Fe_2O_3 <2.5%	≥1730				≥2.0	1100①	1350	≤1.0	600	$0.837 + 0.235 \times 10^{-3}\theta$			
	(PM)-0.4	Al_2O_3 >48%, Fe_2O_3 <2.5%	≥1730				≥0.6	1050①	1350	≤1.0	400				
轻质氧化铝砖①		Al_2O_3 >90%, Fe_2O_3 ≤1%~2%	1800		约70		>3.5			0.46~0.13	1300				
		Al_2O_3 >75%, Fe_2O_3 ≤1%~2%							1350		1300				
		Al_2O_3 >90%, Fe_2O_3 ≤1%~2%	≥1700				>3.0	1731①			1000				
		Al_2O_3 >75%, Fe_2O_3 ≤1%~2%									1000				

续表 4.6

耐火制品名称	牌号	主要化学成分	耐火度/℃	使用温度(最高)/℃	显气孔率/%	耐急冷急热性(水冷次数)	常温耐压强度/MPa	0.2MPa下荷重软化点/℃	重烧线收缩 试验温度/℃	重烧线收缩 数值/%	密度/kg·m⁻³	比热容/kJ·(kg·K)⁻¹	传热系数/W·(m²·K)⁻¹	平均线膨胀系数 温度范围/℃	平均线膨胀系数 数值/℃⁻¹
普通硅砖	(GZ)-94	$SiO_2 > 94.5\%$	≥1710	1600	≤23	1~4	≥20.0	1640			1500	$0.80 + 0.293 \times 10^{-3}\theta$	$1.05 + 0.93 \times 10^{-3}\theta$	20~300 / 20~1100 / 20~1670	32.6×10^{-6} / 11.6×10^{-6} / 7.4×10^{-6}
普通硅砖	(GZ)-93	$SiO_2 > 93\%$	≥1690	1550	≤25		≥17.5	1620					$0.93 + 0.7 \times 10^{-3}\theta$		
轻质硅砖	(QG)-1.2	$SiO_2 > 91\%$	≥1670	1550	>45		≥3.5	1560①			1200	$0.80 + 0.293 \times 10^{-3}\theta$	$0.465 + 0.465 \times 10^{-3}\theta$		
镁砖	(MZ)-87(1)	$MgO > 87\%$, $CaO < 3.5\%$	≥2000	1700	≤20	2~3	≥40.0	1500			2800	$1.05 \times 0.293 \times 10^{-3}\theta$	$4.65 - 1.745 \times 10^{-3}\theta$	20~700 / 0~1000 / 20~1500	11×10^{-6} / 14×10^{-6} / 14.3×10^{-6}
镁砖	(MZ)-87(2)	$MgO > 86\%$, $CaO < 3.5\%$			≤22		≥35.0	1470							
镁硅砖	(MG)-82(1)	$MgO \geq 82\%$, $SiO_2 \leq 5\% \sim 11\%$, $CaO \leq 2.5\%$		1650~1700	≤20		≥40.0	1500			2600			20~700	11×10^{-6}
镁硅砖	(MG)-82(2)				≤22		≥35.0	1500							
镁铝砖	(ML)-80(1)	$MgO > 80\%$, $Al_2O_3 = 5\% \sim 10\%$	≥2100	1650~1750	≤19	>20	≥35.0	1550			2750			20~1000	10.6×10^{-6}
镁铝砖	(ML)-80(2)	$MgO > 80\%$, $Al_2O_3 = 5\% \sim 10\%$			≤21	>17	≥25.0	1520							

续表 4.6

耐火制品名称	牌号	主要化学成分	耐火度/℃	使用温度（最高）/℃	显气孔率/%	耐急冷急热性（水冷次数）	常温耐压强度/MPa	0.2MPa下荷重软化点/℃	重烧线收缩		密度/kg·m⁻³	比热容/kJ·(kg·K)⁻¹	传热系数/W·(m²·K)⁻¹	平均线膨胀系数	
									试验温度/℃	数值/%	/kg·m⁻³	/kJ·(kg·K)⁻¹	/W·(m²·K)⁻¹	温度范围/℃	数值/℃⁻¹
镁铬砖	(ML)-12	$MgO>48\%$, $Cr_2O_3>12\%$	≥1950	1750	≤23	>25	≥20.0	1520			2800	$0.71+0.389\times10^{-3}\theta$	$4.07-1.11\times10^{-3}\theta$	200~1000	10×10^{-6}
	(ML)-8	$MgO>55\%$, $Cr_2O_3>8\%$			≤25		≥15.0	1470							
刚玉砖	烧结刚玉	$Al_2O_3>95\%$	≥1950	1700	18~21	30	≥200.0	1770			2800	$0.873+0.419\times10^{-3}\theta$			
	再结晶刚玉	$Al_2O_3>99\%$			≤1.0			1900			3500	$0.88+0.419\times10^{-3}\theta$	29.1 (10℃), 58 (1000℃)	200~1000	$(8\sim8.5)\times10^{-6}$
碳化硅砖	黏土结合的	$SiC\approx87\%$ $SiC_2\approx10\%$	≥1800	1450	≤30	>30	≥70.0	1620			2100	$0.963+0.147\times10^{-3}\theta$	$21-10.5\times10^{-3}\theta$		
	硅铁结合的	$SiC\approx87\%$ 硅铁≈10%	≥1800	1500	≤16		≥75.0	1680			2400	0.80~1.00 (100~1000%)	9.89 (1000℃)		
	再结晶的	$SiC\approx100\%$		1800	≤32	50~150	≥70.0	>1700			2070	$0.963+0.147\times10^{-3}\theta$	$37.17-0.0343\theta+1.15\times10^{-3}\theta$	20~900	2.93×10^{-6}
白泡石	天然石材	$SiO_2=$73%~90%, $Al_2O_3=$7.6%~21%	1650~1730		3.2~5.2	>25	≥100.0	1560			2550				

① 资料来源取自长春市保温材料料厂和大钢耐火材料厂，其制品可作为氢保护气体炉内衬。

表 4.7　常用绝热材料（制品）的主要性能

材料名称		耐火度/℃	最高使用温度/℃	常温耐压强度/MPa	密度/kg·m⁻³	传热系数/W·(m²·K)⁻¹	比热容/kJ·(kg·K)⁻¹	热膨胀系数/℃⁻¹	规格/mm
硅藻土质 硅藻土粉	生料		900		680	$0.105+0.279×10^{-3}\theta$			
	熟料				600	$0.083+0.21×10^{-3}\theta$			
硅藻土隔热砖	A级	≥1280	900	0.5	500	$0.072+0.206×10^{-3}\theta$	0.84(200℃), 0.86(400℃), 0.92(600℃), 0.96(800℃)	$0.9×10^{-6}$	
	B级			0.7	550	$0.085+0.214×10^{-3}\theta$		$0.94×10^{-6}$	
	C级			1.1	650	$0.10+0.228×10^{-3}\theta$	0.84(200℃), 0.86(400℃), 0.92(600℃), 1.05(800℃)	$0.97×10^{-6}$	
硅藻土烧结板，管	A级	≥1280	900	0.5	450	$0.038+0.19×10^{-3}\theta$		$0.9×10^{-6}$	
	B级			0.7	550	$0.048+0.201×10^{-3}\theta$		$0.9×10^{-6}$	
硅藻土三石棉粉		≥750	600		280~320	$0.066+0.152×10^{-3}\theta$			
石棉制品 石棉绳			300		约800	$0.073+0.314×10^{-3}\theta$			φ3、5、6、8、10
石棉板			600		1000~1400	$0.157+0.186×10^{-3}\theta$	0.816（密度 1150kg/m³）		厚度1.6、3.2、4.8、6.4、8.0、9.6、11.2、12.7、14.3、15.9
碳酸镁石棉板，管			450		280~360	$0.099+0.326×10^{-3}\theta$			
碳酸镁石棉灰			350		<140	<0.047			
石棉粉	一级	≥600（耐热温度）	500		<600	<0.081			
	二级				<860	<0.093			
矿渣制品 粒状高炉渣			600		500~550	$0.093+0.291×10^{-3}\theta$	0.754		
矿渣棉	一级	>700（烧结温度）	600		<125	$0.041+0.186×10^{-3}\theta$	0.754		
	二级				<150	$0.047+0.186×10^{-3}\theta$			
	三级				<200				
水玻璃矿渣棉制品			750		400~450	<0.07			

续表 4.7

材料名称		耐火度/℃	最高使用温度/℃	常温耐压强度/MPa	密度/kg·m⁻³	传热系数/W·(m²·K)⁻¹	比热容/kJ·(kg·K)⁻¹	热膨胀系数/℃⁻¹	规格/mm
蛭石制品 膨胀蛭石粉	一级	1300~1370(熔点)	1000		100	0.052~0.058	0.657		
	二级				200	0.052~0.058	0.657		
	三级				300	0.052~0.058	0.657		
水泥蛭石制品			600	>0.25	450~500	0.093~0.140			250×500×(30、50、80、100、120)、175×250(30、40、50)
水玻璃蛭石制品			800	>0.5	400~450	0.081~0.105			
沥青蛭石制品			70~90	>0.2	300~400	0.081~0.105			250×500×(50、100、120)
珍珠岩制品 膨胀珍珠岩	一级	<1300	800		<65	0.019~0.029	0.67		
	二级				65~160	0.029~0.038	0.67		
	三级				161~300	0.047~0.062	0.67		
水玻璃珍珠岩制品		≥900	650	0.6	<250	0.07			
水泥珍珠岩制品		≥1250	800	1.0	<400	0.128			
磷酸盐珍珠岩制品		≥1360	1000	0.7	<220	$0.052 + 0.291 \times 10^{-4}\theta$			
玻璃纤维及硅酸铝纤维制品 超细玻璃棉			450		20	0.033	0.804		600×2400×(30~50)
超细树脂毡			250		20	0.033			600×(800~2400)×(30~50)
超细保温管壳			250		80	0.033			φ(25~1000)×700×(50~100)
无碱超细玻璃棉			600		20	0.033			600×2400×(30~50)
高硅氧玻璃纤维			1000		70	0.037~0.04			散状
硅酸铝耐火纤维		>1790℃	1000~1200		105~210	$\dfrac{0.062}{300℃}\dfrac{0.086}{500℃}$ $\dfrac{0.107}{700℃}\dfrac{0.148}{900℃}\dfrac{0.238}{1200℃}$			散状及毡(厚度1~50)

表4.8 炉壳钢板向周围空气的传热系数 α_k

炉壳温度/℃	传热系数 $\alpha_k/\mathrm{W} \cdot (\mathrm{m}^2 \cdot \mathrm{K})^{-1}$					
	垂直炉壳		水平炉壳			
			朝上		向下	
	20℃	35℃	20℃	35℃	20℃	35℃
25	9.0		10.0		7.6	
30	9.5		10.7		8.0	
35	10.2		11.6		8.4	
40	10.6	8.5	12.0	9.5	8.6	7.1
45	10.8	10.1	12.3	11.4	8.8	8.5
50	11.5	10.7	13.1	12.0	9.4	8.8
60	12.2	11.9	14.0	13.4	9.9	9.8
70	12.9	12.6	14.8	14.3	10.6	10.4
80	13.4	13.1	15.2	15.0	10.8	10.7
90	14.1	14.1	16.1	16.1	11.4	11.5
100	14.7	14.5	16.7	16.5	11.9	11.9
125	16.3	16.2	18.5	18.3	13.3	13.3
150	17.6	17.7	19.9	20.0	14.4	14.7
200	20.4	20.7	22.9	23.1	17.0	17.3
300	27.2	27.6	30.1	30.5	23.3	23.8
400	35.5	36.1	38.5	39.2	31.3	32.0

注：环境温度20℃或35℃。

由 θ_1、θ_k、R_1、R_2、R_3、R_4 及 R_5 的值可计算通过炉底的热损失 Q_{r2}：

$$Q_{r2} = \frac{\theta_1 - \theta_k}{R_1 + R_2 + R_3 + R_4 + R_5}$$

$$= \frac{1450 - 40}{0.1292 + 0.0481 + 0.1517 + 0.0286 + 0.036}$$

$$= 3582.3\,\mathrm{W}$$

验算各层炉衬交界处的温度：

$$\theta_2 = \theta_1 - Q_{r2}R_1 = 1450 - 3582.3 \times 0.1292 = 987.2\,℃$$

$$\theta_3 = \theta_2 - Q_{r2}R_2 = 987.2 - 3582.3 \times 0.0481 = 814.9\,℃$$

$$\theta_4 = \theta_3 - Q_{r2}R_3 = 814.7 - 3582.3 \times 0.1517 = 271.5\,℃$$

$$\theta_5 = \theta_4 - Q_{r2}R_4 = 271.5 - 3582.3 \times 0.0286 = 169.1\,℃$$

$$\theta_k = \theta_5 - Q_{r2}R_5 = 169.1 - 3582.3 \times 0.036 = 40.1\,℃$$

验算后温度与假设温度基本相符，原假设合理。

考虑砖缝对热损失的影响，所以上面求得的 Q_{r2} 值应乘以系数1.3，则有

$$Q_{r2} = 1.3 \times 3582.3 = 4657\,\mathrm{W}$$

炉底散热功率损耗为

$$P_{r2} = \frac{Q_{r2}}{1000} = \frac{4657}{1000} = 4.66 \text{kW}$$

4.4.4.3 炉盖热损失 Q_{r3} 计算

炉盖炉衬简图如图 4.26 所示，耐火黏土砖一层厚 230mm，石棉板厚 20mm。炉盖热损失 Q_{r3} 计算如下。

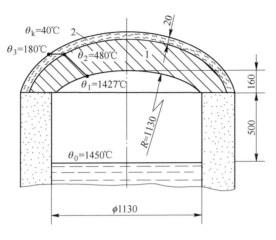

图 4.26　炉盖炉衬简图
1—耐火黏土砖；2—石棉板

A　计算闭盖热损失 Q_{r31}

已知条件：$\varepsilon_1 = 0.45$，$\varepsilon_2 = 0.75$（由表 4.9 查得），$\varphi_{12} = 0.68$（由图 4.26，根据 $d_1/h = 1.13/0.50 = 2.26$ 从图 4.27 查得），$\varphi_{21} = \varphi_{12} = 0.68$。

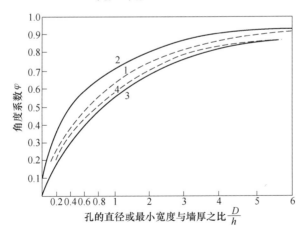

图 4.27　通过炉墙开孔的辐射热损失角度系数
1—2∶1 矩形孔；2—细长的缝；3—圈孔；4—正方形孔

因为
$$C = \frac{5.67}{\left(\dfrac{1}{\varepsilon_1} - 1\right)\varphi_{12} + 1 - \left(\dfrac{1}{\varepsilon_2} - 1\right)\varphi_{21}}$$

表 4.9　金属的比焓

(W/kg)

金属名称	50℃	100℃	200℃	300℃	400℃	500℃	600℃	700℃	800℃	900℃	1000℃	1100℃	1200℃	1300℃	1400℃	1500℃	1600℃
铋 Bi	1.61	3.33	7.19	27.56	31.89	36.23	40.59										
锡 Sn	3.24	6.72	14.86	38.04	43.90	49.78	55.80										
镉 Cd	3.21	6.50	13.19	20.24	42.68	50.10	57.45	64.84									
铅 Pb	1.49	3.01	6.51	10.54	21.02	24.46	28.49	32.42	36.17								
锌 Zn	5.47	11.00	22.35	34.23	46.61	88.50	102.79	117.57	132.40								
锑 Sb	—	5.64	11.44	17.25	23.54	29.55	36.07	89.78	98.27	105.97	113.64						
镁 Mg	—	29.77	62.10	96.65	133.51	172.71	216.32										
铝 Al	—	26.05	52.68	75.89	106.43	134.97	163.10	282.73	298.19	337.85	364.60						
铜 Cu	—	10.83	22.10	34.02	46.15	58.73	72.29	85.89	99.46	110.60	128.51	202.13	216.55	230.74	244.58	258.88	—
镍 Ni	—	12.55	25.76	39.57	54.89	69.90	84.78	99.20	113.51	129.68	144.56	160.03	176.43	193.29	209.81	310.99	331.48
铬 Cr	—	13.70	27.68	41.88	56.29	71.06	86.99	103.16	120.14	138.05	156.70	176.78	198.29	220.16	244.35	269.35	378.09
钴 Co	—	12.68	25.75	39.19	53.26	68.97	84.67	101.88	120.72	139.91	160.15	181.75	206.51	230.86	257.02	—	—
钢 (C 0.3%)	—	13.03	26.63	41.87	57.34	74.32	94.67	116.88	152.94	174.45	194.11	213.41	233.76	254.16	273.31	—	—
钢 (C 0.8%)	—	13.38	26.87	42.92	58.38	75.36	95.72	117.93	150.61	169.68	188.64	208.18	228.06	247.72	267.49	—	—
钢 (C 1.6%)	—	13.96	28.03	43.61	59.43	76.87	97.58	119.79	153.87	169.91	186.08	200.04	217.48	236.09	253.53	—	—
铸铁 (C 3.7%, Si 1.5%, Mn 0.6%)	—	—	25.59	41.05	56.40	71.76	89.09	117.11	148.05	169.10	186.43	205.27	290.75	317.58	344.25	—	—
铸铁 (C 4.2%, Si 1.5%, Mn 0.7%)	—	15.12	31.40	46.52	62.80	81.41	101.18	124.44	153.52	177.94	200.04	223.30	302.38	327.97	354.72	—	—
纯铁 Fe	—	12.91	27.21	42.57	59.55	77.92	99.09	116.42	140.26	162.24	187.59	206.78	226.55	246.67	269.02	291.80	376.81

温　度

所以
$$C = \frac{5.67}{\left(\frac{1}{0.45} - 1\right) \times 0.68 + 1 - \left(\frac{1}{0.75} - 1\right) \times 0.68} = 3.54\,\text{W}/(\text{m}^2 \cdot \text{K}^4)$$

$$S \approx \frac{\pi}{4} \times 1.13^2 = 1.0029\,\text{m}^2$$

假设 $\theta_1 = 1427\,℃$，由 C、φ_{12}、S、θ_1 的值可计算闭盖时的热损失 Q_{r31}：

$$
\begin{aligned}
Q_{r31} &= C\varphi_{12}S\left[\left(\frac{\theta_0 + 273}{100}\right)^4 - \left(\frac{\theta_1 + 273}{100}\right)^4\right] \\
&= 3.54 \times 0.68 \times 1.0029 \times \left[\left(\frac{1450 + 273}{100}\right)^4 - \left(\frac{1427 + 273}{100}\right)^4\right] \\
&= 11135.46\,\text{W}
\end{aligned}
$$

B　计算炉盖外表面散热损失 Q_{r30}

假设各层炉衬分界面温度为：$\theta_1 = 1427\,℃$，$\theta_2 = 480\,℃$，$\theta_3 = 180\,℃$，$\theta_k = 40\,℃$。各层炉衬的热导率由表 4.6 和表 4.7 查得分别为 $\lambda_1 = 0.837 + 0.582 \times 10^{-3}\theta_{m1}$ 以及 $\lambda_2 = 0.157 + 0.186 \times 10^{-3}\theta_{m2}$。

所以
$$\lambda_1 = 0.837 + 0.582 \times 10^{-3} \times \frac{1427 + 480}{2} = 1.392\,\text{W}/(\text{m} \cdot \text{K})$$

$$\lambda_2 = 0.157 + 0.186 \times 10^{-3} \times \frac{480 + 180}{2} = 0.218\,\text{W}/(\text{m} \cdot \text{K})$$

由表 4.8 查出后插值得 $\alpha_k = 21.89\,\text{W}/(\text{m}^2 \cdot \text{K})$。

由图 4.27 知炉盖内表面为一扇形球面，炉盖内表面各层面积可用下式求得：

$$S_{01} = 2\pi Rh = 2\pi \times 1.13 \times 0.16 = 1.136\,\text{m}^2$$

$$S_{12} = 2\pi \times (R + 0.23) \times (h + 0.23) = 3.333\,\text{m}^2$$

$$S_{23} = 2\pi \times (R + 0.23 + 0.02) \times (h + 0.23 + 0.02) = 3.555\,\text{m}^2$$

$$S_1 = \sqrt{S_{01}S_{12}} = \sqrt{1.136 \times 3.333} = 1.946\,\text{m}^2$$

$$S_2 = \sqrt{S_{12}S_{23}} = \sqrt{3.333 \times 3.555} = 3.442\,\text{m}^2$$

各层炉衬热阻计算如下。以上述各参数分别代入 R_1、R_2 及 R_3 各式得

$$R_1 = \frac{l_1}{\lambda_1 S_1} = \frac{0.23}{1.392 \times 1.946} = 0.0849\,\text{K}/\text{W}$$

$$R_2 = \frac{l_2}{\lambda_2 S_2} = \frac{0.02}{0.218 \times 3.442} = 0.0267\,\text{K}/\text{W}$$

$$R_3 = \frac{1}{\alpha_k S_{23}} = \frac{1}{21.89 \times 3.555} = 0.0129\,\text{K}/\text{W}$$

由 θ_1、θ_k、R_1、R_2 及 R_3 的值可计算由炉盖外散入车间空气的热损失 Q_{r30}：

$$
\begin{aligned}
Q_{r30} &= \frac{\theta_1 - \theta_k}{R_1 + R_2 + R_3} \\
&= \frac{1427 - 40}{0.0849 + 0.0267 + 0.0129} = 11140.60\,\text{W}
\end{aligned}
$$

验算各层炉衬交界处温度

$$\theta_2 = \theta_1 - Q_{r30}R_1 = 1427 - 11140.6 \times 0.0849 = 481.2\,^{\circ}\!\mathrm{C}$$

$$\theta_3 = \theta_2 - Q_{r30}R_2 = 481.2 - 11140.6 \times 0.0267 = 183.7\,^{\circ}\!\mathrm{C}$$

$$\theta_4 = \theta_3 - Q_{r30}R_3 = 183.7 - 11140.6 \times 0.0129 = 40\,^{\circ}\!\mathrm{C}$$

验算所得各点温度与假设温度基本相符，而且 $Q_{r31} \approx Q_{r30}$。说明上述计算正确。

C　计算炉子开盖时热损失 Q_{r32}

由前计算得 $\varphi_{12} = \varphi_{21} = 0.68$，$S = 1.0029\mathrm{m}^2$，$\varepsilon_1 = 0.45$。取黑体辐射系数 $C_0 = 5.67\mathrm{W}/$（$\mathrm{m}^2 \cdot \mathrm{K}^4$）。

由 φ、S、ε_1、C_0 可计算开盖时的热损失：

$$Q_{r32} = C_0 \varepsilon_1 S \varphi \left(\frac{\theta_0 + 273}{100} \right)^4$$

$$= 5.67 \times 0.45 \times 1.0029 \times 0.68 \times \left(\frac{1450 + 273}{100} \right)^4$$

$$= 153356.87\mathrm{W}$$

假设 10t 坩埚式感应电炉开盖率为 30%，即 $\tau_1 = 0.7$，$\tau_2 = 0.3$，再考虑到炉盖闭盖时通过缝隙的热损为开盖时的 0.2，因此有：

$$Q_{r3} = \tau_1 Q_{r31} + \tau_2 Q_{r32} + 0.2 \times \tau_1 Q_{r32}$$

$$= 0.7 \times 11140.60 + 0.3 \times 153356.87 + 0.2 \times 0.7 \times 153356.87$$

$$= 75275.44\mathrm{W}$$

换算为功率损耗（炉盖散热功率损耗）：

$$P_{r3} = \frac{Q_{r3}}{1000} = \frac{75275.44}{1000} = 75.28\mathrm{kW}$$

电炉的总散热功率损耗 P_r 为：

$$P_r = P_{r1} + P_{r2} + P_{r3} = 83.28 + 4.66 + 75.28 = 163.22\mathrm{kW}$$

4.5　颗粒的传热

4.5.1　颗粒与流体之间的传热

4.5.1.1　单个颗粒的传热系数

假设有一个球形颗粒，其直径为 d_p，与流体的相对速度为 u，颗粒表面上的平均传热系数可表示为：

$$\frac{\alpha_p d_p}{\lambda_g} = 2.0 + 0.6 P_r^{\frac{1}{3}} \left(\frac{d_p \rho_g u}{\mu} \right)^{\frac{1}{2}} \tag{4.111}$$

式中　λ_g——流体的导热系数，$\mathrm{W}/(\mathrm{m} \cdot \mathrm{K})$；

　　　ρ_g——流体密度，kg/m^3；

　　　d_p——颗粒直径，m；

　　　μ——流体的黏度，$\mathrm{Pa} \cdot \mathrm{s}$。

式（4.111）仅仅适用于完全分散的单个颗粒，不适于结团的物料。

4.5.1.2 颗粒群与流体间的传热系数

在最紧密的球形颗粒填充床中，以球形颗粒表面为基准的传热系数 α_p 可由下式计算：

$$\frac{a_p d_p}{\lambda_g} = 2.0 + 0.6 P_r^{\frac{1}{3}} \left(\frac{d_p G}{\mu} \times n \right)^{\frac{1}{2}} \tag{4.112}$$

从式（4.112）可知，在孔隙中流过的流体质量流速为表观质量流速的 n 倍。孔隙率大时，n 可取 $6 \sim 7$。当 $Re_m = \dfrac{d_p G}{\mu} > 40$，式（4.112）与实测结果符合；小于 40 则与实测结果偏离。以上是用空气做实验得到的结果，如流体不是空气，Re_m 大时仍可用式（4.112），$Re_m = \dfrac{d_p G}{\mu} < 1$ 时可用下式：

$$Nu = 0.013 Re_m^{1.84} Pr^2 \tag{4.113}$$

4.5.2 填充床中颗粒群的有效热传导

4.5.2.1 含有静止流体的填充床

由于颗粒间有孔隙，其导热规律不能按纯固体来考虑，此时的导热系数远远低于无孔隙的固体材料，把这种导热系数称为有效导热系数，以 λ_e^0 表示之。根据国井等人研究，有效导热系数可用下式表示：

$$\frac{\lambda_e^0}{\lambda_g} = e \left(1 + \frac{\alpha_{rv} d_p}{\lambda_g} \right) + \frac{1-e}{\dfrac{1}{\dfrac{1}{\phi} + \dfrac{\alpha_{rs} d_p}{\lambda_g}} + \dfrac{2\lambda_g}{3\lambda_s}} \tag{4.114}$$

式中　α_{rv}，α_{rs}——分别为孔隙与孔隙间和固体与固体间的辐射换热系数；

　　　　λ_g，λ_s——分别为流体和固体的导热系数；

　　　　e——孔隙率。

式（4.114）中 ϕ 可用下式求得：

$$\phi = \phi_2 + (\phi_1 - \phi_2) \frac{e - e_2}{e_1 - e_2} \tag{4.115}$$

式中　e_1，e_2——分别为球形填充床最稀和最密填充时的孔隙率，$e_1 = 0.476$，$e_2 = 0.260$。

将 e_1 和 e_2 值代入式（4.115）得：

$$\phi = \phi_2 + (\phi_1 - \phi_2) \frac{e - 0.26}{0.216} \tag{4.116}$$

式中的 ϕ_1 和 ϕ_2 可根据图 4.31 求得。

辐射换热系数 α_{rv} 和 α_{rs} 可用下式求得：

$$\alpha_{rs} = 0.2268 \left(\frac{\varepsilon}{2 - \varepsilon} \right) \left(\frac{t_m + 273}{100} \right)^3 \tag{4.117}$$

$$\alpha_{rv} = 0.2268 \left[\frac{1}{1 + \dfrac{e}{2(1-e)} \times \dfrac{1-\varepsilon}{\varepsilon}} \right] \left(\frac{t_m + 273}{100} \right)^3 \tag{4.118}$$

式中　t_m——填充床的平均温度。

在常温下的填充床或含有液体的填充床中，如 d_p 较小，则辐射换热系数 α_{rv} 和 α_{rs} 可略去，式（4.114）变为下述形式：

$$\frac{\lambda_e^0}{\lambda_g} = e + \frac{1-e}{\phi + \frac{2\lambda_g}{3\lambda_s}}$$ (4.119)

4.5.2.2　有流体流过的填充床的有效导热系数

主要是用在固定床催化反应器方面。当热流方向与气流方向垂直时，下式与多数实验值能够很好地相符：

$$\frac{\lambda_e}{\lambda_g} = \frac{\lambda_e^0}{\lambda_g} + (\alpha\beta)\mathrm{Pr}Re_m$$ (4.120)

式中，等号右端第一项为前面所述静止流体填充床的有效导热系数。第二项是考虑填充床中进行的流体相互混合，以及热流与流体流动方向互相垂直而造成的影响。其中的 $\alpha\beta$ 可用图 4.28 算出来。由图 4.28 查得的 $\alpha\beta$ 值对一般流体均可适用。

4.5.3　颗粒填充床与壁间的传热

4.5.3.1　颗粒床中有静止流体时的传热

在填充床中，一个固体颗粒向另外一个颗粒传热时，需要通过接触点附近的流体膜，所以一个颗粒与其他颗粒接触点越多，也就越容易传热。在填充床内，这种接触点的数目当然与其平均孔隙率有关，但一般在球形的颗粒床中每一个颗粒半圆球的表面上，大约有两个接触点，而在靠近器壁处的颗粒，每个颗粒与器壁只有一个接触点，而且该处孔隙率也大于平均孔隙率。在距壁面 $d_p/4$ 的距离处的孔隙率 $e_w \approx 0.7$。所以在靠近壁面处的热阻很大。其温度梯度为图 4.29 中的 $t_b - t_w$。在工程计算上，为了处理简便，假定在床层内一直到壁面有一个相同的有效导热系数 λ_e^0，并且假定有一个以温度差 $(t_{ap} - t_w)$ 为推动力的壁面处的表观放热系数 α_w^0，其值可由下式计算：

$$\frac{\lambda_g}{\alpha_w^0 d_p} = \frac{\lambda_g}{\lambda_w^0} - \frac{0.5\lambda_g}{\lambda_e^0}$$ (4.121)

式中　λ_e^0——填充床内部的平均有效导热系数。

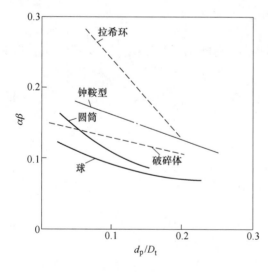

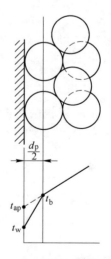

图 4.28　求取有流体流动的填充床的
有效导热系数 λ_e 用的 $\alpha\beta$ 值
D_t—容器直径

图 4.29　填充床内有静止流体时
器壁处的传热机理

λ_{w}^0 可用下式计算：

$$\frac{\lambda_{\text{w}}^0}{\lambda_{\text{g}}} = e_{\text{w}} \left(2 + \frac{\alpha_{\text{rv}} d_{\text{p}}}{\lambda_{\text{g}}} \right) + \frac{1 - e_{\text{w}}}{\dfrac{1}{\dfrac{1}{\phi_{\text{w}}} + \dfrac{\alpha_{\text{rs}} d_{\text{p}}}{\lambda_{\text{g}}}} + \dfrac{\lambda_{\text{g}}}{3\lambda_{\text{s}}}} \tag{4.122}$$

式中　e_{w}——距离器壁面 $d_{\text{p}}/4$ 处空间的孔隙率，可取 0.7。ϕ_{w} 与前述 ϕ 相似，可由图 4.30 求出。

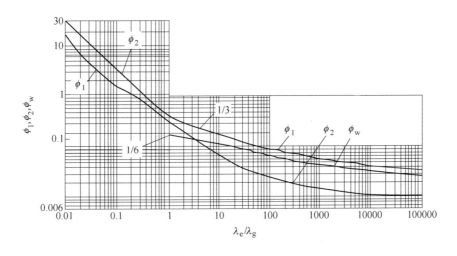

图 4.30　求有效导热系统 λ_{e}^0 时所用的 ϕ 值

4.5.3.2　颗粒床中有流体流动时的传热

填充床中有流体流动时，靠近壁面处填充方式变得稀疏，使孔隙率增大，且受器壁影响，此处孔隙中的混合效果不如床层中心处好。

假定接近器壁表面有一层很薄的流体膜，而当流体与壁之间的放热系数为 α_{w}^* 时，表观放热系数 α_{w} 可用下式计算：

$$\frac{\alpha_{\text{w}} d_{\text{p}}}{\lambda_{\text{g}}} = \frac{\alpha_{\text{w}}^* d_{\text{p}}}{\lambda_{\text{g}}} + \frac{1}{\dfrac{1}{\left(\dfrac{\alpha_{\text{w}}^* d_{\text{p}}}{\lambda_{\text{g}}} \right)} + \dfrac{1}{v_{\text{w}} p_{\text{r}} Re_{\text{m}}}} \tag{4.123}$$

式中，α_{w}^* 可用下式求：

$$\frac{\alpha_{\text{w}}^* d_{\text{p}}}{\lambda_{\text{g}}} = c Pr^{1/3} Re_{\text{m}}^{1/2} \tag{4.124}$$

式中　C——常数，液体时，$C = 2.6$；气体时，$C = 4.0$。

式（4.123）中，$\dfrac{\alpha_{\text{w}}^* d_{\text{p}}}{\lambda_{\text{g}}}$ 为前节所述含有静止流体时的 Nu 准数，v_{w} 为靠近管壁处的流

体的横向混合比，圆筒形容器充填层的内表面，可取 $v_w = 0.054$，对插入充填层的圆管外表面而言 $v_w = 0.041$。

例 4.7　一个球形颗粒的直径为 1.5mm，温度为 20℃，在 100℃ 的空气中以 1.2m/s 的相对速度运动，求此颗粒每秒从空气中得到的热量。

已知：100℃ 空气的密度 $\rho = 0.916\text{kg/m}^3$；比热容 $c_p = 1.022\text{kJ/(kg · K)}$；导热系数 $\lambda = 0.0307\text{W/(m · s)}$；动力黏度 $\mu = 21.673 \times 10^{-6}\text{Pa · s}$。

解：首先计算 Pr 和 Re：

$$Pr = \frac{c_p \mu}{\lambda} = \frac{1.022 \times 21.673 \times 10^{-6} \times 10^{-3}}{0.0307} = 0.71$$

$$Re = \frac{d_p \rho_g}{\mu} = \frac{1.5 \times 10^{-3} \times 0.916 \times 1.2}{21.673 \times 10^{-6}} = 76$$

则

$$\frac{\alpha_p d_p}{\lambda_g} = 2.0 + 0.6(0.71)^{\frac{1}{3}}(76)^{\frac{1}{2}} = 2.0 + 4.66 = 6.66$$

$$\alpha_p = \frac{6.66 \times 0.0307}{1.5 \times 10^{-3}} = 136.5\text{W/(m}^2 \cdot \text{K)}$$

因此

$$\phi = \alpha_p \pi d_p^3 \Delta t = 136.5 \times 3.14 \times (1.5 \times 10^{-3})^2 \times (100 - 20) = 0.07714\text{J/s}$$

4.5.4　流化床的传热分析

4.5.4.1　气体与颗粒间的传热

在鼓泡流化床中，气、固两相之间，床层与传热表面间的传热特性从本质上讲是由流化床中气体和颗粒的运动特性以及气体和颗粒本身的性质所决定的。

在采用实验方法测定气－固之间的传热系数时，一般有两种方法。

A　稳态方法

床温通过一定手段保持恒定，通入床层的流化气体温度一般高于床温。通过测定布风板入口段气温的变化来求得传热系数 K_{pg}。

对床层单位面积的微元高度 d_1 段建立热平衡方程：

气体带入热量－气体带出热量＝传给固体颗粒的热量

即

$$c_{pg} u_g \rho_g \mathrm{d}T_g = h_{pg} a (T_g - T_p) \mathrm{d}l \qquad (4.125)$$

式中　c_{pg}——气体比定压热容，J/(kg · K)；

a——单位体积床层颗粒的表面积，$a = 6(1 - \varepsilon)/d_p$，$\text{m}^2$。

B　非稳态方法

气体入口温度 $T_{g,in}$ 为已知值，气体出口温度 $T_{g,out}$ 随时间变化。颗粒温度随时间变化。热平衡方程为：

气体带入热量－气体带出热量＝传给颗粒的热量＝颗粒积累的热量

即

$$c_{pg} G_g \mathrm{d}T_g = h_{pg} a (T_g - T_p) \mathrm{d}l = c_{pp} \frac{\mathrm{d}T_p}{\mathrm{d}t} \mathrm{d}w \qquad (4.126)$$

式中　c_{pp}——颗粒比定压热容，J/(kg · K)；

G_g——气体质量流率，kg/s；

$\mathrm{d}w$——微元高度床料量。

假设气体为返混流，即在布风板一定高度以上，气体温度均匀并与出口温度一致。则：

$$c_{pg}G_g(T_{g,m} - T_{g,out}) = alh_{pg}(T_{g,out} - T_p) \tag{4.127}$$

对上式微分，代入式（4.126）并积分后有：

$$\ln\frac{(T_{g,in} - T_{g,out})_0}{(T_{g,in} - T_{g,out})_t} = \frac{alh_{pg}G_g}{wc_{pp}(alh_{pg} + c_{pg}G_g)}t \tag{4.128}$$

式中　$(T_{g,in} - T_{g,out})_0$——起始温度，K；

　　　$(T_{g,in} - T_{g,out})_t$——t 时刻温度，K。

4.5.4.2　床层与传热表面间的传热

A　气体对流传热系数 h_{gc}

一般而言，由于鼓泡流化床中颗粒密度较高，且其热容量远大于气体。因此，气体的对流传热作用相对较小。

对细微粒系统（$\overline{D}_p < 200\mu m$），可认为：$h_{gc} \ll h_{pc}$。但当床料密度较大（$\overline{D}_p > 200\mu m$ 改成 d_p）或运行压力较高时，h_{gc} 在传热系数中有相当的份额，不能忽略。H_{gc} 可用下式计算：

$$Nu_{gc} = \frac{h_{gc}\overline{D}_p}{k_g}0.009Ar^{0.5}Pr^{0.33} \tag{4.129}$$

B　颗粒对流传热系数 h_{pc}

颗粒对流传热时，鼓泡床中床层与受热面间的传热系数，与床层的空隙率密切相关。1984 年，Martin 提出的半经验公式被认为是最合理的计算公式之一：

$$Nu_{gc} = \frac{h_{pc}\overline{D}_p}{k_g} = (1 - \varepsilon)z(1 - e^{-Nu_{sp}/2.6z}) \tag{4.130}$$

其中

$$z = \frac{\rho_p c_{pp}}{6k_g}\sqrt{\frac{g\overline{D}_p(\varepsilon - \varepsilon_{mf})}{5(1 - \varepsilon_{mf})(1 - \varepsilon)}}$$

Nu_{sp} 是指单个颗粒与传热表面间最大的 Nu。

$$Nu_{sp} = 4\left[(1 + k_n)\ln\left(1 + \frac{1}{k_n}\right) - 1\right] \tag{4.131}$$

式中　k_n——克努森数，$k_n = \frac{4}{D_p}\left[\frac{2}{r} - 1\right]\frac{k_g\sqrt{2\pi RT/M}}{p(2c_{pg} - R/M)}$，$r = (1 + 10^{(0.6\beta - 1 - 1000/\beta_0)})^{-1}$，对空

　　　气，$\beta = 2.8$；

　　　R——气体常数；

　　　T——定性温度，$T = 0.5(T_b + T_s)$，T_b 为床温，T_s 为颗粒表面温度；

　　　M——气体摩尔质量。

C　辐射传热系数 h_{rad}

h_{rad} 在 $T_b > 600℃$ 是较为重要。计算辐射传热系数时，通常将床层作为灰体考虑。

$$h_{rad} = \frac{\sigma_0(T_b^4 - T_t^4)}{\left(\frac{1}{e_b} + \frac{1}{e_t} - 1\right)(T_b - T_t)} \tag{4.132}$$

式中　T_t——传热壁面温度；

　　　e_b，e_t——床层的辐射率，$e_b \approx 0.5(1 + e_p)$，e_p 为颗粒辐射率。

4.6　填料床的传热分析

4.6.1　初始定义及假设

利用固体和气体逆向流动的冶金过程包括：炼铁和炼铅高炉、竖式成球（或煅烧）炉、化铁炉和炼铜鼓风炉等。这类传热过程的典型特点是在湍流状态下固态颗粒填料与流过该料柱的气体之间进行传热。本节只讨论逆流或静止料层的情况。

图 4.31 描述了填料床式冶金炉中的一般物理状况。装在竖炉内的固态料层缓慢地向下移动，与此同时，有一股气流对着该料层逆向而上。根据这些固态炉料加热或冷却的状态，进入料层的气体分别可以是冷气流或热气流。在下面的讨论中，凡热流股的温度，均标以注脚 h，而冷流股的温度均标以注脚 c；进入状态标上角 0，流出和离开状态则标上角 l。固态料层的深度以 L 示之。

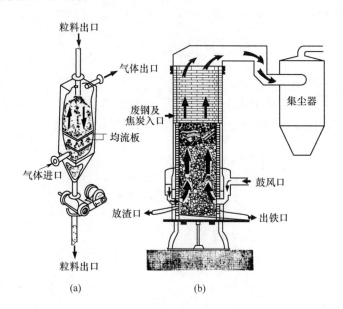

图 4.31　逆流填料床式冶金炉实例

（a）氯化炉；（b）化铁炉

为处理那些微分方程及假定的边界条件，这里，我们作几个对本章均适用的原始假设：

（1）轴向活塞流，即是假定气体没有回混现象。

（2）无径向传热，即在大横截面料层中，如在烧结设备、高炉和大型化铁炉中是合理的，但对于那些直径小的化铁炉，或对于明显的管道现象发生的场合，该假设不成立。

（3）绝热体系，即对周围的壁来说不容许有热损失。如同（2）中假设的情况，除在直径小的化铁炉或其他竖炉场合外，均是合理的。

（4）无黏滞加热效应，即因为气流速度远低于摩擦加热起作用时的流速，所以这个假设也是合理的。

（5）气相内部无辐射效应，即假定料层的导热系数包括各颗粒间的辐射传热所起的作用。

（6）颗粒内部无温度梯度，即相当于牛顿冷却或加热过程的条件。对于所有实际应用来说，如果料块的毕奥数约小于 0.1，即可满足此条件。对于许多填料床的设计，此值可高达 0.25。

一般说来，对于固相和气相，注意到它们两者总是一个为较热的相，一个为较冷的相，可以写出厚度为 dz 的料层的能量平衡式。

关于气体的能量平衡：

$$V_{0g}\rho_g c_g \left(\frac{\partial T_g}{\partial z} \right) + \rho_g c_g \omega \left(\frac{\partial T_g}{\partial t} \right) + hS(T_g - T_s) - Q_R = 0 \tag{4.133}$$

关于固体的能量平衡：

$$V_s \rho_s c_s (1 - \omega) \left(\frac{\partial T_s}{\partial t} \right) + \rho_s c_s (1 - \omega) \left(\frac{\partial T_s}{\partial t} \right) + hS(T_g - T_s) - \frac{\partial}{\partial z} \left[k_{eff} \left(\frac{\partial T_s}{\partial z} \right) \right] - Q_R = 0 \tag{4.134}$$

式中　S——单位体积料层内颗粒的总表面积，m^2/m^3；

　　　h——气体和固体间的传热系数，$kJ/(s \cdot m^2 \cdot ℃)$；

　　　Q_R——反应热，$kJ/(s \cdot m^2)$；

　　　ω——孔隙度；

　　　k_{eff}——料层的有效导热系数，$kJ/(s \cdot m^2 \cdot ℃)$；

　ρ_s，ρ_g——分别为固体和气相的密度，kg/m^3；

　c_s，c_g——分别为固体和气相的比热容，$kJ/(kg \cdot ℃)$；

　　　V_{0g}——气流的表面速度，m/s；

　　　V_s——固体移动的实际速度，m/s。

为方便起见，我们在下面各节中规定两个概念：

（1）料层单位横截面积的热容（$kJ/(m^3 \cdot ℃)$）：

$$G_s = \rho_s c_s (1 - \omega) \tag{4.135}$$

$$G_g = \rho_g c_g \omega \tag{4.136}$$

（2）料层单位横截面积的热流量（$kJ/(s \cdot m^2 \cdot ℃)$）：

$$W_s = V_s G_s \tag{4.137}$$

$$W_g = V_{0g} G_g / \omega \tag{4.138}$$

4.6.2　稳态逆流传热

在这一节里，我们考察当 V_g 和 V_g 均具稳定而又非零值时气体和固体中的最终温度分布。为从数学和物理上来讨论最简单的可能情况，我们另做如下假设：

（1）体积传热系数 hS 为常数；

（2）料层内部的导热可以忽略不计；

（3）无反应发生，$Q_R = 0$。

例如，在竖式成球炉中就可能会是这种状况。由研细的赤铁矿粉黏结成的球团被装至炉体顶部，并逆着上升的热气流降下。气体使球团变热，因而提供使颗粒烧结和球团强化所必需的温度和时间。在该过程中，炉体内的温度分布和固体的下降速度都很重要，因为料粒的烧结速度既是所达到的温度的函数，又是其温度下保持的时间的函数。

图 4.33 即说明这种状态，并为下面的推导提供一参考系。

首先，推导为要达到规定的热交换所必须的料层长度的公式，在图 4.32 中，考察以厚度为 dz 的炉料薄层，在该薄层的某一单元面积上，热气流（正被加热的固体中的气体）失去的热量（kJ/(min·m)²）为：

$$dq = -W_h dT_h \qquad (4.139)$$

而冷气流则得到通量的热

$$dq = W_c dT_c \qquad (4.140)$$

式（4.139）中的负号表示：就 z 方向而论，其温度梯度为负值。

也可以说，所传递的热量为：

$$dq = hS(T_h - T_c)dz \qquad (4.141)$$

由式（4.139）和式（4.140）可以看出：

$$d(T_h - T_c) = -dq\left(\frac{1}{W_h} - \frac{1}{W_c}\right) \qquad (4.142)$$

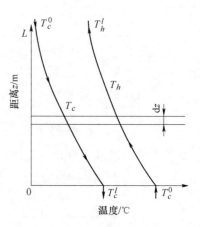

图 4.32   分析逆流传热用的
符号和定义

把式（4.142）的 dq 代入，得到：

$$d(T_h - T_c) = -hS(T_h - T_c)\left(\frac{1}{W_h} - \frac{1}{W_c}\right)dz \qquad (4.143)$$

或

$$\frac{d(T_h - T_c)}{(T_h - T_c)} = -hS\left(\frac{1}{W_h} - \frac{1}{W_c}\right)dz \qquad (4.144)$$

将式（4.144）积分，由于当 $z = 0$ 时，$(T_h - T_c) = (T_h^0 - T_c^t)$，最后得：

$$\ln\frac{(T_h - T_c)}{(T_h^0 - T_c^t)} = -hSz\left(\frac{1}{W_h} - \frac{1}{W_c}\right) \qquad (4.145)$$

如果所规定的冷气流进入温度 T_c^0 已知，T_h^0 和 T_c^t 也已知，那么就可以计算给定料层长度（$z = L$）、传热系数及热量流动状态下的 T_h^t。另外，如果预先测定料层两端热气流和冷气流的各个温度，那么就可以求出必需的料层长度，因为

$$\ln\frac{(T_h - T_c)}{(T_h^0 - T_c^t)} = -hSL\left(\frac{1}{W_h} - \frac{1}{W_c}\right) \qquad (4.146)$$

故

$$L = \ln\frac{(T_h^t - T_c^0)}{(T_h^0 - T_c^t)}\Big/\left[hS\left(\frac{1}{W_h} - \frac{1}{W_c}\right)\right] \qquad (4.147)$$

对设计而言，当给出设计参数为炉体长度，并对终始温度进行要求时，须知道气体和固体的温度场情况。为求得温度场，可利用下式进行计算：

$$(T_h - T_c)\Big|_z = (T_h^0 - T_c^t)\exp\left[-hSz\left(\frac{1}{W_h} - \frac{1}{W_c}\right)\right] \qquad (4.148)$$

该式可给出任何 z 值下的局部温差。但是，由气流进口和料层中任何点之间的热量平衡可知

$$W_h[T_h^0 - T_h(z)] = W_c[T_c^t - T_c(z)] \qquad (4.149)$$

应用这些方程以及如下关系：$z = L$ 时，$T_h = T_h^t$，我们可推得较热的气流在离其进口任何距离 z 处的温度：

$$T_h(z) = T_h^0 - (T_h^0 - T_c^0) \left\{ \frac{1 - \exp\left[-\dfrac{hS}{W_h}\left(1 - \dfrac{W_h}{W_c}\right)z \right]}{1 - \dfrac{W_h}{W_c}\exp\left[-\dfrac{hS}{W_h}\left(1 - \dfrac{W_h}{W_c}\right)L \right]} \right\} \tag{4.150}$$

同样，较冷的气流的局部温度为：

$$T_c(z) = T_h^0 - (T_h^0 - T_c^0) \left\{ \frac{1 - \dfrac{W_h}{W_c}\exp\left[-\dfrac{hS}{W_h}\left(1 - \dfrac{W_h}{W_c}\right)z \right]}{1 - \dfrac{W_h}{W_c}\exp\left[-\dfrac{hS}{W_h}\left(1 - \dfrac{W_h}{W_c}\right)L \right]} \right\} \tag{4.151}$$

热气流的出口温度为：

$$T_h^l = T_h^0 - (T_h^0 - T_c^0)\frac{W_c}{W_h} \left\{ 1 - \frac{1 - \dfrac{W_h}{W_c}}{1 - \dfrac{W_h}{W_c}\exp\left[-\dfrac{hS}{W_h}\left(1 - \dfrac{W_h}{W_c}\right)L \right]} \right\} \tag{4.152}$$

冷气流的出口温度为：

$$T_c^l = T_h^0 - (T_h^0 - T_c^0) \left\{ 1 - \frac{1 - \dfrac{W_h}{W_c}}{1 - \dfrac{W_h}{W_c}\exp\left[-\dfrac{hS}{W_h}\left(1 - \dfrac{W_h}{W_c}\right)L \right]} \right\} \tag{4.153}$$

当 $W_h/W_c = 1$ 时，式（4.150）～式（4.153）看来似乎是无定义的，而这却是实践中常常遇到的一种情况。我们用罗彼塔（Lopitals）法则来克服这个困难，当 $W_h/W_c \to 1$ 时，对分子和分母同时微分。于是，对于 $W_h/W_c = 1$ 的这个特殊情况，得到：

$$T_h(z) = T_h^0 - (T_h^0 - T_c^0)\left(\frac{z}{L + \dfrac{W_h}{hS}} \right) \tag{4.154}$$

$$T_c(z) = T_h^0 - (T_h^0 - T_c^0)\left(\frac{1 + \dfrac{hSz}{W_h}}{1 + \dfrac{hSL}{W_h}} \right) \tag{4.155}$$

$$T_h^l = T_h^0 - (T_h^0 - T_c^0)\left(\frac{1}{1 + \dfrac{W_h}{hSL}} \right) \tag{4.156}$$

$$T_c^l = T_h^0 - (T_h^0 - T_c^0)\left(\frac{1}{1 + \dfrac{hSL}{W_h}} \right) \tag{4.157}$$

如果两种气流的初始状态及各自的流速均已知，则上述各式均可以使用。利用合适的 W_h、W_c、hS、T_h^0 和 T_c^0 值，计算结果示于图 4.33 和图 4.34。从图中可以清楚地看出这些参数的变化对竖炉内温度场的影响。

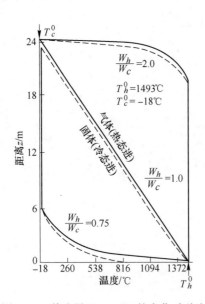

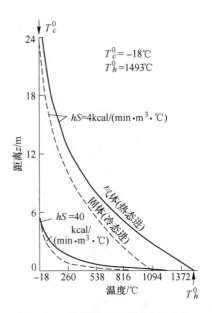

图 4.33　热流量比 W_h/W_c 的变化对逆流
填料层中传热区域的影响
（所有情况下，体积传热系数 hS 均为
常数，为 2.79kJ/（s·m³·℃））

图 4.34　体积传热系数 hS 的变化
对逆流填料层中传热区域的影响
（两种情况的热流量比均为常数，
$W_h/W_c = 0.75$）

例 4.8　提高电弧炉炼钢生产率的一种方法是废钢料预热。通常要求废钢温度达 649℃。若在室温下把废钢装入一竖炉的顶部，在炉底取出；从炉底通入预热至 815℃ 的氮气。问：炉体应多长？

计算用数据：$S = 65.6 \text{m}^2/\text{m}^3$；$h = 6.132 \text{kJ}/（\text{min·m}^2·℃）$；$W_{c(固体)} = 204.269 \text{kJ}/（\text{min·m}^2·℃）= W_s$；$W_{h(气体)} = 245.291 \text{kJ}/（\text{min·m}^2·℃）= W_g$。

解：从式（4.145）可以看出，所有必要的数据均已有，只气体出口温度未知。因为 $W_s（T_s^1 - T_s^0）$ 为炉体单位横截面积（m^2）的炉料每分钟所吸收的热量，而 $W_g（T_g^0 - T_g^1）$ 等于此值，可得：

$$W_s（T_s^1 - T_s^0）= 204.269 \times （649 - 21）= 128280.932 \text{kJ}/（\text{min·m}^2）$$

$$W_g（T_g^0 - T_g^1）= 128280.932 \text{kJ}/（\text{min·m}^2）$$

因此

$$T_g^1 = T_g^0 - \frac{128280.932}{W_h} = 815 - \frac{128280.932}{245.291} = 293℃$$

利用式（4.147），得到：$L = 2.303 \lg \frac{293 - 21}{815 - 649} \Big/ \left[65.6 \times 6.132 \times \left(\frac{1}{204.269} - \frac{1}{245.291} \right) \right] = 1.45 \text{m}$

4.6.3　填料层中的传热系数

到目前为止，对于流过填料层的流体，我们只是提出了传热系数 h 的概念，而一直未谈及如何求得其值的问题。因为 $Nu = f(Re, Pr)$ 依然适用，也许我们可以求出如下形式的式子：

$$Nu = ARe^n Pr^m \tag{4.158}$$

这里，我们只涉及作为流体相的气体，其他情况均不予考虑。因为在很宽的温度范围内，气流中气体的普兰特数 Pr 处处相等，对于气 – 固传热来说，其努塞耳特数 Nu 与 Pr

没有任何强烈的依赖关系。因此，我们只要找出 Nu 和 Re 之间的关系即可。但是，大部分有关这个课题的实验研究只局限于不高的温度范围，远比多数冶金过程所处的温度低。

弗奈斯在 1932 年所做的杰出研究中使用了最高的试验温度 1100℃。基塔耶夫（Kitaev）等人综合了在高温和低温下进行的有关研究的结果，对弗奈斯所得数据进行圆满分析。由于确定孔隙体积和温度的影响迄今尚未搞清，他们提出了如下形式的体积传热系数：

$$h_v = \frac{A V_{0g}^{0.9} T^{0.3} f(\omega)}{D_p^{0.75}} \tag{4.159}$$

式中　h_v——即 hS，体积传热系数，kJ/（s·m³·℃）。

　　A——与物料有关的系数；

　　T——温度，℃；

　　D_p——颗粒直径，mm；

　　V_{0g}——气流表面的气体温度，m/s；

$f(\omega)$——孔隙度的函数。

对于天然料块，$A = 160$，$f(\omega) = 0.5$，所以

$$h_v = \frac{80 V_{0g}^{0.9} T^{0.3}}{D_p^{0.75}} \tag{4.160}$$

由此他们作出了诺模图（见图 4.35），由图可以很方便地定出 h_v 值。

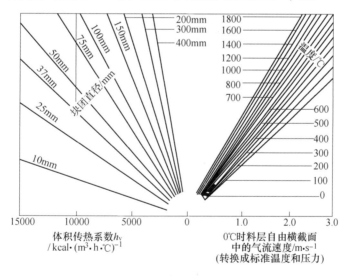

图 4.35　根据气流表面的气体速度 V_{0g}、气体温度和
颗粒直径 D_p 作出的体积传热系数 h_v 的诺模图

对于理想球体堆成的料层，其 h_v 为：

$$h_v = \frac{12 V_{0g} T^{0.3}}{D_p^{1.35}} \tag{4.161}$$

它与弗奈斯的结果及桑德尔斯（Saunders）和福特（Ford）的结果相符。

例 4.9　在竖炉中常用气体来加热氧化铁球团使之硬化。设：气体温度为 1200℃。流速为 1.0m/s，球团直径为 25mm，试计算该炉内的体积传热系数。

解：从诺模图上 $1.0\,\mathrm{m/s}$ 处垂直向上至 $1200\,℃$ 线，水平相交于 $25\,\mathrm{mm}$ 线，再垂直向下，即找得：$h_v = 14.53\,\mathrm{kJ/(s \cdot m^3 \cdot ℃)}$。

4.6.4　静止料层与无限大的传热系数

在很多叉流情况下，例如在炉栅型成球和烧结设备中，料层在 x 方向上非常缓慢移动，这时气体在垂直于料层表面的 z 方向上流动。如果在料层移动到与气体相接触的区域时取出一微小的料层面积，那么，可以把它看做似乎处于静止状态的不稳态传热来分析，至少在它于另一端离开该区域之前都可以这样做。在这种情况下（见图4.36），$V_s = 0$。

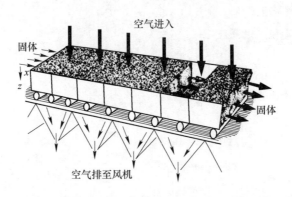

图4.36　填料层自左向右移动，而气体经料层
顶部到底部被抽走的叉流系统示意图

我们首先讨论一种较为简单的情况，对这种情况，除4.6.1节中的那些假设外，再附加如下几个假定条件：

（1）料层中没有任何化学反应发生。

（2）料层内部不发生导热。

（3）料层的传热系数是如此之大，以致在料层内任何时刻任何点处固体和气体都具有相同的温度。在数学上，这意味着 $T_s = T_g$ 和 $(\partial T_s / \partial t) = (\partial T_g / \partial t)$。

在这些假定条件下，有：

$$W_g \frac{\partial T_g}{\partial z} + G_g \frac{\partial T_g}{\partial t} = 0 \tag{4.162}$$

或

$$W_g \left(\frac{\partial T_s}{\partial z} \right) + G_g \left(\frac{\partial T_s}{\partial t} \right) = 0 \tag{4.163}$$

$$G_s \left(\frac{\partial T_s}{\partial t} \right) = 0 \tag{4.164}$$

$$\left(\frac{\partial T_s}{\partial t} \right) + \frac{W_s}{G_g + G_s} \left(\frac{\partial T_s}{\partial z} \right) = 0 \tag{4.165}$$

该式可作为具有如下形式一阶准线性偏微分方程：

$$P \left(\frac{\partial T_s}{\partial t} \right) + Q \left(\frac{\partial T_s}{\partial z} \right) = R \tag{4.166}$$

其通解的形式为：

$$U_2 = f(U_1)$$

式中，$U_1(T_s, t, z) = C_1$ 和 $U_2(T_s, t, z) = C_2$ 为下面关系式的两个任意解：

$$\frac{dt}{P} = \frac{dz}{Q} = \frac{dT_s}{R} \tag{4.167}$$

在这种情况下，两个比较简便的关系式为：

$$dz = \left(\frac{W_g}{G_g + G_s}\right) dt \tag{4.168}$$

和

$$dT_s = 0 \cdot dt = 0 \tag{4.169}$$

由式（4.168）和式（4.169）积分得：

$$z - \left(\frac{W_g}{G_g + G_s}\right) t = U_1 \tag{4.170}$$

和 $T_s = U_2$。于是通解为

$$T_s = f\left[z - \left(\frac{W_g}{G_g + G_s}\right) t\right] \tag{4.171}$$

由给定的料层内温度的初始条件，我们可以求得特解；这初始条件是时间为零的瞬刻沿料层距离 z 的函数。在 $t = t_0$ 的瞬刻，式（4.171）表明，与距离 z 有关的同样的温度场增加了 $[W_g/(G_g + G_s)]t$。这意味着，如果进气温度保持为常数，则原始温度场将以 $W_g/(G_g + G_s)$ 的速度经料层稳定传播。

例 4.10 今有一横截面积为 $0.093\,\text{m}^2$、高 $0.3\,\text{m}$ 的磁铁矿（Fe_3O_4）粒料层，欲将其从一均匀温度 $260\,℃$ 加热至 $982\,℃$。为此采用干燥的热氮气，其进入料层的流率为每加热 $1.36\,\text{kg}\ Fe_3O_4$ 需 $0.0075\,\text{kg/s}$。该料层的密度为 $2400\,\text{kg/m}^3$，其孔隙度为 0.52。

（1）假设传热系数无限大，试分别说明在 $t = 0$ 时，所有 Fe_3O_4 料被加热至 $982\,℃$ 以及 50% 的炉料被加热到 $982\,℃$ 时固体料层中的温度分布情况。

（2）计算把所有 Fe_3O_4 料加热至 $982\,℃$ 所需的时间。

已知：热氮气比热容 $c_g = 1.214\,\text{kJ/(kg·℃)}$，密度 $\rho_g = 0.272\,\text{kg/m}^3$。

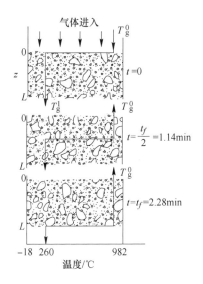

图 4.37   温度前沿经一个固态料层的传播
（T_g^0 在任何时刻均为常数）

解：（1）的答案如图 4.37 所示。一垂直的温度前沿以 $W_g/(G_g + G_s)$ 的速度通过料层。根据题意可以计算出这个速度。由式（4.136）和式（4.138）可得：

$$W_g = cL\rho = 1.214 \times \frac{0.0075}{1.36} \times 2400 = 16.07\,\text{kJ/(s·m}^2\text{·℃)}$$

$$G_g = \rho_g c_g \omega = 0.272 \times 1.214 \times 0.52 = 0.17\,\text{kJ/(m}^3\text{·℃)}$$

$$G_s = \rho_s c_s (1 - \omega) = 2400 \times 0.22 \times 4.186 \times (1 - 0.52) = 1060.86\,\text{kJ/(m}^3\text{·℃)}$$

因此，温度前沿的移动速度为：$\dfrac{16.066}{1060.86 + 0.17} = 0.015\,\text{m/s}$

整个料层被加热至982℃所需的时间：$t_f = \dfrac{0.3\text{m}}{0.015\text{m/s}} = 20\text{s}$

假定进入的气体温度不是一直保持在982℃，而是在20s后降至427℃。在同一时间下的温度分布如图4.38所示。这时，进气温度发生变化；待其变化的影响结束后，合成的前沿经料层稳定传播。

现在来讨论除上述假定的那些条件外，在料层内部的气相中还有反应热$Q_R(\text{kcal}/(\text{min}\cdot\text{m}^3))$放出的情况，就$T_s$而言，其能量平衡方程为：

$$W_g\left(\frac{\partial T_s}{\partial z}\right) + G_g\left(\frac{\partial T_s}{\partial t}\right) - Q_R = 0 \tag{4.172}$$

和

$$G_s\left(\frac{\partial T_s}{\partial t}\right) = 0 \tag{4.173}$$

将上式联立，可得：

$$\left(\frac{\partial T_s}{\partial t}\right) + \left(\frac{W_s}{G_g + G_s}\right)\left(\frac{\partial T_s}{\partial z}\right) = \frac{Q_R}{G_g + G_s} \tag{4.174}$$

在这种情况下

图4.38　一热波经一个固态料层的传播后（经20s后）

$$U_2(T,t,z) = T_s - \left(\frac{Q_R}{G_g + G_s}\right)t \tag{4.175}$$

$$U_1(T,t,z) = z - \left(\frac{W_g}{G_g + G_s}\right)t \tag{4.176}$$

因此，对于现在这种情况，其通解为：

$$T_s = \left(\frac{Q_R}{G_g + G_s}\right)t + f\left[z - \left(\frac{W_g}{G_g + G_s}\right)t\right] \tag{4.177}$$

由此可见，任何初始的或传递过来的温度场将以$W_g/(G_g + G_s)$的速度经料层传播，只是除此而外，还有一连续的温升；其速率为$Q_R/(G_g + G_s)$，℃/min；或者，如果以温度对在料层中下降的距离作图，则在料层热影响区域内的温度梯度为：

$$\tan\alpha = Q_R/(G_g + G_s) \tag{4.178}$$

例如，在图4.39中，一固态料层，用一热惰性气体经$0 < t < t_0$的短期加热后，在时间为t_0时，改用温度较低（T_r）的活泼气体加热，其温度场的传播情况和图4.38中所示一样，只是对这种情况，根据式（4.178），随着时间的推移，各点的温度与时间成比例地增高。

例4.11　考察例4.10中所述的料层。如果以同样温度同样质量的干燥空气代替氮气，那么，在这种情况下，磁铁矿会被氧化成赤铁矿（Fe_2O_3），而这个过程会放出热量。在所述操作条件下，经5min，每个磁铁矿颗粒可被完全氧化。

（1）利用前面所做的那些假设，作出$t = 10\text{min}$和20min时料层内的温度分布图。

（2）计算当所有磁铁矿料均被氧化时料层内所达到的最高温度。

解：首先，计算温度前沿的移动速度。这就要求利用空气的比热容（1.172kJ/(kg·℃)）而不是氮气的比热容来重新计算W_g。两者相差甚微，用空气计算得到：$W_g = 1.138\text{kJ}/(\text{s}\cdot\text{m}^2\cdot℃)$，如前，$G_s = 1060.86\text{kJ}/(\text{m}^3\cdot℃)$；忽略$G_g$。

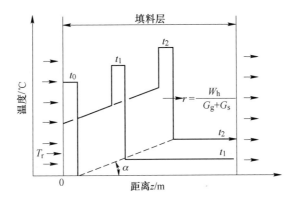

图 4.39 当温度为 T_r 的活泼气体进入具有一原始热区的料层
而以 Q_R 的速率放热时，静止料层内的温度分布

（$\tan\alpha = Q_R/(G_R + G_s)$）

因此，温度前沿的移动速度为：$\dfrac{68.5}{254} = 0.27\,\mathrm{m/min} = 0.0045\,\mathrm{m/s}$

和
$$t_f = \frac{0.3}{0.27} = 1.11\,\mathrm{min} = 66.67\,\mathrm{s}$$

现在，为得到"热前沿"温度，必须计算 Q_R。Fe_3O_4 氧化成 Fe_2O_3 放出的热量为 $490\,\mathrm{kJ/kg}$。

$$Q_R = \rho\Delta H/t = 2400 \times (52.92/0.4536)/300 = 933.33\,\mathrm{kJ/(s\cdot m^3)}$$

因此
$$\frac{Q_R}{G_g + G_s} = \frac{933.33\,\mathrm{kJ/(s\cdot m^3)}}{254\,\mathrm{kJ/(m^3\cdot {}^\circ\!C)}} = 3.67\,{}^\circ\!C/s$$

图 4.40 示出了这些结果。达到的最高温度为：

$$T_g^0 + \left(\frac{Q_R}{G_g + G_s}\right)t_f = 982 + 3.67 \times 66.67 = 1227\,{}^\circ\!C$$

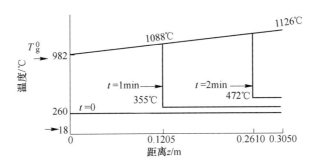

图 4.40 对于例 4.11 中所述状态的温度与时间的关系

如果最高温度超过被处理物料（在这种情况下为 Fe_3O_4）的熔点，以致使设备损坏的话，则这个温升会带来灾难性的后果。

4.6.5　静止料层及料层内部导热系数的影响

料层内部本身的有效导热问题一直被我们忽略。在较高的温度下，热辐射会使这个值大为增加，因此在火焰前沿的区域内，这个问题十分重要。假定传热系数仍为无限大，在 $Q_R = 0$ 和 k_{eff} 为常数的情况下，可得：

$$\left(G_s + G_g \right) \left(\frac{\partial T_s}{\partial t} \right) + W_g \left(\frac{\partial T_s}{\partial z} \right) - k_{eff} \left(\frac{\partial^2 T_0}{\partial z^2} \right) = 0 \tag{4.179}$$

这是一个二阶线性常系数偏微分方程。在下列条件下：初始：$T_s = T_g = T_s^0$，$z > 0$，$t < 0$；边界 1：$T_g = T_g^0$，$z = 0$，$t > 0$；边界 2：$T_s = T_s^0$，$z = \infty$，$t > 0$。
该方程的解为：

$$\theta = \theta_g = \theta_s = \frac{T - T_s^0}{T_g^0 - T_s^0} = \frac{1}{2} \left[1 - \mathrm{erf}(\phi) + \exp\left(\frac{W_g z}{k_{eff}} \right) \mathrm{erfc}(\phi) \right] \tag{4.180}$$

$$\phi = \sqrt{\frac{W_g G_g t}{4 G_s k_{eff}}} - z \sqrt{\frac{G_s}{4 k_{eff} t}} \tag{4.181}$$

为修正在料层内部移动的热波形状，埃里奥特（Elliott）将式（4.181）进行计算得到图 4.42。该图的应用如下：假定一 $\theta = 0$ 的冷料层处于 $\theta_g = 1$ 的热气流中。假定传热系数无限大，故温度场沿料层向下的传播情况与 4.6.4 节中所述一样。若利用图 4.43（a）中所示的各条件，则在 9min 后会出现如图 4.43（b）中实线所示的脉动。为搞清楚导热系数究竟如何影响料层内的温度场，现在我们参照图 4.42，并计算热波前沿附近距离范围内的距离项注：这个距离项即 $\left[z - \left(W_g t / G_s \right) \right] / \sqrt{k_{eff}}$，它不仅决定于料层在 z 方向上的坐标，且决定于热流的传播速度及有效导热系数。即 $610 \leqslant z \leqslant 1370\mathrm{mm}$，$t = 9\mathrm{min}$，$W_g / G_s = 0.122\mathrm{m/min}$，以及假定的 $k_{eff} = 0.0149\mathrm{kcal/(min \cdot m \cdot ℃)}$）。利用脉动前沿曲线，我们找得料层内的差比温度，示于图 4.41。图 4.42 示出了跟随着冷气流的热气流其初始脉动的类似结果。

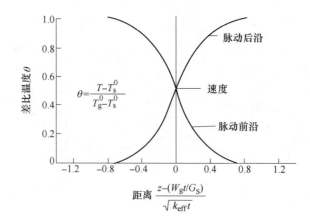

图 4.41　当料层内部存在导热时，校正其温度场用的图线

对许多氧化物料来说，图 4.42 中所用的 k_{eff} 值是合理的。虽然它可以更低些，但我们几乎不能期望它有一更高的值。因此，很明显，在脉动的传播过程中，料层内的导热系数

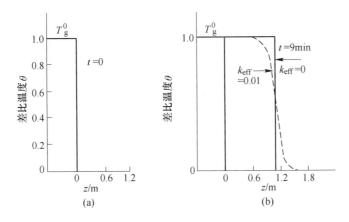

图 4.42　当 W_g/G_g 为 0.122m/s、k_{eff} 为 0.00248kJ/(s·m·℃)
时热波上各点处的差比温度

的影响一般不大，但是它对由于脉动而达到的最高温度的影响可能是相当大的，这种影响
在考察填料层中物料的变化历程时应予考虑。

经很短的初始加热期后，进入料层的气体即被降至原来的低温（图 4.43 中虚线表示
$k_{eff}=0$ 的情况）。

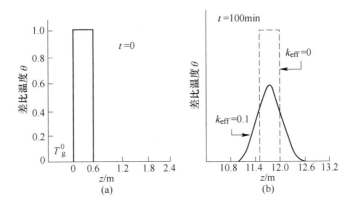

图 4.43　$W_g/G_s=0.002$m/s 和 $k_{eff}=0.00248$kJ/(s·m·℃)
时热波的图形

4.6.6　静止料层及有限大传热系数的影响

如果我们排除 hS 为无限大这个条件，以使 T_s 在任何时刻 t 和任意 z 值下均不等于 T_g，
同时又假定固体的导热系数为无限大，再来讨论料层内不发生化学反应的情况，那么，我
们就必须讨论前面所列出的全部基本能量（$Q_R=0$）平衡方程的解。我们可以求得其分析
解，但它成贝塞尔（Bssel）函数的形式使用不便，除非在计算机上进行计算。

然而，如果我们定义两个新的变数：

$$Y=\frac{hSz}{W_g} \tag{4.182}$$

和
$$z = \frac{hS}{G_s}\left(t - \frac{\omega z}{V_{0g}}\right)$$
(4.183)

就可以得到该能量平衡方程的图解（见图4.44）。我们以下题为例来说明此图的用法。

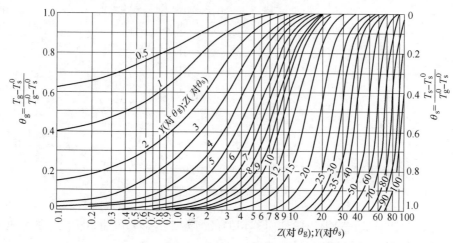

图4.44　确定静止填料层中与时间、距离和
传热系数有关的气体及固体温度用的图线

例4.12　今需把一个0.305m深的粒状料层从21℃加热至982℃。

（1）计算在下列假定条件下完成此加热过程所需的时间：$W_g = 204.27$kJ/（min·m²·℃），$G_s = 1341.15$kJ/（m³·℃），$hS = 3352.79$kJ/（min·m³·℃），$V_{0g} = 152.5$m/min，$T_s^0 = 21$℃，$T_g^0 = 1038$℃。

（2）作出3min后气体和固体的温度分布图。

解：（1）由 $z = 0.305$m 计算 Y：
$$Y = \frac{hSz}{W_g} = \frac{3352.79 \times 0.305}{204.27} = 5.0$$

所需的差比温度为：
$$\theta_s = \frac{T_s - T_s^0}{T_g^0 - T_s^0} = \frac{982 - 21}{1038 - 21} = 0.945$$

根据图4.46可知，当 $Y = 5.0$ 和 $\theta_s = 0.945$ 时，Z 必须等于13。

因为
$$Z = \frac{hS}{G_s}\left(t - \frac{\omega z}{V_{0g}}\right)$$

又因为 $\omega z / V_{0g} < t$，故：
$$t = \frac{G_s z}{hS} = \frac{1341.15 \times 13}{3352.79} = 5.2\text{min} = 312\text{s}$$

（2）令 $z = 0.076$m，0.152m，0.228m，0.305m，则 Y、Z、θ 等参数见表4.10。

表4.10　例4.12参数

z/m	Y	Z	θ	T_s/℃	θ_g	T_g/℃
0.076	1.25	7.5	0.97	1007	0.99	1027
0.152	2.50	7.5	0.93	965	0.95	986
0.228	3.75	7.5	0.84	873	0.91	945
0.305	5.00	7.5	0.71	742	0.81	843

由此可作成图4.45，即经3min后固体和气体的温度与距离的关系。

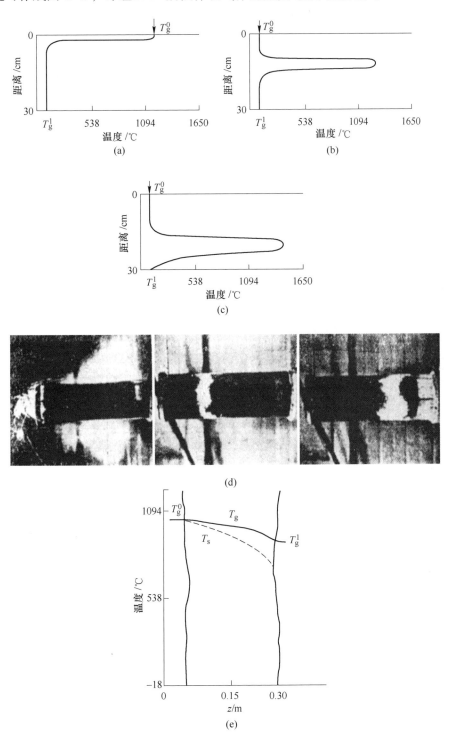

图 4.45　在一项实验室研究中得到的铁矿石烧结过程的照片
（未烧结的矿石－焦炭混合物被置于玻璃管中，点火（顶部的照片），
经30s后将冷空气经料层吸出，直至火焰前沿达到底部为止）

图 4.46 所示为研究烧结过程时得到的温度分布，照片表明火焰前沿能尖利到何种程度。在烧结过程中，气体经料层被向下抽出；少量焦炭（约 6%）与矿石相混并燃烧，以保证火焰前沿必要的连续性。事实上，温度略有增高。随着火焰前沿的推进，它逐渐扩展开来，这主要是由于传热系数值小于 ∞ 之故。

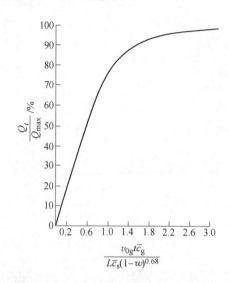

图 4.46   热能传递计算图

（引自 C. G. Thomas，ibid.）

v_{0g}—表面的气体速度（标准温度和压力下）；t—加热时间；L—料层高度；$\bar{c}_g$—单位体积气体的
平均比热容；$\bar{c}_s$—单位体积固体的平均比热容；ω—料层的孔隙度

最后，讨论另一个加热静止料层的情况。为预热供电弧炉和碱性氧气转炉用的废钢，常把废钢装在料罐内用热废气预热。托马斯（Thomas）对这个过程做了研究，得到了如图 4.46 所示的结果。图中示出了加热过程中所传递的热量 Q_t、全部料达到加热气体的初始温度所需的热量 Q_{max} 以及体系各物理参数的关系。

习　题

概念题

4.1　热传导、热对流和热辐射。

4.2　自然对流传热和强制对流传热。

4.3　物体表面的黑度与吸收率。

思考题

4.1　圆筒壁的稳态热传导和平壁稳定热传导的假设条件分别是什么，两者有何区别？

4.2　怎样才能有效地提高总传热系数 K 值？

计算题

4.1　燃烧炉的平壁从里到外依次由下列三种材料组成：

（1）耐火砖：导热系数 $\lambda_1 = 1.05 \text{W/(m·K)}$，厚度 $b_1 = 0.23 \text{m}$；

（2）绝热砖：导热系数 $\lambda_2 = 0.151W/(m \cdot K)$，厚度 $b_2 = 0.23m$；

（3）普通砖：导热系数 $\lambda_3 = 0.93W/(m \cdot K)$，厚度 $b_3 = 0.23m$。

若耐火砖内侧温度为1000℃，耐火砖与绝热砖接触面的温度为940℃，绝热砖与普通砖间的最高温度不超过138℃，试求：（1）绝热层需几块绝热砖？（2）此时普通砖外侧的温度是多少？

4.2　平壁炉的炉壁由厚120mm的耐火砖和厚240mm的普通砖砌成。测得炉壁内、外温度分别为800℃和120℃。为减少热损失，又在炉壁外加一石棉保温层，其厚60mm，导热系数为 $0.2W/(m \cdot ℃)$，之后测得三种材质界面温度依次为800℃、680℃、410℃和60℃。（1）问加石棉厚热损失减少多少？（2）求耐火砖和普通砖的导热系数。

4.3　一块厚为50mm的大平板，两侧表面分别维持在 $t_{w1} = 150℃$ 和 $t_{w2} = 100℃$。试求不同材料时的热流密度：（1）$\lambda = 389W/(m \cdot K)$ 的铜材；（2）$\lambda = 50W/(m \cdot K)$ 的铸铁；（3）$\lambda = 0.13W/(m \cdot K)$ 的石棉。

4.4　有一蒸汽管道，外径为25mm，管外包有两层保温材料，每层材料均厚25mm，外层保温材料与内层材料导热系数之比 $\lambda_2/\lambda_1 = 5$，此时单位时间的热损失为 Q；现工况将两层材料互换，且设管外壁与保温层外表面的温度 t_1、t_3 不变，则此时热损失为 Q'，求 Q'/Q。

4.5　外径为426mm的蒸汽管道，其外包扎一层厚度为426mm的保温层，保温材料的导热系数为 $0.615W/(m \cdot ℃)$。若蒸汽管道外表面温度为177℃，保温层的外表面温度为38℃，试求每米管长的热损失以及保温层中的温度分布。

4.6　在一 $\phi60mm \times 3.5mm$ 的钢管外层包有两层绝热材料，里层为40mm的氧化镁粉，平均导热系数 $\lambda = 0.07W/(m \cdot ℃)$，外层为20mm的石棉层，其平均导热系数 $\lambda = 0.15W/(m \cdot ℃)$。现用热电偶测得管内壁温度为500℃，最外层表面温度为80℃，管壁的导热系数 $\lambda = 45W/(m \cdot ℃)$。试求每米管长的热损失及两层保温层界面的温度。

4.7　某厂用300kPa（绝压）的饱和水蒸气，将环丁砜水溶液由105℃加热到115℃后，送再生塔再生。已知流量为 $200m^3/h$，溶液的密度 $\rho = 1080kg/m^3$，比热容 $c_p = 2.93kJ/(kg \cdot K)$，试求水蒸气消耗量。又设所用换热器的传热系数 $K = 700W/(m^2 \cdot K)$，试求所需的传热面积。

4.8　在接触氧化法生产硫酸中，要求用氧化后的高温 SO_3 混合气预热反应前的气体。SO_3 混合气在 $\phi38mm \times 3mm$ 钢管组成的列管换热器管外流动。管子呈三角形排列，中心距为51mm。换热器内径为2.8m。为了提高管外的对流传热系数，装有圆缺形挡板，间距1.45m。又已知 SO_3 混合气平均温度为145℃，流量为 $4 \times 10^4 m^3/h$，常压操作。混合气中 SO_3 浓度不大，可近似按空气处理，试求混合气在管外的对流传热系数（考虑部分流体在挡板与壳体之间短路，取系数为0.8）。

4.9　压强为 $4.76 \times 10^5 Pa$ 的饱和蒸汽在单根圆管外冷凝，管径为100mm，管长为1m，壁温为110℃，试求：（1）圆管垂直放置时的平均传热系数；（2）圆管水平放置时的平均传热系数。已知，在此温度下冷凝液的有关物性为：$\rho = 943.8kg/m^3$，$\lambda = 0.6856W/(m \cdot K)$，$\mu = 21.77 \times 10^{-5} Pa \cdot s$，150℃饱和蒸汽的汽化潜热 $r = 2118.5 \times 10^3 J/kg$。

4.10　在一列管式换热器中，管内的氢氧化钠溶液与管外的冷却水进行逆流传热。氢氧化钠溶液的流量为1.2kg/s，比热容为 $3770kJ/(kg \cdot ℃)$，从70℃冷却到35℃，对流传热系数为 $900W/(m^2 \cdot ℃)$。冷却水的流量为1.8kg/s，比热容为 $4180kJ/(kg \cdot ℃)$，入口温度为15℃，对流传热系数为 $1000W/(m^2 \cdot ℃)$。按平壁处理，管壁热阻、污垢热阻及换热器热损失均忽略。试求：换热器的传热面积（假设两流体均为湍流，物性不变，传热温度差可用算术平均值计算）。

4.11　在并流换热器中，用水冷却油。水的进、出口温度分别为15℃和40℃，油的进、出口温度分别为150℃和100℃。现因生产任务要求油的出口温度降至80℃，假设油和水的流量、进口温度及物性均不变，若原换热器的管长为1m，求将换热器的管长增加多少米才满足要求。换热器的热损失可忽略。

4.12　在一套管换热器中，内管为 $\phi170mm \times 5mm$ 的钢管，热水在内管内流动，热水流量为2500kg/h，进出口温度分别为90℃和50℃，冷水在环隙中流动，进出口温度分别为20℃和30℃逆流操作，若已知基于管外表面积的总传热系数为1500W/（m² · ℃）。试求套管换热器的长度。假设换热器的热损失可忽略。

4.13　每小时500kg的常压苯蒸气，用直立管壳式换热器加以冷凝，并冷却至30℃，冷却介质为20℃的冷水，冷却水的出口温度不超过45℃，冷、热流体呈逆流流动。已知苯蒸气的冷凝温度为80℃，汽化潜热为390kJ/kg，平均比热容为1.86kJ/（kg · K），并估算出冷凝段的传热系数为500W/（m² · K），冷却段的传热系数为100W/（m² · K）。试求所需要的传热面积及冷却水用量为多少？若采用并流方式所需的最小冷却水用量为多少？

4.14　水以1m/s的流速从 ϕ25mm×2.5mm 的管内流过，由20℃加热到40℃，管长3m。求水与管壁之间的对流传热系数。已知，30℃下水的物性如下：$\rho = 995.7 \mathrm{kg/m^3}$，$\mu = 80.12 \times 10^{-5} \mathrm{Pa \cdot s}$，$c_p = 4.174 \mathrm{kJ/（kg \cdot K）}$。

4.15　某酸类混合机冷却硝基混合物时在11min内耗去700L冷却水。此时水的温度由12℃升到23℃。在混合酸的时候，酸混合物的温度升到68℃，但是必须使其降低到40℃。混合机内热交换表面积为9.0m²，试求混合机内的传热系数。

4.16　某钢制圆筒设备安装于壁以油漆涂过的室内，求该圆筒的壁因辐射引起的热量损失。已知：设备的尺寸：$H = 2\mathrm{m}$，$D = 1\mathrm{m}$；室内空间：高 = 4m，长 = 10m，宽 = 6m。设备的壁的温度为70℃，室内空气温为20℃。$C_r = 4.9$（绝对黑体）；$C_1 = 4.32$（钢）；$C_2 = 3.71$（油漆）。

4.17　有两块平行放置的大平板，板间距远小于板的长度和宽度，温度分别为400℃和50℃，表面发射率均为0.8。（1）计算两块平板间单位面积的辐射换热量；（2）若在两板之间放一块表面发射率均为0.1的遮热板3，两块平板的温度维持不变，试计算加遮热板后两块平板之间的辐射换热量。

4.18　有一同心圆套筒，外筒内径 $D = 50\mathrm{mm}$，表面温度 $T_1 = 500℃$，表面黑度 ε_1 为0.6；内筒外径 $d = 30\mathrm{mm}$，表面温度 $T_2 = 300℃$，表面黑度 $\varepsilon_2 = 0.3$，假定套筒端部辐射热损失为零，试计算套筒之间单位长度的辐射换热量。

4.19　某燃烧加热室内的火焰平均温度为1000℃。计算为使火焰的辐射传热增加一倍，应当使火焰燃烧温度升高到多少？假定被燃烧的物体的平均温度为400℃，火焰及被燃烧物表面的辐射率均为定值。

5 蒸 发

5.1 蒸发的定义及特点

5.1.1 蒸发的定义

蒸发是均相混合物分离的单元操作之一，是利用溶质没有挥发性而溶剂具有挥发性的特性使两者分离的过程。

蒸发时需要加热溶液使水沸腾汽化，同时不断除去汽化的水蒸气。一般前一部分在蒸发器中进行，后一部分在冷凝器中完成。图 5.1 所示为硝酸铵水溶液蒸发过程的基本流程。蒸发器是一个换热器，由加热室和分离室两部分组成。加热室中通常采用饱和水蒸气加热，从溶液中蒸发出来的水蒸气称为二次蒸汽。在分离室中二次蒸汽与溶液分离后从蒸发器引出，进入冷凝器直接冷凝，料液蒸发后常称为完成液，从蒸发器底部放出，是蒸发过程的产品。

根据不同的分类标准，蒸发过程的分类方式也不相同。

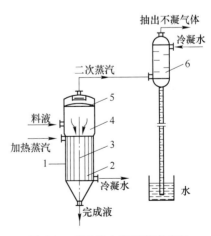

图 5.1 硝酸铵水溶液蒸发流程
1—加热室；2—加热管；3—中央循环管；
4—蒸发室；5—除沫器；6—冷凝器

（1）常压和减压蒸发。按照操作空间的压力，蒸发过程可分为常压蒸发和减压蒸发（也称真空蒸发）。

常压蒸发是指冷凝器和蒸发器溶液侧的操作压强为大气压，此时系统中的不凝气依靠本身的压强从冷凝器排出。

真空蒸发是指冷凝器和蒸发器溶液侧的操作压强低于大气压，系统中的不凝气必须用真空泵抽出。真空蒸发的基本目的是降低溶液的沸点，其操作压强（真空度）取决于冷凝器中水的冷凝温度和真空泵的生产能力。一般真空蒸发时，冷凝器的压强为 $10 \sim 20$kPa。

（2）单效蒸发和多效蒸发。按照二次蒸汽利用的情况可将蒸发操作分为单效蒸发和多效蒸发。

单效蒸发是将所产生的二次蒸汽不再利用，直接送到冷凝器冷凝成水而排出。

多效蒸发是将产生的二次蒸汽再次用于其他蒸发器加热。系统中串联的蒸发器数目称为效数。多效蒸发的优点是可以节省加热蒸汽的消耗量。

（3）间歇蒸发与连续蒸发。间歇蒸发是一次进料（或连续进料），一次出料，在整个操作过程中蒸发器内溶液的浓度和沸点随时间而变，传热的温度差、传热系数也随时间而变，所以间歇蒸发是非稳态操作，适合小规模生产。

连续蒸发时，料液连续进入蒸发器，完成液连续地从蒸发器放出，蒸发器内溶液的液面与压强始终保持不变，蒸发器内各处的浓度与温度不随时间而变，所以连续蒸发为稳态操作，适合于大规模生产。

5.1.2　蒸发单元操作的特点

5.1.2.1　经济性

蒸发操作的特征在于其经济性，主要从两个方面来考虑，一是能源消耗，二是蒸发器的生产强度。

A　能源消耗

由于蒸发过程能耗较大，因此能耗是蒸发过程的一个重要操作指标，从溶液中每蒸发 1kg 水需要的加热蒸汽量（kg）称为单位蒸汽消耗量，它表示加热蒸汽的利用程度，也称为蒸汽的经济性，是蒸发过程能耗的主要部分。

工业上可以采用以下方法降低能耗：

（1）多效蒸发。多效蒸发是降低能耗的最有效的方法，在工业上应用很广。

（2）额外蒸汽。额外蒸汽是指将蒸发器蒸出的二次蒸汽作其他加热设备的热源，可以大大地降低能耗。

（3）热泵蒸发。将蒸发器蒸出的二次蒸汽用压缩机压缩，提高它的压强，使它的饱和温度提高到溶液的沸点以上，然后送入蒸发器的加热室作为加热蒸汽，这种方法称为热泵蒸发，对二次蒸汽所需压缩比不大，节能效果好。

（4）冷凝水显热的利用。蒸发器加热室排出的冷凝水温度较高，可以用来预热料液或加热其他物料，也可以利用减压闪蒸的方法产生部分蒸汽与二次蒸汽一起作为下一效蒸发器的加热蒸汽。

B 蒸发器的生产强度

蒸发器的生产强度是指加热室单位传热面积上单位时间内所蒸发出的水量 U，单位为 kg/(m^2·s)。

$$U = \frac{W}{A} \tag{5.1}$$

式中　W——蒸发器单位时间内蒸发的水量，又称蒸发器生产能力，kg/s；

　　　A——蒸发器加热室的传热面积，m^2。

若只考虑水汽化所需的热量，则：

$$W = \frac{Q}{r'} \tag{5.2}$$

式中　r'——溶液中水的汽化潜热，J/kg；

　　　Q——蒸发器的传热速率，J/s。

蒸发器加热室的传热速率：

$$Q = KA\Delta t_m \tag{5.3}$$

式中　K——蒸发器加热室的传热系数，J/(m^2·K·s)；

　　　Δt_m——蒸发器加热室的平均温度差，K。

将式 (5.2) 和式 (5.3) 代入式 (5.1) 得

$$U = \frac{Q}{r'A} = \frac{K\Delta t_m}{r'} \tag{5.4}$$

由式 (5.4) 可以看出，提高传热系数与平均温度差，可以提高蒸发器的生产强度。蒸发器的生产强度是评价蒸发器的一个重要指标。

5.1.2.2　溶液的沸点升高

与其他单元操作相比，蒸发还存在另外一个典型特征，就是蒸发操作过程中溶液沸点显著升高。由于溶液中含有溶质，故其沸点高于纯溶剂在同一压强下的沸点，此高出的温度称为溶液的沸点升高，以 Δ 表示。一般手册中只有常压下数据，非常压下数据可用下面几种方法确定。

A　减压下稀盐溶液沸点升高的确定法

此法假定稀盐溶液沸点与纯水沸点之差在减压及常压下不变。例如，已知大气压下 20% 食盐溶液的沸点为 105℃，1.99×10^4 Pa 下的沸点为 60℃，求该溶液在 1.99×10^4 Pa 下的沸点。根据上述原则，该溶液在大气压下的沸点上升 5℃，则在 1.99×10^4 Pa 溶液的沸点为 60 + 5 = 65℃。

B　杜林规则

应用杜林规则可以求算任意压强下溶液的沸点。杜林规则表达为一定浓度的某种溶液的沸点与相同压强下标准液体的沸点呈线性关系。一般以纯水作为标准液体，因为纯水在不同压强下的沸点可以从水蒸气表中查到。杜林规则的表达式如下：

$$T_B = kT_w + m \tag{5.5}$$

或

$$\frac{T_B' - T_B}{T_w' - T_w} = k \tag{5.6}$$

式中　T_B'，T_B——在压强 p' 和 p 下溶液的沸点差，℃；

T'_w，T_w——在压强 p' 和 p 下水的沸点差，℃；

　　　　　k——杜林线斜率；

　　　　　m——杜林线截距。

　　根据杜林规则，原则上只要知道溶液在两个压强下的沸点即可得出杜林线，从而得到该溶液在任意压强下的沸点。

　　图 5.2 所示为以水溶液为标准液体时，不同 NaOH 水溶液的杜林线图。纵坐标为溶液的沸点，横坐标为水在不同压强下的沸点，从图中可以得到不同浓度的溶液在任一压力下的沸点，当溶液浓度较低时，沸点直线接近于平行。可认为溶液沸点的升高几乎与压力无关。

　　例如在氧化铝生产中，质量分数为 14.5% 的 NaOH 溶液，蒸发器的蒸发室压强为 $2.45 \times 10^5 Pa$，求溶液的沸点。先由饱和水蒸气表查得水在该压强下的沸点为 126.5℃，再由图 5.2 查得溶液的沸点为 135.5℃，则溶液沸点升高 9℃。

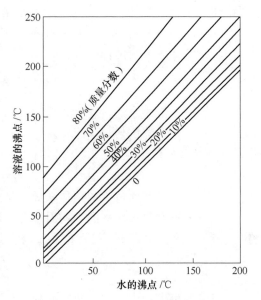

图 5.2　NaOH 水溶液的沸点直线

　　C　由液体静压强所引起的溶液沸点升高

　　蒸发器在操作时需要维持一定的液面高度。设蒸发室空间的压强为 p_0，单位为 Pa；液面所受压力即为 p_0，而溶液底层所受压强为 $(p_0 + \rho g h)$。一般在操作时，溶液中层的液体静压强为：

$$p = p_0 + \frac{\rho g h}{2} \qquad\qquad (5.7)$$

式中　h——溶液高度，m；

　　　ρ——溶液的密度，kg/m^3。

于是从饱和水蒸气表中查得该压力下的沸点 T_p，T_p 减去压力 p_0 下的沸点 T_{p_0}，即得到因液柱静压强所引起的沸点升高，以 Δ' 表示：

$$\Delta' = T_p - T_{p_0} \qquad\qquad (5.8)$$

　　例5.1　已知在蒸发操作中，蒸发室的压强为 $1.013 \times 10^5 Pa$，质量分数为 50% 的 NaOH 溶液的液面高度为 1m，溶液密度为 $1450 kg/m^3$，试求此时溶液的沸点。

　　解：在 $p_0 = 1.013 \times 10^5 Pa$ 时，水的沸点 $T = 100℃$。

　　查图 5.2，由水的沸点 $T = 100℃$，得到溶液的沸点 $t = 142℃$，$\Delta = t - T = 142 - 100 = 42℃$，溶液中层液体的静压强为：

$$p = p_0 + \frac{\rho g h}{2} = 1.013 \times 10^5 + \frac{1450 \times 9.8 \times 1}{2} = 1.084 \times 10^5 Pa$$

查此压力下水的沸点为 102℃，$\Delta' = 102 - 100 = 2℃$，于是溶液的沸点为：

$$t = T + \Delta + \Delta' = 100 + 42 + 2 = 144℃$$

5.2 蒸发设备

5.2.1 蒸发器的结构及特征

根据蒸发器中溶液流动的情况，主要分为循环型与非循环型两类。

5.2.1.1 循环型蒸发器

循环型蒸发器，溶液在其内部做循环流动，由于引起循环的原因不同，又可分为自然循环和强制循环两类。

A 自然循环蒸发器

中央循环管式蒸发器是属于自然循环型蒸发器的常见结构，称为标准式蒸发器，其应用十分广泛，结构如图5.3所示。其加热室由垂直管束组成，中间有一根直径很大的管子称为中央循环管。当加热蒸汽通入管间加热管时，由于中央循环管较大，其中单位体积溶液传热面积比其他加热管中的传热面积小，溶液的相对汽化率小，因而加热管内形成的汽液混合物的密度比中央循环管中溶液的密度小，从而使蒸发器中的溶液形成由中央循环管下降，而由其他加热管上升的循环流动。这种循环主要是由于溶液受热所致的密度差引起的，故称为自然循环。

为了使溶液有良好的循环，中央循环管的截面积，一般为其他加热管总截面积的40%~100%，加热管高度一般为1~2m，加热管直径在25~75mm之间。其优点是结构简单，操作可靠，缺点是溶液的循环速度低，传热系数小，清洗检修麻烦。

B 强制循环蒸发器

图5.4所示为强制循环蒸发器的示意图，加热室安装在蒸发器的外面，蒸发器中的循

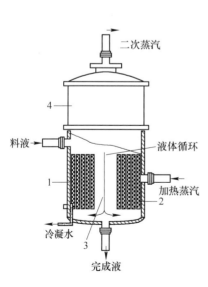

图5.3 中央循环管式蒸发器

1—外壳；2—加热室；3—中央循环管；
4—蒸发器

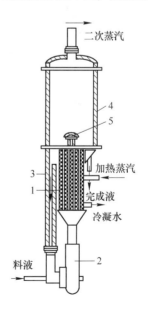

图5.4 强制循环蒸发器

1—循环泵；2—加热室；3—循环管；
4—蒸发室；5—圆锥形底

环泵使溶液沿一定方向以较高速度循环流动，其循环速度为 1.5~3.5m/s，提高了溶液的传热系数。另外，由于循环速度大，故使生成的细小晶粒保持悬浮状态，不易结垢，其缺点是动力消耗较大。

5.2.1.2 单程型蒸发器

单程型蒸发器的基本特点是溶液通过加热管一次蒸发即达到所需的浓度。因此溶液在蒸发器内停留时间短，适合于热敏物质溶液的蒸发。

A 降膜式蒸发器

降膜式蒸发器可蒸发浓度、黏度较大的溶液，不适合蒸发易结晶或易结垢的溶液。降膜式蒸发器的结构原理如图 5.5 所示。原料液由加热室的顶部加入，在重力作用下沿管内壁呈膜状向下流动，在下流的过程中被蒸发增浓。汽、液混合物从管下端流出，进入分离室，汽液分离后，完成液由分离室底部排出。这类蒸发器操作良好的关键是使溶液呈均匀的膜状沿各管内壁下流，为此，在每根加热管的顶部必须设置液体分布器。

B 升膜式蒸发器

升膜式蒸发器也是非循环型蒸发器，升膜式蒸发器结构如图 5.6 所示，加热室由垂直的长管组成，直径为 25~50mm，管长与管径之比为 100~150。原料液经预热后由蒸发器的底部进入，在加热管内溶液受热沸腾汽化，所生成的二次蒸汽在管内以高速上升，带动液体在管内壁呈膜状向上流动。常压下加热管出口处的二次蒸汽速度一般为 20~50m/s，不应小于 10m/s；减压下可达 100~160m/s 或更高。溶液在上流的过程中不断地蒸发，进入分离室后，完成液与二次蒸汽分离，由分离室底部排出。

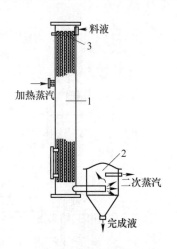

图 5.5　降膜式蒸发器

1—蒸发加热室；2—分离器；3—液体分布器

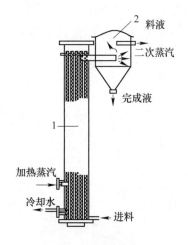

图 5.6　升膜式蒸发器

1—加热室；2—分离室

升膜式蒸发器适用于相对蒸发量较大、热敏性及易生泡沫的溶液，不适用于高黏度、有晶体析出或易结垢的溶液和浓溶液。

5.2.2　蒸发辅助设备

蒸发装置的辅助设备主要有冷凝器和除沫器，冷凝器的作用是使二次蒸汽冷凝成水而排出，应用较为广泛的是混合式冷凝器，其结构如图5.7所示。冷凝器内有若干块钻有小孔的淋水板，冷却水由上部进入，二次蒸汽由底部进入与冷凝水呈逆流接触，使二次蒸汽不断冷凝成水，并与冷却水一起从下部流出，不凝气由器顶排出。

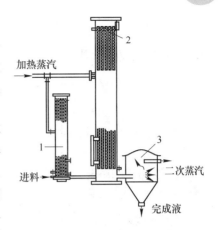

图 5.7　混合式冷凝器
1—蒸发加热室；2—液体分布器；
3—分离器

在蒸发器的分离室中二次蒸汽与液体分离后，其中还会夹带液滴，因此在蒸发器的顶部设置除沫器（或称分离器），二次蒸汽经除沫器后从蒸发器引出。若蒸发过程在减压下进行时，不凝气需用真空泵抽水，冷却水则需用气压管排出。气压管的结构为一水封装置，其下端插入水中，气压管应有足够的高度（10～11m），以保证冷凝气中的水依靠高位自动流出。

5.2.3　蒸发器的传热系数

蒸发器的传热系数原则上可按式（5.9）计算：

$$\frac{1}{K} = \frac{1}{\alpha_0} + \frac{1}{\alpha_i} + R_0 + R_w \tag{5.9}$$

式中　α_0——管间蒸汽冷凝的对流传热系数，$W/(m^2 \cdot K)$；

　　　α_i——管内溶液的对流传热系数，$W/(m^2 \cdot K)$；

　　　R_0——管外污垢热阻，$m^2 \cdot K/W$；

　　　R_w——管壁热阻，$m^2 \cdot K/W$。

对蒸发器的设计来说，传热系数是一个很重要的参数，随着蒸发过程的不断进行，传热面上的结垢越来越严重。因此从理论上计算蒸发器的传热系数是比较困难的，但可以通过实验测定蒸发器的传热系数。

5.3　单　效　蒸　发

5.3.1　单效蒸发概述

蒸发器中温度差 Δt 的产生，是由于水蒸气在不同压强下具有不同的饱和温度，要使蒸发操作能够进行，加热蒸汽与二次蒸汽间必须有一个压强差。为了增大压强差，工业上除使加热蒸汽在一定压强进入加热室外，常使溶液在减压下即真空下沸腾。

真空蒸发有以下优点：

（1）溶液的沸点比常压下的沸点低，因此可以提高加热蒸汽与沸腾液体间的温度差，蒸发器的传热面积可以相应减小。

（2）可以利用低压蒸汽或废蒸汽作为加热蒸汽。

（3）可以浓缩不耐高温的溶液。

（4）由于溶液的沸点降低，蒸发器损失于外界的热量较小。但真空蒸发需要增设一套抽真空的装置以保持蒸发室的真空度，从而消耗了额外的能量。

5.3.2 单效蒸发的计算

对连续操作的单效蒸发，已知加料量 F，料液中溶质的质量分数为 x_0，料液的温度 T_0，要求将溶液浓缩到溶质的质量分数为 x_1，加热蒸汽的压强为 p_s，冷凝器的操作压强为 p_c，通常要求计算：（1）水分蒸发量 W；（2）加热蒸汽的消耗量 D；（3）蒸发器的传热面积 A。

对上述问题的解决，通常应用物料衡算、热量衡算和传热速率方程。

5.3.2.1 物料衡算

以整厂蒸发器为衡算的范围，以 1h 为基准，对溶质进行物料衡算，如图 5.8（a）所示。

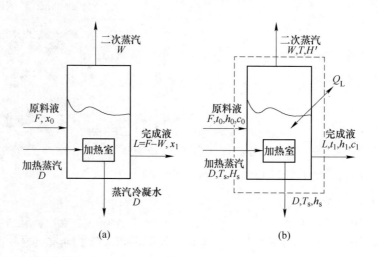

图 5.8 单效蒸发的物料衡算和热量衡算示意图
（a）物料衡算；（b）热量衡算

稳态蒸发过程中，单位时间进入和离开蒸发器的溶质量相等，即

$$Fx_0 = (F - W)x_1 \tag{5.10}$$

故

$$W = F\left(1 - \frac{x_0}{x_1}\right) \tag{5.11}$$

式中 F——溶液的进料量，kg/h；

　　　W——水分蒸发量，kg/h；

　　　x_0——料液中溶质的质量分数；

　　　x_1——完成液中溶质的质量分数。

5.3.2.2 热量衡算

仍取整厂蒸发器为衡算的范围（见图 5.8（b）），取 0℃时液体的焓为零，以 1h 为基准，对蒸发器进行热量衡算：

$$DH_s + Fh_0 = Dh_s + WH' + (F - W)h_1 + Q_L \tag{5.12}$$

式中　H_s——加热蒸汽的焓，J/kg；

　　　H'——二次蒸汽的焓，J/kg；

　　　h_s——加热器中冷凝水的焓，J/kg；

　　　h_0——料液的焓，J/kg；

　　　h_1——完成液的焓，J/kg；

　　　Q_L——蒸发器的热损失，J/kg；

　　　D——加热蒸汽的消耗量，kg/h；

　　　F——进料的质量流量，kg/h；

　　　W——水的蒸发量，kg/h。

对大多数物料的蒸发，可以忽略溶液的浓缩热，由比热容求焓，则：

$$h_0 = c_0 t_0 - 0 = c_0 t_0 \tag{5.13}$$

$$h_1 = c_1 t_1 - 0 = c_1 t_1 \tag{5.14}$$

$$c_0 = c_W (1 - x_0) + c_B x_0 \tag{5.15}$$

$$c_1 = c_W (1 - x_1) + c_B x_1 \tag{5.16}$$

式中　c_0——原料液的比热容，J/(kg·K)；

　　　c_1——完成液的比热容，J/(kg·K)；

　　　t_0——料液温度，℃；

　　　t_1——蒸发器中溶液的沸点，℃；

　　　c_B——溶质的比热容，J/(kg·K)；

　　　c_W——水的比热容，J/(kg·K)。

由式（5.15）及式（5.10）得出：

$$c_B = \frac{c_0 - c_W + c_W x_0}{x_0} \tag{5.17}$$

$$x_1 = \frac{F x_0}{F - W} \tag{5.18}$$

代入式（5.16）化简得：

$$(F - W) c_1 = F c_0 - W c_W \tag{5.19}$$

代入式（5.12）并整理得：

$$D = \frac{W H' + (F c_0 - W c_W) t_1 - F c_0 t_0 + Q_L}{H_s - h_s} \tag{5.20}$$

冷凝水的焓：　　　　　　　　　　$h_s = c_W T_s \tag{5.21}$

二次蒸汽的焓：　　　　　$H' = H_{s,p_1} + c_p (t_1 - t_{1,s}) \tag{5.22}$

式中　t_1——冷凝水的温度，℃；

　　　H_{s,p_1}——在蒸发器操作压强 p_1 的饱和蒸汽的焓，J/kg；

　　　$t_{1,s}$——压强为 p_1 的饱和蒸汽的温度，℃；

　　　c_p——水蒸气的比定压热容，J/(kg·K)。

　　因为　　　　　　　　　　　　$H' - c_W t_1 = r' \tag{5.23}$

式中　r'——t_1 温度下水的汽化潜热，J/kg。

将式（5.23）代入式（5.20）整理得：

$$D = \frac{Wr' + Fc_0(t_1 - t_0) + Q_L}{H_s - h_s} \quad (5.24)$$

因为 $\qquad\qquad H_s - h_s = r \qquad\qquad (5.25)$

式中 r ——加热蒸汽的冷凝热，J/kg。

将式（5.25）代入式（5.24）得：

$$Dr = Wr' + Fc_0(t_1 - t_0) + Q_L \quad (5.26)$$

若原料液在沸点下加入蒸发器，忽略热损失，则上式变为：

$$e = \frac{D}{W} = \frac{r'}{r} \quad (5.27)$$

式中 e ——单位蒸汽消耗量，表示蒸汽的利用程度。在理想状态下，$r = r'$，$D = W$，$e = 1$。表示消耗 1kg 的加热蒸汽可以产生 1kg 的二次蒸汽。实际上 e 约为 1.1 或更大。

5.3.2.3 传热面积的计算

根据传热速率方程得： $\qquad\qquad A = \dfrac{Q}{K\Delta t_m}$

式中 Q ——蒸发器加热室的传热速率，J/s；

$\quad\ K$ ——蒸发器加热室的传热系数，J/($m^2 \cdot K \cdot s$)；

Δt_m ——加热室两侧的平均温度差，K；

$\quad\ A$ ——蒸发器的传热面积，m^2。

如果忽略加热室的热损失，Q 即为加热蒸汽冷凝放出的热量，即：

$$Q = D(H_s - h_s) = Dr \quad (5.28)$$

A 蒸发器加热室的平均温度差

蒸发器加热室一侧是加热蒸汽冷凝，其温度为加热蒸汽的冷凝温度 T_s，另一侧为溶液沸腾，其温度为溶液的沸点。溶液侧的温度随位置而异，但差别不大，可取平均值作为溶液沸点，膜式蒸发器除外。

$$\Delta t_m = T_s - T_B \quad (5.29)$$

式中 T_B ——溶液的沸点，℃。

B 蒸发装置的最大可能温度差

在理想的情况下，蒸发器中溶液的沸点等于冷凝器操作压强下水的沸点 T_c，此时蒸发装置的最大可能温度差为：

$$\Delta t_{max} = T_s - T_c \quad (5.30)$$

C 温度差损失和有效温度差

实际上二次蒸汽在管道中的流动阻力，蒸发器分离室内的压强高于冷凝器的压强，因此，分离室内的沸点 T_3' 应高于 T_c，其差值为：

$$\Delta''' = T_3' - T_c \quad (5.31)$$

Δ''' 称为二次蒸汽流动的压降引起的温度差损失。操作压强越小，Δ''' 越大，平均取为 1℃。

液层中的压强高于液面上的压强。因此，液层中水的沸点 T_2' 高于分离室中水的沸点，其差值为：

$$\Delta'' = T_2' - T_3' \tag{5.32}$$

Δ'' 称为液层静压强引起的温度差。操作压强越低，Δ'' 越大，溶液的沸点 T_B 比水的沸点 T_2' 高，其差值为 Δ'。

$$\Delta' = T_B - T_2' \tag{5.33}$$

Δ' 称为溶液沸点升高引起的温度差损失。

实际加热室两侧传热的平均温度差 ΔT_m，也称为有效温度差，其大小为：

$$\Delta t_m = T_S - T_B = T_S - T_C - (\Delta' + \Delta'' + \Delta''') = \Delta t_{max} - (\Delta' + \Delta'' + \Delta''') \tag{5.34}$$

其中

$$\Delta = \Delta' + \Delta'' + \Delta''' \tag{5.35}$$

Δ 称为单效蒸发装置的总温度差损失，则蒸发器加热室的有效温度差为蒸发装置的最大可能温度差减去总温度差损失。

5.3.2.4 浓缩热和溶液的焓浓图

有些物料，如氢氧化钠、氯化钙等水溶液，在稀释时具有明显的放热效应，而在蒸发浓缩时，有明显的吸热效应。蒸发时，除了供给水分蒸发所需的汽化潜热以外，还必须供给浓缩时的吸热效应的浓缩热。这种溶液的焓值由焓浓图查得，图 5.9 所示为 NaOH 水溶液焓浓图。

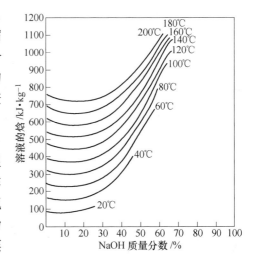

图 5.9   NaOH 水溶液的焓浓图

例 5.2 采用真空蒸发将质量分数为 20% 的氢氧化钠水溶液浓缩到 50%。溶液的加料温度为 60℃，加料量为 5000kg/h。蒸发器内操作压强为 53.3kPa（真空度），在此压强下 50% 氢氧化钠溶液的沸点 120℃。加热蒸汽的压强为 0.3MPa（表压）。冷凝水在饱和温度下排出。蒸发器的热损失为加热蒸汽放热量的 3%，求：（1）水蒸发量 W。（2）加热蒸汽消耗量 D。

解：（1）水蒸发量 W 为：

$$W = F\left(1 - \frac{x_0}{x_1}\right) = 5000 \times \left(1 - \frac{0.2}{0.5}\right) = 3000\,\text{kg/h}$$

（2）计算加热蒸汽消耗量 D。因为 NaOH 溶液的稀释热很大，不能忽略，故应用式 (5.12)。

NaOH 溶液的焓由图 5.9 查得，60℃，20% NaOH 溶液的焓为 $h_0 = 220\,\text{kJ/kg}$；120℃，50% NaOH 溶液的焓为 $h_1 = 610\,\text{kJ/kg}$。

由饱和水蒸气表查得，0.3MPa（表压）的水蒸气的冷凝热 $r = 2140\,\text{kJ/kg}$，在 120℃ 时蒸汽的焓 $H' = 2709\,\text{kJ/kg}$。

$$D = \frac{WH' + (F - W)h_1 - Fh_0 + Q_L}{H_s - h_s} = \frac{WH' + (F - W)h_1 - Fh_0 + 0.03 \times D \times 2140}{r}$$

$$= \frac{3000 \times 2709 + 2000 \times 610 - 5000 \times 220 + 64.2 \times D}{2140}$$

即：

$$D = 3973\,\text{kg/h}$$

$$e = \frac{D}{W} = \frac{3973}{3000} = 1.32$$

此例中单位蒸汽消耗量大的原因是 NaOH 溶液的浓缩热大,一部分加热蒸汽的冷凝热用于浓缩溶液。

5.4 多效蒸发

5.4.1 多效蒸发的流程

多效蒸发的原理是加热蒸汽通入第一效蒸发器,所产生的二次蒸汽作为第二效蒸发器的加热蒸汽,第二效蒸出的二次蒸汽作为第三效的加热蒸汽,依此类推,多效蒸发可以节省加热蒸汽的消耗量。因此,在蒸发大量水分时,常采用多效蒸发,多效蒸发器有双效、三效、四效,有的多达六效。多效蒸发有四种加料方法。

5.4.1.1 并流法

工业上常用的并流加料法如图 5.10 所示,溶液的流向与蒸汽相同,即由第一效顺序流至末效。并流加料的优点是溶液从压强和温度高的蒸发器流向压强和温度低的蒸发器,因此,溶液可以依靠效间的压差流动,不需要用泵输送。另外,由于前一效的溶液沸点比后一效的高,因此,当溶液进入后一效时,即成过热状态而立即蒸发,可以产生更多的二次蒸汽。

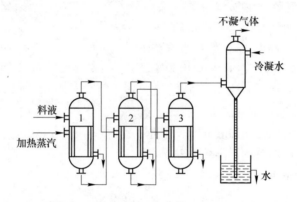

图 5.10 并流加料蒸发操作流程

并流加料的缺点是,从第一效至末效溶液的温度降低,使溶液的黏度增加,传热器的总传热系数下降得很快,特别是最后一、二效尤为严重,使整体系统的生产能量降低。

5.4.1.2 逆流法

在逆流加料操作流程中溶液的流向与蒸汽的流向相反,如图 5.11 所示。原料液由末效流入,并由泵输入到前一效。逆流法的优点在于:溶液的浓度越大,蒸发的温度也越高,因此各效溶液的黏度相差不大,传热系数也不致太小。与并流法相比其缺点是所产生的二次蒸汽量减少。

5.4.1.3 错流法

错流法吸取了并流法和逆流法的优点,采用部分并流加料和部分逆流加料,但操作比较复杂。

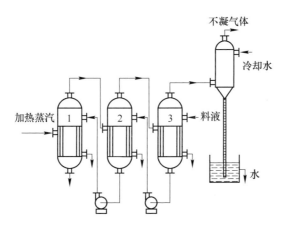

图 5.11 逆流加料的三效蒸发流程

5.4.1.4 平流法

平流法的流程如图 5.12 所示，各效分别进料，并分别产出完成液，这种流程的特点是溶液不在效间流动，适合于蒸发过程有结晶析出的情况。

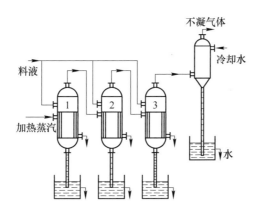

图 5.12 平流加料的三效蒸发流程

5.4.2 多效蒸发的温度差损失和有效温度差

5.4.2.1 多效蒸发的温度差损失和有效温差

对并流加料的三效蒸发流程来讲，整个蒸发装置的最大可能温度差 ΔT_{max} 为

$$\Delta T_{max} = T_s - T_c \qquad (5.36)$$

式中 T_s，T_c——分别为加热蒸汽的冷凝温度和水蒸气的冷凝温度，℃。

实际上，由于溶液浓度引起的沸点升高，液柱静压力的影响以及二次蒸汽在各效间流动的摩擦阻力，每一效都有温度差损失，如图 5.13 所示。

对第三效蒸发器来讲，溶液的沸点高于 T_c，其差值由上述三部分组成的，即由溶液沸点升高引起的温度差损失 Δ'_3，由液层静压力引起的温度差损失 Δ''_3，以及由二次蒸汽流动压降引起的温度差 Δ'''_3 之和，即：

$$T_3 = T_c + (\Delta'_3 + \Delta''_3 + \Delta'''_3)_3 \qquad (5.37)$$

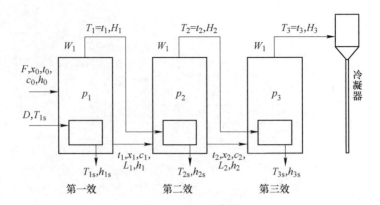

图 5.13　三效蒸发装置各效温度及温度差损失示意图

对第二效蒸发器来讲，设第二效蒸发器中溶液的沸点 T_2，第三效加热蒸汽的冷凝温为 $T_{s,3}$，第二效蒸发器的三项温度差损失之和为 $(\Delta_3' + \Delta_3'' + \Delta_3''')_3$，则它们之间的关系为：

$$T_2 = T_{s,3} + (\Delta' + \Delta'' + \Delta''')_2 \tag{5.38}$$

同时，第一效蒸发器中溶液的沸点 T_3 为第二效加热蒸汽的冷凝温度 $T_{s,2}$ 与第一效蒸发器的三项温度差损失之和：

$$T_1 = T_{s,2} + (\Delta' + \Delta'' + \Delta''')_1 \tag{5.39}$$

则三效蒸发装置的总有效温度差 $\Delta T_{m,总}$ 为：

$$
\begin{aligned}
\Delta T_{m,总} &= (T_s - T_1) + (T_{s,2} - T_2) + (T_{s,3} - T_3) \\
&= (T_s - T_c) - \sum_1^n (\Delta' + \Delta'' + \Delta''') = \Delta T_{max} - \sum_1^n (\Delta' + \Delta'' + \Delta''')
\end{aligned}
\tag{5.40}
$$

对 n 效蒸发器为：

$$
\begin{aligned}
\Delta T_{m,总} &= (T_s - T_c) - \sum_1^n (\Delta' + \Delta'' + \Delta''') \\
&= \Delta T_{max} - \sum_1^n (\Delta' + \Delta'' + \Delta''')
\end{aligned}
\tag{5.41}
$$

从式（5.41）可以看出，在相同条件下，效数愈多，总温度差损失越大，总有效温度差愈小。一般每效蒸发器的有效温度差最小应为 5～7℃。另外，增加效数，需要增加设备费，所以，若溶液的沸点升高较大，通常采用 2～3 效，若溶液的沸点升高较小，常采用 4～6 效。

5.4.2.2　多效蒸发最佳效数的确定

评价蒸发操作的两个主要技术经济指标有能耗与蒸发器的生产强度。能耗是加热蒸汽消耗量，它在较大程度上决定了操作费用的多少。蒸发器的生产强度决定了设备投资的大小。最佳效数是根据设计费与操作费之和为最小来确定。

n 效蒸发器的单位蒸汽理论消耗量为 $1/n$，单位为 kg/kg。实际上由于热损失、溶液的浓缩等因素，n 效蒸发器单位蒸汽的实际消耗量大于 $1/n$。随着效数的增加，单位蒸汽消耗量减小的趋势减小。也就是说随着效数的增多，操作费用降低的趋势减小，见表5.1。

表 5.1 蒸发过程的单位蒸汽消耗量

效数 n	单位效	双效	三效	四效	五效
理想粗估值 $1/n$	1	0.5	0.33	0.25	0.2
实际平均值	1.1	0.75	0.4	0.3	0.27

在加热蒸汽压强 p_s，冷凝器操作压强 p_c 以及加料与完成液浓度相同的条件下，随着效数的增加，蒸发器的生产强度减小。

假设各效蒸发器的传热面积相等，传热系数相等，则多效蒸发装置的生产能力，以传热速率表示为：

$$Q = Q_1 + Q_2 + \cdots + Q_n = KA\Delta T_{m,1} + KA\Delta T_{m,2} + \cdots + KA\Delta T_{m,n}$$

$$= KA\left[\Delta T_{max} - \sum_1^n (\Delta' + \Delta'' + \Delta''')\right] \tag{5.42}$$

由此可知，效数越多，温度差损失越大，装置的生产能力越小。多效蒸发装置的生产强度 U 为：

$$U = \frac{Q}{mA} = \frac{K}{m}\left[\Delta T_{max} - \sum_1^n (\Delta' + \Delta'' + \Delta''')\right] \tag{5.43}$$

可见随着效数的增加，蒸发器的生产强度降低很快，因而蒸发每千克水需要的设备投资增加快。根据设备费与操作费之和最小的原则进行经济核算，即可求出最佳效数。

5.4.3 多效蒸发的计算

多效蒸发的计算比单效蒸发复杂，未知数较多。对多效蒸发的设计型计算主要是确定蒸发器所需的传热面积。通常已知：加料量 F，组成 x_0，温度 T_0，要求完成液浓度为 x_E，加热蒸汽的压强为 p_s（或饱和温度为 T_s），冷凝器的操作压强 p_c，各效的总传热系数 K_1，K_2，$\cdots$，以及溶液的物理性质如焓和比热容等。

计算：（1）总蒸发量 W 与各效蒸发量 W_i；（2）加热蒸汽消耗量 D；（3）各效传热面积相等时的传热面 A。

n 效蒸发器的水总量 W 可根据整个系统的物料衡算式确定，即

$$Fx_0 = (F - W)x_E \tag{5.44}$$

得到

$$W = F\left(1 - \frac{x_0}{x_E}\right) \tag{5.45}$$

用试差法求解其他量，具体步骤如下：

（1）设初值。一般设各效蒸发量 W_1，W_2，$\cdots$ 和各效压强 p_1，p_2，$\cdots$ 为初值。各效蒸发量的初值可按各效蒸发量相等的原则确定，各效的操作压强也按相等确定，取相邻两效间的压差为 $(p_s - p_c)/n$。

（2）计算各效中溶液的浓度。根据各效蒸发量的初设值，应用物料预算依次计算各效的溶液浓度 x_1。例如第一、二效中溶液的浓度 x_1、x_2 分别由

$$Fx_0 = (F - W_1)x_1 \tag{5.46}$$

得到
$$(F - W_1)x_1 = (F - W_1 - W_2)x_2 \tag{5.47}$$

求得
$$x_1 = \frac{F}{F - W_1}x_0 \quad x_2 = \frac{F - W_1}{F - W_1 - W_2}x_1 \tag{5.48}$$

式中　W_1，W_2——分别为第一效、二效中水分蒸发量。

　　（3）确定各效的温度差损失 Δ_i 和溶液沸点 T_i：

对 i 效的温度差损失
$$\Delta_i = (\Delta' + \Delta'' + \Delta''')_i \tag{5.49}$$

i 效溶液的沸点
$$T_i = f_i(p_i, x_i, L_i) \tag{5.50}$$

式中　T_i——溶液压强、溶液浓度及液层高的函数。

　　加热蒸汽的冷凝温度是 $T_{s,1}$，（$i-1$）效的溶液的沸点 T_{i-1}，与温度差损失 Δ_{i-1} 之差为：

$$T_{s,i} = T_{i-1} - \Delta_{i-1} \tag{5.51}$$

　　（4）计算 i 效的有效温度差及总温度差。

　　（5）应用热量衡算式，联立求解加热蒸汽用量 D 与各效蒸发量的 W_1，W_2，…

　　例如对第一效做热量衡算，并不计热量损失，则根据式（5.26）得：

$$D_1 r_1 = W_1 r_1' + F c_0 (T_1 - T_0) \tag{5.52}$$

即
$$W_1 = \frac{D_1 r_1 + F c_0 (T_0 - T_1)}{r_1'} \tag{5.53}$$

式中　r_1，r_1'——分别为第一效加热蒸汽及第二次蒸汽的冷凝热，可作为常数。如果考虑
　　　　　　溶液的稀释热和热损失，可引入热利用系数 η。

$$W_1 = \frac{D_1 r_1 + F c_0 (T_0 - T_1)}{r_1'}\eta_1 \tag{5.54}$$

η 取经验值，一般为 $0.96 \sim 0.98$，溶液稀释热越大，η 越大，对 NaOH 溶液可按下述经验公式计算：

$$\eta = 0.98 - 0.007\Delta x \tag{5.55}$$

Δx 为溶液在蒸发器中的浓度升高值，以质量分数表示。

　　对第二效作热量衡算得：

$$W_2 = \frac{D_1 r_1' + F c_0 (T c_0 - W_1 c_W)(T_1 - T_2)}{r_1}\eta_2 \tag{5.56}$$

对第 i 效有类似的表达式。

　　同时
$$W_1 + W_2 + \cdots + W_n = W \tag{5.57}$$

联立上述方程，共有（$n+1$）个方程，求出（$n+1$）个量，W_1，W_2，…，W_n 及 D_1。

　　（6）用传热方程计算传热面积 A。

　　传热速率方程为：
$$Q_1 = D_1 r_1 = K_1 A_1 (T_s - T_1) \tag{5.58}$$

$$Q_2 = D_1 r_1' = K_2 A_2 (T_{s,2} - T_2) \tag{5.59}$$

$$Q_i = D_{i-1} r_{i-1}' = K_i A_i (T_{s,i} - T_i) \tag{5.60}$$

则
$$A_1 = \frac{D_1 r_1}{K_1 (T_s - T_1)} \tag{5.61}$$

$$A_2 = \frac{D_1 r_1'}{K_2 (T_{s,2} - T_2)} \tag{5.62}$$

$$A_i = \frac{D_{i-1} r'_{i-1}}{K_i (T_{s,i} - T_i)} \tag{5.63}$$

（7）检验各效蒸发量的计算值与初设值是否相等，各效传热面积是否相等，如不相等，重设初值，重新计算。

各效蒸发量初设值的调整，通常以本次蒸发量的计算值作为下次计算的初设值，重新调整各效压强，其目的是要调整各效传热的有效温度差。

在第一次试算时，各效的传热速率方程为：

第一效：
$$Q = K_1 A_1 \Delta T_1 \tag{5.64}$$

第二效：
$$Q = K_2 A_2 \Delta T_2 \tag{5.65}$$

在各效蒸发量确定的条件下，各效传热量已基本确定，不会有显著改变，所以要求各效传热面积相等时，各效有效温度差调整后应符合：

$$Q = K_1 A_1 \Delta T'_1 \tag{5.66}$$

$$Q = K_2 A_2 \Delta T'_2 \tag{5.67}$$

式中 $\Delta T'_1$，$\Delta T'_2$——分别为调整后的有效温度差。将上式比较得：

$$\frac{A_1 \Delta T'_1}{A \Delta T'_1} = \frac{A_2 \Delta T'_2}{A \Delta T'_2} = \cdots = \frac{A_1 \Delta T_1 + A_2 \Delta T_2}{A (\Delta T'_1 + \Delta T'_2 + \cdots)} \tag{5.68}$$

$$A = \frac{A_1 \Delta T_1 + A_2 \Delta T_2 + \cdots}{\sum \Delta T'} \tag{5.69}$$

所以调整后各效的有效温度差为：

$$\Delta T'_1 = \frac{A_1 \Delta T_1}{A} \tag{5.70}$$

$$\Delta T'_2 = \frac{A_2 \Delta T_2}{A} \tag{5.71}$$

算出调整后的各效有效温度差后，重新确定各效压强。

根据调整后的初设值，重新进行（2）~（6）步的计算，重复计算直至各蒸发量的计算值与初设值相符，各效传热面积相等为止。

例 5.3 设计一套并流加料的双效蒸发器，蒸发 NaOH 溶液。

已知料液为质量分数为 10% 的 NaOH 溶液，加料量为 10000kg/h，沸点加料。要求完成液浓度为 50%，加热蒸汽为 500kPa（绝压）的饱和蒸汽（冷凝温度 157.1℃）。冷凝器操作压强为 15kPa（绝压）。一、二两效蒸发器的传热系数分别为 1170W/（m² · K）与 700W/（m² · K）。原料液的比热容为 3.77kJ/（kg · K）。估计蒸发器中加热管底端以上液层高度为 1.2m。两效中溶液的平均密度分别为 1120kg/m² 和 1460kg/m²，冷凝液均在饱和温度下排出。

要求计算：（1）总蒸发量与各效蒸发量；（2）加热蒸汽用量；（3）各效蒸发器所需传热面（要求各效传热面相等）。

解：按前述步骤计算。

（1）设 W_1，W_2，p_1，p_2 的初值。总蒸发量为：

$$W = F \left(1 - \frac{x_0}{x_1} \right) = 10000 \times \left(1 - \frac{0.1}{0.5} \right) = 8000 \text{kg/h}$$

设 $$W_1 = W_2 = \frac{8000}{2} = 4000 \text{kg/h}$$

每效压差 $$\Delta p = \frac{500 - 15}{2} = 242.5 \text{kPa}$$

取 $$p_1 = 500 - 240 = 260 \text{kPa}, \quad p_2 = 15 \text{kPa}$$

（2）求 x_1，x_2：

$$x_1 = \frac{Fx_0}{F - W_1} = \frac{1000}{6000} = 0.167$$

$$x_2 = \frac{F - W_1}{F - W_1 - W_2} x_1 = \frac{6000}{2000} \times 0.167 = 0.5$$

（3）求各效沸点与温度差损失：

1）第 2 效。冷凝器操作压强下水的沸点 T_c，得 $T_c = 53.5℃$，取 $\Delta''' = 1℃$，$p_2 = p_c = 15 \text{kPa}$。液层中平均压强 p_{2m} 为：

$$p_{2m} = 15 + \frac{1460 \times 9.81 \times 1.2}{2 \times 10^3} = 23.6 \text{kPa}$$

在此压强下水的沸点为 62.9℃，所以

$$\Delta_2'' = 62.9 - 53.5 = 9.4℃$$

查图 5.2，得在此压强下溶液的沸点 101.3℃，所以

$$\Delta_2' = 101.3 - 62.9 = 38.4℃$$

$$T_2 = 53.5 + (38.4 + 9.4 + 1) = 102.3℃$$

2）第 1 效。取第 2 效加热室的压强近似等于第 1 效分离室的压强，即 260kPa，在此压强下水蒸气的冷凝温度为 128℃。取 $\Delta_1''' = 1℃$，液层中平均压强 p_{1m} 为：

$$p_{1m} = 260 + \frac{1120 \times 9.81 \times 1.2}{2 \times 10^3} = 266.6 \text{kPa}$$

在此压强下水的沸点为 128.8℃，所以

$$\Delta_1'' = 128.8 - 128 = 0.8℃$$

查图 5.2 得在此压强下 16.7% 的 NaOH 溶液的沸点为 137℃，所以

$$\Delta_1' = 137 - 128 = 9℃$$

$$T_1 = 128 + (9 + 0.8 + 1) = 138.8℃$$

两效的有效温度差分别为：

$$\Delta T_1 = 151.7 - 138.8 = 12.9℃$$

$$\Delta T_1 = 128 - 102.3 = 25.7℃$$

$$\Delta T_总 = 12.9 + 25.7 = 38.6℃$$

（4）求 D，W，W_2：

1）第 1 效，根据热量衡算式（5.55），沸点加料为：

$$T_0 = T_1 = 138.8℃$$

$$\eta = 0.98 - 0.007\Delta x = 0.98 - 0.007 \times 6.7 = 0.933$$

加热蒸汽的冷凝热为 2113kJ/kg，二次蒸汽的汽化热取 260kPa 下水的汽化热，为 2180kJ/kg，将以上数字代入式（5.53）求得：

$$W_1 = \frac{D_{1,r_1}}{r_1'} = 0.0904D$$

2）第 2 效，根据热量衡算式（5.56），二次蒸汽的汽化热取 15kPa 下水的汽化热，为 2370kJ/kg。

$$\eta = 0.98 - 0.007 \times (50 - 16.7) = 0.9747$$

$c_0 = 3.77 \text{kJ/(kg·K)}$，$c_W = 4.187 \text{kJ/(kg·K)}$，$T_1 = 138.8 \text{℃}$，$T_2 = 102.3 \text{℃}$。

将以上数据代入式（5.56），得：

$$W_2 = 0.064W_1 + 426$$

$$W_1 + W_2 = 8000 \text{kg/h}$$

联立 W_1 和 W_2 的计算式解得：$D = 5125 \text{kg/h}$，$W_1 = 4618 \text{kg/h}$，$W_2 = 3382 \text{kg/h}$。

（5）各效的传热面为：

$$A_1 = \frac{Q_1}{K_1 \Delta T_1} = \frac{5125 \times 2113 \times 10^3}{3600 \times 1170 \times 12.9} = 199 \text{m}^2$$

$$A_2 = \frac{Q_2}{K_2 \Delta T_2} = \frac{4618 \times 2180 \times 10^3}{3600 \times 700 \times 25.7} = 155 \text{m}^2$$

（6）检验第 1 次试算结果。$A_1 \neq A_2$，和 W_2 与初设值相差很大，调整蒸发量。取 $W_1 = 4618 \text{kg/h}$，$W_2 = 3382 \text{kg/h}$。调整各效的有效温度差，根据式（5.69）与式（5.70）：

$$A = \frac{119 \times 12.9 + 155 \times 25.7}{38.6} = 170 \text{m}^2$$

$$\Delta T_1' = \frac{199 \times 12.9}{170} = 15.2 \text{℃}$$

$$\Delta T_2' = \frac{155 \times 25.7}{170} = 23.4 \text{℃}$$

重新进行另一次试算：

1）求 x_1：

$$x_1 = \frac{1000}{5382} = 0.186$$

2）求各效沸点与温度差损失。第 2 效条件未变，溶液沸点与温度差损失同前。

第 1 效：由于第 2 效有效温度差减小 2.3℃。第 2 效加热室冷凝温度降低 2.3℃，即应为 125.7℃。相应地第 1 效的压强应为 240kPa，与第 1 次所设初值变化不大，鉴于第 1 效蒸发器中因液层静压力而引起的温度差损失不大，第 1 效的 NaOH 溶液浓度与第 1 次试算值差别不大，NaOH 稀溶液的沸点升高值随压强的变化也不大，所以第 1 效蒸发器的温度差损失也可以认为不变，因此

$$T_1 = 151.7 - 15.2 = 136.5 \text{℃}$$

3）求 D，W_1，W_2。同前面（4），得出三个方程式，联立解得：$W_1 = 4570 \text{kg/h}$，$W_2 = 3430 \text{kg/h}$，$D = 5135 \text{kg/h}$。

4）求 A：

$$A_1 = \frac{4570 \times 2180 \times 10^3}{3600 \times 700 \times 23.4} = 169 \text{m}^2$$

$$A_2 = \frac{5135 \times 2113 \times 10^3}{3600 \times 1170 \times 15.2} = 169 \text{m}^2$$

计算结果与初设值基本一致，故结果为：$A = 169\text{m}^2$，$W_1 = 4570\text{kg/h}$，$W_2 = 3430\text{kg/h}$，$D = 5135\text{kg/h}$。

氧化铝生产中的矿浆蒸发过程介绍如下。

在氧化铝生产过程中，高压溶出后的矿浆依次通过 8 级自蒸发器降压冷却后自流入稀释槽。已知 1 号自蒸发器进料温度（等于溶出温度）为 250℃；8 号自蒸发器绝对压力为 196kPa（表压为 98kPa），经查饱和蒸汽表得知其蒸汽温度为 119.6℃，取为 120℃。取该溶出液的沸点升高为 14℃，则 8 号自蒸发器矿浆的温度（达到沸点时的温度）：

$$t_8 = 120 + 14 = 134℃$$

1 号→8 号自蒸发器矿浆的温度差：$250 - 134 = 116℃$

则相邻两级自蒸发器的平均温度差：$\Delta t = 116/8 = 14.5℃$

因为 Δt 在 13～15℃ 之间，所以选取 8 级自蒸发为合理的级数。

现取温度较高的 1～4 号自蒸发器每相邻两级的 Δt 为 14℃，而温度降低的 5～8 号自蒸发器每相邻两级的 Δt 为 15℃。

1～8 级自蒸发器的参数列于表 5.2。

表 5.2　各级自蒸发器的参数

级　　数	1	2	3	4	5	6	7	8
矿浆温度/℃	236	222	208	194	179	164	149	134
自蒸发蒸汽温度/℃	222	208	194	180	165	150	135	120
蒸发热/kJ·kg^{-1}	1845.9	1905.2	1960.8	2011.8	2062.8	2110.8	2406.4	2198.3
溶液沸点升高/℃	14	14	14	14	14	14	14	14
自蒸发蒸汽压力/MPa	2.462	1.873	1.396	1.022	0.714	0.465	0.319	0.202

矿浆的自蒸发水量按下式计算：

$$W = \frac{mc\Delta t\eta}{i}$$

式中　W ——生产 1t 氧化铝所需的矿浆的自蒸发水量，kg；

　　　m ——生产 1t 氧化铝所需的进入该级自蒸发器的矿浆量，kg；

　　　c ——矿浆的比热容，计算值为 3.1446kJ/(kg·℃)；

　　　η ——热效率，取为 95%；

　　　Δt ——相邻两级自蒸发器的温度差，即该级自蒸发器进出矿浆的温度差，℃；

　　　i ——该级自蒸发蒸汽的蒸发热，kJ/kg。

所以　　　　$W_1 = \dfrac{12045.443 \times 3.1446 \times (250 - 236) \times 0.95}{1845.9} = 272.92\text{kg}$

　　　　　　$W_2 = \dfrac{(12045.443 - 272.92) \times 3.1446 \times 14 \times 0.95}{1905.9} = 258.43\text{kg}$

　　　　　　$W_3 = \dfrac{(12045.443 - 272.92 - 258.43) \times 3.1446 \times 14 \times 0.95}{1960.8} = 245.59\text{kg}$

　　　　　　$W_4 = \dfrac{(11514.093 - 245.492) \times 3.1446 \times 14 \times 0.95}{2011.8} = 234.26\text{kg}$

$$W_5 = \frac{(11268.601 - 234.26) \times 3.1446 \times 15 \times 0.95}{2062.8} = 239.70\text{kg}$$

$$W_6 = \frac{(11034.341 - 223.72) \times 3.1446 \times 15 \times 0.95}{2110.8} = 229.16\text{kg}$$

$$W_7 = \frac{(10810.621 - 229.50) \times 3.1446 \times 15 \times 0.95}{2406.4} = 196.74\text{kg}$$

$$W_8 = \frac{(10581.121 - 197.03) \times 3.1446 \times 15 \times 0.95}{2198.3} = 211.36\text{kg}$$

矿浆的自蒸发水量：

$$W = W_1 + W_2 + \cdots + W_8$$
$$= 272.92 + 258.43 + 245.59 + 234.26 + 239.70 + 229.16 + 196.74 + 211.36$$
$$= 1888.16\text{kg}$$

习　题

概念题

5.1　蒸发。

5.2　真空蒸发。

5.3　单效蒸发和多效蒸发。

5.4　加热蒸汽和二次蒸汽。

5.5　溶液的沸点升高与杜林规则。

5.6　蒸发器的生产强度。

思考题

5.1　阐述蒸发单元操作的特点。

5.2　真空蒸发的优点有哪些?

5.3　分析蒸发过程中的温度差损失及其原因。

5.4　多效蒸发的加料方式有哪些?

计算题

5.1　求单效蒸发器内每小时浓缩 2t NaOH 溶液的蒸汽消耗量。溶液最初的浓度为 14.1% （质量分数），最终的浓度为 24.1% （此时 NaOH 沸点为 113℃）。加热蒸汽的温度为 150℃，冷凝液的温度为 150℃ （150℃下水蒸气变为冷凝液释放的热量为 2129kJ/kg），蒸发器的热损失为 209340kJ/h。

计算分下列 3 种情况进行：

（1）溶液进入蒸发器的最初温度为 20℃；

（2）溶液进入蒸发器为沸点；

（3）溶液进入蒸发器为过热至 130℃。

5.2　求 C_2H_5OH 在 0.5 大气压时的沸点。

5.3　已知 0.25 （质量分数） NaCl 水溶液在 0.1MPa 下的沸点为 107℃，在 0.02MPa 下的沸点为 65.8℃，试利用杜林规则计算此溶液在 0.05MPa 下的沸点。

5.4　某酸类混合机冷却硝基混合物时在 11min 内消耗掉 700L 冷却水。此时水的温度由 12℃ 升高到 23℃。在混合酸的时候，酸混合物的温度升到 68℃，必须使其降低到 40℃。混合机内热交换面积为 9m^2。求混合机的传热系数。

5.5 在一单效蒸发器中浓缩 $CaCl_2$ 水溶液。已知蒸发器中 $CaCl_2$ 水溶液的浓度为 0.408（质量分数），其密度为 $1340kg/m^3$，操作压强为 101.3kPa（绝压），若蒸发时加热管底端以上液层高度为 1m，求此时溶液的沸点。

5.6 将 8% 的 NaOH 水溶液浓缩到 18%，进料量为 4540kg，进料温度为 21℃，蒸发器的传热系数为 $2349W/(m^2 \cdot K)$，蒸发器内的压强为 5.6kPa，加热饱和蒸汽的温度为 110℃，求理论上需要加热蒸汽量和蒸发器的传热面积。

5.7 在一连续操作的单效蒸发器中将 NaOH 水溶液从 10% 浓缩到 45%（质量分数），原料液流量为 1000kg/h。蒸发室的操作绝对压力为 50kPa（对应饱和温度为 81.2℃），加热室中溶液的平均沸点为 115℃，加热蒸汽压力为 0.3MPa（133.3℃），蒸发器的热损失为 12kW。试求：（1）水分蒸发量；（2）60℃和115℃两个加料温度下加热蒸汽消耗量及单位蒸汽耗用量。

5.8 双效并流蒸发系统的进料速率为 1t/h，原液浓度为 10%，第一效和第二效完成液浓度分别为 15% 和 30%，两效溶液的沸点分别为 108℃和95℃。当溶液从第一效进入第二效，由于温度降产生自蒸发，求自蒸发量和自蒸发量占第二效总蒸发量的百分数。

6 传质学基础

掌握内容：

    掌握传质中的基本概念，菲克定律、扩散、扩散系数、等摩尔相互扩散与单向扩散。

熟悉内容：

    熟悉气体与液体中的扩散与扩散系数；熟悉双膜、溶质渗透膜、表面更新理论三种理论模型。

了解内容：

    了解通过多孔介质的扩散与扩散系数；了解动量、热量与质量传递之间的类比。

6.1 传 质 概 述

    在传质分离过程中，所涉及的物系均是由两个或两个以上组分构成的。当物系中的某组分存在浓度梯度时，将发生该组分由高浓度区向低浓度区的迁移过程，该过程即为质量传递。质量传递是自然界和工程领域中普遍存在的传递现象，它与动量传递、热量传递一起构成过程工程中最基本的三种传递过程，简称"三传"。

    依据物理化学原理的不同，传质分离过程可分为平衡分离和速率分离两大类。

6.1.1 平衡分离过程

    平衡分离过程是借助分离媒介（如热能、溶剂、吸附剂等）使均相混合物系统变为两相体系，再以混合物中各组分处于平衡状态时的两相分配关系的差异为依据而实现分离。根据两相状态的不同，平衡分离过程可分为以下几类：

    （1）气液传质过程，如吸收（或脱吸）、气体的增湿和减湿。

    （2）汽液传质过程，如液体的蒸馏和精馏。

    （3）液液传质过程，如萃取。

    （4）液固传质过程，如结晶（或溶解）、浸出、吸附（脱附）、离子交换、色层分离、参数泵分离等。

    （5）气固传质过程，如固体干燥、吸附（脱附）等。

    从工程目的来看，上述过程都可达到混合物分离的目的，因此又称为分离操作。

    在平衡分离过程中，i 组分在两相中的组成关系常用分配系数（又称为相平衡比）K_i

来表示，即

$$K_i = \frac{y_i}{x_i} \qquad (6.1)$$

式中　y_i，x_i——表示 i 组分在两相中的组成，习惯上 y_i 表示蒸馏、吸收中汽（气）相组
　　　　　　成和萃取中有机相的组成。

　　K_i 值的大小取决于物系特性及操作条件（如温度和压力等）。组分 i 和 j 的分配系数
K_i 和 K_j 之比称为分离因子 α_{ij}，即

$$\alpha_{ij} = \frac{K_i}{K_j} \qquad (6.2)$$

　　通常将 K 值大的当作分子，故 α_{ij} 一般大于 1。当 α_{ij} 偏离 1 时，便可采用平衡分离过
程使均相混合物得以分离，α_{ij} 越大越容易分离。在某些传质单元操作中，分离因子又有专
用名称，如蒸馏中称作相对挥发度，萃取中称作选择性系数。

　　相际传质过程的进行，都以其达到相平衡为极限，而两相的平衡需要经过相当长的接
触时间后才能建立。在实际操作过程中，相际接触时间一般是有限的，由一相迁移到另一
相物质的量决定着传质过程的速率。因此，在研究传质过程时，一般都涉及两个主要问
题：一是相平衡，决定物质传递过程进行的极限，并为选择合适的分离方法提供依据；二
是传质速率，决定在一定的接触时间内传递物质的量，并为传质设备的设计提供依据。传
递速率又由扩散体系偏离平衡的程度、处理剂、传递组分和载体的性质及两相的接触方式
（即传质设备的结构）等许多因素决定。只有将相际平衡与传递速率两者统一考虑，才能
获得最佳的工程效益。

6.1.2　速率分离过程

　　速率分离过程是指借助某种推动力，如浓度差、压力差、温度差、电位差等作用，并
在选择性透过膜的配合下，利用各组分扩散速度的差异实现混合物的分离操作。这类过程
的特点是所处理的物料和产品通常属于同一相态，仅有组成的差别。

　　速率分离过程可分为两大类：

　　（1）膜分离。利用选择性透过膜分隔组成不同的两股流体，如超滤、反渗透、渗析
和电渗析等。

　　（2）场分离。如电泳、热扩散、高梯度磁力分离等。

　　传质分离过程的能量消耗，是构成单位产品成本的主要因素之一，因此降低传质分离
过程的能耗，受到全球性的普遍重视。膜分离和场分离是一类新型的分离操作，由于其具
有节约能耗、不破坏物料、不污染产品和环境等突出优点，在稀溶液、生化产品及其他热
敏性物料分离方面有着广阔的应用前景。研究和开发新的分离方法和传质设备，优化传统
传质分离设备的设计和操作，不同分离方法的集成化，以及化学反应和分离过程的有机耦
合，都是值得重视的发展方向。

6.1.3　相组成的表示法

　　相际传质是一类复杂的过程。以吸收为例，溶质首先在气相中向气液相界面扩散
（传质推动力是气相主体与界面间的浓度差），继而穿过相界面，再由界面向液相主体扩

散（推动力是液相界面与主体中的浓度差）。这一过程与换热器中两流体通过间壁的传热颇为类似，但比传热更为复杂，主要在于过程最终的平衡状态。参与传热的两流体间，最终的热平衡是各处温度都相等；但相际传质最终达到的相平衡，每一相内虽然是浓度相等，但在两相之间浓度却一般不等。例如，当含氨气体与水达到相平衡时，氨在液相中的浓度通常比气相中大得多。故为了研究两相间的传质，表达其推动力，必须了解两相间的平衡关系。其次，传热时温度的单位单一（K 或 ℃）；而传质时，组成或浓度的常用单位则有多种。

对于均相混合物，常用以下几种方法表示：

（1）质量分数和摩尔分数。工业上最常用的组成表示法是某组分的质量占总质量的百分数，对含组分 A、B、C 等的均相混合物有：

$$w_A = \frac{m_A}{m}, \ w_B = \frac{m_B}{m}, \ w_C = \frac{m_C}{m}, \ \cdots \tag{6.3}$$

式中　w_A，w_B，w_C，$\cdots$——组分 A、B、C 等的质量分数；

m_A，m_B，m_C，$\cdots$——组分 A、B、C 等的质量；

m——总质量。

$$m = m_A + m_B + m_C + \cdots \tag{6.4}$$

将上式两边除以 m，得

$$1 = w_A + w_B + w_C + \cdots \tag{6.5}$$

即各组分的质量分数之和等于1。对于最简单的双组分物系，任一组分的质量分数为 w，另一组分即为 $1-w$，可省去下标 A、B。

传质过程与各组分的分子相对数目（物质的量，单位为 mol）关系密切，故常需用到摩尔分数：

$$x_A = \frac{n_A}{n}, \ x_B = \frac{n_B}{n}, \ x_C = \frac{n_C}{n}, \ \cdots \tag{6.6}$$

式中　x_A，x_B，x_C，$\cdots$——组分 A、B、C 等的摩尔分数；

n_A，n_B，n_C，$\cdots$——组分 A、B、C 等的物质的量，mol。

$$n = n_A + n_B + n_C + \cdots \tag{6.7}$$

同理，各摩尔分数之和也为1：

$$1 = x_A + x_B + x_C + \cdots \tag{6.8}$$

对于双组分物系，其中一种组分用摩尔分数表示而省去下标，记为 x，另一组分为 $(1-x)$。

对于两相组成，另一相中的摩尔分数可用 y_A，y_B，y_C，$\cdots$代表，当物系中有气（汽）相时，习惯上用 y 表示气相的摩尔分数。

互换　$$n_A = \frac{m_A}{M_A} = \frac{w_A m}{M_A} \quad n_B = \frac{w_B m}{M_B} \quad \cdots \quad (i = A, B, C, \cdots) \tag{6.9}$$

故　$$x_A = \frac{n_A}{n} = \frac{w_A}{M_A} \bigg/ \sum_i \frac{w_i}{M_i} \tag{6.10}$$

$$w_A = x_A M_A \bigg/ \sum_i x_i M_i \tag{6.11}$$

（2）质量比和摩尔比。有时也用一个组分对另一组分的质量比或摩尔比表示组成，较常见于双组分物系。

质量比 $\qquad\qquad\qquad\qquad \overline{w} = m_A / m_B$ $\qquad\qquad\qquad\qquad$ (6.12)

摩尔比 $\qquad\qquad\qquad\qquad X = n_A / n_B$ $\qquad\qquad\qquad\qquad$ (6.13)

它们与上述两种组成表示法的关系如下（对于双组分物系）：

$$\overline{w} = w/(1-w) \qquad\qquad\qquad (6.14)$$

$$w = \overline{w}/(1+\overline{w}) \qquad\qquad\qquad (6.15)$$

$$X = x/(1-x) \qquad\qquad\qquad (6.16)$$

$$x = X/(1+X) \qquad\qquad\qquad (6.17)$$

（3）质量浓度和物质的量浓度。以上各组成表示法也广义地称为浓度，但严格来说，浓度的定义是单位体积中的物质量，物质量可用质量或物质的量来表示。

质量浓度 $\qquad\qquad\qquad \rho_A = m_A / V \,(\mathrm{kg/m^3})$ $\qquad\qquad\qquad$ (6.18)

物质的量浓度 $\qquad\qquad c_A = n_A / V \,(\mathrm{kmol/m^3})$ $\qquad\qquad\qquad$ (6.19)

式中　V——均相混合物的体积，$\mathrm{m^3}$。

均相混合物的密度 ρ 即为各组分质量浓度的总和（体积与混合物相等）：

$$\rho = \rho_A + \rho_B + \cdots = \sum \rho_i \quad (i = \mathrm{A,B,C,\cdots}) \qquad (6.20)$$

故质量浓度 $\qquad\qquad \rho_A = \dfrac{m_A}{V} = \dfrac{w_A m}{V} = w_A \rho \qquad\qquad (6.21)$

同理，浓度 $\qquad\qquad c_A = \dfrac{n_A}{V} = \dfrac{x_A n}{V} = x_A c \qquad\qquad (6.22)$

式中　c——混合物的总浓度，$c = n/V$，$\mathrm{kmol/m^3}$。

对于气体混合物来说，若某一组分 A 的分压为 p_A（单位为 Pa），在总压 p 不太高（如 1MPa 以内）时，可由理想气体定律计算其浓度：

$$c_A = \frac{n_A}{V} = \frac{p_A}{RT} \qquad\qquad (6.23)$$

式中　V——气体混合物的体积，$\mathrm{m^3}$；

$\qquad\;\; T$——气体混合物的温度，K；

$\qquad\;\; R$——通用气体常数，$R = 8.314 \mathrm{J/(mol \cdot K)}$。

组分 A 的质量浓度为：

$$\rho_A = \frac{m_A}{V} = \frac{M_A n_A}{V} = \frac{M_A p_A}{RT} \qquad\qquad (6.24)$$

气体总摩尔浓度为： $\qquad\qquad c = \dfrac{n}{V} = \dfrac{p}{RT} \qquad\qquad (6.25)$

摩尔分数与分压分数相等： $\qquad y_A = \dfrac{n_A}{n} = \dfrac{p_A}{p} \qquad\qquad (6.26)$

气体混合物摩尔比可用分压比表示：

$$X = \frac{n_A}{n_B} = \frac{p_A}{p_B} \qquad\qquad (6.27)$$

6.1.4 传质的速度与通量

6.1.4.1 传质的速度

在多组分系统的传质过程中，各组分均以不同的速度运动。设系统由 A、B 两组分组成，组分 A、B 通过系统内任一静止平面的速度为 u_A、u_B，该二元混合物通过此平面的速度为 u 或 u_m（u 以质量为基准，u_m 以物质的量为基准，它们之间的差值为 $u_A - u$、$u_B - u$ 或 $u_A - u_m$、$u_B - u_m$，如图 6.1 所示。

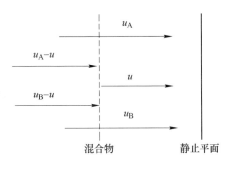

图 6.1 传质的速度

在上述的各速度中，u_A、u_B 代表组分 A、B 的实际移动速度，称为绝对速度；u 或 u_m 代表混合物的移动速度，称为主体流动速度或平均速度（其中 u 为质量平均速度，u_m 为物质的量平均速度）；而 $u_A - u$、$u_B - u$ 或 $u_A - u_m$、$u_B - u_m$ 代表相对于主体流动速度的移动速度，称为扩散速度。由于

$$u_A = u + (u_A - u) \tag{6.28}$$

或

$$u_A = u_m + (u_A - u_m) \tag{6.29}$$

因此可得，绝对速度 = 主体流动速度 + 扩散速度，该式表达了各传质速度之间的关系。

6.1.4.2 传质的通量

单位时间通过垂直于传质方向上单位面积的物质量称为传质通量。传质通量等于传质速度与浓度的乘积，由于传质的速度表示方法不同，故传质通量也有不同的表达方式。

（1）以绝对速度表示的质量通量。设二元混合物的总质量浓度为 ρ，组分 A、组分 B 的质量浓度为 ρ_A、ρ_B，则以绝对速度表示的质量通量为：

$$n_A = \rho_A u_A \tag{6.30}$$

$$n_B = \rho_B u_B \tag{6.31}$$

混合物的总质量通量为：

$$n = n_A + n_B = \rho_A u_A + \rho_B u_B = \rho u \tag{6.32}$$

因此得

$$u = \frac{1}{\rho}(\rho_A u_A + \rho_B u_B) \tag{6.33}$$

式中　n_A——以绝对速度表示的组分 A 的质量通量，$kg/(m^2 \cdot s)$；

　　　n_B——以绝对速度表示的组分 B 的质量通量，$kg/(m^2 \cdot s)$；

　　　n——以绝对速度表示的混合物的总质量通量，$kg/(m^2 \cdot s)$。

式（6.33）为质量平均速度的定义式。同理，设二元混合物的总物质的量浓度为 c，组分 A、组分 B 的物质的量浓度分别为 c_A、c_B，则以绝对速度表示的摩尔通量为：

$$N_A = c_A u_A \tag{6.34}$$

$$N_B = c_B u_B \tag{6.35}$$

混合物的总摩尔通量为：

$$N = N_A + N_B = c_A u_A + c_B u_B = c u_m \tag{6.36}$$

因此得

$$u_m = (c_A u_A + c_B u_B)/c \tag{6.37}$$

式中 N_A——以绝对速度表示的组分 A 的摩尔通量，$kmol/(m^2 \cdot s)$；

$\qquad$ N_B——以绝对速度表示的组分 B 的摩尔通量，$kmol/(m^2 \cdot s)$；

$\qquad$ N——以绝对速度表示的混合物的总摩尔通量，$kmol/(m^2 \cdot s)$。

式（6.37）为摩尔平均速度的定义式。

（2）以扩散速率表示的质量通量。扩散速率与浓度的乘积称为以扩散速率表示的质量通量，即

$$j_A = \rho_A(u_A - u) \tag{6.38}$$

$$j_B = \rho_B(u_B - u) \tag{6.39}$$

$$J_A = c_A(u_A - u_m) \tag{6.40}$$

$$J_B = c_B(u_B - u_m) \tag{6.41}$$

式中 j_A——以扩散速率表示的组分 A 的质量通量，$kg/(m^2 \cdot s)$；

$\qquad$ j_B——以扩散速率表示的组分 B 的质量通量，$kg/(m^2 \cdot s)$；

$\qquad$ J_A——以扩散速率表示的组分 A 的摩尔通量，$kmol/(m^2 \cdot s)$；

$\qquad$ J_B——以扩散速率表示的组分 B 的摩尔通量，$kmol/(m^2 \cdot s)$。

对于两组分系统，有：

$$j = j_A + j_B \tag{6.42}$$

$$J = J_A + J_B \tag{6.43}$$

式中 j——以扩散速率表示的混合物的总质量通量，$kg/(m^2 \cdot s)$；

$\qquad$ J——以扩散速率表示的混合物的总摩尔通量，$kmol/(m^2 \cdot s)$。

（3）以主体流动速度表示的质量通量。主体流动速度与浓度的乘积称为以主体流动速度表示的质量通量，即

$$\rho_A u = \rho_A\left[\frac{1}{\rho}(\rho_A u_A + \rho_B u_B)\right] = w_A(n_A + n_B) \tag{6.44}$$

$$\rho_B u = w_B(n_A + n_B) \tag{6.45}$$

$$c_A u_m = c_A\left[\frac{1}{c}(c_A u_A + c_B u_B)\right] = x_A(N_A + N_B) \tag{6.46}$$

$$c_B u_m = x_B(N_A + N_B) \tag{6.47}$$

式中 $\rho_A u$——以主体流动速度表示的组分 A 的质量通量，$kg/(m^2 \cdot s)$；

$\qquad$ $\rho_B u$——以主体流动速度表示的组分 B 的质量通量，$kg/(m^2 \cdot s)$；

$\qquad$ $c_A u_m$——以主体流动速度表示的组分 A 的摩尔通量，$kmol/(m^2 \cdot s)$；

$\qquad$ $c_B u_m$——以主体流动速度表示的组分 B 的摩尔通量，$kmol/(m^2 \cdot s)$。

6.2 菲克扩散定律与扩散系数

6.2.1 菲克定律

6.2.1.1 菲克定律的基本概念

当流体为静止或做平行于相界面（垂直于传质方向）的层流流动时，传质只能靠分子运动所引起的扩散—分子扩散，现以双组分气体为例做说明。按分子运动论，气体中各

组分的分子都处于不停的运动状态，分子在运动过程中相互碰撞，同时改变其速度的方向和大小。如图 6.2 所示，由于这种杂乱的分子运动，组分 A 的某个分子将通过另一组分 B（也称为"介质"）的分子群由（1）处移动到（2）处；同理，（2）处的 A 分子也会移动到（1）处。若各处 A 的浓度均等，上述两扩散量将相等，没有净的传质。若 A 在（1）处的浓度较（2）处为高，则由（1）处移到（2）处的 A 分子较（2）处移到（1）处的多，造成组分 A 由（1）处至（2）处的净传质，直到浓度均匀（达到均相平衡）时为止。

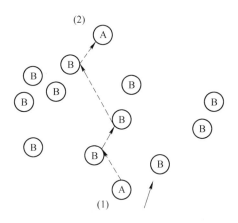

图 6.2 分子扩散示意图

传质中的分子扩散类似于传热中的热传导，扩散速率的规律也类似于导热，即与浓度梯度成正比。对于双组分物系在稳态下可表达为：

$$J_A = -D_{AB}\frac{dc_A}{dz} \tag{6.48}$$

式中 J_A——分子 A 的扩散通量，方向与组分 A 在扩散方向的浓度梯度方向相反，$kmol/(m^2 \cdot s)$；

D_{AB}——组分 A 在介质 B 中的扩散系数，m^2/s；

c_A——组分 A 浓度，$kmol/m^3$；

dc_A/dz——组分 A 的浓度梯度，$kmol/m^4$。

这一规律是 1855 年由菲克在实验基础上提出的，称为菲克定律。对于气体，也常用分压梯度的形式表示，将式 $c_A = \dfrac{p_A}{RT}$ 代入式 $J_A = -D_{AB}\dfrac{dc_A}{dz}$，若沿 z 向无温度变化，可得：

$$J_A = -\frac{D_{AB}}{RT}\frac{dp_A}{dz} \tag{6.49}$$

应注意的是分子扩散与导热也有重要的区别，前者较复杂之处在于：当分子沿扩散方向移动后，留下相应的空位，需由其他分子填补；而后者则没有这种问题。在式（6.48）对 J_A 的定义中通过的截面是"分子对称"的，即有一个 A 分子通过某一截面，就有一个 B 分子反方向通过这一截面，填补原 A 分子的空位。为满足"分子对称"的条件，这种截面在空间既可能是固定的，也可能是移动的，显然前者较为简单，现做如下说明。

如图 6.3 所示，气体 A、B 的混合物分别盛在容器 Ⅰ、Ⅱ中，其间以接管相连，各处的总压 p 和温度 T 都相等。容器 Ⅰ中 A 的分压 p_{A1} 较容器 Ⅱ中的 p_{A2} 大，故 A 将通过接管向右扩散，同时 B 也在接管内向左扩散，而且相对于管的任一截面 F（位置固定），两扩散通量的大小相等，即 F 为分子对称面，否则就不能保持总压 p 不变。两容器中都置有搅拌器，使容器中的浓度保持均匀

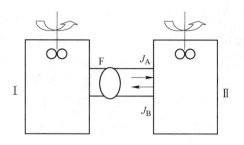

图 6.3　等摩尔相互扩散

（但扩散管内不受搅拌混合的影响）；且容器的容量与一段时间内的扩散量相比要大很多，使两容器中的气体浓度在较长时间内可看作不变，因而管内气体 A、B 的相互（逆向）扩散是稳定的。对于任意截面 F 来说，气体 A 的扩散通量按式（6.49）计算为：

$$J_A = -\frac{D_{AB}}{RT}\frac{dp_A}{dz} \tag{6.50}$$

同理，气体 B 的扩散通量为

$$J_B = -\frac{D_{BA}}{RT}\frac{dp_B}{dz} \tag{6.51}$$

式中　　D_{BA}——组分 B 在介质 A 中的扩散系数，m^2/s。

前已述及，这两通量大小相等，方向相反，即

$$J_A = -J_B \tag{6.52}$$

由于总压 $p = p_A + p_B = $ 常数，而有

$$0 = dp_A + dp_B \quad 或 \quad dp_B = -dp_A \tag{6.53}$$

代入式（6.51）并应用式（6.52），得到：

$$J_A = -J_B = -\frac{D_{AB}}{RT}\frac{dp_A}{dz} = -\frac{D_{BA}}{RT}\frac{dp_A}{dz} \tag{6.54}$$

与式（6.50）比较，可知 $D_{AB} = D_{BA}$，即对于二元气体 A、B 的相互扩散，A 在 B 中的扩散系数和 B 在 A 中的扩散系数两者相等。以后可略去下标而用同一符号 D 表示，即

$$D_{AB} = D_{BA} = D \tag{6.55}$$

6.2.1.2　一维稳定分子扩散

有两种简单而又常见的分子扩散现象，如图 6.3 所示为一种 A、B 双组分一维稳定的等摩尔相互扩散，在精馏中可遇到这种情况；另外一种，吸收中一组分通过另一停滞组分的一维稳定单方向扩散（简称"单向扩散"）。现以第 6.2.1.1 节为基础做进一步的讨论，重点是后一种情况。

A　等摩尔相互扩散

图 6.3 所示的情况即为等摩尔相互扩散，现对式（6.50）进行积分以便用于计算：

$$J_A dz = -\frac{D}{RT}dp_A \tag{6.56}$$

初、终截面处的积分限为 $z = z_1$，$p_A = p_{A1}$；$z = z_2$，$p_A = p_{A2}$；其余为常数，积分后得到：

$$J_A = -\frac{D}{RT}\frac{p_{A2} - p_{A1}}{z_2 - z_1} \tag{6.57}$$

令扩散距离 $z_2 - z_1 = z$，可得：

$$J_A = \frac{D}{RTz}(p_{A1} - p_{A2}) \tag{6.58}$$

通常，传质过程中所需计算的传质速率（物质通量）是相对于空间的固定截面，对此，符号 N_A 定义为单位时间内通过单位固定截面的物质通量。前已述及，对于目前等摩尔相互扩散的情况，两个性质不同的平面是一致的，因此

$$N_A = J_A = \frac{D}{RTz}(p_{A1} - p_{A2}) \tag{6.59}$$

同理，组分 B 的物质通量为：

$$N_B = -N_A = \frac{D}{RTz}(p_{B1} - p_{B2}) \tag{6.60}$$

对于液相中的相互扩散，总浓度 $c = c_A + c_B$ 可认为是常数，直接对式（6.48）积分而得到物质通量为：

$$N_A = J_A = \frac{D}{z}(c_{A1} - c_{A2}) \tag{6.61}$$

$$N_B = J_B = \frac{D}{z}(c_{B1} - c_{B2}) \tag{6.62}$$

式中，各参数都是对液相而言。

B　单向扩散

吸收时，可简化地认为气液相界面只容许气相中的溶质 A 通过而不让惰性气体 B 通过，也不让溶剂 S 逆向通过（汽化）。如图 6.4 所示，平面 2—2′ 为气液界面，当 A 被吸收时，A 分子向下扩散后留下的空位，只能由其上方混合气体填补，因而产生趋向于相界面的"总体流动"。注意：这一流动是由分子扩散本身所引起，而不是来自外力（如压力表）的驱动；这种流动与 A 分子的扩散方向一致，有助于传质，也称为"摩尔扩散"（摩尔在这里指分子群）。

单向扩散与等摩尔相互扩散的区别在于，分子对称面将随着总体流动向界面推移，而不再是空间固定面，故通过任一划出的固定截面 F—F' 的传质速率应同时考虑分子扩散和等摩尔扩散的总效应。令通过 F—F' 截面的各个通量如下：因 A 的浓度梯度产生的分子扩散为 J_A；总体流动为 N_b，其中 A、B 的总体流动量（加下标 b 表示）分别为：

$$N_{A,b} = \frac{c_A}{c}N_b \tag{6.63}$$

$$N_{B,b} = \frac{c_B}{c}N_b \tag{6.64}$$

式中　c——混合气的总浓度，$c = c_A + c_B = p/(RT)$。

由于总压 p 为常数，与 A 的分压梯度相对应，B 的逆向分压梯度使 B 也产生分子扩散，用 J_B 表示扩散通量；与式（6.52）同理，J_B 与 J_A 的方向相反，大小相

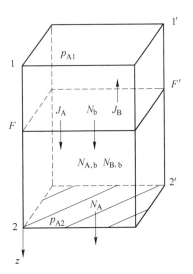

图 6.4　可溶性气体 A 通过惰性气体 B 的单位扩散

等。另外，通过相界面 2—2′，只有 A 溶于液体的物质通量，以 N_A 表示。对截面 F—F′ 和 2—2′ 之间的体积做物料衡算：

组分 A

$$N_A = J_A + \frac{c_A}{c} N_b \tag{6.65}$$

组分 B

$$0 = J_B + \frac{c_B}{c} N_b \tag{6.66}$$

式（6.65）和式（6.66）中，等号左侧为通过截面 2—2′ 流出的通量，右侧为通过截面 F—F′ 分别为由于浓度梯度及总体流动流入的通量。两式相加得：

$$N_A = (J_A + J_B) + N_b \tag{6.67}$$

式（6.66）表示，组分 B 通过截面 2—2′ 的扩散速率为零，故任一截面处 B 的分子扩散与总体流动方向相反，大小相等，没有净的传质，认为 B 是停滞的。

由式（6.66）和式（6.52）得：

$$N_b = -\frac{c}{c_B} J_B = \frac{c}{c_B} J_A \tag{6.68}$$

代入式（6.65），并应用式（6.27）和式（6.49）得：

故

$$N_A = -\left(\frac{p}{p - p_A}\right)\left(\frac{D}{RT}\frac{dp_A}{dz}\right) \tag{6.69}$$

分离变量，在气相中的扩散初、终截面（$z = z_1$，$p_A = p_{A1}$；$z = z_2$，$p_A = p_{A2}$）之间积分得：

$$N_A = \frac{pD}{RT(z_2 - z_1)} \ln \frac{p - p_{A2}}{p - p_{A1}} = \frac{pD}{RTz} \ln \frac{p_{B2}}{p_{B1}} \tag{6.70}$$

其中 $z = z_2 - z_1$，$p = p_{A1} + p_{B1} = p_{A2} + p_{B2}$ 及令 $p_{Bm} = \dfrac{p_{B2} - p_{B1}}{\ln \dfrac{p_{B2}}{p_{B1}}}$，得：

$$N_A = \frac{Dp}{RTzp_{Bm}}(p_{A1} - p_{A2}) \tag{6.71}$$

与式（6.59）比较可知，单向扩散时传质速率比等摩尔相互扩散时多了一个因子 p/p_{Bm}，由于总体流动，其值大于 1，故称 p/p_{Bm} 为漂流因子或漂流因数。当混合气体中 A 的分压 p_A 越高，p/p_{Bm} 就越大；反之，当 p_A 很低时，p/p_{Bm} 接近于 1，总体流动的因素可忽略，此时单向扩散与等摩尔扩散没有差别。

C　单相对流传质机理

对流传质：流动着的流体与壁面之间或两个有限互溶的流动流体之间发生的传质，通常称为对流传质。

涡流扩散：流体做湍流运动时，由于质点的无规则运动，造成相互碰撞和混合，若存在浓度梯度的情况下，组分会从高浓度向低浓度方向传递，这种现象称为涡流扩散。

因质点运动无规则，所以涡流扩散速率很难从理论上确定，通常采用描述分子扩散的菲克定律形式表示，即

$$J_A = -D_e \frac{dc_A}{dz} \tag{6.72}$$

式中　J_A——涡流扩散速率，$kmol/(m^2 \cdot s)$；

　　　D_e——涡流扩散系数，m^2/s。

涡流扩散系数与分子扩散系数不同，D_e 不是物性常数，其值与流体流动状态及所处的位置有关，D_e 的数值很难通过实验准确测定。

6.2.2　气体中的扩散和扩散系数

菲克定律中的扩散系数 D 代表单位浓度梯度（$kmol/m^4$）下的扩散通量（$kmol/(m^2 \cdot s)$），表征某组分在介质中扩散的快慢，是物质的一种传递属性，类似于传热中热导率，但比热导率复杂：它至少要涉及两种物质，因而有多种多样的配合方式；同时随温度的变化较大，还与总压（气体）或总浓度（液体）有关；文献中扩散系数的数据难以记全，应用时需进行估算。

由图 6.2 可知，气体中 A 分子的扩散速率与 A 分子的运动速度成比例，而 B 分子越密集则扩散越难，或扩散阻力越大。根据气体分子运动论，分子的运动很快，但路径却极为曲折。如常温常压下，分子的平均速度为每秒数百米，但大约只经过 $10^{-7}m$（平均自由程）就与其他分子碰撞而改变方向，故扩散速率仍相当慢，扩散系数并不大。表 6.1 列出了总压 $p = 101.3kPa$ 下某些气体或蒸汽在空气中的实测扩散系数值。由表 6.2 可见，气体扩散系数的范围约为 $10^{-5} \sim 10^{-4}m^2/s$（$10^{-1} \sim 1cm^2/s$）。

表 6.1　101.3kPa 下，某些气体及蒸汽在空气中的扩散系数

物质	T/K	$D/cm^2 \cdot s^{-1}$	物质	T/K	$D/cm^2 \cdot s^{-1}$
H_2	273	0.611	CO_2	273	0.138
He	317	0.756		298	0.164
O_2	273	0.178	SO_2	293	0.122
Cl_2	273	0.124	甲醇	273	0.132
H_2O	273	0.220	乙醇	273	0.102
	298	0.256	正丁醇	273	0.0703
	332	0.305	苯	298	0.0962
NH_3	273	0.198	甲苯	298	0.0844

注：由于测定的方法、条件不同，不同原始文献的数据常有差别。

有关气体扩散系数的估算，是由分子运动论导出方程的基本形式出发，再根据实验数据确定其中参数的算法及常数。这样的半经验式已有多个，以下介绍较简单、较准确的一个公式，它是福勒（Fuller）等人提出的。

$$D = \frac{1.013 \times 10^{-5} T^{1.75} (1/M_A + 1/M_B)^{\frac{1}{2}}}{p \left[(\sum V_A)^{1/3} + (\sum V_B)^{1/3} \right]^2} \tag{6.73}$$

式中　　　D——A，B 两气体的扩散系数，m^2/s；

　　　　　p——气体的总压，kPa；

　　　　　T——气体的温度，K；

M_A，M_B——组分 A，B 的摩尔质量，g/mol；

$\sum V_A$，$\sum V_B$——组分 A，B 的分子扩散体积，cm^3/mol。

　　一般有机化合物是按化学分子式由表 6.2 中查原子扩散体积相加得到，某些简单物质则在表 6.3 中直接列出。

表 6.2　原子扩散体积和分子扩散体积

1. 原子扩散体积 V（已列出分子扩散体积的，以后者为准）

原子	扩散体积	原子	扩散体积
C	16.5	（Cl）	19.5
H	1.98	（S）	17
O	5.48	每个芳烃环或杂环	−20.2
（N）	5.69		

2. 分子扩散体积 $\sum V$

分子	扩散体积	分子	扩散体积	分子	扩散体积
H_2	7.07	Ar	16.1	H_2O	12.7
He	2.88	Kr	22.8	NH_3	14.9
O_2	16.6	CO	18.9	（Cl_2）	37.7
N_2	17.9	CO_2	26.9	（Br_2）	67.2
空气	20.1	N_2O	35.9	（SO_2）	41.1

注：空气是一固定组成的混合物，现作为单一的物质考虑；带有括号的，其数值仅由少量数据得出。

　　式（6.73）的误差一般不超过 10%。此式表明 D 与 $T^{1.75}/p$ 成正比。若已知某气体物系在 T_1、p_1 下的扩散系数 D_1，即可推得另一状况 T_2、p_2 下的 D_2，见式（6.74）：

$$D_2 = D_1\left(\frac{p_1}{p_2}\right)\left(\frac{T_2}{T_1}\right)^{1.75} \tag{6.74}$$

6.2.3　液体中的扩散和扩散系数

　　由于液体中的分子要比气体中的分子密集得多，可以估计到其扩散系数要比气体的扩散系数小得多。某些物质在水中（低浓度下）的扩散系数见表 6.3。

表 6.3　浓度很低时，某些非电解质在水中的扩散系数

物质	温度/K	扩散系数 /$cm^2 \cdot s^{-1}$	物质	温度/K	扩散系数 /$cm^2 \cdot s^{-1}$	物质	温度/K	扩散系数 /$cm^2 \cdot s^{-1}$
H_2	293	5.0×10^{-5}	N_2	293	2.6×10^{-5}	丙酮	293	1.16×10^{-5}
He	293	6.8×10^{-5}	NH_3	285	1.64×10^{-5}	苯	293	1.02×10^{-5}
CO	293	2.03×10^{-5}	甲醇	283	0.84×10^{-5}	苯甲酸	298	1.00×10^{-5}
CO_2	298	1.92×10^{-5}	乙醇	283	0.84×10^{-5}	水	298	2.44×10^{-5}
Cl_2	298	1.25×10^{-5}	正丁醇	288	0.77×10^{-5}			
O_2	298	2.10×10^{-5}	乙酸	293	1.19×10^{-5}			

注：水在水中的扩散系数可由放射性示踪等法进行测定。某种物质在该种物质自身之中的扩散系数，称为自扩散系数。

　　由表6.4可知，液体中扩散系数的数量级约$10^{-5} cm^2/s$（或$10^{-9} m^2/s$）。在估算方面，由于理论还不成熟，用半经验式所得的结果就不如气体中那样可靠。对于很稀的非电解质溶液，常用下式

$$D_{AS} = 7.4 \times 10^{-8} \frac{(\alpha M_S)^{1/2} T}{\mu V_A^{0.6}} \tag{6.75}$$

式中　D_{AS}——溶质 A 在溶剂 S 中的扩散系数，cm^2/s；

　　　　T——溶液的温度，K；

　　　　μ——溶剂 S 的黏度，$mPa \cdot s$；

　　　　M_S——溶剂 S 的摩尔质量，g/mol；

　　　　α——溶剂的缔合参数，对于某些溶剂其值为：水为2.6，甲醇为1.9，乙醇为1.5，苯、乙醚等不缔合溶剂为1.0；

　　　　V_A——溶质 A 在正常沸点下的分子体积，cm^3/mol，可由正常沸点下的液体密度来计算，也可由表6.4所列原子体积相加而得（其性质与原子扩散体积类似，只是数值上有差别），某些简单物质的分子体积见表6.4。

表6.4　原子体积和分子体积　　　　　　　　　　　　　　（cm^3/mol）

1. 原子体积（已列分子体积的，以后者为准）			
原子		原子体积	原子	原子体积

	原子	原子体积	原子	原子体积
O	甲酯、甲醚中	9.1	C	14.8
	乙酯、乙醚中	9.9	H	3.7
	多碳酯、醚中	11	F	8.7
	酸类（—OH）中	12	Cl	24.6
	与 S、O、N 相连	8.3	Br	27
	其他情况	7.4	I	37
N	伯胺（—NH_2）中	10.5	S	25.6
	仲胺（—NH—）中	12	苯环	−15
	其他情况	15.6	萘环	−30

2. 分子体积			
分子	分子体积	分子	分子体积
H_2	14.3	H_2S	32.9
O_2	25.6	COS	51.5
N_2	31.2	NO	23.6
空气	29.9	N_2O	36.4
NH_3	25.8	Cl_2	48.4
CO	30.7	Br_2	53.2
CO_2	34	I_2	71.5
（SO_2）	44.8		

例 6.1 估算 298K 下丙酮在水中（浓度很低）的扩散系数，并与表 6.4 能查到的数据做比较。

解：根据式（6.75），$T = 298K$，$\mu = 0.8937\text{mPa} \cdot \text{s}$，$M_s = 18\text{g/mol}$，$\alpha = 2.6$，计算得：

$$V_A = 3 \times 14.8 + 6 \times 3.7 + 1 \times 7.4 = 74.0\text{cm}^3/\text{mol}$$

故

$$D_{AS} = \frac{7.4 \times 10^{-8} \times (2.6 \times 18)^{1/2} \times 298}{0.8937 \times 74.0^{0.6}} = 1.28 \times 10^{-5}\text{cm}^2/\text{s}$$

由表 6.4 可查得 293K 下丙酮在水中的扩散系数为 $1.16 \times 10^{-5}\text{cm}^2/\text{s}$。由温度 T_1 下的扩散系数 D_1 换算到 T_2 下的 D_2，由式（6.75）得到：

$$D_2 = D_1(T_2\mu_1/(T_1\mu_2))$$

应用此式将 298K 的计算值换算到 293K，得：

$$D_2 = 1.28 \times 10^{-5} \times \frac{293 \times 0.8937}{298 \times 1.005} = 1.12 \times 10^{-5}\text{cm}^2/\text{s}$$

可知本例的计算值与查表 6.4 所得值 $1.16 \times 10^{-5}\text{cm}^2/\text{s}$ 相比，误差不大。

液态金属和普通液体中扩散过程的一个显著特征是几乎所有液体其 D 值都近似为同一数量级，在 $10^{-6} \sim 10^{-9}\text{m}^2/\text{s}$ 的范围内，即使它们的固态性能截然不同亦是如此。图 6.5 中示出了某些液体纯金属中的自扩散系数。

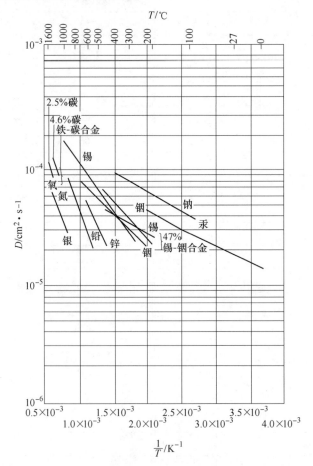

图 6.5 液态金属中的自扩散系数

测得的熔盐中的扩散系数非常接近于液态金属中的观察值，表6.5给出了熔盐中某些典型的自扩散系数。

表6.5 某些熔盐中的自扩散系数[①]

扩散物质	熔体	温度范围 /℃	D_0 /cm^2·s^{-1}	Q /cal·mol^{-1}	典型的 D 值 /cm^2·s^{-1}	温度/℃
Na	NaCl	845～916	8×10^{-4}	4000	14.2×10^{-5}	906
Cl	NaCl	825～942	23×10^{-4}	7100	8.8×10^{-5}	933
Na	NaNO$_3$	315～375	12.88×10^{-4}	4970	2.00×10^{-5}	328
NO$_3$	NaNO$_3$	315～375	8.97×10^{-4}	5083	1.26×10^{-5}	328
Tl	TlCl	487～577	7.4×10^{-4}	4600	3.89×10^{-5}	502
Zn	ZnBr$_2$	394～650	790×10^{-4}	16060	0.22×10^{-5}	500

注：1cal=4.184J。

对于熔渣，其扩散系数数据较少，其大部分示于表6.6。

表6.6 熔融硅酸盐和硫化物中的自扩散系数

体　系	温度范围 /℃	D_a /cm^2·s^{-1}	Q /cal·mol^{-1}	典型的 D 值 /cm^2·s^{-1}	温度/℃
CaO-Al$_2$O$_3$-SiO$_2$（40/20/40）中的钙	1350～1450	—	70000	0.062×10^{-5}	1400
CaO-Al$_2$O$_3$-SiO$_2$（39/21/40）中的钙	1350～1540	—	70000	0.067×10^{-5}	1400
CaO-Al$_2$O$_3$-SiO$_2$（40/20/40）中的钙	1350～1450	—	70000	0.067×10^{-5}	1400
CaO-Al$_2$O$_3$-SiO$_2$（40/20/40）中的硅	1365～1460	—	70000	0.01×10^{-5}	1430
CaO-Al$_2$O$_3$-SiO$_2$（40/20/40）中的氧	1370～1520	—	95000	0.4×10^{-5}	1430
CaO-Al$_2$O$_3$-SiO$_2$（30/15/55）中的铁	1500	—	—	$0.24～0.31 \times 10^{-5}$	—
CaO-Al$_2$O$_3$-SiO$_2$（43/22/35）中的铁	1500	—	—	$0.21～0.50 \times 10^{-5}$	—
FeO-SiO$_2$（61/39）中的铁	1250～1305	—	40000	9.6×10^{-5}	1275
CaO-Al$_2$O$_3$-SiO$_2$（40/21/39）中的磷	1300～1500	—	46600	0.2×10^{-5}	2400
Fe-S（33.5%）中的铁	1150～1238	0.00657	13600	5.22×10^{-5}	1152
Fe-S（31.0%）中的铁	1164～1234	0.0298	17000	6.39×10^{-5}	1180
Fe-S（29%）中的铁	1158～1254	20.200	27700	11.91×10^{-5}	1158
Fe（48.1%）-Cu（20.5%）-S（31.0%）中的铁	1160～1250	0.1400	21500	7.57×10^{-5}	1160
Fe（32.0%）-Cu（40.0%）-S（28.0%）中的铁	1168～1244	0.0357	13700	2.94×10^{-5}	1168
Cu-S（19.8%）中的铜	1160～1255	0.0693	12800	7.49×10^{-5}	1160
Fe（32.0%）-Cu（40.0%）-S（28.0%）中的铜	1160～1245	0.0554	19700	5.52×10^{-5}	1160

注：1cal=4.184J。

6.2.4　通过多孔介质的扩散与扩散系数

过程工程中经常遇到必须研究多孔固体性能的情况。在诸如矿石还原或焙烧、蒸汽渗入铸造砂模、粉末冶金压坯的放气、粉末的气相合金化以及催化等方面，均涉及气体通过多孔介质扩散的问题。

一般来说，常将通过多孔介质的扩散分为菲克型扩散、克努曾扩散及过渡区扩散等。当扩散物质通过细孔发生扩散时，这些孔的大小决定着是菲克型还是克努曾扩散起主要作用，当相对于物质分子的平均自由程而言，这些孔很大时，发生菲克型扩散过程；而当与气体分子平均自由行程相比，这些孔很小时，则克努曾扩散是主要的；过渡区扩散在低温下或许是重要的，而对于大多数高温过程来说，可以忽略不计。

6.2.4.1　菲克型扩散

当固体内部孔道的直径 d 远大于流体分子的平均自由程 λ 时，一般 $d \geqslant 100\lambda$，如图6.6 所示，则扩散时分子之间的碰撞机会远大于分子与孔道壁面之间的碰撞，扩散仍遵守菲克定律，故称为菲克型扩散。

在菲克型扩散起主要作用的情况下，在多孔介质中，从其中一个侧面到相对的另一面，由于孔是不规则的，总的扩散路径要比不存在聚合体时来得长。甚至在用孔隙度 ω 对扩散的有效横截面积的降低做校正之后，如要得到有效互扩散系数，还需进一步降低 D_{AB} 值。为此，引入一新的因子 τ，称曲折度，以使式（6.76）成立：

$$D_{\mathrm{AB,eff}} = \frac{D_{\mathrm{AB}}\omega}{\tau} \tag{6.76}$$

曲折度是一个大于1的数，对于不固结的粒料，其值在 1.5～2.0 范围内；对于压实的粒料，可高达 7～8。它不是孔隙度的函数，但却与粒料的大小、粒度分布和形状有关，其值一般由实验测定。

6.2.4.2　克努曾扩散

当多孔介质的孔道直径 d 小于流体分子的平均自由程 λ 时，一般 $\lambda \geqslant 10d$，如图6.7 所示，则分子与孔道壁面之间的碰撞机会多于分子与分子之间的碰撞，此时，扩散物质的扩散阻力将主要取决于分子与壁面的碰撞阻力，可忽略分子之间的碰撞阻力，这种情况下称为克努曾扩散。克努曾扩散不遵循菲克定律。

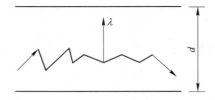

图6.6　多孔介质中的菲克型扩散

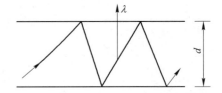

图6.7　多孔介质中克努曾型扩散

当气体密度不大时，或孔很小时，则气体分子与孔壁碰撞的概率比分子之间碰撞的概率大，这就像真空系统中的分子流一样，可以得到：

克努曾扩散通量：

$$N_A = \frac{2}{3} r \, \overline{V} \left(\frac{dc_A}{dx} \right) \tag{6.77}$$

利用 $\overline{V} = \left(\frac{8RT}{\pi M} \right)^{1/2}$ 所示分子平均速度 $\overline{V}$，并将它与菲克扩散第一定律相比较，得到克努曾扩散系数（cm^2/s）：

$$D_K = 9700r \sqrt{\frac{T}{M}} \tag{6.78}$$

式中　r——细孔半径，cm；

T——温度，K；

M——扩散物质 A 的相对分子质量，kg/mol。

因为在低压下各物质分子间的碰撞可予忽略，故式（6.78）适用于存在的任何组分。

6.2.4.3　过渡区扩散

当多孔介质的孔道直径 d 与流体分子的平均自由程 λ 相差不大时，如图6.8所示，则分子之间的碰撞和分子与孔道壁面之间的碰撞同时存在，此时同时存在菲克型扩散和克努曾扩散，称为过渡区扩散。

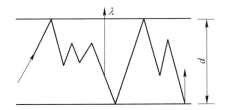

图 6.8　多孔介质中过渡区扩散

过渡区扩散可按照推动力叠加的原则得：

$$N_A = -D_{NA} \frac{dc_A}{dz} \quad 或 \quad N_A = -D_{NA} \frac{p}{RT} \frac{dx_A}{dz} \tag{6.79}$$

其中

$$D_{NA} = \frac{1}{\dfrac{1 - \alpha x_A}{D} + \dfrac{1}{D_{KA}}} \tag{6.80}$$

$$\alpha = \frac{N_A + N_B}{N_A} \tag{6.81}$$

式（6.79）为过渡区扩散的通量方程，D_{NA} 称为过渡区扩散系数。

6.2.4.4　判断扩散类型的方法

有两个可以用来确定究竟何时菲克型扩散不再起主要作用而克努曾扩散变得很重要的检验方法。一个是计算细孔半径，将它与由下式给出的气体平均自由行程 λ 作比较：

$$\lambda = (\sqrt{2}\pi \cdot d^2 n)^{-1} \tag{6.82}$$

式中　d——分子的碰撞直径，cm；

n——分子浓度，cm^{-3}。

如果 r 和 λ 属同一数量级，或细孔直径仅大一个数量级，那么，克努曾扩散大概起主要作用。在较高温度下，当细孔直径在 100nm 或小于此值的数量级时，亦即，即使气体分子本身与细孔尺寸相比仍非常小时，就可能发生这种情况。

另一种检验方法是比较计算得到的 D_{AB} 和 D_K 值。如果 D_{AB}/D_K 很小，那么可以认为普通扩散是过程速率的决定性步骤。相反，如果 D_{AB}/D_K 很大，则可推断克努曾扩散控制着过程速率。

因为即使是微孔也非平直而光滑，故对于克努曾扩散占优势的那些体系，引入曲折度以使式（6.83）成立：

$$D_{K,\mathrm{eff}} = \frac{D_K \omega}{\tau} \tag{6.83}$$

式中 $D_{K,\mathrm{eff}}$——有效扩散系数，m^2/s；

τ——曲折度。

对于一些克努曾扩散起主要作用的体系，在较低温度下的一些实验结果及计算得到的曲折度见表 6.7。

表 6.7 多孔介质中的克努曾扩散和流动

物　料	试验方法	气　体	T/K	r/nm	τ
氧化铝粒	扩散	N_2，He，CO_2	303	9.6	0.85
新鲜及再生氧化硅 – 氧化铝裂化催化剂	流动	H_2，N_2	298	3.1~5.0	2.1
石英玻璃	流动	H_2，He，Ar，N_2	298	3.06	5.9[①]
水煤气轮换催化剂	扩散	O_2，N_2	298	17.7	2.7
合成氨催化剂	扩散	O_2，N_2	298	20.3	3.8
石英玻璃	流动	O_2，N_2，Kr、CH_4，C_2H_6	292	3.0	5.9[①]
		He，Ne，H_2，Ar	294		
石英玻璃	流动	He，Ne，Ar，N_2	298	5.0	5.9[①]
氧化硅 – 氧化铝裂化催化剂，各种处理	反应	汽油	755	2.8~7.1	3~10
石英玻璃	流动	Ar，N_2	298	4.6	5.9[①]
氧化硅 – 氧化铝裂化催化剂	流动	He，Ne，Ar，N_2	273~323	1.6	0.725
氧化硅 – 氧化铝裂化催化剂	流动	He，Ne，N_2	273~323	2.4	0.285
石英玻璃	流动	He，CO_2，N_2，O_2，Ar	298	4.4	5.9[①]
氧化硅 – 氧化铝裂化催化剂	反应	异丙基苯 $[C_6H_5 \cdot CH(CH_3)_2]$	420	(2.4)	5.6
镍 – 氧化铝[②]	反应	H_2	77	(3.0)	1.8

① 石英玻璃为五次实验的平均值；

② 在过渡区域内得到的数据。

例 6.2 考察铸钢时金属蒸气扩散到型砂的情况，对于 1600℃下的锰 $D_{\mathrm{Mn\text{-}Ar}}$ 为 $3.4\mathrm{cm}^2/s$。试计算 1600℃下锰蒸气通过氧化硅砂的扩散系数，假定只存在氩气。

解：第一步应验明克努曾扩散所起的作用。然后利用式（6.78），取 $r = 0.005\mathrm{cm}$（对于直径为 0.05cm 数量级的砂粒，取这样的粒间距是合理的），得 D_K 为：

$$D_K = 9700 \times 0.005 \times \sqrt{\frac{1873}{55}} = 283 \, cm^2/s$$

因此

$$\frac{D_{Mn\text{-}Ar}}{D_K} = \frac{3.4}{283} = 0.012$$

这意味着在这种情况下过程为普通扩散所控制。

作为进一步的校核，计算锰蒸气的平均自由行程。这里，$n = 4.48 \times 10^{-3} \, nm^{-1}$，$d = 2.4$，$\lambda = 1/(\sqrt{2}\pi \times 4.48 \times 10^{-3} \times 5.76) = 8.7 \, nm$。基于细孔尺寸为 $10^4 \, nm$ 数量级，且 λ_{Mn} 远小于此值这个事实，我们可以得出结论，在该例中，克努曾扩散并不重要；因此，我们可以根据普通扩散来分析这个问题。

可确定，在高温下，对于金属蒸气通过压坯的扩散，τ 在 $3 \sim 6$ 之间。我们取其平均值 4。因此，对于一孔隙度为 0.45 的砂模有：

$$D_{Mn\text{-}Ar,eff} = \frac{D_{Mn\text{-}Ar}\omega}{\tau}$$

$$= \frac{3.4 \times 0.45}{4.0} = 0.383 \, cm^2/s$$

近似为单独在气相中时相应值的 1/10。

6.2.5 固体中的扩散系数

关于固体中的扩散，过去几十年间，人们都把重点放在确定固体中扩散的机理上，希望最终对于每一组给定的条件能直接估计其扩散系数，而无需去做包括实测在内的冗长的试验。但是，不得不承认，这个目的未能达到。然而，过程工程领域应该明确所提出的这些机理，特别是明确自扩散、本征扩散、互扩散、间隙扩散、空位扩散等术语的含义，只有这样才能在实际工作中合理地估算扩散系数和（或）合金化的影响。下面讨论各种类型的扩散系数及业已提出的一些扩散机理。

假如我们能站在一固体的点阵内的话，就会看到原子的某种连续运动，每个原子均在其正常的点阵位置（即结点）附近发生振动。此外，还会看到一些偶尔出现的空闲位置，即空位。如果仔细观察某一空位及其紧邻的原子，总会看到这个位置突然被占领，而其邻近的某个位置则成空缺。一个特定的原子可以这种方式缓慢地通过该点阵。对此，也可以认为是空位无规则地游弋而穿过点阵。在任何速率下，其最终结果都是原子本身的不规则运动。

一个原子蜿蜒通过一纯金属点阵的速率即为自扩散速率。其值可以用放射性原子，即示踪剂来测定，如图 6.9 所示，描述了放射性原子起初呈均匀分布（浓度为 c_A^T）的中心区和起初只含正常原子的两个邻区之间的自扩散过程。假定正常原子和放射性原子的扩散性能实际上是相同的，利用如图 6.9 所示的图，就能测定这些原子在它们本身中间所具有的扩散速率，即自扩散速率。

我们也可以用同样的方式来讨论均质合金中的自扩散系数（见图 6.10）。例如，在金－镍合金中，如果均质合金的中心层起初含有的放射性金原子与镍原子的比例和外层中一样，那么，就能测定金原子的自扩散系数 D_{Au}^*。同样，如果在中心层内起初存在的是放射性镍原子，则就能测定镍原子的自扩散系数 D_{Ni}^*。图 6.11 给出了金－镍系全组成范围内的自扩散系数。应当强调指出，自扩散系数只适用于没有化学成分梯度的均质合金。另外，一个合金内的 D_i^* 值取决于该合金的成分和温度。

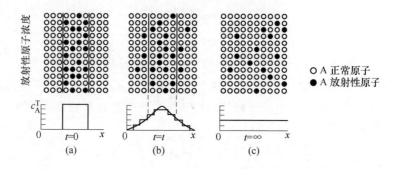

图 6.9   物质内部的自扩散

（a）发生扩散前的情况；（b）经一段时间后的情况；（c）长时间扩散后的均匀状态

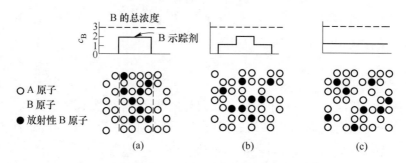

图 6.10   合金内的自扩散系数

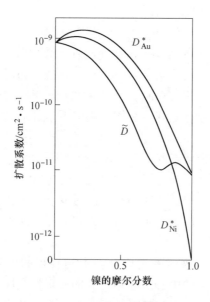

图 6.11   金－镍合金中的扩散系数

$\widetilde{D}$—互扩散系数；D^*—自扩散系数

爱因斯坦提出的自扩散方程为：$D^* = B^* \kappa_B T$ 其中，B^* 为衡量某种原子在没有任何外场或化学位梯度提供驱动力的情况下于结构内部迁移能力的自扩散"淌度"。

概率论指出，在简单立方晶格内，自扩散系数可用式（6.84）表示：

$$D^* = \frac{1}{6}\delta^2 \nu \tag{6.84}$$

式中　δ——原子间距；

　　　ν——跳跃频率。

根据测得的 D^* 和 δ 值，原子跳跃频率约 $10^8 \sim 10^{10}\,\mathrm{s}^{-1}$，即每个原子每振动 $10^4 \sim 10^5$ 次发生一次跳跃。

6.3　流体与界面间的传质

常见的传质过程中，物质从一个流体转移到另一相，其基础是流体与相界面之间的传质，这与热、冷流体通过间壁的传热过程，其基础是流体与壁面间的传热很类似。在传质设备中，流体的流动形态多为湍流。湍流的特点在于其中存在杂乱的涡流运动，除沿主流方向的整体流动以外，其他方向还存在着质点的脉动运动，这种脉动会大力促进对流方式的传热、传质。第 4.3 节（见图 4.9）讨论过流体与壁面间的传热，它包括两串联的传热过程，即紧贴壁面处膜内的热传导和膜外的湍流区（加上过渡区）内的对流传热；前者的热阻比后者的要大很多，故作为推动力的温差主要集中在膜内。这种复合传热特称为传热过程。流体与固定界面间的传质也很类似，它包括膜内的分子扩散和湍流区中的对流传质（依靠浓度不同的流体质点因脉动或其他对流运动导致的质量传递），传质阻力和推动力（浓度差）主要集中在膜内。这种复合传质过程特称为传质过程，或称为给质过程，也称对流传质过程（其实，主要传质阻力在膜内）。

现考察物质 A 由固体表面向气相的传递（例如樟脑向空气中挥发）。A 的浓度 c_A 在界面附近的分布如图 6.12 中的曲线 FGH 所示。传质的推动力为浓度差（$c_{A1} - c_{A2}$），而膜内的浓度差（$c_{A1} - c_\delta$）占其主要部分。若将层流底层和过渡区的传质阻力折算成某一膜厚的阻力，则整个传质阻力可用当量膜（或有效膜）厚 δ_G 内的单向分子扩散表示。按这一简化设想，界面附近的浓度分布如图 6.12 中的折线 FEH 所示。当量膜厚 δ_G 与流体的速度、黏度、密度（可综合成雷诺数）等有关。

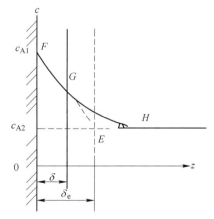

图 6.12　近壁处的浓度分布和当量膜（有效膜）厚

对于气相传质，通常将推动力（$c_{A1} - c_{A2}$）改写成（$p_{A1} - p_{A2}$）$/(RT)$，传质通量可应用单向分子扩散速率（见式（6.85））：

$$N_A = \frac{D_G}{RT\delta_G} \frac{p}{p_{Bm}}(p_{A1} - p_{A2}) \tag{6.85}$$

令

$$k_G = \frac{D_G}{RT\delta_G} \cdot \frac{p}{p_{Bm}} \tag{6.86}$$

代入式 (6.85)，得到气相的传质方程

$$N_A = k_G(p_{A1} - p_{A2}) \tag{6.87}$$

式中 k_G——以分压差为推动力的气相对流传质系数，$kmol/(s \cdot m^2 \cdot kPa)$。

由固体表面向液相的传质，也可以用图 6.12 示意，但液膜的当量膜厚用 δ_L 表示，$(c_{A1} - c_{A2})$ 代表液相中的浓度差；传质通量按式 (6.61) 计算：

$$N_A = \frac{D_L}{\delta_L} \frac{c}{c_{sm}}(c_{A1} - c_{A2}) \tag{6.88}$$

令

$$k_L = \frac{D_L}{\delta_L} \cdot \frac{c}{c_{sm}} \tag{6.89}$$

代入式 (6.88)，得液相的传质方程：

$$N_A = k_L(c_{A1} - c_{A2}) \tag{6.90}$$

式中 k_L——以浓度差为推动力的液相对流传质系数，$kmol \cdot s^{-1} \cdot m^{-2}/(kmol \cdot m^{-3})$ 或 m/s。

显然，传质也包括从流体向固体壁面传质的情况，如吸附、结晶等过程。

k_G、k_L 的命名尚未统一，有传质分系数、分传质系数（与下述总传质系数相对应）、膜传质系数、对流传质系数（但其主要传质阻力并不在于对流），或统称为传质系数等。由于当量膜厚尚属未知，k_G、k_L 并不能从式 (6.86) 和式 (6.89) 得出，要另寻途径。对此，与传热系数类似，传质系数取决于雷诺数、流体物性、界面状况等因素，需以实验测定，再将数据归纳成经验式。这里须强调一下，由于相组成有多种表示法，因此传质推动力和相应的传质速率式以及传质系数也有多种形式，今后将逐步熟悉其间的换算方法。这方面是传质过程比传热过程更为复杂之处。

6.4 传 质 理 论

传质理论的作用是说明传质过程的机理，预测传质系数的主要影响因素及其之间的定量关系，找到规律，从而对现有过程及设备的分析、设计和改进以及新型高效设备的研发等进行指导。近几十年，前人做出的研究取得了一定的进展，这里主要介绍双膜理论、溶质渗透理论和表面更新理论三种传质理论模型。

6.4.1 双膜理论

由于相界面和界面附近流体流动状况和传质过程很复杂，为了解决多相传质问题，提出了不同的传质模型来描述整个传质机理。到目前为止，已提出了双膜理论、溶质渗透理论、表面更新理论。各种理论均有一定的局限性，应用较普遍的是惠特曼（Whitman）于1923 年发表的双膜理论。

双膜理论对两流体间的传质进行了简化，有一定的适用范围，可以归纳成流体流动模型和传质模型两部分：

（1）流体流动模型。

1）互相接触的气、液两相间有一个固定的界面；

2）界面两侧分别存在着两层膜：气膜和液膜，膜内的流体是层流流动，膜外流体为湍流流动；

3）膜层厚度和流体流动状况有关。

（2）传质模型（见图 6.13）。

1）传质过程为定态的传质过程，因此，沿传质方向组分的传质速率为常数；

2）界面上没有传质阻力，在界面上气、液两侧的溶质在瞬间即可达到平衡，即溶质 A 在界面上的两相组成是平衡关系；

3）在界面两侧的两层膜内，物质以分子扩散的形式进行传质；

4）膜外湍流区由于流体湍动大，传质速率很高，传质阻力可以忽略不计，因此，相间的传质阻力取决于界面两侧膜的传质阻力，故该模型又称双阻力模型。

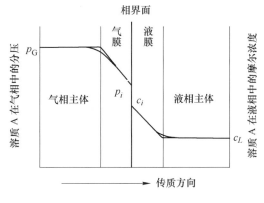

图 6.13 双膜理论示意图

根据双膜理论，由图 6.13 可知，气相的传质推动力为 $(p_G - p_i)$，液相的传质推动力为 $(c_i - c_L)$，通过气膜、液膜的分子扩散速率由式（6.85）和式（6.88）可得：

气膜：

$$N_A = \frac{D_G}{RT\delta_G} \frac{p}{p_{Bm}} (p_G - p_i) \tag{6.91}$$

液膜：

$$N_A = \frac{D_L}{\delta_L} \frac{c}{c_{sm}} (c_i - c_L) \tag{6.92}$$

写成传质方程，则分别为：

气相：
$$N_A = k_G (p_G - p_i) \tag{6.93}$$

液相：
$$N_A = k_L (c_i - c_L) \tag{6.94}$$

且两个值相等，即：
$$N_A = k_G (p_G - p_i) = k_L (c_i - c_L)$$

式中 N_A——溶质 A 的传质速率，$kmol/(m^2 \cdot s)$；

k_G——气相分传质系数，$kmol/(s \cdot m^2 \cdot kPa)$；

k_L——液相分传质系数，m/s；

c_i——气液相界面处溶质 A 的平衡浓度，$kmol/m^3$。

双膜理论比较简单，可用于相界面无明显扰动的气–液和液–液传质过程，尤其对湿壁塔，低气速填料塔等具有固定传质面积的吸收设备和吸收过程的研究，有一定的实用价值。但是这一理论有较大的局限性：对湍动很激烈的新型气液传质设备如喷射式、鼓泡型塔，气液接触的界面不固定，产生的漩涡使表面不断更新，这与稳定的边界薄膜的假定不符，由双膜模型得出的传质系数 k 与扩散系数 D 的关系 $k = D/\delta_e$（δ_e 为当量膜厚），与实验结果不符。

6.4.2 溶质渗透理论

希格比（Higbie）在 1935 年提出的渗透理论是建立在双膜模型基础之上，只是它强调了形成浓度梯度的过渡阶段，这一阶段属于不稳定扩散，其研究的主要对象是液膜控制的吸收，即溶质从气液界面至液相主体的传质。

在气液开始传质时，两相膜内由原来的无浓度梯度到建立起稳定浓度梯度的过渡时间中，溶质从相界面向液膜深度方向逐渐渗透的过程，称为溶质渗透理论，如图 6.14 所示，浓度均匀、值为 c_0 的液体与气体接触，在液相界面上的溶质浓度便立即达到与气相平衡的浓度 c_i，同时溶质开始向液体内渗入。起初，液体与气体的接触时间 t 很短，溶质的渗透很浅，液膜中的浓度分布如图 6.14 中的曲线 1 所示。随着时间的延长，溶质逐渐向液体内渗入，图中曲线 2、3 和 4 分别表示不同接触时间时液膜中的浓度分布，当时间足够长液膜内可建立稳定的浓度分布，如曲线 5。根据菲克定律，溶质向液体内的传质速率与其浓度梯度成正比。可见，随着接触时间的增长，溶质渗入液膜的深度逐渐增大，液相界面处的浓度梯度逐渐减小，传质速率随之逐渐减小，直至达到曲线 5，浓度分布不再随时间变化，过渡到了定态，其浓度梯度和传质速率达到最小值。

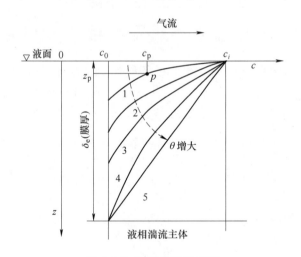

图 6.14   溶质渗透示意图

溶质由液面向下渗透，当气液接触时间 θ_0 很短，渗入深度仅占膜厚 δ_e 的一小部分时，平均的传质系数为

$$k_p = 2\sqrt{D/(\pi\theta_0)} \tag{6.95}$$

即 k_p 与 D 的 0.5 次方成正比，这与实验数据较好地符合。溶质渗透理论在一定程度上较深入地揭示了两相传质过程。但实际上，θ_0 难以确定，限制了此理论的实际应用。

6.4.3 表面更新理论

气液接触表面是在连续不断地更新，而不是每隔一定的周期 θ_0 才发生一次。处于表面的流体单元随时都有可能被更新，无论其在表面停留时间（龄期）长短，被更新的概率均相等。

引入一个模型参数 s 来表达任何龄期的流体表面单元在单位时间内被更新的概率（更新频率）。由于不同龄期的流体单元其表面瞬时传质速率不一样，将龄期为 $0 \to \infty$ 的全部单元的瞬时传质速率进行加权平均，解析求得表面更新模型的传质系数 k_s 为：

$$k_s = \sqrt{Ds} \tag{6.96}$$

该理论得出的传质系数正比于扩散系数 D 的 0.5 次方；该理论的模型参数是表面更新概率 s，而不是接触时间 θ_0；目前还不能对 θ_0 和 s 进行理论预测，因此用上述两个理论来预测传质系数还有困难。

溶质渗透理论和表面更新理论指出了强化传质的方向，即降低接触时间或增加表面更新概率。

6.5　动量、热量与质量传递之间的类比

流体在湍流时的涡流或脉动现象，使其在与主流垂直的方向上存在着流体质点（或称流体微元）的交换。这是与层流时只考虑分子交换的主要区别。如图 6.15（a）所示，湍流流体的主流方向与壁面平行，由于脉动使离壁面距离分别为 z_1、z_2 两流层间的流体质点发生交换。当物质 A 在流层 2—2 处的浓度 c_2 高于 1—1 处的 c_1，即流体内存在着沿 z 方向（与主流方向垂直）的浓度梯度时，质点的交换将导致物质 A 由流体向壁面的传递，如图 6.15 所示（例如气体中的组分 A 被壁面吸附或被壁面上的液层吸收等情况）。此外，若流体中存在着 z 向的温度梯度（$t_2 > t_1$），质点的交换将导致热量的传递；若存在着速度梯度（$u_2 > u_1$），将导致动量的传递；这两种传递的方向与图 6.15 所示的相同。

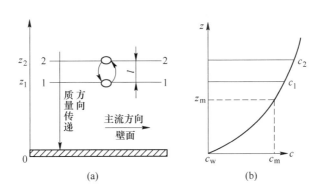

图 6.15　湍流引起的质量传递

上述的质量、热量、动量三种传递都起源于分子交换和脉动引起的质点交换（后者

的强度要大得多），故相互间必存在着一定的内在联系，常用给质系数、给热系数和摩擦系数之间的联系来表示，称为三传类比。现以圆形直管内流体对壁面的三种传递为例作说明。

以浓度差为推动力的给质方程为：

$$N_{Aw} = k(c_m - c_w) \quad (kmol/(s \cdot m^2)) \tag{6.97}$$

给热方程为

$$q_w = \alpha(t_m - t_w) \quad (W/m^2) \tag{6.98}$$

而动量传递的结果为壁面受到剪应力 τ_w，$\lambda = 8\tau_w/(\rho u^2)$

$$\tau_w = \left(\frac{\lambda}{8}\right)\rho u_m^2 \quad (N/m^2 \text{ 或 } Pa) \tag{6.99}$$

式中　N_{Aw}，q_w，τ_w——流体传给壁面的质量通量、热量通量、动量通量；

　　　c_m，t_m，u_m——管截面上组分 A 的平均流体浓度（$kmol/m^3$）、温度（K）、速度（m/s）；

　　　c_w，t_w——紧贴壁面处的流体浓度、温度（速度 $u_w = 0$）；

　　　k，α，λ——给质系数（以浓度差为推动力，单位为 m/s）、给热系数（$W/(m^2 \cdot K)$）、摩擦系数（无量纲）。

为得出简化的三传类比关系，现做以下假定：从任一流层直到壁面的分子传递都可忽略；代表截面上平均浓度 c_m 的流层（见图 6.15（b），$z = z_m$ 处 $c = c_m$），与代表平均温度 t_m、平均速度 u_m 的流层相重合。若这一流层至面积为 A 的壁面间，在时间 θ 内交换的流体体积为 V，三种传递的通量可分别表达如下。

$$N_{Aw} = \frac{V(c_m - c_w)}{A\theta} \tag{6.100}$$

$$q_w = \frac{V\rho c_p(t_m - t_w)}{A\theta} \tag{6.101}$$

$$\tau_w = \frac{V\rho u_m}{A\theta} \tag{6.102}$$

用式（6.101）除式（6.100），得到

$$\frac{N_{Aw}}{q_w} = \frac{c_m - c_w}{\rho c_p(t_m - t_w)}$$

将式（6.97）、式（6.98）代入，并分别从等号两边消去 $(c_m - c_w)$ 和 $(t_m - t_w)$，其结果为：

$$\frac{k}{\alpha} = \frac{1}{\rho c_p} \tag{6.103}$$

这一质量传递与热量传递之间的类比式称为路易斯（Lewis）关系，对空气与水面（或湿物料表面）间的热量、质量传递颇为符合。

探讨三传类比，不仅在理论上有意义，而且具有一定的实用价值。它一方面将有利于进一步了解三传的机理，另一方面在缺乏传热和传质数据时，只要满足一定的条件，可以用流体力学实验来代替传热或传质实验，也可由一已知传递过程的系数求其他传递过程的系数。

习　题

概念题

6.1　扩散与扩散系数。

6.2　等摩尔相互扩散与单向扩散。

6.3　有效介质扩散与克努曾扩散。

6.4　传质有效膜。

6.5　三传类比。

思考题

6.1　简述传质分离过程的分类。

6.2　简述通过多孔介质的扩散过程及判断扩散分类的方法。

6.3　根据双膜、溶质渗透膜和表面更新理论，指出传质系数 k 与扩散系数 D 之间数学关系。

6.4　为什么相际传质比换热器中的两流体通过间壁的传热更为复杂？

6.5　分子传质（扩散）与分子传热（导热）有何异同？

计算题

6.1　空气和 CO_2 的混合气体中，CO_2 的体积分数为 20%，求其摩尔分数 y 和摩尔比 X 各为多少？

6.2　在 20℃下 100g 水中溶解 1g NH_3，NH_3 在溶液中的组成用摩尔分数 y、浓度 c 及摩尔比 X 表示时，各为多少？

6.3　由 O_2（组分 A）和 CO_2（组分 B）构成的二元系统中发生一维稳态扩散。已知 $c_A = 0.0207\text{kmol/m}^3$，$c_B = 0.0622\text{kmol/m}^3$，$u_A = 0.0017\text{kmol/m}^3$，$u_B = 0.0017\text{kmol/m}^3$，试求：（1）$u$、$u_m$；（2）$N_A$、$N_B$、$N$；（3）$n_A$、$n_B$、$n$。

6.4　在温度为 20℃、总压为 101.3kPa 的条件下，CO_2 与空气混合气缓慢地沿着 Na_2CO_3 溶液液面流过，空气不溶于 Na_2CO_3 溶液。CO_2 透过 1mm 厚的静止空气层扩散到 Na_2CO_3 溶液中，混合气体中 CO_2 的摩尔分数为 0.2，CO_2 到达 Na_2CO_3 溶液液面上立即被吸收，故相界面上 CO_2 的浓度可忽略不计。已知温度 20℃时，CO_2 在空气中的扩散系数为 $0.18\text{cm}^2/\text{s}$。试求 CO_2 的传质速率为多少？

6.5　氨（A）与氢（B）在图 6.3 所示的接管中相互扩散，管长 100mm，总压 $p = 101.3\text{kPa}$，温度 $T = 298\text{K}$，扩散系数 $D = 0.248 \times 10^{-4}\text{m}^2/\text{s}$。氨在两容器中的分压分别为 $p_{A1} = 10.13\text{kPa}$、$p_{A2} = 5.07\text{kPa}$，求扩散通量 J_A 及 J_B。

6.6　试用式（6.73）计算，在 101.3kPa、298K 条件下，乙醇（A）在甲烷（B）中扩散系数 D（相关数据可查表 6.3）。

6.7　管内为氦与氮的气体混合物，其温度为 298K，总压 101.325kPa，并且是均匀不变的。管的一端氦的分压为 $p_{A1} = 60.8\text{kPa}$，另一端 $p_{A2} = 20.27\text{kPa}$，两端相距 20cm。试计算稳态下氦的通量。已知 He-N_2 混合物的扩散系数 $D_{AB} = 0.687\text{cm}^2/\text{s}$。

7 气体吸收

掌握内容：

气体在液体中的溶解度，亨利定律的各种表达式及相互间的关系；相平衡关系在吸收过程中的应用；吸收的物料衡算、操作线方程；最小液气比的概念及吸收剂用量的确定；填料层高度的计算，传质单元高度与传质单元数的物理意义。

熟悉内容：

各种形式的传质速率方程、传质系数和传质推动力的对应关系；各种传质系数间的关系；气膜控制与液膜控制。

了解内容：

吸收的基本流程，塔径的计算，塔高计算基本方程的推导过程。

7.1 概　述

吸收是将均一气相混合物分离的单元操作，利用混合气体中各组分在液体中溶解度的差异而将气体混合物分离。吸收操作时某些易溶组分（称为溶质）进入液相（称为溶剂或吸收剂）形成溶液，不溶或难溶组分（称为惰性气体）仍留在气相，从而实现混合气体的分离。因此，气体吸收是混合气体中某些组分在气液相界面上溶解、在气相和液相内由浓度差推动的传质过程。

吸收剂性能往往是决定吸收效果的关键，因此，在选择吸收剂时，应考虑的因素见表 7.1。

表 7.1　吸收剂选用所考虑的因素

因　素	具　体　要　求	原　　因
溶解度	溶质在吸收剂中的溶解度要大，即在一定的温度和浓度下，溶质的平衡分压要低	可提高吸收速率，降低吸收剂的耗用量及气体中溶质的极限残余浓度。当吸收剂与溶质发生化学反应时，溶解度提高很大。若使吸收剂循环使用，化学反应必须可逆
选择性	对溶质有良好的吸收能力，对其他组分应不吸收或吸收甚微	否则不能直接实现有效分离

续表7.1

因　素	具　体　要　求	原　　因
溶解度对操作条件的敏感性	溶解度对操作条件（温度、压力）要敏感，即溶解随操作条件的变化要显著地变化	溶质组分容易解吸，方便吸收剂再生
挥发度	操作温度下吸收剂的蒸气压要低	离开吸收设备的气体往往被吸收剂所饱和，吸收剂的挥发度越大，则在吸收和再生过程中吸收剂损失越大
黏度	黏性要低	流体输送功耗小
化学稳定性	化学稳定性好	可避免因吸收过程中条件变化而引起吸收剂变质
腐蚀性	腐蚀性尽可能小	减少设备费和维修费
备注	应尽可能满足价廉、易得、易再生、无毒、无害、不易燃烧、不易爆等要求	

因此，应在对吸收剂做全面评价后做出经济、合理、恰当的选择。

吸收通常在使气液两相密切接触的塔设备内进行，其中尤以填料塔应用最为普遍。但除了制取溶液产品等少数情况外，一般都需对吸收后的溶液继续进行脱吸（解吸），使溶剂再生，能够循环使用，同时也回收有价值的溶质。除了吸收塔以外，还需与其他设备一道组成一个完整的吸收—脱吸流程。

图7.1所示为从焦炉煤气中回收粗苯，是典型的吸收流程。虚线左侧为吸收部分，右侧为脱吸部分。煤气在塔底处进入吸收塔1，塔顶淋下的洗油将吸收煤气中的粗苯蒸气，脱苯煤气由塔顶送出，图中未示出风机。富含溶质的溶液（常称"富液"）从吸收液贮槽2通过泵3送往脱吸部分。常采用升高溶液温度来减小溶质溶解度的方法进行脱吸，故用换热器4使送去脱吸的富液与已脱吸后的"贫液"（含溶质很少）相互换热。换热而升温的富液进入脱吸塔（溶剂再生塔）5的顶部，塔底通入直接蒸汽，将粗苯从富液中逐出，并带出塔顶，一同进入冷却–冷凝器6，冷凝后的水和粗苯在液体分层器7中分层后分别引出，回收的粗苯送去进一步加工。由塔顶流至塔底的洗油的含苯量已脱得很低（贫液），从脱吸液贮槽8用泵9打出，经换热器4、冷却器10两级冷却后，再进入吸收塔1的顶部作吸收用，完成一个循环。

吸收操作可分为物理和化学吸收。物理吸收是溶质与液体溶剂之间不发生显著的化学反应，可当作单纯的物理过程；化学吸收是指在吸收过程中伴有化学反应。吸收过程又可分为单组分和多组分吸收。单组分吸收是在气体吸收过程中，气相中仅有一个组分溶解于吸收剂中的吸收过程。多组分吸收是有几个组分同时溶解于吸收剂中的吸收过程。吸收过程又可分为等温吸收和非等温吸收。气体溶于液体中时常伴随热效应，若热效应很小，或被吸收的组分在气相中的浓度很低，而吸收剂用量很大，液相的温度变化不显著，则可认为是等温吸收过程。若吸收过程中发生化学反应，其反应热很大，液相的温度变化显著，则该吸收过程为非等温吸收过程。吸收过程又可分为低浓度吸收与高浓度吸收。通常根据生产经验，规定当混合气中溶质组分A的摩尔分数大于0.1，且被吸收的数量多时，称为

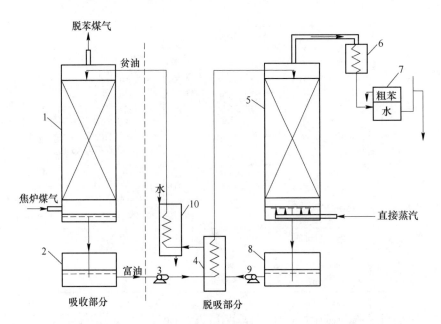

图 7.1   从焦炉煤气中回收粗苯的流程示意图

1—吸收塔；2—吸收液贮槽；3，9—泵；4—换热器；5—脱吸塔；6—冷却 - 冷凝器；

7—液体分层器；8—脱吸液贮槽；10—冷却器

高浓度吸收。如果溶质在气液两相中摩尔分数均小于 0.1 时，则称为低浓度吸收。低浓度吸收的特点是气液两相流经吸收塔的流率为常数，低浓度吸收可视为等温吸收。

吸收中还有加压吸收操作，当总压增加时，溶质气体的分压和溶解度都随之增大，有利于吸收。当然，专为吸收而加压能耗太大，但是，如果吸收的上、下工序有加压过程，就应考虑使吸收在加压下进行。

本章主要介绍低浓度条件下的物理吸收。

7.2   气液相平衡关系

7.2.1   气体在液体中的溶解度

7.2.1.1   气液相平衡

吸收是依据气相组分在溶剂中的溶解度不同，采用吸收单元操作将气体混合物分离，故气液平衡是气体吸收的热力学基础。

气液两相在一定条件下接触，经过足够长的时间后，两相必将达到平衡，即溶解度达到最大值，传质速率降为零，此时，称气液达到了相平衡，这一最大溶解度称为平衡溶解度，简称溶解度。溶解度的大小由物系、温度、压强确定，常通过实验测定。

对于 3 组分系（溶质气体、惰性气体、吸收剂）的吸收中，相数为 2，根据相律，自由度为 3，即达到相平衡时，在温度、总压、气相组成和液相组成 4 个变量中，有 3 个自变量，另一个是它们的函数。即溶质气体的溶解度 c_A^* 是温度 T、总压 p、气相组成（以溶质分压 p_A 表示）的函数。

$$c_A^* = f(T, p, p_A) \tag{7.1}$$

在实验研究的基础上可知，总压 p 不超过几个大气压时，溶解度与气相的总压强无关，但随温度的升高而减小。在一定温度下，c_A^* 只是 p_A 的函数，可写成

$$c_A^* = f(p_A) \tag{7.2}$$

或以液相的浓度 c_A 作为自变量，则气液两相在一定温度下的气相平衡分压 p_A^* 是 c_A 的函数：

$$p_A^* = f(c_A) \tag{7.3}$$

7.2.1.2 亨利定律

对于稀溶液，气体的溶解度与气体的分压成正比，称这一关系为亨利定律，式 (7.2) 可简化成：

$$c_A^* = H p_A \tag{7.4}$$

式中 c_A^*——溶质在液相中的溶解度，$kmol/m^3$；

         p_A——溶质气体的分压，kPa；

         H——溶解度系数，$kmol/(m^3 \cdot kPa)$。

H 是温度的函数，与 p_A 或 c_A 无关。H 越大，气体越易溶解，亨利定律适用于难溶、较难溶的气体，对易溶气体，只能用于液相浓度很低的情况。

亨利定律也可写作下列形式：

$$p_A^* = c_A / H \tag{7.5}$$

亨利定律还可以有其他几种表示方法。

根据式 (7.5)，$x_A = c_A / c_{总}$，则

$$p_A^* = \left(\frac{c_A}{c_{总}} \right) \left(\frac{c_{总}}{H} \right)$$

令

$$E = \frac{c_{总}}{H} \tag{7.6}$$

得

$$p_A^* = E x_A \tag{7.7}$$

式中 $c_{总}$——液相的总摩尔浓度，$kmol/m^3$；

         x_A——溶质 A 在液相中的摩尔分数；

         E——亨利系数，其单位与压力相同，kPa。

将式 (7.7) 改写成式 (7.8)：

$$\frac{p_A^*}{p} = \frac{E}{p} x_A \tag{7.8}$$

令

$$m = E/p \tag{7.9}$$

则

$$y_A^* = m x_A \tag{7.10}$$

对于单组分吸收，略去表示溶质的下标 A，可得：

$$y^* = mx \tag{7.11}$$

式中 y^*——与溶液平衡的气相摩尔分数；

         m——相平衡常数，无因次。

上述是以气液摩尔分数的形式表示的亨利定律。

亨利定律还可以摩尔比的形式来表示，用 Y、X 表示摩尔比：

$$Y = \frac{y}{1-y}, \quad X = \frac{x}{1-x} \tag{7.12}$$

即（其推导略）：

$$Y^* = \frac{mX}{1+(1-m)X} \tag{7.13}$$

对稀溶液，亨利定律可表示为：

$$Y^* = mX \tag{7.14}$$

当浓度超出亨利定律所适用的范围时，可用曲线来表示平衡关系，为便于计算，也可将平衡数据整理成适用于某一范围的经验式。

例7.1 在40℃，101.3kPa 的条件下，测得溶液上方氨的平衡分压为 15.0kPa 时，氨在水中的溶解度为 76.6g(NH_3)/1000g（H_2O）。试求此温度和压力下的亨利系数 E 和相平衡常数 m。

解： 水溶液中氨的摩尔分数为：

$$x = \frac{c}{c_{总}} = \frac{76.6/17}{(76.6/17)+(1000/18)} = 0.075$$

由 $p^* = Ex$，故亨利系数为：

$$E = \frac{p^*}{x} = \frac{15.0}{0.075} = 200.0 \text{kPa}$$

相平衡常数为：

$$m = \frac{E}{p} = \frac{200.0}{101.3} = 1.974$$

总浓度 $c_{总}$ 为溶质浓度 c_A 与溶剂浓度 c_S 之和，即 $c_{总} = c_A + c_S$，分别计算溶液的 c_A 及 c_S 有时不便，一般按下列公式进行计算：

$$c_{总} = \frac{溶液密度 \rho_L (\text{kg/m}^3)}{溶液(A+S)平均摩尔质量 M_L(\text{kg/kmol})} \tag{7.15}$$

当溶液很稀时，可取其密度及摩尔质量与溶剂相等，于是有：

$$c_{总} = \frac{\rho_L}{M_L} \approx \frac{\rho_S}{M_S} \tag{7.16}$$

7.2.2 相平衡关系在吸收过程中的应用

7.2.2.1 判断传质的方向和传质推动力

当气液两相接触时，可用气液相平衡关系来确定一相与另一相呈平衡状态时的组成，并与该相的实际组成相比较，便可判断过程进行的方向。若一相的实际组成等于另一相的平衡组成，则传质过程不会发生，只有一相的组成与另一相的平衡组成存在差值时，两相接触时才能发生吸收或解吸，实际组成与平衡组成的差值，称为传质推动力。此差值越大，传质推动力越大。传质推动力可以用分压差，浓度差以及摩尔分数的差来表示。

图7.2 中以直线 OE 表示服从亨利定律时的平衡关系，OE 称为平衡线。相互接触的气液组成 p_G，c_L，可用点 $A(c_L, p_G)$ 表示。过点 A 分别作垂线与水平线，与 OE 交于 B、C 两点。B 点组成为（c_L, p_L^*），C 点组成为（c_G^*, p_G），p_L^* 是与 c_L 相平衡的气体分压，c_G^* 是与 p_G 相平衡的溶液浓度。$AB = p_G - p_L^*$，是以分压差表示的总推动力，$AC = c_G^* - c_L$，是以浓度差表示的总推动力。A 点离直线 OE 越远，则传质推动力越大。若 A 点在直线

OE 上，则传质推动力与传质速率为零。若 A 点在直线 OE 以下，则推动力为负，说明传质方向相反，为脱吸过程。

7.2.2.2　确定过程的极限

过程的极限是指气液两相经充分接触后，各种组成变化的最大可能性。这和两相的量比及接触方式有关。以逆流接触吸收塔为例，将溶质组成为 y_1 的混合气由塔底送入，溶剂自塔顶送入，气液两相逆流吸收（见图 7.3）。若塔高增加，减少吸收剂用量，则塔底出口的吸收液中溶质的组成 x_1 必将增高。但即便塔很高，吸收剂量很少的情况下，x_1 也不会无限增大，其极限为塔底气相 y_1 的平衡组成 x_1^*，即

$$x_{max} = x_1^* = y_1/m \tag{7.17}$$

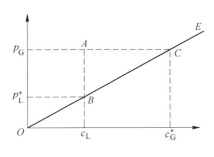

图 7.2　传质推动力图示

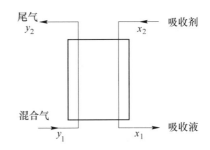

图 7.3　吸收塔吸收示意图

另一方面，若塔高增加，吸收剂用量增加，出口气体中溶质 A 的组成 y_2 将随之降低。但即便塔无限高，吸收剂用量很大，y_2 也不会低于吸收剂入口组成 x_2 的平衡组成 y_2^*，即

$$y_{min} = y_2^* = mx_2 \tag{7.18}$$

因此，根据相平衡关系和液气比便可确定吸收剂出口的最高组成和混合气出口的最低组成。

例 7.2　在总压 1000kPa，温度为 25℃ 的条件下，含 CO_2 摩尔分数为 0.06 的空气与含 CO_2 为 0.1g/L 的水溶液接触，试问：（1）将发生吸收还是解吸？（2）以分压差表示的推动力为多少？（3）如气体与水溶液逆流接触，空气中 CO_2 的含量最低可能降到多少？

解：（1）判断过程的进行方向。气相中 CO_2 的分压为：

$$p_{CO_2} = 1000 \times 0.06kPa = 60kPa$$

25℃ 时，CO_2 溶解在水中的亨利系数 $E = 1.66 \times 10^5 kPa$。

因为水溶液中 CO_2 浓度很低，可取其密度及摩尔质量都与水相等，故溶液的总摩尔浓度 $c_总$ 为：

$$c_总 = \frac{\rho_S}{M_S} = \frac{997}{18} = 55.4kmol/m^3$$

CO_2 在水中的摩尔分数为：

$$x = \frac{0.1/44}{55.5} = 4.1 \times 10^{-5}$$

平衡分压为：

$$p_{CO_2}^* = Ex = 1.66 \times 10^5 \times 4.1 \times 10^{-5} = 6.8kPa$$

$p_{CO_2} > p_{CO_2}^*$，故该过程为 CO_2 由气相转入液相的吸收过程。

（2）推动力为：

$$\Delta p = p_{CO_2} - p_{CO_2}^* = (60 - 6.8)\,kPa = 53.2\,kPa$$

（3）吸收过程的极限。对于逆流吸收，当液气比大至一定程度，且塔无穷高，则出塔气体中 CO_2 的含量最低可降至与入口水溶液呈平衡的分压（6.8kPa），故空气中 CO_2 含量最低为：

$$y_{min} = y_2^* = \frac{p_{CO_2}^*}{p} = \frac{6.8}{1000} = 0.0068$$

7.3 相际传质及总传质速率方程

根据 6.4.1 节双膜理论，在稳定的传质过程中，传质速度方程可表示为：

气相： $N_A = k_G(p_G - p_i)$ （7.19）

液相： $N_A = k_L(c_i - c_L)$ （7.20）

且两个值相等，即：

$$N_A = k_G(p_G - p_i) = k_L(c_i - c_L)$$

式中　N_A——溶质 A 的传质速率，$kmol/(m^2 \cdot s)$；

　　　k_G——气相分传质系数，$kmol/(s \cdot m^2 \cdot kPa)$；

　　　k_L——液相分传质系数，m/s；

　　　c_L——气液相界面处溶质 A 的平衡浓度，$kmol/m^3$；

　　　p_i——气液相界面处溶质 A 的分压，kPa。

7.3.1 总传质速率方程

由于气液相界面处的 p_i、c_i 难以求得，采用式（7.19）和式（7.20）进行计算较困难。利用界面处 p_i、c_i 呈平衡状态，从两式中消去或求出 p_i、c_i。

若气液两相中的平衡关系符合亨利定律，则：

$$c_i = Hp_i, \ p_i = c_i/H$$ （7.21）

$$p_L^* = c_L/H$$ （7.22）

式中　p_L^*——与液相浓度 c_L 平衡的气相分压。

将式（7.21）和式（7.22），代入式（7.20），得：

$$N_A = Hk_L(p_i - p_L^*)$$ （7.23）

由合比定律 $$N_A = \frac{p_G - p_i}{1/k_G} = \frac{p_i - p_L^*}{\dfrac{1}{Hk_L}} = \frac{p_G - p_L^*}{\dfrac{1}{k_G} + \dfrac{1}{Hk_L}} = K_G(p_G - p_L^*)$$ （7.24）

$$\frac{1}{K_G} = \frac{1}{k_G} + \frac{1}{Hk_L}$$ （7.25）

式中　K_G——以分压差为推动力的总传质系数，其所对应的传质速率方程称为总传质速率方程。

同理，令与气相主体分压 p_G 呈平衡状态的液相浓度为 c_G^*（$= Hp_G$），将其与式（7.21）

$c_i = Hp_i$ 代入式（7.19），并与式（7.20）联立，则可推出以液相浓度差为推动力表示的总传质速率方程：

$$N_A = \frac{Hp_G - Hp_i}{H/k_G} \Rightarrow \frac{c_G^* - c_i}{H/k_G} = \frac{c_i - c_L}{1/k_L} = \frac{c_G^* - c_L}{H/k_G + 1/k_L} \tag{7.26}$$

或

$$N_A = K_L(c_G^* - c_i) \tag{7.27}$$

式中　K_L——以浓度差为推动力的总传质系数。

$$\frac{1}{K_L} = \frac{H}{k_G} + \frac{1}{k_L} \tag{7.28}$$

由式（7.25）和式（7.28），可得到

$$K_G = HK_L \tag{7.29}$$

7.3.2　总传质速率方程的其他表示法

因为混合物的组成有不同的表示方法，所以有相应的传质推动力、传质速率方程及总传质速率方程。

传质速率方程还可以表示为：

$$N_A = k_G(p_G - p_i) = k_G p\left(\frac{p_G}{p} - \frac{p_i}{p}\right) = k_G p(y - y_i) = k_y(y - y_i) \tag{7.30}$$

$$N_A = k_L(c_i - c_L) = k_L c_总\left(\frac{c_i}{c_总} - \frac{c_L}{c_总}\right) = k_L c_总(x_i - x) = k_x(x_i - x) \tag{7.31}$$

式中　k_y——以气相摩尔分数差为推动力的传质系数，$kmol/(m^2 \cdot s)$；

　　　　k_x——以液相摩尔分数差为推动力的传质系数，$kmol/(m^2 \cdot s)$；

　　　y，y_i——气相主体及相界面上的溶质摩尔分数，$y = p_G/p$，$y_i = p_i/p$；

　　　　p——气相总压，kPa；

　　　x，x_i——液相主体及相界面上的溶质摩尔分数，$x = c_L/c_总$，$x_i = c_i/c_总$；

　　　　$c_总$——液相的总摩尔浓度，$kmol/m^3$。

相界面处 x_i、y_i 达成平衡，当服从亨利定律时，$y_i = mx_i$，可用导出式（7.24）同样的方法消去界面组成，推导出总传质速率方程：

$$N_A = K_y(y - y^*) \tag{7.32}$$

$$N_A = K_x(x^* - x) \tag{7.33}$$

$$K_y = \frac{1}{\dfrac{1}{k_y} + \dfrac{m}{k_x}} \tag{7.34}$$

$$K_x = \frac{1}{\dfrac{1}{mk_y} + \dfrac{1}{k_x}} \tag{7.35}$$

$$K_x = mK_y \tag{7.36}$$

式中　K_y，K_x——分别为以气相、液相摩尔分数差为推动力的总传质系数，$kmol/(m^2 \cdot s)$；

　　　　y^*——与液相组成 x 平衡的气相组成，摩尔分数；

　　　　x^*——与液相组成 y 平衡的液相组成，摩尔分数。

7.3.3 气膜控制和液膜控制

由式（7.25）和式（7.28）可知

$$\frac{1}{K_G} = \frac{1}{k_G} + \frac{1}{H k_L}$$

$$\frac{1}{K_L} = \frac{H}{k_G} + \frac{1}{k_L}$$

式中　$\dfrac{1}{K_G}$，$\dfrac{1}{k_G}$，$\dfrac{1}{H k_L}$ ——分别为总阻力，气膜阻力和液膜阻力；

$\dfrac{1}{K_L}$，$\dfrac{H}{k_G}$，$\dfrac{1}{k_L}$ ——分别为总阻力，气膜阻力和液膜阻力。

即：　　　　　　　　　　总阻力 = 气膜阻力 + 液膜阻力

对于易溶气体，如 HCl、NH_3 等易溶于水的气体，H 很大，$\dfrac{1}{k_G} \geqslant \dfrac{1}{H k_L}$，此时，液膜阻力可忽略不计，总阻力主要取决于气膜阻力，$K_G = k_G$，该情况称为气膜控制。

对于难溶气体，如 CO_2、H_2S 等难溶于水的气体，H 很小，$\dfrac{1}{k_L} \geqslant \dfrac{H}{k_G}$，此时，气膜阻力可忽略不计，总阻力取决于液膜阻力，$K_L = k_L$，该情况称为液膜控制。

例 7.3　在填料塔中用清水吸收气体中所含的丙酮蒸气，操作温度为 20℃、压力为 100kPa（绝）。若已知气相分传质系数 $k_G = 3.5 \times 10^{-6} kmol/(s \cdot m^2 \cdot kPa)$，液相分传质系数 $k_L = 1.5 \times 10^{-4} m/s$，平衡关系服从亨利定律，亨利系数 $E = 3.2MPa$，求传质系数 K_G、k_x、K_x、K_y 和气相阻力在总阻力中所占的比例。

解： 从两相给质系数 k_G、k_L 按以下公式求总传质系数 K_G：

$$K_G = \left(\frac{1}{k_G} + \frac{1}{H k_L} \right)^{-1}$$

溶解度系数为：$H = c_{总}/E = 55.5/3200 = 0.01734 kmol/(m^3 \cdot kPa)$

$$K_G = \left(\frac{1}{3.5 \times 10^{-6}} + \frac{1}{0.01734 \times 1.5 \times 10^{-4}} \right)^{-1} = 1.492 \times 10^{-6} kmol/(s \cdot m^2 \cdot kPa)$$

由传质系数间的换算式，有：

$$K_y = K_G p = 1.492 \times 10^{-6} \times 100 \approx 1.492 \times 10^{-4} kmol/(s \cdot m^2)$$

$$K_x = K_L c_{总} = (K_G/H) c_{总} = (1.492 \times 10^{-6}/0.01734) \times 55.5 = 4.78/10^{-3} kmol/(s \cdot m^2)$$

$$k_x = k_L c_{总} = 1.5 \times 10^{-4} \times 55.5 = 8.33 \times 10^{-3} kmol/(s \cdot m^2)$$

气相阻力在总阻力中所占的比例为：

$$\frac{R_{气}}{R_{总}} = \frac{k_G^{-1}}{K_G^{-1}} = \frac{K_G}{k_G} = \frac{1.492 \times 10^{-6}}{3.5 \times 10^{-6}} = 0.426 = 42.6\%$$

7.4　吸收塔的计算

在工业生产中，多采用塔式设备进行吸收操作，如气、液两相在塔内逐级接触的板式塔，以及气、液两相在塔内连续接触的填料塔。

塔内气、液两相的流动，原则上可分为逆流和并流。但通常采用逆流操作，吸收剂从塔顶加入，自上而下流动，与自下而上流动的混合气接触，已吸收了溶质的吸收液自塔底排出。混合气自塔底送入，自下而上流动，其中溶质被吸收剂吸收，而尾气则从塔顶排出。

7.4.1 物料衡算和操作线方程

7.4.1.1 全塔物料衡算

图 7.4 所示为一逆流连续接触式吸收塔。其中，塔顶以 a 表示，塔底以 b 表示，溶质、惰性气体和溶剂分别以 A、B、S 表示。在稳定状态下，单位时间进出吸收塔的溶质量可通过全塔物料衡算确定，即

$$G_b y_b + L_a x_a = G_a y_a + L_b x_b \qquad (7.37)$$

式中　G_a，G_b——出塔、入塔气体的流率，$kmol/(m^2 \cdot s)$；

　　　L_a，L_b——入塔、出塔液体的流率，$kmol/(m^2 \cdot s)$；

　　　G，L——通过塔任一截面的气、液流率，$kmol/(m^2 \cdot s)$；

　　　y_a，y_b——出塔、入塔气体的组成（A/（A+B）），摩尔分数；

　　　x_a，x_b——入塔、出塔液体的组成（A/（A+S）），摩尔分数；

　　　x，y——通过塔任一截面的气、液组成。

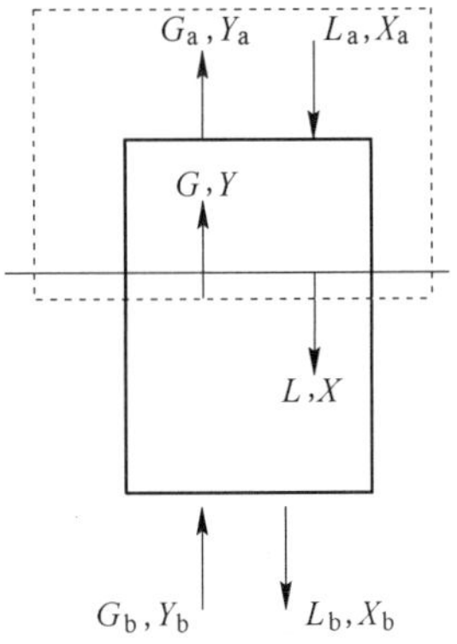

图 7.4 吸收塔的物料衡算

因吸收过程中，惰性气体 B 的流率 G_B 和溶剂 S 的流率 L_S 是不变量，即

$$G_B = G(1 - y) = G_a(1 - y_a) = G_b(1 - y_b) \qquad (7.38)$$

$$G_a = \frac{G_B}{1 - y_a}, \ G_b = \frac{G_B}{1 - y_b}$$

$$L_S = L(1 - x) = L_a(1 - x_a) = L_b(1 - x_b) \qquad (7.39)$$

$$L_a = \frac{L_S}{1 - x_a}, \ L_b = \frac{L_S}{1 - x_b}$$

又由式（7.12）可得：

$$Y_b = \frac{y_b}{1 - y_b}, \ Y_a = \frac{y_a}{1 - y_a} \qquad (7.40)$$

$$X_b = \frac{x_b}{1 - x_b}, \ X_a = \frac{x_a}{1 - x_a} \qquad (7.41)$$

将 $G_a = \dfrac{G_B}{1 - y_a}$，$G_b = \dfrac{G_B}{1 - y_b}$，$L_a = \dfrac{L_S}{1 - x_a}$，$L_b = \dfrac{L_S}{1 - x_b}$ 代入式（7.37）：

$$G_B Y_b + L_S X_a = G_B Y_a + L_S X_b \qquad (7.42)$$

整理得　　　　　$$G_B(Y_b - Y_a) = L_S(X_b - X_a) \qquad (7.43)$$

式（7.43）共有 6 个变量，通常其中的 G_B、Y_b、Y_a 及 X_a 是已知的，若 L_S、X_b 之一已知，则可求出另一个量。

7.4.1.2 吸收塔的操作线方程与操作线

为求得任一截面上相互接触的气、液组成间的关系，可对塔顶与任一截面间，如图

7.4 虚线示出的范围做物料衡算，得

$$G_B = (Y - Y_a) = L_S(X - X_a) \tag{7.44}$$

或

$$Y = \frac{L_S}{G_B}X + \left(Y_a - \frac{L_S}{G_B}X_a\right) \tag{7.45}$$

式（7.45）在 X-Y 坐标系中为一条直线，其斜率为（L_S/G_B），两个端点为 $A(X_a，Y_a)$，$B(X_b，Y_b)$，如图 7.5 所示。线上的任一点 P 代表某一塔截面上相互接触的气液组成，即 P 为操作点，这条由操作点组成的线称为操作线，式（7.45）称为操作线方程。图中 OE 为平衡线，操作线上任一点 $P(X,Y)$ 沿垂直方向至 OE 的距离 QP，是以气相摩尔比的差表示的总推动力（$Y - Y^*$）；P 至 OE 的水平距离 PR 代表以液相摩尔比之差表示的总推动力（$X^* - X$）。吸收操作线总位于平衡线上方，反之，解吸操作线位于平衡线下方。

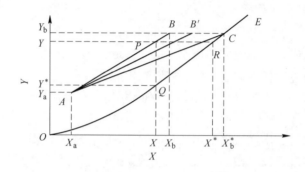

图 7.5　摩尔比坐标系（X-Y 图）的操作线和平衡线

7.4.2　吸收剂用量与最小液气比

对于操作线方程式（7.45），当 G_B、Y_a、Y_b 及 X_b 不变，减小溶剂流率 L_S，操作线 AB 的斜率（L_S/G_B），即液气比将随之减小，传质推动力也将有所减小，其极限是操作线的任一点与平衡线 OE 相遇，如图 7.5 中的 C 点，点 C 的传质推动力与传质速率均为零。这一液气比称为最小液气比，以（L_S/G_B）$_{min}$ 表示。当（L_S/G_B）小于（L_S/G_B）$_{min}$ 时，无论用多高的塔都不能达到预定的分离要求。

对于一定的吸收系统，（L_S/G_B）$_{min}$ 可用图解法确定（见图 7.5）。

$$\left(\frac{L_S}{G_B}\right)_{min} = \frac{Y_b - Y_a}{X_b^* - X_a} \tag{7.46}$$

式中　X_b^*——与入塔气体组成 Y_b 呈平衡的液相组成。

当（L_S/G_B）$_{min}$ 确定以后，就可以计算出最小吸收剂用量 L_{min}，实际的吸收剂用量取为：

$$L = (1.1 \sim 2.0)L_{min} \tag{7.47}$$

另外，当气体浓度不高，例如 $y_b < 0.1$ 时，操作线方程可简化成下式：

$$G(y - y_a) = L(x - x_a) \tag{7.48}$$

$$y = \left(\frac{L}{G}\right)x + \left(y_a - \frac{Lx_a}{G}\right)$$

即将气、液的总流率 G、L 代替惰性组分的流率 G_B、L_S，并以摩尔分数 x、y 代替摩尔比 X、Y；

对于全塔 $$G\left(y_b - y_a\right) = L\left(x_b - x_a\right) \tag{7.49a}$$

以及 $$\left(\frac{L_S}{G_B}\right)_{\min} = \frac{y_b - y_a}{x_b^* - x_a} \tag{7.49b}$$

7.4.3 吸收塔填料层高度——对低浓度气体的计算

7.4.3.1 基本关系式的导出

采用传质速率方程求解连续接触逆流操作的填料层高度。因填料塔内任一截面上的气、液组成 y, x 和推动力都是随塔高而连续变化的，故传质速率方程和物料衡算应对填料层的微分高度 dh 列出，然后积分，以得到填料层的总高度，如图 7.6 所示。

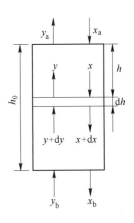

分析如图 7.6 所示的填料层微元高度 dh 内，溶质 A 的传质速率和物料衡算。微分段中的传质面积 dA 为：

$$dA = \alpha\Omega \cdot dh$$

式中 dA——dh 微分段内的传质面积，m^2；

Ω——塔截面积，m^2；

α——单位体积填料层所提供的有效传质面积，m^2/m^3。

根据物料衡算式，气体传入液相的溶质 = 气相所失的溶质 = 液相所得的溶质。

图 7.6 填料层微元高度的浓度变化

$$N_A \cdot dA = G \cdot \Omega dy = L \cdot \Omega dx \tag{7.50}$$

对于低浓度气体来说，在 dh 内的微分物料衡算可对式（7.48）微分而得 $Gdy = Ldx$。故对于单位塔截面，式（7.50）可写为：

$$N_A\alpha dh = Gdy = Ldx \tag{7.51}$$

式（7.51）经积分后，可得到所需的填料层高度 h_0。

因 $$N_A = K_y(y - y^*)$$
$$N_A = K_x(x^* - x)$$
$$N_A = k_y(y - y_i)$$
$$N_A = k_x(x_i - x)$$

分别将 N_A 的表达式代入式（7.51），对于低浓度气体，G、$K_y\alpha$ 等都可取常数，因此进行积分得：

$$h_0 = \frac{G}{K_y\alpha}\int_{y_a}^{y_b}\frac{dy}{y - y^*} \tag{7.52}$$

$$h_0 = \frac{G}{k_y\alpha}\int_{y_a}^{y_b}\frac{dy}{y - y_i} \tag{7.53}$$

$$h_0 = \frac{L}{K_x\alpha}\int_{x_a}^{x_b}\frac{dx}{x^* - x} \tag{7.54}$$

$$h_0 = \frac{L}{k_x\alpha}\int_{x_a}^{x_b}\frac{dx}{x_i - x} \tag{7.55}$$

这里 h_0 为总高，这样求填料层的高度就转化为求定积分的值了。

7.4.3.2 平衡关系为直线时的求解（对数平均推动力法）

低浓度气体操作线为直线，当平衡线也为直线时，传质推动力 $\Delta y = y - y^*$、$\Delta y_i = y - y_i$ 或

$\Delta x = x^* - x$ 等，也为 y 或 x 的直线函数（见图7.7）。

例如，对于 $\Delta y = y - y^*$ 来说，由于与 y 成直线函数，因此任一截面上 Δy 随 y 的变化率 $\mathrm{d}(\Delta y)/\mathrm{d}y$ 都等于塔顶、塔底间的比值 $(\Delta y_b - \Delta y_a)/(y_b - y_a)$，即

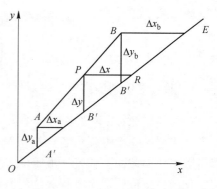

$$\frac{\mathrm{d}(\Delta y)}{\mathrm{d}y} = \frac{\Delta y_b - \Delta y_a}{y_b - y_a}, \quad \mathrm{d}y = \frac{y_b - y_a}{\Delta y_b - \Delta y_a}\mathrm{d}(\Delta y) \quad (7.56)$$

式中　Δy_a——塔顶的气相总推动力，$\Delta y_a = y_a - y_a^*$；

　　　　Δy_b——塔底的气相总推动力，$\Delta y_b = y_b - y_b^*$。

将 $\mathrm{d}y = \dfrac{y_b - y_a}{\Delta y_b - \Delta y_a}\mathrm{d}(\Delta y)$ 代入 $\displaystyle\int_{y_a}^{y_b} \dfrac{\mathrm{d}y}{y - y^*}$

图7.7　操作线和平衡线均为直线时的总推动力

得　　$\displaystyle\int_{y_a}^{y_b} \frac{\mathrm{d}y}{y - y^*} = \frac{y_b - y_a}{\Delta y_b - \Delta y_a}\int_{\Delta y_a}^{\Delta y_b} \frac{\mathrm{d}(\Delta y)}{y - y^*} = \frac{y_b - y_a}{\Delta y_b - \Delta y_a}\int_{\Delta y_a}^{\Delta y_b} \frac{\mathrm{d}(\Delta y)}{\Delta y} = \frac{y_b - y_a}{\Delta y_b - \Delta y_a}\ln\frac{\Delta y_b}{\Delta y_a}$　(7.57)

令

$$\Delta y_m = \frac{\Delta y_b - \Delta y_a}{\ln(\Delta y_b / \Delta y_a)} \tag{7.58}$$

代表过程的平均推动力，即塔顶、塔底推动力的对数平均值，代入式（7.52），则填料层高度的表达式为：

$$h_0 = \frac{G}{K_y \alpha}\left(\frac{y_b - y_a}{\Delta y_m}\right) \tag{7.59}$$

同理

$$h_0 = \frac{L}{K_x \alpha}\left(\frac{x_b - x_a}{\Delta x_m}\right) \tag{7.60}$$

$$h_0 = \frac{G}{k_y \alpha}\left(\frac{y_b - y_a}{\Delta y_{im}}\right) \tag{7.61}$$

$$h_0 = \frac{L}{k_x \alpha}\left(\frac{x_b - x_a}{\Delta x_{im}}\right) \tag{7.62}$$

$$\Delta x_m = \frac{\Delta x_b - \Delta x_a}{\ln \Delta x_b / \Delta x_a} \tag{7.63}$$

式中　Δx_m——$\Delta x_a = x_a^* - x_a$ 与 $\Delta x_b = x_b^* - x_b$ 的对数平均值；

　　　　Δx_{im}——$\Delta x_{ia} = x_{ia} - x_a$ 与 $\Delta x_{ib} = x_{ib} - x_b$ 的对数平均值；

　　　　Δy_{im}——塔顶 $\Delta y_{ia} = y_a - y_{ia}$ 与塔底 $\Delta y_{ib} = y_b - y_{ib}$ 的对数平均值。

7.4.3.3　低浓度气体的传质单元高度和传质单元数

令

$$H_{OG} = \frac{G}{K_y \alpha}, \quad N_{OG} = \int_{y_a}^{y_b} \frac{\mathrm{d}y}{y - y^*} \tag{7.64}$$

则式（7.52）表示为：

$$h_0 = H_{OG} \cdot N_{OG} \tag{7.65}$$

式中　H_{OG}——气相总传质单元高度，m；

　　下标O——总，如总推动力；

　　下标G——气相；

　　　　N_{OG}——气相总传质单元数，无因次。

同理
$$h_0 = H_{OL} \cdot N_{OL} \quad H_{OL} = \frac{L}{K_x \alpha} \quad N_{OL} = \int_{x_a}^{x_b} \frac{\mathrm{d}x}{x^* - x} \tag{7.66}$$

$$h_0 = H_L \cdot N_L \quad H_L = \frac{L}{k_x \alpha} \quad N_L = \int_{x_a}^{x_b} \frac{\mathrm{d}x}{x_i - x} \tag{7.67}$$

$$h_0 = H_G \cdot N_G \quad H_G = \frac{G}{k_y \alpha} \quad N_G = \int_{y_a}^{y_b} \frac{\mathrm{d}y}{y - y_i} \tag{7.68}$$

式中　H_{OL}——液相总传质单元高度，m；

　　　H_L——液相传质单元高度，m；

　　　H_G——气相传质单元高度，m；

　　　N_{OL}——液相总传质单元数，无因次；

　　　N_L——液相传质单元数，无因次；

　　　N_G——气相传质单元数，无因次。

因此，可写成如下通式：填料层高度 = 传质单元高度 × 传质单元数。

此处，我们再引入吸收率的概念，即溶质总量中被吸收部分所占的比例，可表示为 $\eta = \frac{Y_b - Y_a}{Y_b} = 1 - \frac{Y_a}{Y_b}$，当气体中溶质含量较低（如5%以下），也可用 $\eta = 1 - \frac{y_a}{y_b}$ 的形式表示。

令 $A = L/(mG)$，称为吸收因数，其几何意义为操作线斜率 L/G 与平衡线斜率 m 之比；令 $S = mG/L$，称为脱吸因数，为吸收因数的倒数。当 S 越小或 $A = 1/S$ 越大，对于同样的吸收要求，N_{OG} 将越小，即所需的填料层越低。故 A 越大越有利于吸收程度的提高，而称为吸收因数；反之，S 越大越不利于吸收而有利于脱吸，称为脱吸因数。

例7.4　某填料吸收塔，用清水逆流吸收混合气中的可溶组分 A。入塔气体中 A 组分浓度 $y_b = 0.05$，平衡关系为 $y = 0.4x$，吸收率要求95%，操作液气比为最小液气比的 1.4 倍，填料的传质单元高度为 0.2m，试求所需的填料层高度。

解：　　　　$y_b = 0.05, y_a = (1 - \eta) y_b = (1 - 0.95) \times 0.05 = 0.0025$

$$x_b^* = 0.05/0.4 = 0.125, x_a = 0$$

$$\left(\frac{L}{G} \right)_{min} = \frac{y_b - y_a}{x_b^* - x_a} = \frac{0.05 - 0.0025}{0.125 - 0} = 0.38$$

$$\frac{L}{G} = 1.4 \left(\frac{L}{G} \right)_{min} = 1.4 \times 0.38 = 0.532$$

$$x_b = \frac{y_b - y_a}{L/G} + x_a = \frac{0.05 - 0.0025}{0.532} = 0.0893$$

$$\Delta y_a = y_a - m x_a = 0.0025 - 0.4 \times 0 = 0.0025$$

$$\Delta y_b = y_b - m x_b = 0.05 - 0.4 \times 0.0893 = 0.0143$$

$$\Delta y_m = \frac{\Delta y_b - \Delta y_a}{\ln(\Delta y_b / \Delta y_a)} = \frac{0.0143 - 0.0025}{\ln(0.0143/0.0025)} = 0.0068$$

$$N_{OG} = \frac{y_b - y_a}{\Delta y_m} = \frac{0.05 - 0.0025}{0.0068} = 7.0m$$

$$h_0 = H_{OG} N_{OG} = 0.2 \times 7.0 = 1.40m$$

例7.5　拟设计一个常压填料吸收塔，用清水处理 3000m³/h、含 NH_3 5%（体积分数）的空气，要求 NH_3 的去除率为99%，实际用水量为最小水量的1.5倍。已知塔内操作温度为25℃，平衡关系为 $y = 1.3x$；取塔底空塔气速为1.1m/s，气相体积总传质系数 $K_y\alpha$ 为270kmol/(h·m³)。试求：（1）用水量和出塔溶液浓度；（2）填料层高度；（3）若入塔水中已含氨0.1%（摩尔分数），问即使填料层高度可随意增加，能否达到99%的去除率？（说明理由）。

解：

$$y_b = 0.05, y_a = y_b(1 - 0.99) = 5 \times 10^{-4}$$

$$x_b^* = 0.05/1.3 = 0.03846, x_a = 0$$

$$\left(\frac{L}{G}\right)_{min} = \frac{y_b - y_a}{x_b - x_a} = \frac{0.0495}{0.03846} = 1.287$$

$$\frac{L}{G} = 1.5\left(\frac{L}{G}\right)_{min} = 1.5 \times 1.287 = 1.931$$

（1）
$$x_b = \frac{y_b - y_a}{L/G} = \frac{0.0495}{1.931} = 0.0256$$

$$G = u\rho_M = 1.1 \times \frac{273}{298} \times \frac{1}{22.4} = 0.0450 \text{kmol}/(\text{m}^2 \cdot \text{s})$$

$$L = G(L/G) = 0.045 \times 1.931 = 0.0869 \text{kmol}/(\text{m}^2 \cdot \text{s}) \text{ 或 } 313 \text{kmol}/(\text{m}^2 \cdot \text{h})$$

（2）
$$\Delta y_a = y_a - mx_a = 5 \times 10^{-4} - 0 = 5 \times 10^{-4}$$

$$\Delta y_b = y_b - mx_b = 0.05 - 1.3 \times 0.0256 = 0.01672$$

$$\Delta y_m = \frac{(167.2 - 5) \times 10^{-4}}{\ln(167.2/5)} = 46.2 \times 10^{-4}$$

$$h_0 = \frac{G}{K_y\alpha}\left(\frac{y_b - y_a}{\Delta y_m}\right) = \frac{0.045}{270/3600} \times \frac{495}{46.2} = 6.43 \text{m}$$

（3）当 $x_a = 0.001$ 时，有 $y_a^* = 1.3 \times 0.001 = 0.0013$，而 $y_a^* = 13 \times 10^{-4}$，比要求的 $y_a = 5 \times 10^{-4}$ 大，故增高填料层不能达到要求。

7.4.4 吸收塔塔径的计算

填料塔的直径主要决定于塔内可容许的气速，用下式计算确定：

$$D = \sqrt{\frac{4V_S}{\pi u}} \tag{7.69}$$

式中 D——塔径，m；

V_S——通过吸收塔的实际流量，m³/s；

u——气体的空塔速度，m/s，其值在 $0.2 \sim 1.5$m/s 不等。

计算时 V_S 取全塔中最大的体积流量，u 的大小与流体的性质、塔的结构及尺寸有关。

$$\boxed{\text{习   题}}$$

概念题

7.1 吸收与解吸。

7.2 低浓度吸收和高浓度吸收，低浓度吸收的特点。

7.3 等温吸收和非等温吸收。

7.4 平衡关系与推动力。

7.5 气膜控制和液膜控制。

思考题

7.1 解析后的吸收剂再次进入吸收塔前经换热器冷却与直接进入吸收塔两种情况，吸收效果有什么区别？

7.2 相平衡关系在吸收过程中的应用是什么？

7.3 传质单元数与传质推动力有何关系？传质单元高度与传质阻力有何关系？

7.4 简述吸收因数和脱吸因数的物理意义。

7.5 试分析压力在吸收单元操作中的影响。

计算题

7.1 在一常压、298K 的吸收塔内，用水吸收混合气中的 SO_2。已知混合气体中含 SO_2 的体积分数为 20%，其余组分可看作惰性气体，出塔气体含 SO_2 体积分数为 2%，试分别用摩尔分数、摩尔比和摩尔浓度表示出塔气体中 SO_2 的组成。

7.2 空气中 O_2 的体积分数 21%，试求总压为 101.325kPa、温度为 10℃时，$1m^3$ 水中最大可能溶解多少克氧气？已知 10℃时氧在水中的溶解度表达式为 $p^* = 3.313 \times 10^6 x$，式中 p^* 为氧在气相中的平衡分压，单位为 kPa；x 为溶解氧的摩尔分数（10℃时水的密度 $\rho = 999.7kg/m^3$，O_2 在水中的亨利系数为 $E = 3.313 \times 10^6 kPa$）。

7.3 含 NH_3 体积分数 1.5% 的空气–NH_3 混合气，在 20℃下用水吸收其中的 NH_3，总压为 203kPa。NH_3 在水中的溶解度服从亨利定律。在操作温度下的亨利系数 $E = 80kPa$。试求氨水溶液的最大浓度（20℃时水的密度 $\rho = 998.2kg/m^3$）。

7.4 CO_2 分压为 50kPa 的混合气体，分别与 CO_2 浓度为 $0.01kmol/m^3$ 的水溶液和 CO_2 浓度为 0.05kmol/m^3 的水溶液接触。物系温度均为 25℃，气液相平衡关系 $p^* = 1.662 \times 10^5 x kPa$。试求上述两种情况下两相的推动力（分别以气相分压差和液相浓度差表示），并说明 CO_2 在两种情况下属于吸收还是解吸（25℃时水的密度 $\rho_s = 997kg/m^3$）。

7.5 在填料塔内用稀硫酸吸收空气中的氨。当溶液中存在游离酸时，氨的平衡分压为零。下列三种情况下的操作条件基本相同，试求所需填料层高度的比例：（1）混合气含氨 1%，要求吸收率为 90%；（2）混合气含氨 1%，要求吸收率为 99%；（3）混合气含氨 5%，要求吸收率为 99%。对于上述低浓气体，吸收率可按 $\eta = (y_b - y_a)/y_b$ 计算。

7.6 气体混合物中溶质的摩尔分数为 0.02，要求在填料塔中吸收其 99%。平衡关系为 $y^* = 1.0x$。求下列各情况下所需的气相总传质单元数。（1）入塔液体 $x_a = 0$，液气比 $L/G = 2.0$；（2）入塔液体 $x_a = 0$，液气比 $L/G = 1.25$；（3）$x_a = 0.0001$，$L/G = 1.25$。

7.7 常温常压吸收塔的某个截面上（微分段内），含氨 3%（体积分数）的气体与浓度为 1kmol/m^3 的氨水相遇。若已知：$k_y = 5.1 \times 10^{-4} kmol/(s \cdot m^2)$，$k_x = 0.83 \times 10^{-2} kmol/(s \cdot m^2)$，平衡关系可用 $y = 0.75x$ 表示。试计算：（1）以气相、液相摩尔分数差表示的总推动力、总传质系数和传质速率；（2）气、液相传质阻力的相对大小；（3）平衡分压和气相界面处的分压。

7.8 在一逆流操作的吸收塔中用清水吸收氨和空气混合气中的氨，混合气流率为 0.025kmol/s，混合气入塔含氨 2.0%（摩尔分数），出塔含氨 0.1%（摩尔分数）。吸收塔操作时的总压为 101.3kPa，温度为 293K，在操作浓度范围内，氨水系统的平衡方程为 $y = 1.2x$，总传质系数 $K_y a$ 为 0.0522kmol/(s·m^3)。若塔径为 1m，实际液气比为最小液气比的 1.2 倍，所需塔高为多少？

8 蒸　馏

掌握内容:

　　掌握理想二元物系的气液相平衡，蒸馏和精馏的原理，简单蒸馏和平衡蒸馏的过程和计算，二元连续精馏的计算。

熟悉内容:

　　熟悉全塔的物料衡算和理论板数的计算。

了解内容:

　　了解蒸馏的工业应用，精馏的操作方法，精馏塔的结构及塔板上的流体力学现象。

8.1　概　　述

　　蒸馏是过程工程中分离均相液体混合物的单元操作之一，利用液体混合物中各组分挥发性能的差异，以热能为媒介使液体混合物部分汽化（或混合蒸气的部分冷凝），从而在气相富集易挥发组分、液相富集难挥发组分，以此分离均相液体混合物。

　　虽然各液体组分均可挥发，但难易不同，蒸馏操作是利用各液体组分具有不同的挥发度，也就是在相同温度下蒸气压的差异，当受热而部分汽化时，气相中所含的易挥发组分多于液相中所含的易挥发组分，使得原来的均相液体混合物得到一定程度的分离；同理，当混合蒸气部分冷凝时，冷凝液中所含的难挥发组分将多于气相中所含的难挥发组分，这也能进行一定程度的分离。利用上述原理反复进行分离，可以使气相中的易挥发组分和液相中的难挥发组分达到越来越高的纯度。

　　可以按不同的方法对蒸馏操作进行分类。根据操作是否连续可分为间歇蒸馏和连续蒸馏；根据被蒸馏的均相液体混合物的组分数，可分为二元蒸馏和多元蒸馏；根据操作压力可分为常压、加压和减压蒸馏；根据操作方式，可分为简单蒸馏、平衡蒸馏和精馏。

　　本章着重讨论常压条件下的二元连续蒸馏。

8.2　理想二元物系的气液相平衡

　　溶液的气液平衡关系作为蒸馏过程的热力学基础，是理解与掌握蒸馏过程的最基本条件。

液相为理想溶液，气相为理想气体混合物所组成的体系称为理想体系。严格意义上讲，完全的理想体系并不存在。实际上低压下组分分子结构相似的体系接近理想体系，例如，苯－甲苯体系可视作理想体系。若溶液中的各个组分在全部浓度范围内都服从拉乌尔定律，则称为理想溶液。理想气体混合物服从道尔顿分压定律。而对于蒸气压－组成关系与拉乌尔定律存在较明显偏差的，就是非理想溶液。

拉乌尔定律是指溶液中各组分的蒸气压等于溶液温度下纯组分的饱和蒸气压乘以组分在溶液中的摩尔分数。当溶液中含 A、B 两组分，其蒸气压表达式如下：

$$p_A = p_A^0 x_A \tag{8.1}$$

$$p_B = p_B^0 x_B \tag{8.2}$$

式中　p_A，p_B——分别为组分 A 和 B 的平衡分压，即溶液中组分 A 和 B 的蒸气压，Pa；

p_A^0，p_B^0——分别为纯液体 A 和纯液体 B 的饱和蒸气压，Pa；

x_A，x_B——分别为溶液中组分 A、B 的摩尔分数。

理想气体混合物符合道尔顿分压定律，故组分 A、B 在气相中的分压可表示为：

$$p_A = p y_A \tag{8.3}$$

$$p_B = p y_B \tag{8.4}$$

式中　p_A，p_B——组分 A、B 在气相中的分压，Pa；

p——气相的总压，Pa；

y_A，y_B——组分 A、B 在气相中的摩尔分数。

当气相中各组分的分压分别等于液相中各组分的蒸气压时，气、液两相处于平衡状态，因此两组分理想体系气液两相平衡时：

$$x_A + x_B = 1 \tag{8.5}$$

$$y_A + y_B = 1 \tag{8.6}$$

若气－液平衡时的总压 p 不是很高（一般不大于 1MPa），则气相可视作理想气体，即道尔顿分压定律适用，对于 A、B 二元物系

$$p = p_A + p_B \tag{8.7}$$

将式（8.1）和式（8.2）代入，得

$$p = p_A^0 x_A + p_B^0 x_B \tag{8.7a}$$

纯组分 A、B 的饱和蒸气压是温度的函数：

$$p^0 = p^0(T) \tag{8.8}$$

在一定的总压 p 下，对于某一指定的平衡温度 T，可由纯组分蒸气压数据得到 p_A^0、p_B^0，由式（8.7a）计算出液相组成 x_A 为：

$$x_A = \frac{p - p_B^0}{p_A^0 - p_B^0} = \frac{p - p_B^0(T)}{p_A^0(T) - p_B^0(T)} \tag{8.9}$$

由于 p_A^0、p_B^0 取决于溶液开始沸腾时的温度（泡点），故式（8.9）表达的是一定总压下的液相组成与溶液泡点的关系，因此式（8.9）也称为泡点方程。

当气相总压 p 不是很大，且可视作理想气体时，气相的平衡组成为：

$$y_A = \frac{p_A}{p} = \frac{p_A^0 x_A}{p} \tag{8.10}$$

结合式（8.9）可得到一定总压下气相组成与开始冷凝时的温度（露点）的关系式，故式（8.10）也被称为露点方程，即

$$y_A = \frac{p_A}{p} = \frac{p_A^0}{p} \frac{p - p_B^0(T)}{p_A^0(T) - p_B^0(T)} \tag{8.11}$$

根据式(8.1)、式(8.2)、式(8.7)和式(8.7a)可作出等温条件下系统总压和组分的分压与液相组成 x 的关系图（p-x 图），称为等温图。同样，可根据式(8.9)和式(8.10)作出两理想体系在恒压下的 T-x 图和 y-x 图，又称等压图。

对于理想体系，如苯-甲苯体系，按上述计算做出的等温图、T-x 图和 y-x 图与实测值十分符合，这说明苯–甲苯体系接近理想体系。图 8.1 给出苯–甲苯的 p-x 图、T-x 图和 y-x 图。在蒸馏计算中广泛应用的是气液平衡组成的相图，即 y-x 相图。由苯–甲苯的 y-x 图可看出，由于气相中易挥发组分的含量比液相中多（即 $y > x$），故曲线高出对角线，只是在 $x = 0$、1 时，平衡曲线与对角线相交，当平衡线离对角线越远，越有利于在蒸馏中进行分离。

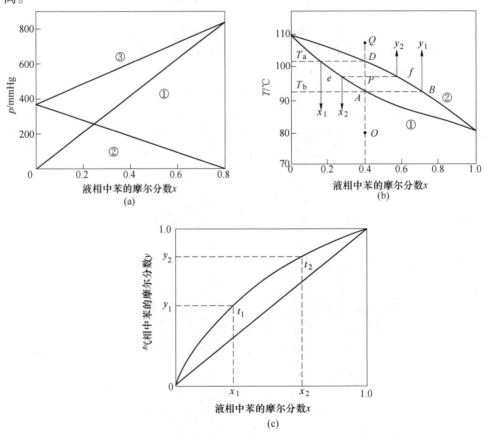

图 8.1　苯–甲苯体系的关系图

（a）苯–甲苯体系的 p-x 图（$t = 85℃$，1mmHg = 133.322Pa）；曲线①②③分别表示苯的分压、甲苯的分压和系统总压与液相组成的关系；（b）苯–甲苯体系的 T-x 图（$p = 101.33kPa$）：

曲线①②分别为饱和液体线（泡点线）和饱和蒸气线（露点线）；

（c）苯–甲苯体系的 y-x 图（总压一定）

气液平衡关系的表示方法除了 $p\text{-}x$、$T\text{-}x$、$y\text{-}x$ 图外，还常用相对挥发度来表示。混合液中组分的挥发度定义为它的平衡分压与其摩尔分数之比，对组分 A、B 组成的二元溶液，令 A、B 的挥发度分别为 v_A 和 v_B，则

$$v_A = p_A/x_A \tag{8.12}$$

$$v_B = p_B/x_B \tag{8.13}$$

纯液体的挥发度等于该温度下液体的饱和蒸气压。若为理想溶液，应用拉乌尔定律式（8.1）和式（8.2）可得

$$v_A = p_A^0, \quad v_B = p_B^0 \tag{8.14}$$

两组分的相对挥发度为溶液中两组分的挥发度之比，用 α 表示，习惯上将易挥发组分的挥发度 v_A 作分子，代入式（8.12）和式（8.13），可得

$$\alpha = v_A/v_B = \frac{p_A x_B}{p_B x_A} \tag{8.15}$$

若气相遵循道尔顿分压定律，则气相分压之比 p_A/p_B 等于摩尔分数之比 y_A/y_B，即

$$\frac{p_A}{p_B} = \frac{y_A}{y_B} \tag{8.16}$$

故式（8.15）可转换为

$$\alpha = \frac{y_A x_B}{y_B x_A} \tag{8.17}$$

对于二元物系，$x_A = x$，$x_B = 1 - x$，$y_A = y$，$y_B = 1 - y$，代入式（8.17），得

$$\alpha = \frac{y(1-x)}{(1-y)x} \tag{8.18}$$

故

$$y = \frac{\alpha x}{1 + (\alpha - 1)x} \tag{8.19}$$

式（8.19）称为二元物系的相平衡方程，若两组分的相对挥发度已知，便可由式（8.19）确定平衡时的气液相组成的关系。

对于理想溶液，将 $v_A = p_A^0$ 及 $v_B = p_B^0$ 代入式（8.15），有

$$\alpha = p_A^0/p_B^0 \tag{8.20}$$

因理想溶液中 α 随温度变化不大，常取 α 的平均值作为常数来计算。

当 $\alpha > 1$ 时，$y_A > x_A$，$y_B > x_B$，即气相中易挥发组分含量大于液相，可用蒸馏方法分离。α 越大，蒸馏分离越容易。若 $\alpha = 1$，则 $y_A = x_A$，$y_B = x_B$，如恒沸物（即在气液平衡体系中，气相组成和液相组成一样），则不能用蒸馏的方法分离。

8.3　简单蒸馏和平衡蒸馏

可用不同的方式或方法进行蒸馏操作，最基本的有简单蒸馏、平衡蒸馏及精馏。

8.3.1　蒸馏的原理

以 $TiCl_4$ 和 $SiCl_4$ 混合液为例，对蒸馏原理进行说明。如图 8.2 所示，当混合液的组成

为 x_1，温度为 T_1 时，即 A 点，此时只有液体存在，将此混合液在恒定外压下加热，其经过的路线将由 AB 代表。当混合液的温度达到 T_2 时，即 J 点，则开始形成的蒸气组成为 y_1，即 D 点，若继续加热至 T_3，且不从物系中取出物料，则可达到 E 点，此时，物系中液相的组成变为 x_2，即 F 点，蒸气相的组成为与液相平衡的 y_2，即 G 点，且蒸气的量增多，液相的量减少，当温度继续升高至 T_4，即 H 点，则液相全部汽化，气相组成为 y_3，与 x_1 相同。当加热至 H 点以上时，蒸气为过热蒸气，其组成仍为 y_3 不变。当混合液加热的温度低于 T_4 时，此为部分汽化。当混合液加热到 T_4 或 T_4 以上时，此为全部汽化。显然，只有用部分汽化的方法，才能从混合液中分出具有不同组成的蒸气，即其中易挥发组分 $SiCl_4$ 含量增多。如从 A 点出发，使混合液在 E 点部分汽化，得出 G 点的蒸气，将其移去而冷凝。再将此冷凝的液体加热，使之在 L 点部分汽化，则得到 D 点的蒸气。对每次剩余的液体，也进行反复的部分汽化和冷凝。这样操作的结果，最终可得到几乎纯的 $SiCl_4$ 和 $TiCl_4$。同理，将 $TiCl_4$ 和 $SiCl_4$ 混合蒸气用部分冷凝的方法也可使 $TiCl_4$ 和 $SiCl_4$ 得到一定程度的分离。将组成为 B 点的混合蒸气进行冷凝，冷凝到高于 J 点所示的温度为止，此为部分冷凝。同理，只有用部分冷凝的方法，才能从混合蒸气中分离出具有不同组成的液体。若从 B 点出发，使混合蒸气在 E 点进行部分冷凝，得到 F 点的液体，将其移去而汽化，再将此汽化所得的蒸气冷却，使之在 N 点部分冷凝，则得出 C 点的液体。对每次剩余的蒸气，均进行反复的部分冷凝和汽化，最后即可使 $TiCl_4$ 和 $SiCl_4$ 分离。

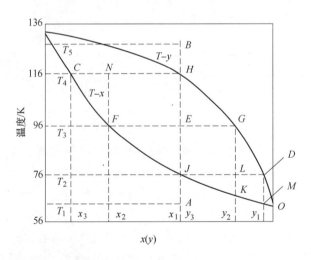

图 8.2 $TiCl_4$-$SiCl_4$ 混合液 t-x 图 （$p = 0.1MPa$）

由上述可知，组成为 x_1 的液体加热至 E 点，所得的蒸气组成为 y_2，将此蒸气全部冷凝其组成为 x_2'，$x_2' > x_1$，即易挥发组分 $SiCl_4$ 含量增加。蒸馏不能使混合物达到完全分离，从理论上讲，可以用多次重复蒸馏的方法达到要求的分离纯度。但是，如果进行多次蒸馏，需要耗费大量的能源用于加热及冷却，且操作复杂，并不经济。

8.3.2　简单蒸馏

8.3.2.1　简单蒸馏过程

图 8.3 所示为简单蒸馏装置。混合液在蒸馏釜中加热至料液的泡点，溶液逐渐汽化，

产生的蒸气引入冷凝器，冷凝成馏出液，放入容器。显然，馏出液中易挥发组分的组成高于料液，故釜内溶液中的易挥发组分的浓度 x 随时间延续而逐渐降低，这使得与 x 平衡的蒸气组成 y 也不断降低，釜内溶液的沸点逐渐升高。釜内溶液的组成与温度沿饱和液体线箭头所示方向移动，蒸出的气体组成沿饱和蒸气线按箭头方向移动，即其中的易挥发组分也不断降低。在蒸馏的某一时刻釜液的组成与温度如 M 点所示，此时蒸出的气体的组成如 M' 点，显然 $y < y_0$。简单蒸馏蒸出的馏出液中易挥发组分的含量为先高后低，不断地变化，为收集不同浓度的馏出液，可设置若干个馏出液容器。

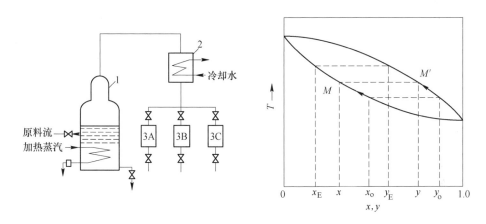

图 8.3　简单蒸馏装置
1—蒸馏釜；2—冷凝器；3A，3B，3C—馏出液容器

简单蒸馏为间歇非定态操作，操作过程中系统的温度和浓度均随时间而改变。简单蒸馏的分离效果不高，馏出液的最高组成只有 y，即与料液呈平衡的气相组成，通常只能用作粗分或初步分离，适合于相对挥发度较大而分离要求不高的分离。例如，从含酒精不到 10%（体积分数）发酵醪液经一次简单蒸馏只能得到 50% 左右的烧酒，为得到 $60\% \sim 65\%$ 的烧酒，可再经过一次简单蒸馏。

8.3.2.2　简单蒸馏的计算

简单蒸馏的计算主要有两方面内容：（1）根据料液量和组成，确定馏出液与釜残液的量和组成间的关系；（2）蒸馏的生产能力。蒸馏釜的生产能力和所需传热面积根据蒸发液体的热负荷和传热速率计算的有关原理进行。本节只讨论前一方面的计算，馏出液、釜残液的量和组成的计算根据物料衡算和相平衡关系求出。

设：W_1，W_2 为加入蒸馏釜的料液量和蒸馏终了时釜中的残液量，kmol；W 为加入蒸馏釜内某一瞬间的釜液量，kmol；x_1，x_2 为加入料液和残液中易挥发组分的组成，摩尔分数；x，y 为加入此一瞬间易挥发组分的液气平衡组成，摩尔分数。

蒸馏釜内某一瞬间的釜液量为 W，经过微分时间 $\mathrm{d}t$，釜液量从 W 减少到 $W - \mathrm{d}W$，液相组成从 x 降低到 $x - \mathrm{d}x$，蒸出的易挥发组分量为 $y\mathrm{d}W$。以蒸馏釜为系统，以时间 $\mathrm{d}t$ 为基准，做易挥发组分的物料衡算，得

$$Wx = (W - \mathrm{d}W)(x - \mathrm{d}x) + y\mathrm{d}W \tag{8.21}$$

略去高阶微分，分离变量可得

$$\frac{\mathrm{d}W}{W} = \frac{\mathrm{d}x}{y-x} \tag{8.22}$$

对式（8.22）积分，积分限为 $W=W_1$，$x=x_1$，$W=W_2$，$x=x_2$；可得

$$\ln \frac{W_1}{W_2} = \int_{x_2}^{x_1} \frac{\mathrm{d}x}{y-x} \tag{8.23}$$

如果在 x_1 到 x_2 的操作范围内 α 为常数,将 $y = \dfrac{\alpha x}{\alpha + (\alpha-1)x}$ 代入式(8.23),积分得

$$\ln \frac{W_1}{W_2} = \frac{1}{\alpha-1} \ln \frac{x_1(1-x_2)}{x_2(1-x_1)} + \ln \frac{1-x_2}{1-x_1}$$

上述物料衡算可由 W_1、x_1，加上 W_2、x_2 其中之一，计算出 W_2、x_2 中未知的一个。余下馏出液量 W_D 和组成 x_D，可根据整个过程的物料衡算决定。

对于总物料 $\qquad\qquad\qquad W_D + W_2 = W_1 \tag{8.24}$

对于易挥发组分 $\qquad\qquad W_D x_D + W_2 x_2 = W_1 x_1 \tag{8.25}$

联立以上两式即可得 W_D 和 x_D。

8.3.3 平衡蒸馏

8.3.3.1 平衡蒸馏过程

将一定组成的液体加热到泡点以上使其部分汽化或一定组成的蒸气冷却至露点以下使其部分冷凝，使气、液两相平衡共存，然后将气、液两相分离。这使得气相中易挥发组分与液相中难挥发组分的含量均增加，该过程称为平衡蒸馏。

平衡蒸馏的装置如图 8.4 所示，用泵 1 将料液加压并输送至加热器 2，料液在加热器 2 中升温，使其温度高于分离器压力下的沸点，之后料液经减压阀 3 减压后送入分离器。由于减压后液体沸点下降，液体变为过热状态，其高于沸点的显热随即变为潜热，使部分液体急速汽化，该过程称为闪蒸。因此液体温度下降，最后气液两相的温度和组成趋于平衡，平衡的气、液两相再在分离器中分离，分别从塔顶和塔底引出，这种分离器也称闪蒸塔。但平衡蒸馏的分离效果不如简单蒸馏好。

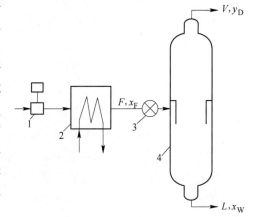

8.3.3.2 平衡蒸馏的计算

平衡蒸馏的计算如图 8.4 所示，通常是已知料液的流量 F 和组成 x_F，以及闪蒸后的气

图 8.4 平衡蒸馏装置
1—泵；2—加热器（炉）；
3—减压阀；4—分离器（闪馏塔）

相流率 V（或液相流率 L，流率均以 kmol/s 或 kmol/h 为单位），求气、液两相的组成 y_D 及 x_W。所应用的关系也是物料衡算和气液平衡。

（1）物料衡算。

总物料衡算：

$$V + L = F \tag{8.26}$$

易挥发组分衡算：

$$Fx_F = Vy_D + Lx_W \tag{8.27}$$

将式（8.26）代入式（8.27），得

$$Vy_D + (F - V)x_w = Fx_F \tag{8.27a}$$

$$(V/F)y_D + (1 - V/F)x_W = x_F \tag{8.27b}$$

令 $f = V/F$ 表示 1kmol 料液所得的气相量，称为汽化率，代表料液汽化的比例，则

$$fy_D + (1 - f)x_W = x_F \tag{8.28}$$

式（8.28）表示平衡蒸馏中气、液相平衡组成的物料衡算关系。

（2）气、液相平衡关系。

y_D 与 x_W 符合相平衡关系，可用 y-x 平衡图来表示。对理想溶液，也可表示成：

$$y_D = \frac{\alpha x_w}{1 + (\alpha - 1)x_w} \tag{8.29}$$

所以，对于理想溶液，当 x_F 与 f 已知时，可联立式（8.28）和式（8.29），计算出 y_D 与 x_W。

8.4 精 馏

8.4.1 精馏过程

图 8.5 所示为两组分均相液体混合物连续精馏的典型流程，该装置由精馏塔、再沸器和冷凝器三部分构成。为了实现精馏分离，需分别从塔底、塔顶产生上升气流和引进下降液流，气、液两相在精馏塔的塔板上接触和传质，使得气相中易挥发组分的含量逐板增加，塔内有足够的板数，使得升到塔顶的气相组成达到分离要求，升到塔顶的气相在塔顶上设置的冷凝器中冷凝后，只放出一部分作为塔顶产品，另一部分则返回塔顶作为回流液。液流在下降过程中逐板与气流传质，将易挥发组分传递给气流，并从气流中得到难挥发组分，由再沸器放出时，液体的组成已符合要求。料液常经过预热，在塔中部某选定的塔板上加入，这层板上的组成应与进料的组成相接近。一般将精馏塔中料液加入板称为加料板，加料板以上部分称为精馏段，加料板以下部分称为提馏段。

取精馏塔精馏段的任意一块塔板 n 来分析精馏塔分离的原理，如图 8.6 和图 8.7 所示。进入塔板的气相浓度和温度分别为 y_{n+1} 和 T_{n+1}，下降至 n 板的液相的浓度和温度分别为 x_{n-1} 和 T_{n-1}。此时气相组成 y_{n+1} 与液相组成 x_{n-1} 不平衡，液相中易挥发组分的含量 x_{n-1} 大于与 y_{n+1} 呈平衡的液相浓度 x_{n+1}，或者说与液相组成 x_{n-1} 呈平衡的气相组成 y_{n-1} 大于气相组成 y_{n+1}，故易挥发组分从液相向气相传递。此质量传递的推动力可表达如下：

$$\Delta y = y_{n-1} - y_{n+1} \tag{8.30}$$

$$\Delta x = x_{n-1} - x_{n+1} \tag{8.31}$$

同时，难挥发组分从气相向液相传递，冷凝放出热量，并传递给液相，提供液相中易挥发组分汽化所需的热量。这样接触的结果使气相中易挥发组分与液相中难挥发组分的含量均增多。若塔板上气液两相充分接触，则可使离开 n 板的气、液达到平衡，即 x_n 与 y_n 达到相平衡。气相逐板上升，液相逐板下降，在每一板上都发生着与 n 板相似的传热、传

质现象，经过足够多的板数，在塔顶上就可以得到纯度较高的易挥发组分，在塔底可得较纯的难挥发组分。因此，精馏过程中会同时发生传质和传热，也可将精馏看作易挥发组分汽化，难挥发组分冷凝，两者同时进行，汽化、冷凝的热量相互补偿。

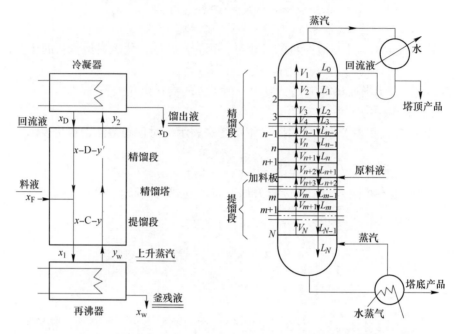

图 8.5 精馏过程的典型流程   图 8.6 精馏塔中物流示意图

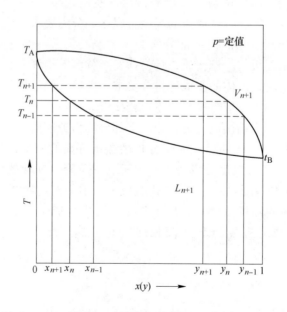

图 8.7 第 n 板的蒸馏过程

用精馏方法进行金属的提纯和精制在冶金中历史悠久。有些（如 Mg、Ti、Zr 等）采用间歇精馏方法，有些（如 Zn、Cd 等）采用连续精馏法。

　　因一般金属的沸点都很高，常采用真空蒸馏的方式使较多的金属在较低温度下进行蒸馏。真空蒸馏在低压下进行，此时，分子自由程加大，因此能使被分离组分的挥发度在低温下大大增加。一般在压强 10～30Pa 的条件下进行 Mg 的真空蒸馏，此时沸点将低于 600℃。

　　虽然真空度越高，操作温度可以越低，蒸馏速度越快，越易避免氧化，但由于真空泵的性能和经济效果，往往把操作压强控制在 0.1Pa 左右。在金属进行高温蒸馏时，通常用外部加热的坩埚。在 Zn、Cd 精馏时，通常采用耐火材料制成塔盘，并由多个塔盘构成一个精馏塔，每个塔盘相当于一块塔板。

8.4.2　精馏的操作方法

　　精馏过程中回流液和上升蒸气形成的气、液两相为逆流接触，有两种操作方法，即连续逆流与多级逆流。与此相应，采用两种分析过程的方法和两类典型设备及其计算方法。不平衡的气、液两相在传质设备中密切接触，使其组成向平衡趋近，再使两相分开的蒸馏过程，称为"接触级蒸馏"。一层塔板就是一个接触级，如果经接触的气、液两相在离去时达到了平衡，就称为"平衡级蒸馏"，这种接触级就称为平衡级（或称理论塔板）。

8.4.2.1　连续逆流

　　填料塔是典型的连续逆流接触设备，填料精馏塔与填料吸收塔的计算原则类似。在填料塔内的任意截面上，气、液两相不平衡，易挥发组分从液相向气相传递，难挥发组分从气相向液相传递，过程的推动力为距平衡状态的距离。气、液两相的组成在塔内连续变化，只要塔足够高，两组分就可达到比较完全的分离。

8.4.2.2　多级逆流

　　多级逆流所用的设备为各种板式精馏塔。多级逆流操作的精馏过程如图 8.8 所示。

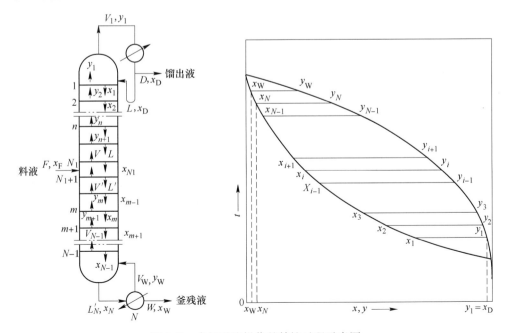

图 8.8　多级逆流操作的精馏过程示意图

图中一小段表示一个理论级（理论板），其中数字表示自上而下数的板数，组成为 x_F 的料液从精馏塔的中部加入。由塔顶第 1 块板出去的组成为 y_1 的蒸气进入冷凝器，全部冷凝为液体，其组成为 x_D，等于 y_1，部分液体为塔顶产品，称为馏出液。回流液进入塔内依次在第 1 至第 N 块板上与上升的蒸气接触传质，易挥发组分由液相向气相传递，难挥发组分从气相向液相传递，并且气、液在每一块板上接触传质后，最后达成相平衡离开。从塔底流出的液体组成为 x_N，然后液体进入再沸器，部分汽化，所得蒸气组成为 y_W，进入塔底第 N 块板作为上升蒸气，所得液体组成为 x_W，作为塔底产品。只要塔板数足够多，塔顶和塔底产品的纯度均可达到很高。

在精馏塔的计算中，常假定两组分的摩尔汽化潜热相等，其他热量可忽略或抵消，于是各层塔板上虽发生传质，但气相与液相通过塔板前后的摩尔流量并无变化，这一假定称为恒摩尔流，与实际情况出入并不大。根据恒摩尔假设可使逐板计算过程大为简化。

8.5　二元连续精馏的分析与计算

精馏的计算就是确定塔中应设几块塔板，才能完成上述分离要求，称此类问题为设计型计算。步骤是：首先计算出理论塔板数，再用总板效率表示实际板与理论板的差异，求出实际板数。

8.5.1　全塔的物料衡算

应用全塔物料衡算可找出精馏塔顶、塔底的产量与各组成之间的关系。如图 8.9 所示，对全塔列总物料衡算和易挥发组成衡算，可得：

$$\begin{cases} F = D + W \\ Fx_F = Dx_D + Wx_W \end{cases} \tag{8.32}$$

式中　F——料液流率，kmol/s；

　　　D——塔顶产品（馏出液）流率，kmol/s；

　　　W——塔底产品（釜残液）流率，kmol/s；

　　　x_F——料液中易挥发组分的摩尔分数；

x_D，x_W——分别为塔顶、塔底产品的摩尔分数。

根据式（8.32），在 F 和 x_F、x_D、x_W 已知的条件下，求解塔顶、塔底产品流率 D、W。有时也常规定其组分的回收率 η，其定义为此组分（如易挥发组分）回收量占原料中该组分总量的百分数。

$$\eta = \frac{Dx_D}{Fx_F} \times 100\% \tag{8.33}$$

8.5.2　理论板数的计算

8.5.2.1　精馏段操作线方程

图 8.10 所示为精馏逐板接触的示意图，按逐板计算原则可确定精馏段所需的理论板数。

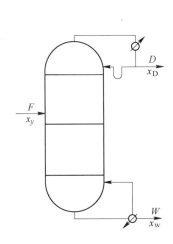

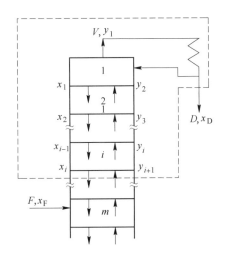

图 8.9　精馏塔的全塔物料衡算　　　　图 8.10　精馏段操作示意图

以图中虚线框为系统，进行总物料衡算与易挥发组成的物料衡算，得：

$$V = L + D \tag{8.34}$$

$$Vy_{i+1} = Lx_i + Dx_D \tag{8.35}$$

式中　L——精馏段中下流的液体流率，kmol/s；

　　　　V——精馏段中上升的蒸气流率，kmol/s。

根据恒摩尔流假设，在此系统内没有其他加料与出料，故 $L = RD$，即

$$R = \frac{L}{D} \tag{8.36}$$

R 为 L 与馏出液 D 之比称为回流比。由式（8.34）得

$$V = (R + 1)D \tag{8.37}$$

将式（8.36）和式（8.37）代入式（8.35），并去掉 y 与 x 的下标，得

$$y = \frac{R}{R+1}x + \frac{1}{R+1}x_D \tag{8.38}$$

式（8.38）称为精馏段的操作线方程，表示精馏段中任意两板间相遇的气、液相的组成关系。此操作线通过点 $c\left(0, \dfrac{x_D}{R+1}\right)$ 和点 $a(x_D, x_D)$，若 a、c 点确定，则连接 a、c 即为精馏段操作线。由于 x_D 及 R 都是给定的已知量，故点 a 及点 c 不难确定。

根据精馏段操作线方程和气液平衡关系，即可用逐板计算法求精馏段所需的理论板数。塔板数由顶向下数，离开各层塔板的气、液组成以 y_1，x_1，y_2，x_2，…代表，根据理论板的定义，离开各层塔板的气、液组成达到了相平衡。

根据 x_D 与 y_1 相等，可确定 y_1 的值，对第一块理论板应用气液平衡关系，根据 y_1 计算出 x_1，然后根据精馏段操作线方程算出 y_2。对第 2 块板应用气液平衡关系计算出 x_2，然后用精馏段操作方程计算出 y_3，如此逐板交替应用气、液平衡关系和精馏段操作线方程，计算 x 与 y，直到第 m 级流出的液体组成 x_m 等于或刚开始小于 x_F 为止，则 m 即为精馏段所需的理论板数。通常在工艺设计中并不要求各板的组成，而只要求达到指定分离效果，即对于精馏段是从进料的 x_F "增富" 到塔顶产品的 x_D 的理论板层数。

8.5.2.2 提馏段操作线方程

图 8.11 所示为提馏段逐板接触示意图，由于提馏段的加料板上有进料物流，使得提馏段的液、气流量与精馏段的 L、V 有所不同，现分别以 L' 和 V' 代表。对图中虚线所示范围进行物料衡算。

$$\begin{cases} L' = V' + W \\ L'x_{j-1} = V'y_j + Wx_{\mathrm{W}} \end{cases} \tag{8.39}$$

式中 L'——提馏段中下流的液体流量，kmol/s；

   V'——提馏段中上升蒸气的流量，kmol/s。

解方程（8.39），并去掉下标，得到

$$y = \frac{L'}{L' - W} x - \frac{W}{L' - W} x_{\mathrm{W}} \tag{8.40}$$

式（8.40）称为提馏段方程，它表示在提馏段中任意两理论板间相遇的气、液组成 y 与 x 关系。

提馏段内的液、气流量 L' 及 V' 需要根据精馏段的液、气流量 L、V 和进料流量及其受热状态来决定。进料共有五种热状态：（1）过冷液体（温度低于泡点）；（2）饱和液体；（3）气、液混合物（温度介于泡点与露点之间）；（4）饱和蒸气；（5）过热蒸气（温度高于露点）。

令进料中液相占比为 q，则气相占比为 $1-q$。对如图 8.12 所示的加料板做液相和气相的物料衡算，可得：

$$\begin{cases} L' = L + qF \\ V' = V - (1-q)F \end{cases} \tag{8.41}$$

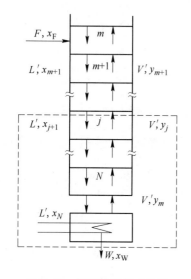
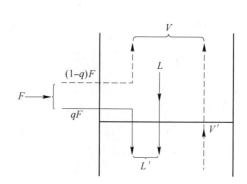

图 8.11 提馏段操作示意图   图 8.12 加料板上的物流关系示意图（进料为液汽混合物）

进料的液相分率 q 与热状况的关系，可由热量衡算决定。令进料、饱和液体、饱和蒸气的焓分别为 i_{F}、i_{L}、i_{V}（kJ/kmol 或 kcal/kmol，以 0℃ 的液体为基准），则

$$Fi_{\mathrm{F}} = (qF)i_{\mathrm{L}} + (1-q)Fi_{\mathrm{V}} \tag{8.42}$$

$$i_F = qi_L + (1-q)i_V$$

解得

$$q = \frac{i_V - i_F}{i_V - i_L} \tag{8.43}$$

式中 $i_V - i_F$——每千摩尔进料从进料状况转化为饱和蒸气所需的热量；

$i_V - i_L$——进料的千摩尔汽化潜热。

根据 q 的定义可得：

(1) 过冷液体加料：$q > 1$，表示 $L' > L + F$，$V' > V$；

(2) 饱和液体加料：$q = 1$，所以 $L' = L + F$，$V' = V$；

(3) 气、液混合物加料：$q = 0 \sim 1$，$L' > L$，$V' < V$；

(4) 饱和蒸气加料，$q = 0$，$L' = L$，$V < V' + F$；

(5) 过热蒸气加料，$q < 0$，$L' < L$，$V = V' + F$。

根据进料的热状况算出 q，就可以根据式(8.41)求出 L' 和 V'。这样就可以应用相平衡关系和提馏段操作线方程，从加料板开始，逐板求出提馏段中离开各层理论板的气、液组成。

8.5.2.3 进料方程

加料热状态的不同影响两操作线的交点。其交点可以由 q 线方程确定。q 线方程由两操作线合并得出，精馏段和提馏段的操作线方程的初始形式：

$$Vy = Lx + Dx_D \tag{8.44}$$

$$V'y = L'x - Wx_W \tag{8.45}$$

两式相减得：

$$(V' - V)y = (L' - L)x - (Dx_D + Wx_W) \tag{8.46}$$

应用式(8.32)和式(8.41)，可得

$$(q-1)Fy = qFx - Fx_F$$

得到

$$y = \frac{q}{q-1}x - \frac{x_F}{q-1} \tag{8.47}$$

此方程称为 q 线方程（进料方程），代表了两操作线交点的轨迹，即此线与两操作线共交于一点，它与精馏段操作线的交点处就是两操作线的交点 d。

显然，q 线过点 $f(x_F, x_F)$，斜率为 $q/(q-1)$，它完全由进料的组成和热状况所决定。因此，也称为进料线，简称 q 线。

由精馏段操作线和 q 线可作出提馏段操作线。由提馏段操作线方程式(8.40)可知，提馏段操作线方程过点 $b(x_W, x_W)$，以及精馏段操作线和 q 线的交点（d 点），则连接 bd 即为提馏段操作线。其做法如图8.13所示。

由 a 点 (x_D, x_D) 和 c 点 $\left(0, \dfrac{x_D}{R+1}\right)$ 连接成直线即为精馏段操作线方程，再过 f 点 (x_F, x_F)，斜

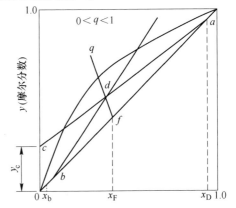

图8.13 提馏段操作线的作法

率为 $q/(q-1)$ 作出 q 线，q 线与精馏段操作线的交点为 d。连接 b 点 (x_W, x_W) 与 d 点，所得直线即为提馏段操作线方程。

8.5.2.4 图解法求理论板数

上述应用精馏段与提馏段操作线和气液平衡关系逐板计算法求精馏塔所需理论板数的过程，也可以在 $y-x$ 图上用图解法来进行。已知进料的流量 F，组成 x_F 及热状况 i_F，塔顶、塔底产品的组成 x_D、x_W，回流比 R，以及相平衡关系。其步骤如下：

（1）在 $y-x$ 图中作出平衡线及对角线。

（2）在 x 轴上定出 $x = x_D$、x_F、x_W 的点，并通过这三点依次作垂直线定出与对角线上的交点分别为 a、f、b。

（3）由精馏段操作线方程，$y = \dfrac{R}{R+1} x + \dfrac{x_D}{R+1}$ 作出精馏段的操作线。此方程过 $\left(0, \dfrac{x_D}{R+1}\right)$ 与 (x_D, x_D) 两点，即在 y 轴上定出 $y_C = \dfrac{x_D}{R+1}$ 的点 c，连接点 a、点 c 即作出精馏段的操作线方程。

（4）由进料方程 $y = \dfrac{q}{q-1} x - \dfrac{x_F}{q-1}$ 作出进料线（q 线）。由进料状况求出 q 值，此直线的斜率为 $\dfrac{q}{q-1}$，并通过 f 点 (x_F, x_F)，即作出此直线。

（5）作提馏段的操作方程：此直线经过 q 线与精馏段操作线的交点 d，以及点 $b(x_W, x_W)$，连接 bd 即为提馏段操作线。

（6）从点 a 开始，在平衡线与 ac 之间作梯级，当梯级跨过点 d 时，这个梯级就相当于加料板，然后改在平衡线与 bd 线之间作梯级，直到再跨过点 b 为止。数梯级的数目，就可以分别得出精馏段和提馏段的理论板数，同时也决定了加料板的位置。关于加料板位置的确定，一般均以跨过操作线交点的梯级作加料板，因为此时达到同样的分离要求，所需的理论板数最少。采用图解法求理论板数时，尤其所需的理论板数相当多时，不准确。

例 8.1 需用一常压连续精馏塔分离含苯 40% 的苯-甲苯混合液，要求塔顶产品含苯 97% 以上。塔底产品含苯 2% 以下（以上均为质量分数）。采用的回流比 $R = 3.5$，试求以饱和液体进料状况时所需的理论板数。

解： 应用 $y-x$ 图解法。由于平衡数据是用摩尔分数，还要用到恒摩尔流的简化假定，故需将各个组成从质量分数换算成摩尔分数。现苯、甲苯（组分 A、B）的相对分子质量 $M_A = 78.1$，$M_B = 92.1$，换算后得到：$x_F = 0.440$，$x_D \geqslant 0.974$，$x_W \leqslant 0.0235$。

现按以下步骤进行图解（根据 $x_D = 0.974$，$x_W = 0.0235$）：

（1）在 $y-x$ 图中作出苯-甲苯的平衡线和对角线，如图 8.14 所示。

（2）在对角线上定出点 a、f、b。

（3）对角线上定出点 c，先计算 y_c：

$$y_c = \frac{x_D}{R+1} = \frac{0.974}{3.5+1} = 0.217$$

再在 y 轴上标定点 c，连接 a、c 即得精馏段的操作线 ac。

（4）作 q 线，对饱和液体进料，q 线为通过点 f 的垂直线，如图中线 fq 所示。

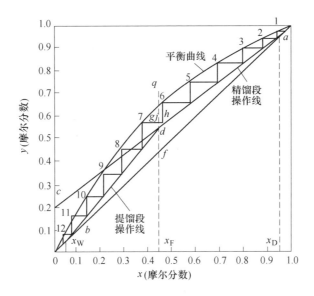

图 8.14　例 8.1 理论板数的图解

（5）作提馏段操作线 bd。由 q 线与 ac 的交点得到两操作线的交点 d，连接 b、d 即得。

（6）作梯级，如图从点 a 开始在平衡线与 ac 间作，第 7 个梯级跨过点 d 后改在平衡线与 bd 间作，直到跨过点 b 为止。

由图中的梯级数目得知，全塔的理论板数共 12 层（取一位小数约 11.9 层），减去釜所相当的一层，共需 11（10.9）层，其中精馏段需 6.1 层（分数由过点 d 的垂线与水平线 gh 相交于点 j，线段 jh 与 gh 的长度之比约为 0.1）。提馏段需 4.8 层。

8.5.2.5　总板效率

总板效率可用式（8.48）表示：

$$E_0 = \frac{N}{N_e} \tag{8.48}$$

式中　N——理论板数；

N_e——实际板数；

E_0——总板效率。

总板效率是用于全塔的，也可用于精馏段和提馏段，应用总板效率可以很方便地由理论板数算出实际板数。但由于影响塔板效率的因素很复杂，故迄今为止，还没有得到一个较为满意的求取总板效率的关系式。比较可靠的数据是从生产塔或中间试验塔测定的总板效率作为设计的基础。

例 8.2　设计一连续精馏塔，用以分离 $SiCl_4$ 和 $TiCl_4$ 混合液，其中含 $SiCl_4$ 40%（质量分数），每小时处理 2000kg，要求塔顶产品含 $SiCl_4$ 96%（质量分数），塔底产品含 $SiCl_4$ 6%（质量分数），进料为饱和液体，回流比取 1，总板效率为 50%，求实际塔板数。

解：（1）计算塔顶及塔底产品量。

总物料衡算：　　　　　　　　$W' + D' = 2000$

$SiCl_4$ 的衡算：　　　　　　$0.06W' + 0.96D' = 0.4 \times 2000$

联立上述方程式，得

$$W' = 1244\text{kg/h}, \quad D' = 756\text{kg/h}$$

（2）计算理论板数，$SiCl_4$ 相对分子质量为 170，$TiCl_4$ 相对分子质量为 190。

$$x_F = \frac{\dfrac{40}{170}}{\dfrac{40}{170} + \dfrac{60}{190}} = 0.43$$

$$x_D = \frac{\dfrac{96}{170}}{\dfrac{96}{170} + \dfrac{4}{190}} = 0.964$$

$$x_W = \frac{\dfrac{6}{170}}{\dfrac{6}{170} + \dfrac{94}{190}} = 0.067$$

如图 8.15 所示，在 y-x 图中定出 $(x_D, y = x_D)$ $(x_F, y = x_F)$ 和 $(x_W, y = x_W)$ 的点 a、f、b。

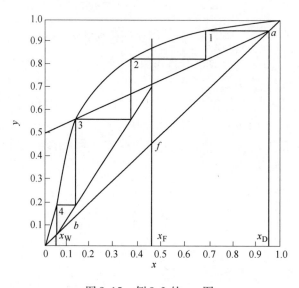

图 8.15　例 8.2 的 y-x 图

截距 $\dfrac{x_D}{R+1} = \dfrac{0.964}{1+1} = 0.48$，由 (x_D, x_D) 点和截距作出精馏段操作线。因为是饱和液体，所以 q 线是通过 $(x_F, y = x_F)$ 点的垂线。由 q 线与精馏段操作线交点和 $(x_W, y = x_W)$ 点连线即得提馏段操作线。

自 (x_D, x_D) 点开始，于操作线和平衡线间作阶梯，止于最后一阶梯的 $x < x_W$。

由阶梯的数目求得理论板数为 3.5，由塔顶数起第二块理论板为加料板，因此精馏段理论板数为 1，提馏段包括釜及加料板共 2.5 块。

考虑蒸馏釜的增浓作用相当于一块理论板，所以 $N_e = \dfrac{3.5 - 1}{0.5} = 5$ 块，因此共需实际塔板 5 块。

8.5.2.6 最小回流比

由图 8.13 及精馏段操作线方程可知，$y_c = x_D/(R+1)$ 将随着 R 的减小而增大，操作线 ac、bd 向上移，为完成指定分离任务所需的理论塔板数 N 增多。特别是在交点 d 逼近平衡线时，N 将急剧增加（见图 8.16）。当 R 小到使点 d 与平衡线相遇，即点 d 到达平衡线与 q 线交点 e 的位置时，如再从点 a 开始，在平衡线、操作线之间画梯级，将不能越过点 e；或者说，在这种条件下，为达到指定的分离任务，所需的理论板数 N 变成无穷大。这一回流比的极值称为最小回流比，以 R_{min} 代表。设计及操作中的 R 必须大于 R_{min}，才可能达到要求。

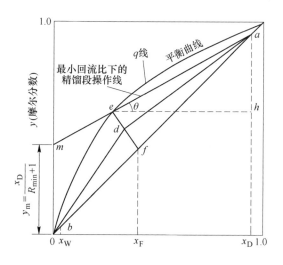

图 8.16　在 x-y 图中分析最小回流比

最小回流比的值，如图 8.16 所示，可根据操作线 ae 的斜率 $R_{min}/(R_{min}+1)$ 来求，而该斜率又可以通过点 e、a 的坐标计算。其中点 e 的坐标则可利用 q 线与相平衡相交得到，即

$$\frac{R_{min}}{R_{min}+1} = \frac{x_D - y_e}{x_D - x_e} \tag{8.49}$$

解得

$$R_{min} = \frac{x_D - y_e}{y_e - x_e} \tag{8.50}$$

8.6　精　馏　塔

8.6.1　板式塔的结构

板式塔是重要的气液传质设备，其使用量大，应用范围广。板式塔的形式包括泡罩塔、筛板塔和浮阀塔，其中筛板塔、浮阀塔是工业上使用最多的气液传质设备。

板式塔的核心部件是塔板，塔板决定了一个塔的基本性能。由一块块塔板按一定的间距安置在一个圆柱形的壳体内就构成了板式塔,如图8.17所示。

　　在操作时,气体自下而上通过塔板上的开孔部分与自上一塔板流入的液体在塔板上接触、传质。现以较简单的筛板为例,说明塔板的作用,如图8.18所示。塔板上有很多筛孔作为气、液接触元件,气流通过这些筛孔鼓泡,分散在厚度几厘米的液层中,气泡上浮至液层顶部形成相界面很大的泡沫层,气、液两相在塔板上接触后即靠重力分离,气流升入上一层塔板,液流通过溢流管降至下一层塔板,溢流管起液封作用,板上液层的高度与溢流管顶离板的高度有关。一块好的塔板,既能使气、液接触良好,又要使气、液充分接触后能够很好地分离。

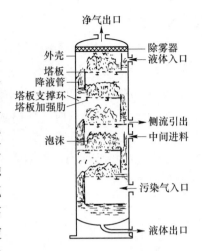

图 8.17　板式塔的典型结构

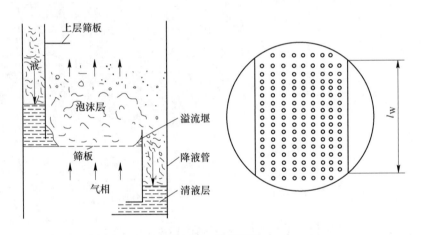

图 8.18　筛板简图

8.6.2　塔板上的流体流动现象

8.6.2.1　塔板上气、液的接触状态

　　塔板上气、液接触的好坏,主要取决于流体的流动速度、气、液两相的物性以及板的结构等。以筛板塔为例,根据空气和水接触实验,液体流量一定,气体速度从小到大变化时,可以观察到以下四种接触状态。

　　(1) 鼓泡接触状态。当气速较低时,气体在液层中以鼓泡的形式自由浮升,此时塔板上存在着大量的清液,气泡的数量不多,气液接触的表面积不大,如图8.19(a)所示。

　　(2) 蜂窝状接触状态。当气速增加,板上清液层基本消失而形成以气体为主的气、液混合物。但由于气速仍较低,气泡的动能还不足以使气泡表面膜破裂,因此是一种类似于蜂窝状的结构,如图8.19(b)所示。同时由于气泡不易破裂,表面得不到更新,因此,这种状态对传质、传热均不利。

　　(3) 泡沫接触状态。当气速继续增加,气泡数量急剧增加,气泡不断发生碰撞和分裂，此时板上液体大部分均以液膜的形式存在于气泡之间，形成一些直径较小，扰动十分剧烈的动态泡沫。在板上只能看到较薄的一层液体。由于表面不断更新，传质与传热效果均较好，因此，这是一种较好的塔板工作状态，如图 8.19(c) 所示。

(4) 喷射接触状态。当气流继续增加，由于气体动能很大，把板上的液体向上喷成大小不等的液滴，直径较大的液滴受重力作用又落回到塔板上，直径较小的液滴，被气体带走形成液沫夹带，如图 8.19(d) 所示。由于液滴回到塔板后又被吹散，这种液滴多次形成和聚集，使得传质面积大大增加，而且表面不断得到更新，这对传质和传热极为有利，也是一种较好的工作状态。但喷射状态是塔板操作的极限，不好控制，所以多数塔均控制在泡沫接触状态下工作。

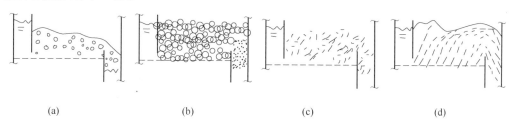

图 8.19　塔板上的气、液接触状态

(a) 鼓泡状态；(b) 蜂窝状态；(c) 泡沫状态；(d) 喷射状态

8.6.2.2 塔板上的不正常操作

A 漏液现象

在正常操作的塔板上，液体横向流过塔板，然后经过降液管流下。当气体通过塔板的速度较小时，上升气体通过开孔处的阻力和克服液体表面张力所形成的压力降，不足以抵消塔板上液层的重力，大量的液体会从塔板上的开孔处连续地流到下一层塔板。一般，漏液随气速的增加很快减少，并且整个塔的截面上漏液是均匀的。一般漏液与气体通过板上开孔的速度、气体的密度、液体的密度、表面张力及板上液层厚度有关。漏液现象对于塔板是一个重要问题，在设计和操作时应该特别注意防止该现象的发生。

B 液体夹带和气泡夹带

当气速增大，塔板处于泡沫状态或者喷射状态时，由于气泡的破裂或气体动能大于液体表面能而把液体吹散成液滴，并抛到一定的高度，使某些液滴被气体带到上一层塔板，该现象称为液体夹带。其中一种是上升的气流将较小的悬浮液带走，另一种是由于气流通过塔板开孔的速度大，液滴被喷溅抛到上一层塔板而夹带。

当液体流量过大，溢流管中液体所夹带的气体泡沫来不及从管中脱出而被夹带到下一层塔板。这也会影响塔板效率。

C 液泛现象

当塔板上液体流量很大，上升气体的速度很高时，液体被气体夹带到上一层塔板上的量猛增，使塔板间充满了气、液混合物，最终使整个塔内都充满液体，该现象称为液泛。另外，当板与板之间的空处为泡沫与液滴充塞之后，压力降便剧烈增加，下层板的压力超过上层板很多，降液管内的液体便不能畅顺地下流，漫至管上口的堰顶，这种液泛称为溢流液泛。在操作中应该特别注意防止液泛的发生。

习　题

概念题

8.1　简单蒸馏和平衡蒸馏。

8.2　精馏。

8.3　恒摩尔流。

8.4　泡点和露点。

8.5　液泛现象。

思考题

8.1　简单蒸馏的主要特征是什么？

8.2　精馏操作时，若进料的组成、流量和汽化率不变，增大回流比，则精馏段操作线方程的斜率、提馏段操作线方程的斜率、塔顶组成以及塔底组成将如何变化？

8.3　精馏塔设计时，若工艺要求一定，减少需要的理论板数，则回流比、蒸馏釜中所需的加热蒸气消耗量以及所需塔径将会如何变化？

8.4　某精馏操作时，加料由饱和液体改为过冷液体，且保持进料流率及组成、塔顶蒸气量和塔顶产品量不变，则此时塔顶组成、塔底组成、回流比以及精馏段操作线的斜率将如何变化？

8.5　为什么恒沸物不能用蒸馏的方法分离？

计算题

8.1　在 101.3kPa 下对 $x_1 = 0.6$（摩尔分数）的甲醇 – 水溶液进行简单蒸馏，求馏出 1/3 时的釜残液及馏出液组成。提示：怎样表示本题的相平衡关系较好？甲醇 – 水的蒸气压数据和 101.3kPa 下的气 – 液平衡数据如下：

$t/℃$		64.5		70		75		80		90		100	
p_A^0/kPa		101.3		123.3		149.6		180.4		252.6		349.8	
p_B^0/kPa		24.5		31.2		38.5		47.3		70.1		101.3	
x	0	0.02	0.06	0.1	0.2	0.3	0.4	0.5	0.6	0.7	0.8	0.9	0.95	1
y	0	0.134	0.304	0.418	0.578	0.665	0.729	0.779	0.825	0.87	0.915	0.958	0.979	1

8.2　使 $y_0 = 0.6$（摩尔分数）的"甲醇 – 水"气流通过一分凝器，将蒸气量的 2/3 冷凝为饱和液体，求其气、液组成。若冷凝量增大（如至 3/4），组成将怎样变化（不必计算）？又如将 $x_0 = 0.6$（摩尔分数）的甲醇 – 水溶液以闪蒸方式汽化 1/3，其气 – 液平衡组成将为多少？试将本题结果与上题比较。操作压力都为 101.3kPa。

8.3　甲醇和丙醇在 80℃ 时的饱和蒸气压分别为 181.1kPa 和 50.93kPa。甲醇 – 丙醇溶液为理想溶液。试求：（1）80℃ 时甲醇与丙醇的相对挥发度 α；（2）在 80℃ 下气液两相平衡时的液相组成为 0.5，试求气相组成；（3）计算此时的气相总压。

8.4　在压力为 101.325kPa 的连续操作的精馏塔中分离含甲醇 30%（摩尔分数）的甲醇水溶液。要求馏出液组成为 0.98，釜液组成为 0.01，均为摩尔分数。试求：（1）甲醇的回收率；（2）进料的泡点（在 $p = 101.325kPa$ 下甲醇的沸点为 64.7℃，水的沸点为 100℃）。

8.5　在常压下将某原料液组成为 0.6（易挥发组分的摩尔分数）的两组分溶液进行简单蒸馏，若汽化率为 1/3，试求釜液和馏出液的组成。假设在操作范围内气液平衡关系可表示为 $y = 0.46x + 0.549$。

8.6　一精馏塔用于分离乙苯 – 苯乙烯混合物，进料量 3100kg/h，其中乙苯的质量分数为 0.6，塔顶、底产品中乙苯的质量分数分别要求为 0.95 和 0.25。求塔顶、底产品的质量流量和摩尔流量。

8.7　在连续精馏塔中分离苯 – 甲苯混合液。原料液的流量为 12000kg/h，其中苯的质量分数为 0.46，要求馏出液中苯的回收率为 97.0%，釜残液中甲苯的回收率不低于 98%。试求馏出液和釜残液的流量与组成，以摩尔流量和摩尔分数表示。

8.8　在常压连续精馏塔中，分离苯 – 甲苯混合液。若原料为饱和液体，其中含苯 0.5（摩尔分数），塔顶馏出液组成为 0.9（摩尔分数），塔底釜残液组成为 0.1（摩尔分数），回流比为 2.0，试求理论板层数（常压下苯 – 甲苯相对挥发度 $\alpha = 2.46$）。

9 浸 出

掌握内容:

掌握浸出过程的目的及作用,浸出的过程及浸出的主要设备工作原理;掌握浸出过程不同固液反应传质类型及传质特点。

熟悉内容:

熟悉浸出的分类以及各浸出方法的适用范围;熟悉浸出固液反应的速率控制步骤判定方法。

了解内容:

了解典型浸出过程及设备特点;了解搅拌浸出及填料床浸出过程质量、动量传递方程。

9.1 浸出的概述

浸出(又称浸取、溶出或湿法分解),是对于矿石、精矿、焙烧料等固体物料,采用一定的浸出溶液,通过与物料中的某些组分发生化学反应使其浸入溶液中,不溶的组分则保留在浸出渣中的单元过程,属于固液两相流混合的过程,是矿物及二次资源中有价元素提取的重要手段之一。

如今浸出过程分类方法较多,在工业应用上常按压力分类,有常压浸出和加压浸出。而根据使用的设备分类,有槽(池)浸出、管道浸出、热球磨浸出。根据作业方式分类,有间歇浸出、连续浸出、流态化浸出、渗滤浸出、堆浸及原地浸出,根据浸出剂的类型对浸出过程有下列分类。

9.1.1 酸浸

酸浸主要是用盐酸、硫酸或硝酸将物料中的碱性化合物溶入浸出液,如锌焙砂的硫酸浸出,使锌进入溶液。

实例:锌矿的浸出。

世界锌资源储量达3亿吨,用现有工艺可经济回收的锌金属储量为1.3亿吨,我国锌金属储量居世界首位,产量居第四位。锌矿石类型有硫化矿(锌氧化率小于10%),混合矿(氧化率10%~30%)和氧化矿(氧化率大于30%),常见的锌矿物有闪锌矿(ZnS)、纤维锌矿（ZnS）、菱锌矿（$ZnCO_3$）和硅锌矿（Zn_2SiO_4）等。

目前，国内外生产锌的主要矿物原料为硫化矿。冶炼方法以湿法为主，占 80% ~ 90%，主要工艺流程为传统湿法炼锌流程，即焙烧—浸出—净化—电积—铸型及维尔兹法处理浸出渣。

湿法炼锌采用常规两段浸出，第一段为中性浸出，浸出部分锌并水解除去铁、砷、锑、锗等杂质；第二段为酸性浸出，浸出中性浸出渣中的锌，同时控制杂质溶出。

在锌的用途不断扩大、需求量日益增多、硫化锌矿进一步减少的情况下，目前涌现出多种氧化锌矿加工方法。有的先火法富集再湿法处理，也有的直接湿法冶炼。菱锌矿、硅锌矿和异极矿的阳离子势低，容易溶解在酸溶液中，其溶解能力随温度升高而增大。

含硅氧化锌矿在硫酸浸出过程中的主要反应为：

$$ZnCO_3 + H_2SO_4 =\!=\!= ZnSO_4 + H_2O + CO_2 \uparrow \qquad (9.1)$$

$$Zn_2SiO_4 + 2H_2SO_4 =\!=\!= 2ZnSO_4 + Si(OH)_4 \qquad (9.2)$$

$$Zn_4Si_2O_7(OH)_2 \cdot H_2O + 4H_2SO_4 =\!=\!= 4ZnSO_4 + Si_2O(OH)_6 + 3H_2O \qquad (9.3)$$

进入溶液的硅酸受热脱水呈细粒 SiO_2 沉淀：

$$H_4SiO_4 =\!=\!= H_2SiO_3 + H_2O \qquad (9.4)$$

$$H_2SiO_3 =\!=\!= SiO_2 + H_2O \qquad (9.5)$$

提高温度和酸度，锌的浸出率升高，但也导致矿石中的铁大量进入溶液。同时，可溶硅酸凝聚脱水，降低了浸出渣过滤的速率，致使从溶液中净化除铁和硅，得到易过滤低锌铁渣等都成为湿法炼锌技术的关键。

9.1.2 碱浸

碱浸主要是用 NaOH 等碱性介质将物料中的酸性化合物浸入溶液，如铝土矿或黑钨矿的 NaOH 浸出等，此外将 Na_2CO_3 浸出也归为碱浸。而 NH_4OH 浸出，在某些情况属于碱浸，如用 NH_4OH 浸出钨酸或钼焙砂（MoO_3），主要利用了 NH_4OH 的碱性；但在利用其配合性质时，如镍、钴、铜硫化矿的氨浸等，则不应归为碱浸。

实例：钨精矿的浸出。

钨矿石中含有原生矿泥，在碎矿过程中还因质脆产生次生矿泥，难以选矿富集，产出低品位钨精矿。然而，即使精矿钨品位达到要求，与钨紧密共生的某些有害杂质也会夹杂带入，影响精矿质量。低品位钨细泥精矿、粗精矿和其他钨中矿可采用碱法分解，以钨酸钠、仲钨酸铵、钨酸、合成白钨或三氧化钨等形式回收钨。

常压苛性钠浸出黑钨矿时，矿石须细磨到 90% 小于 0.074mm（200 目）。一般浸出温度为 105 ~ 110℃，碱浓度为 30% ~ 40%。苛性钠用量根据矿石组分而定。当矿石中 CaO 含量低时，用 110% 理论量的 NaOH，浸出 2h 可获得 99% 的浸出率。CaO 含量高于 1% 时，NaOH 用量必须增加到 200% 理论量。

原料中氧化钙对浸出的影响与其赋存状态有关。以萤石和磷灰石形式存在的氧化钙，对钨的浸出影响不大。以 $CaWO_4$ 和 $CaSO_4$ 形式存在的氧化钙，则严重降低钨的浸出率。添加碳酸钠或磷酸钠可使白钨矿（$CaWO_4$）有效分解，添加硅酸钠也能得到满意结果。

浸出时加入硝石可使铁、锰、硫、砷氧化。钨浸出液的剩余碱度比较高，浸出液浓缩结晶，结晶母液含约 200g/L 的 NaOH 和 100g/L 的 WO_3，返回浸出作业，苛性钠的回收利用率达 85% 以上。

9.1.3 氧压浸出

氧压浸出是在加热加压条件下的浸出，是一种强化浸出，可提高浸出速率。纯水沸点为 100℃，加压可以提高沸点温度，在有气体或其他挥发性物质参加反应时，要提高它们在水溶液中的溶解度，以增加反应速率，就必须增加压力。

目前，工业上采用氧压浸出方法回收的金属有铝、钨、铀、钼、钒、铜、镍、锌等。

实例：闪锌矿的浸出。

在 $2.0 \times 10^3 kPa$（20atm）的氧压和 180℃ 下浸出闪锌矿 ZnS，经 6h 后，可全部氧化生成可溶性的硫酸锌：

$$ZnS + 2O_2 \rightleftharpoons ZnSO_4 \tag{9.6}$$

或在 $1.4 \times 10^2 kPa$（1.4atm）的氧压和 110℃ 下用酸浸 2~4h 后，99% 的 Zn 生成硫酸锌，而且得到单质硫：

$$ZnS + 2H_2SO_4 + 1/2O_2 \rightleftharpoons ZnSO_4 + H_2O + S \tag{9.7}$$

9.1.4 氯化浸出（或氯盐浸出）

氯化浸出主要利用氯作为氧化剂进行重金属硫化矿的浸出，氯化物作为氧化剂时，一般是通过变价金属的氯化物进行，如辉锑矿的湿法氯化。

实例：铅渣的浸出。

硫酸铅渣、氯化铅渣和铜阳极泥中含有铅锌铜和银等多种金属化合物，这些化合物可溶于氯化钠或氯化钠 – 氯化钙混合溶液中。在 100℃ 温度下，用氯化钠溶液浸出硫酸铅渣时，添加氯化钙可使产出的硫酸根以硫酸钙沉淀析出，反应完全后溶液中的铅浓度从 42g/L 增加到 100~110g/L。

生产中铅渣的处理是在木质浸出槽或搪瓷反应釜中进行的，浸出剂为饱和的工业食盐溶液，铅渣磨细粒度为小于 0.246mm（60 目），浸出温度为 95~110℃。当矿浆微沸（109℃）时，反应动力学很快，生产控制时间为 2~2.5h，矿浆液固比为 8∶1，浸出 pH 值为 4.5~5。此时，可保持浸出液中的高铅浓度，并使杂质铜和锡的含量降到最低程度。浸出液经冷却结晶析出氯化铅，氯化铅经碳酸钠转化为碳酸铅，最后制取醋酸铅。

9.1.5 氰化物浸出

氰化物浸出就是以碱金属氰化物（KCN、NaCN）水溶液作为浸出剂的浸出方法。氰化物的浸出作用在于氰酸根（CN^-）能够与金属离子形成稳定的配位离子，从而增大金属离子在水溶液中的溶解度，更主要的是降低了金属与金属离子之间的氧化 – 还原电位，使被浸出的金属易被氧化进入溶液。氰化物浸出只应用于金和银的提取。

实例：金精矿的浸出。

浮选金精矿采用氰化法浸出金，金浸出率 95%~98%。浸出贵液中的金用锌粉置换产出金泥。一般采用火法从金泥制取合质金，有些工厂用火冶—电解法处理金泥，熔铸金锭和银锭。

金精矿矿浆加石灰磨矿，磨矿粒度为98%小于0.043mm（325目）。细精矿在反应槽中空气搅拌浸出72h，氰化钠用量为580g/t，石灰用量为0.12%。氰化矿浆经逆流洗涤，贵液加锌粉和硝酸铅置换得到金泥。

向氰化废液中通入氯气分解氰化物，再用活性炭除去残余氯，并进一步回收锌粉置换母液中的金。最后将扫选尾矿和氰化残渣浆体送尾矿坝，尾矿坝水返回选厂使用。

9.1.6 硫脲浸出

硫脲浸出是用硫脲水溶液作为浸出剂的浸出方法，主要用于浸出含金银的物料。在硫脲水溶液中，当氧化剂（如氧、Fe^{3+}）存在时，金溶解的反应如下：

$$Au + 2SC(NH_2)_2 + 1/4O_2 + H^+ =\!=\!= Au[SC(NH_2)_2]_2^+ + 1/2H_2O \tag{9.8}$$

$$Au + 2SC(NH_2)_2 + Fe^{3+} =\!=\!= Au[SC(NH_2)_2]_2^+ + Fe^{2+} \tag{9.9}$$

硫脲浸出法具有试剂毒性低、脱金后溶液易处理、浸出剂可再生等特点，但硫脲价格高、消耗量较大、成本高，又不宜于处理含碱性脉石，因此在金银提取中，还不能取代氰化法。

实例：含金黄铜矿精矿的浸出。

黄铜矿精矿含约44%黄铜矿和35%黄铁矿，主要化学组分为：Au 36~40g/t，Ag 80~85g/t，Cu 21%，Fe 34%，S 36%，精矿磨至小于0.043mm（320目）时，几乎所有的金都呈单体形式。精矿浸出时添加0.25%（质量分数）的H_2O_2作氧化剂和2%（体积分数）的SO_2作抑制剂，矿浆液固比9:1，在室温下用浓度15g/L、pH值为1的酸性硫脲溶液浸出4h，金浸出率达95%以上，硫脲消耗量为23kg/t矿。精矿浸出前用硫酸预处理清除部分贱金属，并在低液固比（1:1.5）下连续浸出，可大幅度降低硫脲消耗量（70%~78%），每吨精矿仅消耗5~7kg硫脲。

9.1.7 细菌浸出

细菌浸出是利用细菌的作用从矿石中浸出有价金属的过程。

实例：硫化矿的细菌浸出。

氧化铁硫杆菌能破坏硫化矿中的铁和硫，强化其氧化反应，使难溶的硫化矿变成可溶性的硫酸盐，在黄铜矿湿法氧化时，由于氧化铁硫杆菌的作用，将使下列反应的速度提高10倍以上，甚至达到1000倍。

$$2FeS_2(s) + 7O_2(g) + 2H_2O(l) =\!=\!= 2FeSO_4(aq) + 2H_2SO_4(aq) \tag{9.10}$$

$$Fe_2(SO_4)_3(s) + Cu_2S(s) + 2O_2(g) =\!=\!= 2FeSO_4(aq) + 2CuSO_4(aq) \tag{9.11}$$

由此看出，细菌的作用强化了浸出速度，而细菌则利用上述反应释放的能量得以成活、生长和繁殖。

细菌浸出通常采用地下浸出法或堆浸法，在25~40℃的温度下进行。目前主要用于从低品位难选铜矿及含铜废石中回收铜或从铀矿回收铀。

9.1.8 电化学浸出

电化学浸出法是指在直流电作用下将矿石中的有价金属浸出进入溶液的一种方法。目前电化学浸出法主要有铁盐和铜盐电化学浸出、电氯化浸出等。

实际浸出过程有时不能按上述方法严格区分，例如某些浸出过程有酸、碱或氧气参加，从不同情况可分别认为是酸浸、碱浸或氧压浸出。

浸出过程就是在水溶液中利用浸出剂与固体原料（如矿物原料、冶金过程的固态中间产品、废旧物料等）作用，使有价元素变为可溶性化合物进入水溶液，而主要伴生元素进入浸出渣。在湿法炼锌中，锌焙砂的中性浸出和酸性浸出主要是使焙砂中的 ZnO 与浸出剂 H_2SO_4 作用变成 $ZnSO_4$，而进入水溶液；黑钨精矿的 $NaOH$ 浸出反应如下：

$$(Fe_xMn_{1-x})WO_4 + 2NaOH =\!=\!= Na_2WO_4 + xFe(OH)_2 + (1-x)Mn(OH)_2 \quad (9.12)$$

反应破坏黑钨矿的稳定结构，使钨成为可溶性的 Na_2WO_4 进入溶液，铁、锰成氧化物进入渣中，实现两者的分离。

浸出过程也用于从固体物料中除去某些杂质或将固体混合物分离。例如，锆英石（$ZrO_2 \cdot SiO_2$）精矿经等离子分解后得 ZrO_2 与 SiO_2 的混合物，为使两者分离，常用 $NaOH$ 浸出，使 SiO_2 以 Na_2SiO_3 形态进入溶液，而 ZrO_2 则保留在固相中。在材料工业中浸出过程也用以除去在加工过程中带入的某些夹杂物。

目前生产的全部 Al_2O_3、80% 以上的锌、15% 以上的铜都要首先通过浸出过程使有价金属进入溶液。许多研究直接用浸出的方法制取材料工业的原料，例如可直接用 HCl 浸出和 H_2F_2 浸出处理纯度（质量分数）为 98% 的粗硅，得纯度为 99.9% 的纯硅，用于制造日光电池；用 H_2F_2 在 50℃ 下浸出粗硅，得产品纯度达 99.95% 的纯硅，其成本仅为硅烷法的几分之一；还有用 HNO_3-H_2O_2 高压浸出法从稻壳中制取高纯超细 SiO_2。因此研究浸出过程的理论和工艺对改善和发展提取冶金过程和材料工业都具有重大的意义。浸出过程是通过一系列化学反应实现的，可归纳为以下几类：

（1）简单溶解。原料中某些本来就易溶于水的化合物，在浸出时简单溶入水中（当然也伴随着水合反应），如烧结法生产 Al_2O_3 时，烧结块中 $NaAlO_2$ 的溶出和锌焙砂中的 $ZnSO_4$ 的溶出。

（2）无价态变化的化学溶解。无价态变化的化学溶解主要包括：

1）化合物（主要是氧化物）直接溶于酸或碱。例如，锌焙砂浸出时，其中的 ZnO、$ZnO \cdot Fe_2O_3$ 等直接与 H_2SO_4 作用，生成相应的硫酸盐进入溶液，钛铁矿（$FeO \cdot TiO_2$）用盐酸或稀硫酸选择性浸出 FeO 等。

2）复分解反应。主要是原料中的难溶化合物与浸出剂之间的复分解反应，又分为两种情况：

① 将组成该难溶化合物的一种元素或离子团浸入溶液而其他元素或离子团转化进入另一难溶化合物，如黑钨矿的 $NaOH$ 浸出反应，见式（9.12）；

② 将组成该难溶化合物的一种元素或离子团浸入溶液，其他的成为气体进入气相，或变成难电离物进入溶液，例如有的精矿酸浸时，其伴生矿物方解石的反应：

$$CaCO_3 + 2HCl =\!=\!= CaCl_2 + H_2O + CO_2 \quad (9.13)$$

（3）有氧化还原反应的化学溶解。即浸出反应中有价态变化，如闪锌矿等有色金属硫化矿的高压氧浸：

$$ZnS + H_2SO_4 + 1/2O_2 =\!=\!= ZnSO_4 + S + H_2O \quad (9.14)$$

辉锑矿等有色金属硫化物的氯盐浸出（或氯化浸出）：

$$Sb_2S_3(s) + 6FeCl_3(aq) = 2SbCl_3(aq) + 6FeCl_2(aq) + 3S(s) \tag{9.15}$$

$$FeCl_2(aq) + 1/2Cl_2(g) = FeCl_3(aq) \tag{9.16}$$

原生铀矿的碳酸盐浸出：

$$UO_2(s) + Na_2CO_3(aq) + 2NaHCO_3(aq) + 1/2O_2(g) = Na_4UO_2(CO_3)_3(aq) + H_2O \tag{9.17}$$

（4）有配合物生成的化学溶解。即有价金属不仅发生上述浸出反应，同时生成配合物进入溶液，如红土矿经还原焙烧后的氨浸出：

$$Ni + nNH_3 + CO_2 + 1/2O_2 = Ni(NH_3)_n^{2+} + CO_3^{2-} \tag{9.18}$$

$$Co + nNH_3 + CO_2 + 1/2O_2 = Co(NH_3)_n^{2+} + CO_3^{2-} \tag{9.19}$$

自然金的氰化物浸出：

$$4Au + 8NaCN + O_2 + 2H_2O = 4NaAu(CN)_2 + 4NaOH \tag{9.20}$$

强化浸出过程有机械活化、超声波活化、热活化和辐射活化等，强化浸出方法主要是升高密闭容器中温度、压力，可称为加压浸出。由于需要加压，因此在密闭容器中，必须升高浸出温度，从而加快了浸出反应速度和增加了反应进行完全的程度，事实上这一过程能强化反应动力学条件。

在碱浸和酸浸中都可用加压浸出的方法加强浸出反应。这种强化方法已在硫化镍钴矿、硫化锌精矿、白钨矿、黑钨矿、辉钼矿的浸出中得到了应用。

9.2 浸出过程固－液反应传质特点

浸出过程为固－液反应，有时气体会参加，看上去为气－液－固反应，而实际为气体先溶在溶液中（此过程较快），接着溶解在溶液中的气体与固体作用，因此本质为液－固反应。液－固反应有三种情况：

第一种为：

$$A(s) + B(aq) \longrightarrow P(aq) \tag{9.21}$$

生成物可溶于水，固相的外形尺寸随反应的进行而减小直至完全消失，此种反应称为"未反应核减缩型"，例如：

$$2H^+(aq) + CuO(s) = Cu^{2+}(aq) + H_2O(l) \tag{9.22}$$

$$3H_2O + 2OH^-(aq) + Al_2O_3(s) = 2Al(OH)_4^-(l) \tag{9.23}$$

这种过程由下列各步骤组成：

（1）反应物 B 的水溶物种（离子或分子）由溶液本体扩散穿过边界层进入到固体反应物的表面上，此过程称为外扩散，它有别于通过固体反应物 A 的孔穴、裂缝向 A 内部的扩散（称为内扩散）。此处假定固体反应物 A 是致密的，从而在讨论中不考虑内扩散。这一外扩散过程可表示为：

$$B(aq) \longrightarrow B(s) \tag{9.24}$$

$B(s)$代表经扩散进到固体反应物 A 表面上的 B。

（2）$B(s)$在 A 表面上被吸附：

$$B(s) \longrightarrow B(ad) \tag{9.25}$$

$B(ad)$表示被 A 表面吸附的 B。

（3）在 A 表面发生化学反应：

$$B(ad) + A \longrightarrow P(ad) \qquad (9.26)$$

P(ad)表示化学反应产物 P（被吸附在 A 表面上）。

（4）生成物 P 从 A 表面脱附：

$$P(ad) \longrightarrow P(s) \qquad (9.27)$$

（5）生成物从 A 表面反扩散到溶液本体：

$$P(s) \longrightarrow P(aq) \qquad (9.28)$$

整个反应的总包过程可视为一连续反应。

$$B(aq) \longrightarrow B(s) \longrightarrow B(ad) + A \longrightarrow P(ad) \longrightarrow P(s) \longrightarrow P(aq) \qquad (9.29)$$

第二种为生成物为固态并附着在未反应核上，可表示为：

$$A(s) + B(aq) \longrightarrow P(s) \qquad (9.30)$$

例如，白钨矿的酸法分解反应：

$$CaWO_4(s) + 2H^+(aq) = H_2WO_4(s) + Ca^{2+}(aq) \qquad (9.31)$$

以及固体反应物中只是某一组分被选择性地浸溶，例如钛铁矿的酸浸出反应

$$FeO \cdot TiO_2(s) + 2H^+(aq) = TiO_2(s) + Fe^{2+}(aq) + H_2O(l) \qquad (9.32)$$

这类反应的总包过程由若干步骤组成，如图 9.1 所示。图中 δ 为边界层厚度，δ' 为固体产物层的厚度。

（1）外扩散过程，反应物 B(aq)从溶液本体扩散到固体产物层 P 表面：

$$B(aq) \longrightarrow B(s,1) \qquad (9.33)$$

（2）内扩散过程，B 穿过固体产物层扩散到未反应核 A 的表面：

$$B(s,1) \longrightarrow B(s,2) \qquad (9.34)$$

（3）在 A 表面进行化学反应：

$$B(s,2) + A \longrightarrow P(s) \qquad (9.35)$$

此后还有若干后续步骤，如产物 P(s)晶格的组建等。若产物除 P(s)外还有水溶物（例如，钛铁矿酸溶时与 TiO_2 同时生成了水溶物 Ca^{2+}），经内外反扩散进入溶液本体。上述总包过程也可视为由若干步骤组成的连续过程。

第三种为固态反应物 A(s)分散嵌布在不反应的脉石基体中，如块矿的浸出。脉石基体一般说来都有孔穴和裂缝，在此种情况下由内扩散导致的在矿块表面与内部的反应可能同时进行。

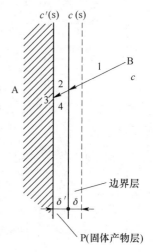

图 9.1　生成固体产物层的反应示意图
1—外扩散；2—内扩散；
3—进行化学反应；
4—反应后续过程

9.2.1　固 – 液界面处的传质

在水溶液中某溶解物质浓度 c 为不均匀状态，溶质便从浓度高的地方向浓度低的地方扩散迁移。在稳定态下其迁移的规律可用菲克扩散定律描述。

$$J = -D \frac{dc}{dx} \qquad (9.36)$$

式中　J——扩散通量，是物质在单位时间内沿着与单位截面的参考平面垂直的方向扩散的量，其量纲为 $kmol/(s \cdot m^2)$；

　　　　D——扩散系数，当扩散方向与浓度增加方向相反则等号右端取负值，m^2/s；

　　　　c——溶解物质的浓度，$kmol/m^3$；

　　　　x——垂直于参考平面的位置坐标，m。

固－液反应为：

$$A(s) + B(aq) \longrightarrow P(aq) \tag{9.37}$$

在反应式（9.30）中，由于化学反应的消耗，在与固体表面毗连的溶液边界层中发生 B 的浓度降低，产生了浓度梯度，B 由溶液本体经过边界层向固体表面扩散。达到稳定态后 B 的浓度分布如图 9.2 所示。

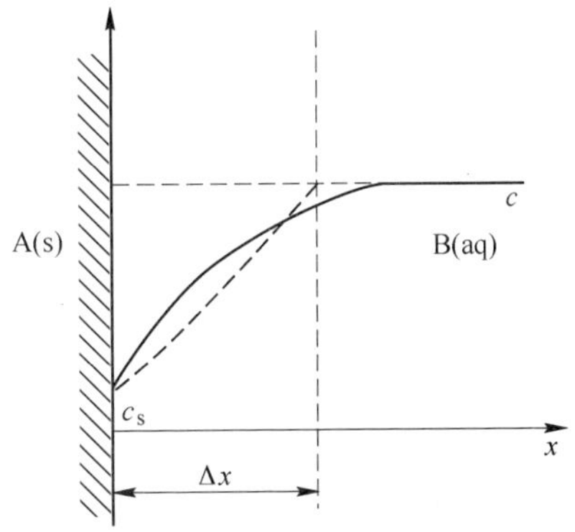

在稳定状态下，按菲克第一定律扩散通量见式（9.36），若固体表面积为 A，则针对 A 的总扩散速度为：

$$\frac{dn}{dt} = AJ = -AD\frac{dc}{dx} \tag{9.38}$$

式中　n——针对面积 A 扩散的 B 的物质的量。

在稳定态下（J = 常数），对上式积分得：

$$\frac{dn}{dt} = -AD\frac{\Delta c}{\Delta x} \tag{9.39}$$

图 9.2 所示为扩散边界层其扩散速率为：

图 9.2　边界层中的浓度分布

c_s—反应物 B 在固体反应物 A 界面处的浓度；
c—B 的本体浓度；Δx—边界层厚度；
－－－－简化处理

$$\frac{dn}{dt} = -A\frac{D}{\Delta x}(c - c_s) \tag{9.40}$$

令 $D/\Delta x = k_d$，称为扩散速率常数，扩散系数 D 与物质本性、溶液温度、浓度、溶剂性质等有关。从图 9.2 可以看出，D 值虽然随浓度而变化，但变化不大，在室温下大约从 $0.3 \times 10^{-5} cm^2/s$ 变化到 $3.5 \times 10^{-5} cm^2/s$。对大多数湿法冶金溶液，视 D 为与浓度无关的常数，由此计算引起的误差是很小的。

9.2.2　固－液反应速率的控制步骤

9.2.1 节中也已说明，固－液反应的总包过程可视为一连续反应。其一般表达式可写成

$$A_1 \xrightarrow{k_1} A_2 \xrightarrow{k_2} A_3 \xrightarrow{} \cdots \xrightarrow{k_{j-1}} A_j \xrightarrow{k_j} A_{j+1} \xrightarrow{} \cdots \xrightarrow{} A_n \tag{9.41}$$

式中　j = 1，2，$\cdots$，n；

　　　　k_j——相应反应的速率常数。

在化学反应动力学上业已证明，连续反应的表观速率取决于反应速率常数最小的步骤——最难进行的步骤，该步骤被称为整个连续反应的速率控制步骤。

下面讨论 9.2 节中介绍过的第一种情况：

$$A(s) + B(aq) \longrightarrow P(aq) \tag{9.42}$$

　　讨论扩散作用下的反应的表观动力学行为有微分方程法、相似理论法与表面均等可达法等。后者比较简便，下面用此法讨论。假定溶液中各组分经扩散到外表面的各部位具有相同的概率，且各组分在固体外表面的浓度是稳定的。令 $B(aq)$ 的本体浓度为 c，$B(s)$ 的浓度为 c_s。如果只考虑固体 A 单位面积上的扩散与化学反应，根据上节中的分析，B 外扩散速率为：

$$v_B = k_d(c - c_s) \tag{9.43}$$

在 A 表面的化学反应速率，对一级反应

$$v_B = kc_s \tag{9.44}$$

联立式（9.43）与式（9.44）可得：

$$c_s = \frac{k_d}{k_d + k}c \tag{9.45}$$

将式（9.45）代入式（9.43）得：

$$v_B = \frac{k_d k}{k_d + k}c \tag{9.46}$$

令

$$\frac{k_d k}{k_d + k} = k' \tag{9.47}$$

称 k' 为表观速率常数，此时可将式（9.46）转变为：

$$v_B = k'c \tag{9.48}$$

由式（9.47）可得：

$$\frac{1}{k'} = \frac{1}{k} + \frac{1}{k_d} \tag{9.49}$$

式中　$\dfrac{1}{k'}$——反应的总表观阻力；

　　　$\dfrac{1}{k}$——化学反应动力学阻力；

　　　$\dfrac{1}{k_d}$——扩散阻力。

　　总表观阻力为化学反应阻力与扩散阻力之和。若 $k_d \gg k$，由式（9.47）得出：

$$k' \approx k \tag{9.50}$$

将式（9.48）转化为：

$$v_B = kc \tag{9.51}$$

　　这个过程的速率控制步骤为表面化学反应，称这类反应为"过程在外动力学区进行"，或"过程受表面化学反应控制"。过程的表观活化能与化学反应活化能相等。

　　若 $k_d \ll k$，则 $k' \approx k_d$，此时

$$v_B = k_d c \tag{9.52}$$

这个过程的速率控制步骤为外扩散，称这类反应为"过程在外扩散区进行"，或"过程受外扩散控制"。过程的表观活化能等于扩散活化能。

　　从式（9.51）和式（9.52）可以看出，扩散和一级化学反应连续进行的过程，无论其速率控制步骤是哪一步，总包过程均为一级。当化学反应不是一级，则可证明：若过程受扩散控制，则恒为一级；若过程受化学反应控制，则总包过程具有化学反应的级数。下面以二级化学反应为例予以说明。对于 $B(aq)$ 的外扩散，式（9.43）依然成立，而在固

体反应物表面的化学反应速率则应为：

$$v_{\mathrm{B}} = kc_{\mathrm{s}}^2 \tag{9.53}$$

同样，在稳定态下应有：

$$kc_{\mathrm{s}}^2 = k_{\mathrm{d}}(c - c_{\mathrm{s}}) \tag{9.54}$$

解此 c_{s} 的二次方程式可得：

$$c_{\mathrm{s}} = \frac{1}{2k}\left[(k_{\mathrm{d}}^2 + 4kck_{\mathrm{d}})^{\frac{1}{2}} - k_{\mathrm{d}}\right] \tag{9.55}$$

将式（9.55）代入式（9.53）并整理后得：

$$v = -v_{\mathrm{B}} = kc_{\mathrm{s}}^2 = k\frac{1}{4k^2}\left[(k_{\mathrm{d}}^2 + 4kck_{\mathrm{d}})^{\frac{1}{2}} - k_{\mathrm{d}}\right]^2$$

$$= \frac{1}{2k}\left[k_{\mathrm{d}}^2 + 2kck_{\mathrm{d}} - k_{\mathrm{d}}(k_{\mathrm{d}}^2 + 4kck_{\mathrm{d}})^{\frac{1}{2}}\right] \tag{9.56}$$

当 $k_{\mathrm{d}} \gg kc$ 时，过程受化学反应控制，将式（9.56）中（）里的 k_{d}^2 抽出，然后依 Taylor 级数展开并化简得表观速率公式

$$v = kc^2 \tag{9.57}$$

这个过程仍为二级。当 $k_{\mathrm{d}} \ll kc$ 时，过程受外扩散控制，式（9.56）中最大项为 $2kck_{\mathrm{d}}$，余项可忽略不计，于是便得

$$v = k_{\mathrm{d}}c \tag{9.58}$$

即该过程为一级反应。

对于生成固体产物过程的反应，在外扩散与表面化学反应之间还有一个内扩散步骤。

$$\mathrm{B(aq)} \xrightarrow{\text{外扩散}} \mathrm{B(s)} \xrightarrow{\text{内扩散}} \mathrm{B_{in}} + \mathrm{A} \xrightarrow{\text{化学反应}} \mathrm{P(s)} \tag{9.59}$$

式中，$\mathrm{B_{in}}$ 表示已穿过固体产物层进入达到未反应的 A 表面的 B 物种。对于这种过程可能有下列几种情况：（1）速率控制步骤为外扩散，称过程在外扩散区进行，过程受外扩散控制；（2）速率控制步骤为内扩散，称过程在内扩散区进行或过程受固体产物层扩散控制；（3）速率控制步骤为化学反应，称过程在动力学区进行或受化学反应控制；（4）上述几个步骤的阻力相近，任何一步骤均是速率控制步骤，则这种过程的动力学被称为"混合动力学"（mixed kinetics）。

任一过程的速率控制步骤为变化的，在一定条件下可以转化。由于 k 与 $k_{\mathrm{d}} = D/\Delta x$ 值的相对大小导致速率控制步骤的两种可能，而 k 与 $D/\Delta x$ 值的相对大小均受外因的影响，且受影响的程度不一样，因而同一固-液反应在一些条件下是外扩散控制，而在另一些条件下则转化为化学反应控制。影响最明显的外因是温度与搅拌强度。

搅拌强度对化学反应速率常数影响不大，因此对化学反应控制的过程的速率也无影响。相反地，搅拌强度对扩散速率常数 $D/\Delta x$ 有显著影响。在固体表面处的边界层厚度 Δx 随搅拌强度的增大而减小。G. F. Kortum 与 J. O. Bockris 利用 Stokes-Einstein 扩散方程求出在不搅拌的溶液中的扩散边界层厚度 Δx 约为 $0.05\mathrm{cm}$。随搅拌强度的增大 Δx 减小并趋于一最小极限厚度 δ。科特姆算出在充分搅拌下 δ 约为 $0.001\mathrm{cm}$。C. L. Wangner 等得出 δ 值介于 $0.002 \sim 0.012\mathrm{cm}$ 之间。当 Δx 达到最小极限值 δ 后，不再随搅拌强度的增大而减小。扩散速率常数 $D/\Delta x$ 会随搅拌强度的增加而增大，当 Δx 达到 δ 后趋向于一定值 D/δ。过程的速率也是如此变化，如图9.3所示。在低搅拌强度时，搅拌强度对过程速率有显著

影响，此时过程受扩散控制，搅拌强度大到一定值后对过程速率无影响，此时速率控制步骤可能是化学反应，但并不能排除扩散是过程的速率控制步骤的可能性，因为仍然有可能 $D/\delta \ll k$。

温度对扩散速率常数 $D/\Delta x$ 与化学反应速率常数 k 均有影响。扩散系数 D 与温度呈线性关系：

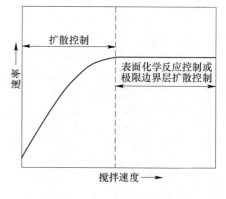

图9.3　反应速率与搅拌强度关系示意图

$$D = \frac{RT}{N_A} \frac{1}{2\pi r \eta} \qquad (9.60)$$

式中　R ——摩尔气体常数，8.314J/(mol·K)；

　　　N_A ——阿伏伽德罗常数，$6.02 \times 10^{23} \mathrm{mol}^{-1}$；

　　　r ——扩散质点的半径，m；

　　　η ——流体的黏度，Pa·s。

对于阿累尼乌斯型反应，化学反应速率常数与温度呈指数函数关系，如式 $k = A\exp[-W/(RT)]$。这就意味着化学反应速率常数随温度的增长比扩散速率常数的增加快得多。所以一个在充分搅拌条件下的固液反应，在低温下 $k < D/\Delta x$，属化学反应控制；而在高温下则可能变为 $k > D/\Delta x$，转化为扩散控制。

9.3　典型的浸出过程及设备

9.3.1　搅拌浸出

搅拌浸出是使用范围最广泛的浸出方法，本质是先把原料充分磨细（0.04 ~ 0.10mm），以保证足够的比表面积；在剧烈搅拌并确保一定温度时与浸出剂混合反应，具有两相间接触面积大、传质条件好、浸出速度快的特点。

搅拌浸出的设备，不仅需要结构上搅拌效果好，固 - 液（或液 - 固 - 气）两相有良好的传质条件，同时需要工艺条件控制合适温度、压力；而且要有足够强度且其材质对所处理的物料有足够的耐腐蚀性能，故要选择适合的材料及内衬。常用搅拌设备能用于浸出过程、溶液的净化、结晶等一些湿法冶金过程。

搅拌浸出过程的传质特性可参考流态化反应过程，以气固体系流态化过程为例，主要控制方程为：

（1）连续性方程（质量守恒方程）：

$$\frac{\partial}{\partial t}(\varepsilon_g \rho_g) + \frac{\partial}{\partial x_i}(\varepsilon_g \rho_g u_g) = S_g \qquad (9.61)$$

$$\frac{\partial}{\partial t}(\varepsilon_m \rho_m) + \frac{\partial}{\partial x_i}(\varepsilon_m \rho_m u_m) = S_m \qquad (9.62)$$

式中　ε_g，ε_m ——分别为气相、固相的体积分数；

　　　ρ_g，ρ_m ——分别为气相、固相密度，kg/m³；

　　　u_g，u_m ——分别为气相、固相的速度，m/s；

　　　S_g，S_m ——相际间传质的质量源项，kg。

（2）动量守恒方程

$$\frac{\partial}{\partial t}(\varepsilon_g \rho_g u_{gi}) + \frac{\partial}{\partial x_j}(\varepsilon_g \rho_g u_{gj} u_{gi}) = -\varepsilon_g \frac{\partial p_g}{\partial x_i} + \frac{\partial \tau_{gij}}{\partial x_j} + \varepsilon_g \rho_g g_i - \beta(u_{gi} - u_{mi}) + S_g u_{gi} \tag{9.63}$$

$$\frac{\partial}{\partial t}(\varepsilon_m \rho_m u_{mi}) + \frac{\partial}{\partial x_j}(\varepsilon_m \rho_m u_{mj} u_{mi}) = -\varepsilon_m \frac{\partial p_g}{\partial x_j} + \frac{\partial \tau_{mij}}{\partial x_j} + \varepsilon_m \rho_m g_i - \nabla p_m + \beta(u_{gi} - u_{mi}) + S_m u_{mi}$$
$$\tag{9.64}$$

式中 β——相间阻力系数，kg/(m³·s)；

p——压强，Pa。

（3）组分守恒方程

$$\frac{\partial}{\partial t}(\varepsilon_g \rho_g X_{gn}) + \frac{\partial}{\partial x_i}(\varepsilon_g \rho_g X_{gn} U_{gi}) = \frac{\partial}{\partial x_i}\left(D_{gn} \frac{\partial X_{gn}}{\partial x_i}\right) + S_{g,n} \tag{9.65}$$

$$\frac{\partial}{\partial t}(\varepsilon_m \rho_m X_{mn}) + \frac{\partial}{\partial x_i}(\varepsilon_m \rho_m X_{mn} U_{mi}) = \frac{\partial}{\partial x_i}\left(D_{mn} \frac{\partial X_{mn}}{\partial x_i}\right) + S_{m,n} \tag{9.66}$$

式中 D——扩散系数，m²/s。

（4）颗粒热量传递方程

$$\frac{3}{2}\varepsilon_m \rho_m \left(\frac{\partial \theta_m}{\partial t} + U_{mj}\frac{\partial \theta_m}{\partial x_j}\right) = \frac{\partial}{\partial x_j}\left(\chi_m \frac{\partial \theta_m}{\partial x_j}\right) + \tau_{mj}\frac{\partial U_{mi}}{\partial x_j} + \prod_m - \gamma \tag{9.67}$$

式中 θ_m——颗粒温度，K；

τ_{mj}——应力张量，Pa；

$\gamma, \prod_m$——分别表示由于相间滑移而产生的碰撞耗散(kg/(m·s³))和动能（J）；

χ_m——固体热导率，W/(m·K)。

9.3.1.1 机械搅拌浸出槽

机械搅拌浸出槽的简单结构如图9.4所示。

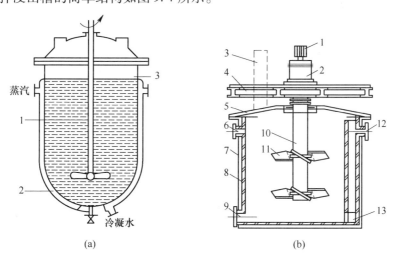

图9.4 机械搅拌浸出槽结构示意图

（a）密闭式：1—搅拌器；2—夹套；3—槽体；

（b）普通型：1—传动装置；2—变速箱；3—通风管；4—桥架；5—槽盖；6—进液口；

7—槽体；8—耐酸瓷砖；9—放空管；10—搅拌轴；11—搅拌桨叶；

12—出液口；13—出残液口

主要部件有:

(1) 槽体。材质应对所处理的溶液有良好的耐腐蚀性。碱性、中性的非氧化性介质,使用普通碳素钢;酸性介质,使用搪瓷,而高温及浓盐酸情况时或原料中含氟化物时,搪瓷的使用寿命比较短,需要在钢壳上衬环氧树脂后再砌石墨砖或内衬橡胶;HNO_3 介质、NH_4OH-$(NH_4)_2SO_4$ 介质,使用不锈钢;浓硫酸体系,常温下使用铸铁、碳钢,在高温下使用高硅铁。

(2) 加热系统。一般除内衬石墨或橡胶、环氧树脂的槽,均使用夹套或螺管通蒸汽进行间接加热。衬橡胶或石墨砖的槽,一般使用蒸汽进行直接加热。

(3) 搅拌系统。机械搅拌桨常见类型有涡轮式、锚式、螺旋式、框式、耙式等。搅拌的转速、功率由槽的尺寸和预处理矿浆性质确定。

9.3.1.2 空气搅拌浸出槽

空气搅拌浸出槽也称帕秋卡槽,其简单结构如图9.5所示。

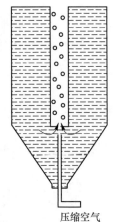

槽内设两端开口的中心管,压缩空气由下方中心管导入,气泡在管内上升过程中把矿浆从管的下部吸入且上升,沿上端流出,在管外向下流动,进行循环。与机械搅拌浸出槽相比,帕秋卡槽的特点为:结构简单,维修及操作简便,有利于气-液或气-液-固相间的反应,但其动力消耗大,约为机械搅拌浸出槽的3倍,常用于贵金属的浸出。帕秋卡槽高径比一般是(2~3):1,有的达5:1。

压缩空气

图9.5 空气
搅拌浸出槽

9.3.1.3 管道浸出器

管道浸出器的工作原理如图9.6所示。

混合好的矿浆采用隔膜泵以较快的速度(0.5~5.0m/s)通入反应管,反应管外有加热装置加热矿浆,反应管的前部主要利用已反应后的矿浆余热,用夹套加热;后部则用高压蒸汽加热到浸出所需的最高温度(如铝土矿浸出需290℃),因而矿浆沿管道通过的过程中温度不断升高并进行反应。管道浸出器的特点有:管内因矿浆快速流动呈现高度紊流状,传质、传热效果良好,温度高,故浸出效率高,一般反应时间远比搅拌浸出少。

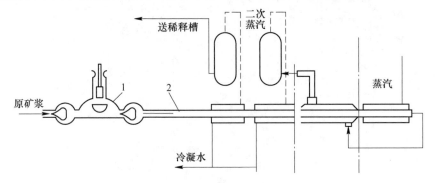

图9.6 管道浸出器工作原理示意图

1—隔膜泵;2—反应管

9.3.1.4 热磨浸出器

用于酸性介质的热磨浸出器,其结构如图9.7所示。

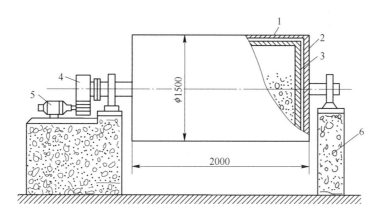

图 9.7　热磨浸出器结构示意图
1—钢制圆筒；2—耐酸胶；3—石英砖；4—减速机；5—电动机；6—机座

热磨浸出器特点为同时磨矿和浸出，把磨矿过程对矿物的机械活化作用、对矿粒表面固体产物层的剥离作用、对矿浆的搅拌作用和浸出中化学反应有机结合，故浸出速度和浸出率远比机械搅拌浸出高，尤其在过程是受固体产物层扩散控制时更为明显。该设备须由浸出液的不同特点选择不同的耐腐介质的内衬，在采取严格密封、耐压措施时，便能在高温高压下使用。

目前该设备已在工业上用于白钨精矿的酸分解、各种钨矿物原料的 NaOH 分解及独居石的 NaOH 分解。

9.3.1.5　流态化浸出塔

流态化浸出塔的工作原理如图 9.8 所示。矿物原料由加料口加入浸出塔内，浸出剂溶液连续由喷嘴进入塔内，在塔内由于其线速度超过临界速度，故使固体物料发生流态化，形成流态化床。在床内由于两相间传质、传热条件良好，因而迅速进行各种浸出反应。浸出液流到扩大段时，流速降低到临界速度以下，固体颗粒沉降，而清液从溢流口流出。在确保浸出温度时，塔能做成夹套通蒸汽加热，也可以用其他加热方式加热。

流态化浸出过程，液相在塔中直线速度为重要参数，其值根据原料的密度、粒度不同而异。流态化浸出的特点：溶液在塔中流动可近似为活塞流，容易进行溶液的转换，易实行多段逆流浸出；相对机械搅拌浸出而言，颗粒磨细作用小，因而对浸出后的固态产品保持一定的粒度有利；流态化床内有较好的传质、传热条件，因而有较快的反应速度和较大的生产能力。

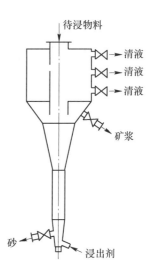

图 9.8　流态化浸出塔示意图

据报道，锌湿法冶金酸性浸出时采用流态化浸出，其单位生产能力比机械搅拌浸出大 10~17 倍；特别是在有氧参加的浸出过程（如金矿的氰化浸出），首先把矿与浸出剂加入塔内，然后从底部鼓入氧，利用气流使矿料形成气－液－固三相流态化床，其传质条件更好，效果更佳。

在湿法冶金中固体流态化的原理及设备不仅用于浸出过程，同时也能用于所有液、固相参加的过程，如置换过程等。据报道，在流态化反应器中进行 $ZnSO_4$ 溶液的锌粉置换除铜、镉，生产能力比机械搅拌槽大 8~10 倍。

9.3.2 填料床浸出

填料浸出的特点为需浸溶的矿物颗粒嵌布于块状脉石中。要达到矿物的浸溶，浸出剂的分子或离子必须扩散通过脉石层达到待浸矿物的表面。脉石必须具有一定的孔隙度，否则浸出无法实现。填料浸出过程的质量守恒、动量守恒和物质传递方程可以用以下公式描述：

（1）质量守恒方程

$$(\nabla \cdot \overline{u}) = 0 \tag{9.68}$$

（2）动量守恒方程

$$\frac{\partial \rho_f \overline{u}}{\partial t} + (\nabla \cdot \rho_f \overline{u}\,\overline{u}) = -\nabla p + \mu_f \nabla^2 \overline{u} + \rho_f \overline{g} \tag{9.69}$$

（3）物质传递方程

$$\frac{\partial c_{A,f}}{\partial t} + (\nabla \cdot c_{A,f}\overline{u}) = D_{A,f}\nabla^2 c_{A,f} \tag{9.70}$$

式中　$\overline{u}$——速度，m/s；

ρ_f，μ_f——分别为颗粒的密度（kg/m^3）和黏度（$kg/(m \cdot s)$）；

　　p——压强，Pa；

　　$c_{A,f}$——体积浓度，kg/m^3；

$D_{A,f}$——物质 A 在流体中的扩散率，m^2/s。

这些控制方程能帮助解决颗粒在填料床中的流体动力学和质量传递问题。

9.3.2.1 渗滤浸出

渗滤浸出法常用于浸出低品位、粗颗粒（9~13mm）的矿物原料，有时也用于浸出透过性能良好的烧结块。以水泥或钢槽作内衬材料，槽底有假底，它可以让溶液通过而不让矿粒漏下，待处理的矿则放在假底上，浸出液连续流过矿粒层。其流动的方式可以是由槽上部流入，然后由底部流出；也能够由底部流入，然后以溢流的方式由上部流出。一般情况下后一种工艺方式更可靠，溶液在通过矿粒层的过程中，即与矿粒发生反应，把其中的有价金属浸出。

如今工业上所用的渗滤浸出规模随处理物料的不同而异，槽的体积可达 $1000m^3$。在大规模浸出时，也可将几个槽串联进行逆流连续浸出，这样能保证更好的浸出效果和更高的溶液浓度。

9.3.2.2 堆浸

堆浸是处理贫矿、表外矿或矿山产出的含金属品位很低的废石的有效手段，它具有工艺简单、投资少、成本较低的特点。如今堆浸广泛用于低品位铜矿、金矿和铀矿的处理。据报道，20 世纪 80 年代末期，美国和澳大利亚采用堆浸法产出的黄金量分别占其总产量的 50%、80% 以上。现在全世界用堆浸法产出的铜占铜总产量的 10%，我国采用原地浸出、就地破碎浸出和地表堆浸工艺生产的铀量已占总产量的 70%。因此，堆浸法在湿法冶金中占有极其重要的地位，且随着资源的开发和利用，贫矿比例越来越大，其地位将越来越突出。

　　堆浸法过程是把待浸出的矿石露天堆放在涂沥青的水泥地面上，地面设有沟槽或水管，以便能够收集溶液。使用泵把浸出剂喷洒在矿堆上，其在流过矿堆时与矿石进行反应，把其中有价元素浸出，再由底部沟槽管道收集。为把浸出液中有价金属富集到一定浓度，溶液往往循环直至达到要求为止，矿堆经过一定时期的浸出，将有价金属大部分回收后再废弃。其浸出周期，对大型矿堆（矿石量超过 10 万吨）长达 1~3 年，对小型矿堆（矿石量为数千吨）为 5~6 星期。

　　堆浸法处理的原料有两种类型，即采出的原矿块直接堆浸和矿块经破碎至 10~50mm 后再堆浸。为保证矿堆内的渗透性，对细粒要进行制粒处理。

　　目前国内外用堆浸法处理低品位金矿、铜矿和铀矿时，都得到较好指标。在处理品位为 2g/t 左右的石英脉金矿时，一般以质量分数为 0.05%~0.15% 的 NaCN 溶液为浸出剂，金回收率达 70%~90%；处理品位在 0.05%~0.30% 的铀矿回收率达 80%~90%。

　　在硫化铜矿和铀矿堆浸时，在浸出剂中往往加入菌种，进行细菌浸出，以加快反应速度。

9.3.3　高压浸出

　　随温度的升高，浸出速度随之显著增加，某些浸出过程需在溶液的沸点以上进行；对某些有气体参加反应的浸出过程，气体反应剂的压力增加能促进浸出过程，故在高压下进行，称为高压浸出或压力溶出。大部分高压浸出过程也属于流化床浸出，高压浸出在高压釜管道中进行，高压釜的工作原理及结构与机械搅拌浸出槽相似，但能耐高压，密封良好，若从设备上来说可归属于机械搅拌浸出设备。高压釜有立式及卧式两种，卧式釜的结构如图 9.9 所示，其材质与上述机械搅拌浸出槽相似。一般浸出槽分成数个室，矿浆连续溢流通过每个室，每室有单独的搅拌器。

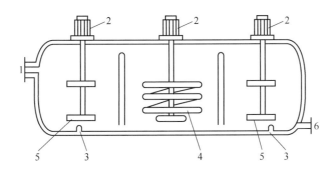

图 9.9　卧式高压釜结构示意图

1—进料；2—搅拌器与马达；3—气体入口；4—冷却管；5—搅拌桨；6—卸料口

　　目前，工业卧式高压釜工作温度达 230℃ 左右，工作压力达 2.8MPa。

　　除卧式浸出装置外，管道化溶出也是常用的加压浸出装置，管道化浸出器的工作原理图如图 9.6 所示，在拜耳法氧化铝生产过程中广泛应用。其特点是利用浸出矿浆在管道中的高流速、高紊流度实现其中的固液高效混合。

　　该类浸出过程的优势在于：

　　（1）可以实现高温低浓度溶出。经处理后溶出与种分分解的碱液浓度接近，这样就可以减少乃至取消蒸发作业，显著降低能耗（20%以上）；

（2）由于浸出温度高，多级自蒸发产生的二次蒸汽量大，可以提供更多的赤泥洗水，从而减少赤泥带走的碱和氧化铝损失；如果赤泥洗水量不增加，则蒸发水量就可以减少，降低蒸发汽耗；

（3）设备表面积比高压釜少，减少热损失；

（4）氧化铝溶解度大，显著提高循环效率；

（5）由于溶出温度高和强湍流作用，即使是铝针铁矿中的氧化铝也能提取出来，氧化铝相对溶出率大于95%。

习　题

概念题

9.1　浸出。

9.2　搅拌浸出。

9.3　酸浸与碱浸。

9.4　堆浸。

9.5　高压浸出。

思考题

9.1　浸出的作用是什么？

9.2　简述浸出过程的分类。

9.3　简述浸出过程固 – 液反应传质特点。

9.4　简述固 – 液反应速率的控制步骤。

9.5　简述几种浸出主要设备的特点。

10 溶剂萃取

掌握内容:

掌握溶剂萃取的基本概念及分类、三角形相图的组成及杠杆规则、液-液平衡关系在三角形相图中的表示法、分配系数及选择性系数;掌握萃取剂与稀释剂不互溶体系萃取理论级数的计算。

熟悉内容:

熟悉萃取设备的主要类型及设计计算、溶剂萃取在有色金属冶金中的应用等。

了解内容:

了解萃取剂的选择原则、单级萃取、多级错流和多级逆流萃取流程的特点。

10.1 萃取的基本概念及分类

10.1.1 液-液萃取基本概念

溶剂萃取是对均相混合物进行分离的单元操作之一。它是利用液体各组分在溶剂中溶解度的差异来分离液体混合物的单元操作。在萃取过程中,所采用的溶剂称为萃取剂,混合液中欲分离的组分称为溶质。混合液中的溶剂称为稀释剂(或称原溶剂)。萃取剂应对溶质具有较大的溶解能力,与稀释剂应不互溶或小部分互溶。溶剂萃取工艺流程一般由萃取和反萃取两个主要步骤组成。一般来说,利用有机相提取水相中溶质的过程称为萃取(extraction),这一过程需要使水相(溶剂)和油相(萃取剂)实现充分地混合;两相混合并萃取充分后,需使混合液澄清,待水相和油相分层后,进行两相的分离;而油相中富集的待提取物质需要从油相中分离出来,水相解析有机相中溶质的过程则称为反萃取(stripping)。

溶剂萃取技术在过程工程中的应用非常广泛,不仅可以提取铜,还可以用来分离镍、钴,以及提取稀有金属和贵金属。可以说元素周期表中几乎所有元素都可以用溶剂萃取技术进行分离、纯化和提取。

10.1.1.1 相和相比

在溶剂萃取的过程中,相的概念具有重要意义。相是指体系中具有相同物理性质和化学组成的均匀部分。互不相溶的相与相之间有界面,可以用机械方法分开。溶剂萃取的两相，通常是指含有萃取剂（有时还含有改质剂）和稀释剂的有机相和含金属离子（或无机酸、碱）的水相。

相比是指在萃取过程中有机相与水相的体积比，通常用 O/A 表示。O 代表有机相体积，A 代表水相体积。在连续萃取过程中，有机相和水相是连续进入萃取设备的，此时相比就是用连续供入的有机相流量和水相流量之比表示，又称为流比，此时流比不一定完全等于萃取容器内的相比。

10.1.1.2　分配定律和分配系数

萃取过程中被萃取物在水相和有机相之间的转移是一种可逆过程，进行到一定程度便达到平衡状态。早在 1872 年就有人用实验证明了"溶于两个等体积的液体中的物质之量的比值是一常数"。随后能斯特在 1891 年提出："当某一溶质在基本上不相混溶的两种溶剂中分配时，于一定的温度下，两相达到平衡后，如果溶质在两相中分子形式相同，则在两相中溶质的浓度比为一常数。"这一定律称为 Nernst 分配定律。此定律可用简式表示：

$$\frac{c_{M_O}}{c_M} = K_d \tag{10.1}$$

式中　c_{M_O}、c_M——分别表示萃取物在有机相和水相中的平衡浓度；

　　　　K_d——分配系数，实际上只有当金属元素在溶液中浓度极低，在两相中分子状态相同，并在一定温度下才能为常数。

能斯特对分配定律进行了理论推导。根据热力学理论，在恒温、恒压下，当金属元素在两相达到平衡时，其化学势必相等：

$$\mu_1 = \mu_2 \tag{10.2}$$

式中　μ_1，μ_2——分别代表被萃物在平衡后两相中的化学势。

溶质在每一相中的化学势与其活度有如下的关系：

$$\mu_1 = \mu_1^{\ominus} + RT\ln a_1 \tag{10.3}$$

$$\mu_2 = \mu_2^{\ominus} + RT\ln a_2 \tag{10.4}$$

式中　$\mu_1^{\ominus}$，$\mu_2^{\ominus}$，a_1，a_2——分别为金属元素在两相中的标准化学势及活度；

　　　　R——气体常数，$8.314 J/(mol \cdot K)$；

　　　　T——温度，K。

将式（10.3）和式（10.4）代入式（10.2）中得到：

$$\mu_1^{\ominus} + RT\ln a_1 = \mu_2^{\ominus} + RT\ln a_2 \tag{10.5}$$

所以

$$K_d^{\ominus} = \frac{a_2}{a_1} = \exp\left(-\frac{\mu_2^{\ominus} - \mu_1^{\ominus}}{RT}\right) \tag{10.6}$$

由式（10.6）可知，当温度 T 一定时，$K_d^{\ominus}$ 为一常数，称之为热力学分配常数。将活度系数 γ 引入：

$$a_2 = c_{M_O}\gamma_O \tag{10.7}$$

$$a_1 = c_M\gamma \tag{10.8}$$

则有

$$K_d^{\ominus} = \frac{c_{M_O}\gamma_O}{c_M\gamma} = K_d\frac{\gamma_O}{\gamma} \tag{10.9}$$

式中 γ，γ_0——分别为金属元素在两相中的活度系数。

当 γ_0/γ 趋近于 1 时，K_d 近似地等于 $K_d^\ominus$。实验也表明，分配定律只适用于稀溶液。当溶质的浓度较大时，两相中的平衡浓度的比值不为常数，随浓度的改变而改变。

10.1.1.3 分配系数

在平衡共存的两液相中，溶质 A 的分配关系可用分配系数 k_A 表示为：

$$k_A = \frac{溶质~A~在萃取相（E）中的组成}{溶质~A~在萃余相（R）中的组成} = \frac{y_A}{x_A} \qquad (10.10a)$$

式中 y_A——萃取相 E 中组分 A 的质量分数；

x_A——萃余相 R 中组分 A 的质量分数。

其中，溶质组成常用质量分数或质量浓度表示。分配系数 k_A 表达了溶质在两个平衡液相中的分配关系，k_A 值越大，则每次萃取所能取得的分离效果越好。当组成的变化范围不大时，恒温下的 k_A 可作为常数。k_A 值与联结线的斜率有关，同一物系，其 k_A 值随温度和组成而变。

原溶剂 B：

$$k_B = \frac{y_B}{x_B} \qquad (10.10b)$$

式中 y_B——萃取相 E 中组分 B 的质量分数；

x_B——萃余相 R 中组分 B 的质量分数。

10.1.1.4 萃取剂的选择性及选择性系数

萃取剂的选择性是指萃取剂 S 对原料液中两个组分溶解能力的差异。若 S 对溶质 A 的溶解能力比对原溶剂 B 的溶解能力大得多，即萃取相中 y_A 比 y_B 大得多，萃余相中 x_B 比 x_A 大得多，那么这种萃取剂的选择性就好。

萃取剂的选择性可用选择性系数 β 表示，其定义为：

$$\beta = \frac{萃取相中~A~的质量分数}{萃取相中~B~的质量分数} \bigg/ \frac{萃余相中~A~的质量分数}{萃余相中~B~的质量分数}$$

$$= \frac{y_A}{y_B} \bigg/ \frac{x_A}{x_B} = \frac{y_A}{x_A} \bigg/ \frac{y_B}{x_B}$$

将式（10.10）代入上式得

$$\beta = \frac{k_A}{k_B} \qquad (10.11)$$

（1）$\beta = 1$，表明两组分不能萃取分离；

（2）$\beta > 1$，表明两组分可萃取分离，且值越大，分离效果越好；

（3）$\beta < 1$，表明两组分可萃取分离，且值越小，分离效果越好。

10.1.2 萃取剂的分类及选择

萃取剂的选择和萃取设备的设计是溶剂萃取研究中的两个重要组成部分。在萃取过程中，萃取剂的种类选择是否合适是决定其应用效果和经济效益的决定性因素，因此要有效地实现物质的萃取分离，首先要选择合适的萃取剂。

10.1.2.1　萃取剂的分类

萃取剂是指与被萃取物有化学结合而又能溶于有机相的有机试剂。工业中应用的萃取剂是能通过络合化学反应将金属离子从水相选择性萃入有机相，又能通过某种化学反应使金属离子从有机相反萃取到水相，借以达到金属的纯化与有机化合物的富集。

萃取剂的分类方法有很多种，主要按萃取剂本身的性质或结构进行划分。根据质子理论，可将萃取剂分为中性、酸性和碱性萃取剂，另一类萃取剂其多数为质子酸，但通常表现为螯合剂的性质，因此归为螯合萃取剂。

中性萃取剂是由萃取剂的电子给予体与中性无机分子或络合物发生溶剂化作用，从而增大有机相中无机分子的溶解度，实现对金属无机物的萃取。中性萃取剂是有溶剂化作用的萃取剂。其萃取过程的特点是，萃取剂与被萃物质均为中性分子。

中性含氧萃取剂主要指醚、酯、酮、醛类有机化合物。醚类起作用的官能团是—C—O—C—，醇类是—OH，而酯、醛、酮都是—C＝O。这类萃取剂对金属的萃取能力次序为：醚（R_2O）＜醇（ROH）＜酯（RCOOR）＜酮（RCOR）＜醛（RCHO）。

重要的含氧萃取剂在冶金分离过程中有很重要的应用。仲辛醇常用于氯化钴的盐酸溶液中铁的分离，也广泛应用于酸性溶液中萃取分离铌和钽；甲基异丁基酮也常用来萃取分离铌和钽，也可以实现金和锂的分离。二丁基卡必醇主要用于萃取分离金。

目前工业上应用最广的中性萃取剂是中性含磷萃取剂，根据碳磷键及磷氧键数目的不同，可分为表 10.1 中所列的几种类型。

表 10.1　中性含磷萃取剂分类举例

类　别	结　构　式	举　例
磷酸酯 （TRP）	RO| RO—P＝O| RO	O＝P(OC_4H_9)_3 磷酸三丁酯（TBP）
膦酸酯 （DRRP）	RO| RO—P＝O| R	O H_3C—P(OCHC_6H_13)_2 CH_3 甲基膦酸二甲庚酯（P350）
次膦酸酯 （RDRP）	R| RO—P＝O| R	O C_4H_8O—P(C_4H_9)_2 二丁基膦酸丁酯（BDBP）
三烷基氧化膦 （TRPO）	R| R—P＝O| R	O＝P(C_8H_17) 三辛基氧化膦（TOPO）

酸性萃取剂在水中可电离出氢离子，所以称为酸性萃取剂。在萃取过程中一般是氢离子和水中的金属阳离子进行交换，故称为液体阳离子交换剂或阳离子萃取剂。根据它们的电离常数 K_a 的大小，酸性萃取剂又可分为强酸性萃取剂（如取代苯磺酸，其 $K_a > 1$）、中强酸性萃取剂（如二烷基磷酸，其 $K_a < 10^{-2}$）和弱酸性萃取剂（如羧酸，其 $K_a < 10^{-5}$）。

本节按分子中所含官能团的不同分类进行讨论。

羧酸萃取剂通式是 RCOOH，羧酸萃取剂还具备分子间的缔合作用、酸性、阳离子交换等性质。用羧酸萃取金属，一般需在弱酸性或中性溶液中进行。

环烷酸、Versatic 911、工业脂肪酸等是冶金工业中常用的羧酸萃取剂。环烷酸常用于萃取分离铜和镍，环烷酸对某些常见金属的萃取顺序为：$Fe^{3+} > Cu^{2+} > Zn^{2+} > Ni^{2+} > Co^{2+} > Fe^{2+} > Mn^{2+} > Mg^{2+}$。Versatic 911 羧酸萃取剂的主要成分为以下两种叔碳羧酸的混合物，可以用来分离铜、铁、钴及稀散金属等。工业脂肪酸常用于去除铜和铁，也用于钴和镍的分离。其对金属离子的萃取顺序一般为：$Sn^{4+} < Bi^{3+} < Fe^{3+} < Pb^{2+} < Al^{3+} < Cu^{2+} < Cd^{2+} < Zn^{2+} < Ni^{2+} < Co^{2+} < Mn^{2+} < Ca^{2+} < Mg^{2+} < Na^{+}$。

Versatic 911 的两种叔碳羧酸分子式

磺酸的通式为 RSO_2OH，是一类强酸性萃取剂。可以用于分离稀土元素。它的选择性差，另外容易乳化，在稀释剂中的浓度也受限制。在磺酸类萃取剂中加入二烷基磷酸可以消除乳化，并且对三价元素有协萃效应。

酸性含磷萃取剂可看成是磷酸分子中一个或两个羟基被酯化或被烃基取代后的产物。由于分子中还含有羟基，因此还存在酸性，因此将这类萃取剂称为酸性含磷萃取剂。它们的结构及命名见表10.2。

表 10.2　酸性含磷萃取剂分类举例

类　　别	结　构　式	举　　例
磷酸二酯（二烃基磷酸）	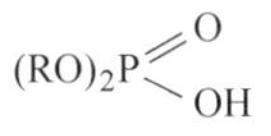 (RO)$_2$P(=O)OH	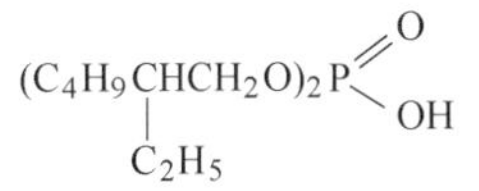 $(C_4H_9CHCH_2O)_2P(=O)OH$，C_2H_5　二（2-乙基己基）磷酸（P204）
磷酸单酯（烃基磷酸）	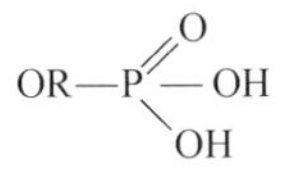 OR—P(=O)(OH)OH	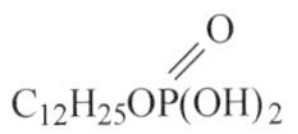 $C_{12}H_{25}OP(OH)_2$（=O）　十二烷基磷酸
烃基膦酸单酯	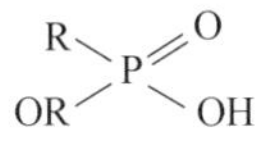 R—P(=O)(OR)OH	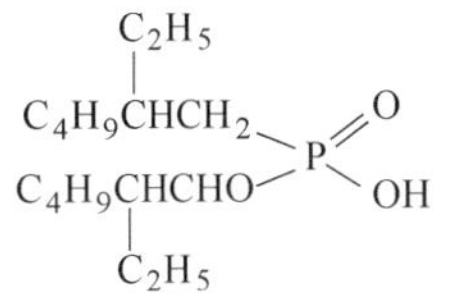 2-乙基己基膦酸单（2-乙基己基）酯（P507）
一烃基膦酸	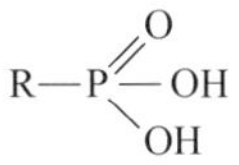 R—P(=O)(OH)OH	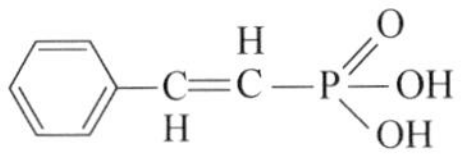 苯乙烯膦酸

类　别	结　构　式	举　例
二烃基膦酸	R—P(=O)(OH)—R	$(C_4H_9CHCH_2)P(=O)(OH)$ 中 C_2H_5 二（2-乙基己基）膦酸（P229）

酸性含磷萃取剂的主要化学性质有分子间缔合、酸性和阳离子交换。

与羧酸一样，它们通过氢键发生分子间的缔合作用。金属阳离子可以和有机磷酸中的氢离子发生交换反应。例如与 Co^{2+} 的反应如下：

$$(OR)_2P\begin{smallmatrix}O\cdots H-O\\O-H\cdots O\end{smallmatrix}P(OR)_2 + Co^{2+} \rightleftharpoons (OR)_2P\begin{smallmatrix}O\cdots H-O\\O\quad\quad O\\ Co\end{smallmatrix}PH(OR)_2 + H^+ \quad (10.12)$$

P204（D_2EHPA）是目前应用最广的酸性含磷萃取剂，常在工业上用于硫酸溶液中钴、镍、钒的萃取，以及铁、锌、铜的去除。此外还可从磷酸溶液中提取铀，萃取回收锌，萃取提取铍与镓，以及分离稀土等。东北大学张廷安等人利用 P204 配合 P507 协同萃取钒渣硫酸直接浸出液中的钒，使钒萃取效率显著提高，实现了浸出液中四价钒和二价铁的有效分离，并大大降低了反萃过程中的硫酸消耗，最终从钒渣浸出液中提取出高附加值钒产品。P204 价格低廉，应用广泛，因此被称为"万能萃取剂"。

P507（EHEHPA）分离钴镍的效果更为理想，也用于分离某些性质相近的稀土元素，例如分离镨和钕等。

碱性萃取剂包括伯胺、仲胺、叔胺及季铵盐，前三种属于有机弱酸，后一种若是季铵盐则为强碱性萃取剂，它能在碱性介质中进行萃取。它们的结构和命名见表 10.3。

表 10.3　碱性萃取剂分类举例

类　别	结　构　式	举　例
伯胺	R—NH$_2$	CH(CH$_2$)$_6$—CH—NH$_2$ CH$_2$(CH$_2$)$_5$—CH$_3$ 10-庚基辛胺
仲胺	R$\!$R$\!$NH	(CH$_3$—CH—CH$_2$—CH—CH$_2$)$_2$—NH CH$_3$　　　C$_3$H$_7$ 二（4-甲基-2-丙基戊基）胺
叔胺	R$\!$R$\!$R$\!$N	(C$_8$H$_{17}$)$_3$N　(C$_{7\sim9}$H$_{15\sim19}$)$_3$N 三辛胺　　三烷基胺（N235）
季铵盐	R$_4$N$^+$X$^-$	(C$_{7\sim9}$H$_{15\sim19}$)$_3$N$^+$CH$_3$Cl 氯化甲基三烷基铵（N263）

碱性萃取剂的主要化学性质有分子间的缔合、碱性、阴离子交换和胺的加成等。
缔合作用也是由于形成氢键而产生的，例如：

$$RHN—H\cdots N \overset{HR}{\underset{HR}{—H\cdots N}}—H\cdots$$

伯胺RNH_2的缔合

$$RH_2\overset{+}{N}—H\cdots A^-\cdots RH_2\overset{+}{N}—H\cdots A^-\cdots RH_2\overset{+}{N}—H\cdots A^-\cdots$$

伯胺盐$RN^+H_3A^-$的缔合

缔合的程度既和碱性萃取剂结构有关，也和稀释剂的性质有关。就脂肪盐来说，对硫酸盐以外的阴离子，缔合难易的顺序为：伯胺盐＜仲胺盐＜叔胺盐＜季铵盐。

胺的碱性与氨类似，但其碱性比氨强。

$$RNH_2 + H_2O \Longrightarrow (RNH_3)^+ + OH^- \tag{10.13}$$

几种简单胺在水中的pK_b见表10.4。

表 10.4 几种简单胺在水中的 pK_b

化合物	NH_3	$CH_3CH_2NH_2$	$(CH_3CH_2)_2NH$	$(CH_3CH_2)_3N$	$C_6H_5NH_2$
pK_b	4.76	3.36	3.06	3.25	9.40

由表10.4可以看出，脂肪胺比无机氨的碱性强。一般来说，胺类萃取剂从氯化物介质中萃取金属络合阴离子的能力大小次序为：季铵＞叔胺＞仲胺＞伯胺。而在硫酸介质中，其顺序正好相反。

有机相中的胺盐能以其酸根阴离子与水相中阴离子（包括金属的络阴离子在内）进行交换反应，例如：

$$2R_3NH^+Cl^-_{(o)} + CoCl_4^{2-} \Longrightarrow (R_3NH)_2^+CoCl_{4(o)}^{2-} + 2Cl^- \tag{10.14}$$

这种萃取在形式上和中性萃取剂的萃取机理相似。但因为胺呈碱性，所以在弱酸性溶液中即可进行铵盐萃取。

溶液中的阴离子一般均可与有机铵阳离子结合，而被萃入有机相。对于一些酸根阴离子的萃取顺序是：

$$ClO_4^- > SCN^- > I^- > Br^- \approx NO_2^- > Cl^- > HSO_4^- > F^- > SO_4^{2-}$$

胺盐还能与酸生成1/1的离子缔合物，即为胺盐的加合反应。例如，叔胺萃取过量的硝酸或盐酸时，其反应如下：

$$R_3NHNO_2 + HNO_3 \Longrightarrow [R_3NHNO_3]HNO_{2(o)} \tag{10.15}$$

$$R_3NHNO_2 + HCl \Longrightarrow [R_3NHCl]HNO_{2(o)} \tag{10.16}$$

胺盐与某些中性盐发生加合反应。例如，在硫酸介质中萃取铀，在一定条件下胺盐可与中性硫酸铀酰生成加合物：

$$(UO_2)_2SO_4 + (R_2NH)_2SO_{4(o)} \Longrightarrow (R_2NH)_2UO_2UO_2(SO_4)_{2(o)} \tag{10.17}$$

因此，胺类萃取剂萃取金属，可以有阴离子交换和中性配合物的加合这两种反应机理。但无论哪一种机理，都要在一定酸度范围内使胺形成胺盐。

螯合萃取剂是一种专一性较强的萃取剂，它含有的给予体基团能够与金属离子生成双配位络合物。螯合萃取剂主要分为酮肟类、醛肟类和喹啉螯合萃取剂三类。

国内东北大学张廷安研究团队发现，醛肟类萃取剂 Mextral 973H 对硫酸体系中的五价钒具有很高的选择性，可在高酸（$-0.5 < pH < 0.5$）钒渣浸出液中有效地实现五价钒和三价铁的分离，负载有机相使用碱性碳酸钠溶液反萃后，反萃液可直接沉钒，是一种理想的钒萃取剂。相比传统的酸性磷型萃取剂，该萃取剂可大大简化萃取步骤，避免了在中和及反萃沉钒步骤中消耗大量酸碱，增强了萃钒效率，为含钒浸出液尤其是高酸钒浸出液中的钒铁分离提供了新思路。

喹啉螯合萃取剂在市场上的主要产品是 Kelex100 系列，其结构式如下：

8-羟基喹啉   7-十二烯烃-8-羟基喹啉（Kelex100）

它可以在低于任何酮肟萃取剂的 pH 值下萃取铜，而且萃取速度快很多倍。反萃速度却差不多。Kelex100 可以萃取多种金属，在 pH 值为 $0 \sim 6$ 的范围内，对各种金属的萃取能力大小顺序是 $Cu^{2+} > Fe^{3+} > Ni^{2+} > Zn^{2+} > Co^{2+} > Fe^{2+} > Mn^{2+} > Mg^{2+} > Ca^{2+}$。pH 值在 3 以上时，只有 Fe^{3+} 和 Cu^{2+} 共萃；在 pH 值为 $3 \sim 5$ 时，Ni^{2+}、Zn^{2+}、Co^{2+}、Fe^{2+} 与 Cu^{2+} 共萃；在 pH 值为 $5 \sim 6$ 时，所有金属都能被萃取。

10.1.2.2 萃取剂的选择

萃取剂通常是有机试剂，近几十年来发展迅速，新品种频现。萃取剂的两个必备要求如下：

（1）分子中有萃取功能基，通过它可以与被萃物结合形成萃合物，常见的萃取功能基多是 O、N、P、S 等原子，一般都有孤对电子，是电子给予体，为配位原子。

（2）分子中必须有相当长的烃链或芳环，使萃取剂及萃合物易溶于有机相，而难溶于水相。通常情况下，萃取剂的相对分子质量在 $350 \sim 500$ 范围内比较合适。

10.2 萃取原理与级数计算

10.2.1 三元相图及其在萃取中的应用

10.2.1.1 三元相图

组分在液-液两相之间的平衡关系是萃取过程的热力学基础。液-液相平衡有两种情况，一种是萃取剂与稀释剂（原溶剂）不互溶；另一种是萃取剂与稀释剂部分互溶。对于第一种情况，溶质在两相间的平衡关系可以用类似吸收中气液平衡的方法表示。对于第二种情况萃取时的两相均为三组分溶液，对三组分溶液必须已知两个组分的组成，才能唯一确定该混合液的组成。因此，不能用直角坐标上的点表示三组分溶液的组成，需要用三角形相图表示。其中三角形相图分为正三角形和直角三角形两种。

A 组成表示法

在三角形坐标图中均以 A 表示溶质，B 表示稀释剂（原溶剂），S 表示萃取剂。三角形中的每个点都表示唯一组成的混合物。三角形的三个顶点各代表纯物质，如点 A 表示 A 的质量分数为 100%。习惯上以三角形上方的顶点代表溶质 A，左下顶点代表稀释剂 B，右下顶点代表萃取剂 S。在三角形相图的三条边上任一点代表一个二元混合物的组成，越靠近某一顶点处，此顶点所代表的组成在溶剂中的含量越高。如图 10.1 所示，为正三角形相图，AB 边上的 Q 点代表 A 和 B 的二元混合物，其中含 A 质量分数为 60%，B 为 40%，而不含有溶剂 S。

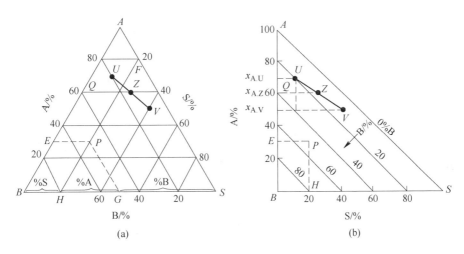

图 10.1　三角形相图上的组成表示法
（a）正三角形相图；（b）直三角形相图

三角形内的任一点 P 代表一个三元混合物，其组成可用各条边上的长度表示如下：通过点 P 作三条边的平行线 HP、EP、GP，HP 代表了其所对应的顶点 S 的含量，其质量分数为 20%，同理 A 与 B 的质量分数分别为 30% 和 50%，即点 P 代表了一个三元组成：A 的质量分数为 30%、S 为 20%、B 为 50%。

直三角形相图与正三角形相图不同，除边 BA 与底边 BS 垂直外，还有萃取剂 S 的标尺改写在底边上，原溶剂 B 的标尺改写在与斜边平行的各条线上，如图 10.1(b) 所示。B 的含量也可不另标出，而在两坐标轴上查得 S 和 A 的质量分数 x_S、x_A 后，可按下式计算 B 的质量分数 x_B。

$$x_B = 1 - x_A - x_S \tag{10.18}$$

图 10.1(b) 的 P 代表的三元组成 x_A、x_B 和 x_S 质量分数分别为：30%、50%、20%。

B 杠杆规则

杠杆法则可表述如下：当混合液 U 和 V 合成混合液 Z 时，代表混合液 U、V 和 Z 的点在一条直线上，如图 10.1 所示。在三角形坐标图中，混合液 U 和 V 的位置可以根据其组成在图中确定，合成的混合液 Z 在 U 和 V 的联线上，称 Z 点为 U 点和 V 点的和点，而 U（或 V）是 Z 和 V（或 U）的差点。点 Z 的位置可以按以下比例式（10.19）确定：

$$\frac{\overline{ZU}}{\overline{ZV}} = \frac{V}{U} \tag{10.19}$$

式中　U，V——混合液 U 及 V 的量，kg；

　　　$\overline{ZU}$，$\overline{ZV}$——线段 $\overline{ZU}$、$\overline{ZV}$ 的长度。

当液体 U 的相对量越大，点 Z 就越靠近图中代表它的点 U。

同理，若混合液 Z 分为 U 和 V 两部分，三角形相图中所代表三种混合液组成的点 Z、U、V，也符合杠杆规则，即点 Z、U、V 在一条直线上，混合液 U 和 V 之间量的比例符合式 (10.19)。

10.2.1.2　液 – 液平衡关系在三角形相图中的表示法

A　溶解度曲线与联结线

对于稀释剂 B 与萃取剂 S 部分互溶的物系。在一定温度下，将一定量的稀释剂 B 和萃取剂 S 加到试验瓶中，此混合物组成如图 10.2 上点 M 所示。将其充分混合，两相达到平衡后静置分层，两层的组成可由图中点 P 和点 Q 表示。然后在瓶中滴加少许溶质 A，此时瓶中总物料的状态点为 M_1，经过充分混合，两相达到平衡后静置分层，分析两层的组成，得到 E_1 和 R_1 两液相的组成，E_1 和 R_1 为一对呈平衡的共轭相，然后再加入少量溶质 A，进行同样的操作可以得到 E_2 和 R_2，E_2 和 R_2 等若干对共轭相，当加入 A 的量使混合液恰好变为均相，其组成用 J 来表示。J 点称为混溶点或分层点。将代表各平衡液层的状态点 P、R_1、R_2、J、E_2、E_1、Q 连接起来的曲线即为此体系在该温度下的溶解度曲线。如图 10.2 所示。把共轭相所对应的点联结起来的直线称为联结线。如图中 E_1R_1、E_2R_2、E_3R_3 均为联结线。

通常温度对相平衡关系有很大的影响，物系温度升高会使溶质在溶剂中的溶解度增大。因而温度对溶解度曲线的形状、联结线的斜率和两相区的面积有明显的影响。图 10.3 所示为温度对溶解度曲线和联结线的影响，分层区的面积明显随温度的升高而减小（以"二苯己烷 – 二十二烷 – 糠醛"为例）。

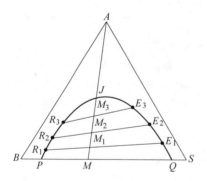

图 10.2　三角形相图上的溶解度曲线和联结线

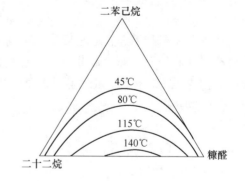

图 10.3　温度对溶解度曲线的影响

B　辅助曲线与临界混溶点

联结线和溶解度曲线一般是用由实验测得的平衡数据做出的。但通常实验测出的共轭相的对数（联结线数）是有限的，为得到其他组成的液 – 液平衡数据，可以利用辅助线。

辅助线的作法如图 10.4 所示。已知联结线 E_1R_1、E_2R_2、E_3R_3。通过已知点 R_1、R_2、R_3…，作与底边 BS 平行的线 R_1C_1、R_2C_2…，再通过 E_1、E_2…作与侧边 BA 平行的线，分别与水平线 R_1C_1、R_2C_2…相交于点 C_1、C_2…，将这些交点联结成一平滑曲线即为辅助曲线。利用辅助曲线，可求任一平衡液相的共轭相，如求液相 R 的共轭线，自 R 作 BS 的平行线交辅助曲线于 C 点，再由点 C 作 BA 的平行线交溶解度曲线于点 E，则 E 即为 R 的共轭相。

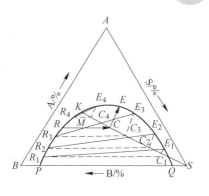

图 10.4　辅助曲线作法及应用

若将辅助曲线延伸至与溶解度曲线相交，交点 K 所代表的平衡液相，无共轭相，此点称为临界混溶点。K 点将溶解度曲线分成两部分，靠溶剂 S 一侧为萃取相部分，靠稀释剂 B 一侧为萃余相部分。临界混溶点一般并不在溶解度曲线的最高点，其位置的确定较为困难。

10.2.1.3　萃取过程在三角形相图上的表示法

图 10.5 所示为一个单级萃取过程，其萃取过程可以在三角形相图上表示出来。用溶剂萃取原料混合液中的溶质 A。原料液 F 只含溶质 A 和稀释剂 B 两种组分，故点应在 AB 边上（见图 10.6）。在原料液中加入一定量的溶剂 S 后，其形成的混合液状态点 M 在 FS 线上，且 M 在两相区内，按杠杆法则，有

$$\frac{S}{F} = \frac{\overline{MF}}{\overline{MS}} \tag{10.20}$$

式中　S，F——萃取剂及原料液的量。

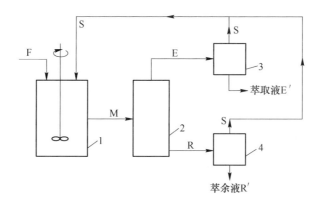

图 10.5　单级萃取流程

1—混合器；2—分层器；3—萃取相分离设备；4—萃余相分离设备

当 F 与 S 充分混合达到平衡后，分层得萃取相 E 和萃余相 R。E、R 点应为过 M 点的联结线与溶解度曲线的交点，其数量关系可用杠杆规则来确定：

$$\frac{E}{R} = \frac{\overline{RM}}{\overline{EM}} \tag{10.21}$$

从萃取相 E 中除去萃取剂时，其状态点沿过 SE 的直线移动，至完全脱除萃取剂时所

获得的溶液称为萃取液 E′，从萃余相 R 中除去萃取剂时，其状态点沿过 SR 的直线移动，至完全除去萃取剂获得的溶液称为萃余液 R′。E′、R′中已不含萃取剂 R，只含组分 A 和 B，所以它们必然落在 AB 边上。从图中可以明显看出萃取液 E′中溶质 A 的含量比原料中的高，萃余液 R′中溶质 A 的含量比原料液 F 中的低。即原料液 F 经过萃取并脱除溶剂以后，其所含的 A、B 组分获得了部分分离，E′与 R′间的数量关系也可以用杠杆法则来确定：

$$\frac{E'}{R'} = \frac{\overline{R'F}}{\overline{E'F}} \tag{10.22}$$

从图 10.6 中可以看出，从 S 点作溶解度曲线的切线，切点为 E_m，延长此切线与 AB 边相交所得的点为 E'_m。它是在此操作条件下可能获得的含组分 A 最高的萃取液。

从相平衡的角度分析，影响萃取分离效果的主要因素是物系相图中两相区的大小和联结线的斜率，这两个因素又为所选择的萃取溶剂和操作温度所决定。温度升高，一般来说溶解度将增大，两相区相应缩小。因此，萃取过程不宜在高的温度下进行。但温度不宜过低，否则不利于传质。

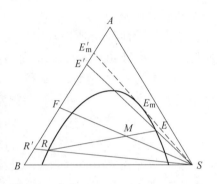

图 10.6　单级萃取的正三角形图解

10.2.2　萃取过程计算

萃取过程可分为单组分萃取与双组分萃取两种类型。单组分萃取中常包括：单级萃取、多级错流萃取、多级逆流萃取及连续逆流萃取，其中多级逆流萃取与连续逆流萃取都是工业上常用的流程。以下分别介绍常用的萃取流程及计算。

萃取过程的计算原则上采用理论级模型。这里可分为两种情况，一是萃取剂与原溶剂不互溶，其计算多采用 Y-X 图解法进行；二是萃取剂与原溶剂部分互溶，其计算多采用三元相图图解法进行。

10.2.2.1　单级萃取流程与计算

图 10.7 所示为单级萃取的流程，单级萃取是液–液萃取中最简单的操作。原料液和溶剂 S 同时加入混合器内，经过充分混合后，混合液 M 送入澄清器，若此过程是一个理论级，则萃取相 E 和萃余相 R 互呈平衡，并分别从澄清器放出，如果萃取剂与原溶剂部分互溶，萃取相与萃余相需分别送入溶剂回收设备以回收溶剂，相应地得到萃取液与萃余液。单级萃取可以间歇操作，也可以连续操作。

单级萃取与理论级的差别用级效率来表示，单级萃取的计算常按一个理论级考虑。其计算通常已知：所要求处理的原料液的量和组成、溶剂的组成、体系的相平衡数据、萃取相的组成。要求计算所需萃取剂的用量、萃取相和萃余相的量与萃取相的组成。

对于萃取剂与稀释剂不互溶的体系，溶质在两液相间的平衡关系，可用函数形式表示，因此，联立平衡关系式与物料衡算式，即可解出萃取剂需要量与萃取液的组成。

已知平衡关系式为：

$$Y = f(X) \tag{10.23}$$

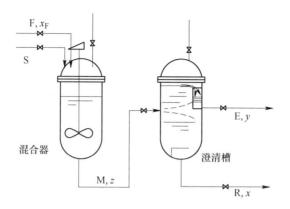

图 10.7　单级萃取流程示意图

系统中溶质 A 的物料衡算式为：
$$BX_F = SY + BX \quad \text{或} \quad Y = -(B/S)(X - X_F)$$
$$(10.24)$$

式中　S，B——萃取剂的用量、原料液中的原溶
剂量，kg 或 kg/h；

　　　　X_F——原料液中 A 的浓度或质量比；

　　　　X，Y——萃余相、萃取相中 A 的质量浓
度比。

式（10.24）在 X-Y 坐标系中代表一条直线，
称为操作线，操作线通过点 $F(X_F, 0)$，斜率为 $-B/S$，如图 10.8 所示，图中还作出了平衡曲线，两线

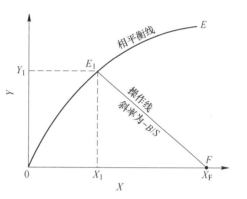

图 10.8　不互溶体系的单级萃取图解

的交点 $E_1(X_1, Y_1)$，表明通过一个理论萃取级后萃余相及萃取相中 A 的浓度分别为 X_1，Y_1。

10.2.2.2　多级错流萃取流程及计算

图 10.9 所示为多级错流萃取的流程示意图，原料液从第一级加入，每一级均加入新鲜的萃取剂。在第一级中，原料液与萃取剂相接触、传质，最后两相达到平衡，分相后，所得萃余相 R_1，送到第二级中作为第二级的原料液，在第二级中用新鲜萃取剂再次进行萃取，萃余相多次被萃取，一直到第 N 级，排出最终的萃余相。各级所得的萃取相 E_1、E_2、…、E_N 排出后回收溶剂。多级错流萃取可以用较少溶剂萃取出较多溶质。

A　萃取剂与原溶剂在操作范围内互不相溶

在这种情况下，每一级萃余相中的原溶剂量 B 都相等。同时，加到每一级的萃取剂都进入萃取相，在计算时，溶剂的组成用质量比 X、Y 比较方便。

$$Y = \frac{m_A}{m_S} \tag{10.25}$$

式中　Y——溶质 A 与萃取剂 S 的质量比，kg/kg。

$$X = \frac{m_A}{m_S} \tag{10.26}$$

式中　X——溶质 A 与原溶剂 B 的质量比，kg/kg。

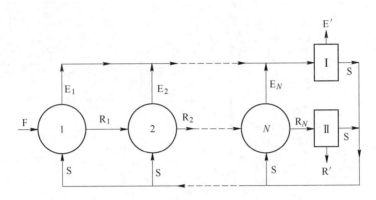

图 10.9 多级错流萃取流程示意图

对过程的计算可采用图解法进行：对第一个萃取级，做溶质 A 的物料衡算：

$$BX_F = BX_1 + S_1Y_1 \tag{10.27}$$

则

$$Y_1 = -(B/S_1)(X_1 - X_F) \tag{10.28}$$

同理，对第 2 至第 N 级各作物料衡算，分别得到：

$$Y_2 = -(B/S_2)(X_2 - X_1) \tag{10.29}$$

$$Y_N = -(B/S_N)(X_N - X_{N-1}) \tag{10.30}$$

由物料衡算得到的方程式表示任一级的萃取过程中，萃取相组成 Y_N 与萃余相组成 X_N 之间的关系，称为每一级的操作线方程。第 1，2，$\cdots$，N 级的操作线分别通过 X 轴上的点 $F_1(X_F, 0)$，$F_2(X_1, 0)$，$\cdots$，$F_N(X_{N-1}, 0)$，操作斜率分别为 $-B/S_1$，$-B/S_2$，$\cdots$，$-B/S_N$。因此可在 X-Y 直角坐标系中图解来计算，如图 10.10 所示，其步骤如下：

（1）作出平衡线 OE。

（2）通过 X 轴上的已知点 $F_1(X_F, 0)$ 作斜率为 $-B/S_1$ 的直线，即得第 1 级的操作线，它与平衡线的交点 (X_1, Y_1) 定出第 1 级的萃取相浓度 Y_1 及萃余相浓度 X_1。

（3）由 E_1 作垂线交 X 轴于点 $F_2(X_1, 0)$，通过 F_2 作斜率为 $-B/S_2$ 的第 2 级操作线，它与平衡线的交点 $E_2(X_2, Y_2)$ 定出第 2 级萃取相、萃余相的浓度 Y_2、X_2。

（4）依此类推，直到萃余相的浓度等于或低于指定值 X_R 为止。这一级就是多级萃取流程中的最后一级——N 级，有文献报道，当萃取剂总量一定时，加入各级的萃取剂相等时萃取效果最好。显然，各级的萃取剂 S 相等时，各级操作线斜率相等。

B 萃取剂与原溶剂部分互溶

对萃取剂与原溶剂部分互溶的情况，通常应用三角形相图由图解法求解。已知物系的相平衡数据、原料液的量 F 及其组成 x_F，最终萃余相组成 x_R 和萃取剂的组成 y，选择萃取剂的用量 S，求所需理论级数，其图解法步骤如下（见图 10.11）。

质量为 F、浓度为 x_F 的原料液与质量为 S_1 的纯萃取剂在第 1 级中混合后，混合液的组成以图中的点 M_1 代表，点 M_1 在图中的连线 FS 上，且 $\overline{M_1F}/\overline{M_1S} = S_1/F$。萃取过程达到平衡而分层后，得到萃取相 E_1 和萃余相 R_1。点 E_1 和 R_1 在溶解度曲线上，且在通过点 M_1 的一条联结线的两端。第 1 级的萃取相再在第 2 级中与量为 S_1 的纯溶剂混合，混合液的组成以连接 R_1S 上的点 M_2 代表，点 M_2 的位置按 $\overline{M_2R_1}/\overline{M_2S} = S_1/R_1$ 确定。通过点 M_2 作联

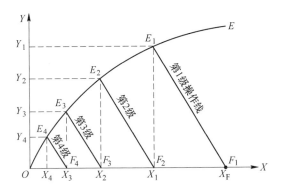

图 10.10 溶剂互不相溶时多级错流萃取的图解

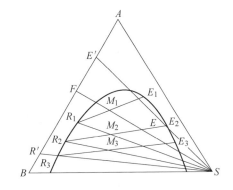

图 10.11 溶剂部分互溶时多级错流萃取的图解

结线，可得经过第 2 级萃取后的萃余相、萃取相的组成和量，依此类推，直到萃余相中溶质的组成等于或小于要求的组成 x_R 为止，则萃取级数即为所求的理论级数。最后一级的萃余相脱除溶剂后得到的萃余液，其组成以边 BA 上的点 R' 表示，萃取液以 BA 边上的 E' 表示。

多级错流萃取的缺点是萃取剂的用量大，从而使其回收和输送消耗的能量大。

10.2.2.3 多级逆流萃取流程及计算

多级逆流萃取的流程如图 10.12 所示。原料液从第 1 级加入，逐级流过系统，最终萃余相从第 N 级流出，新鲜萃取剂从第 N 级进入，与原料液逆流，逐级与料液接触，最终的萃取相从第一级流出，在此流程的第 1 级，萃取相与含溶质最多的原料液接触，故第 1 级出来的最终萃取相中溶质的含量高，可接近与原料液呈平衡的程度。而在第 N 级中萃余相与含溶质最少的新鲜萃取剂接触，故第 N 级出来的最终萃余相中溶质的含量低，可接近与原料液呈平衡的程度。因此，多级逆流萃取可以用较少的萃取剂达到较大的萃取率，应用较广。其计算原则上与多级逆流吸收过程相似，应用相平衡与物料衡算两个基本关系进行计算。

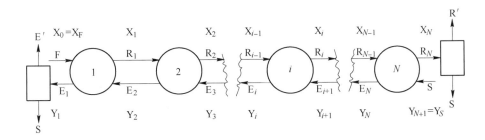

图 10.12 多级逆流萃取的流程

A 萃取剂与稀释剂不互溶的体系

在这种情况下，各级萃余相中的原溶剂量都相等，均等于原料液中的量，各级萃取相中的萃取剂量都等于所加入的萃取剂 S。组成采用溶质的质量比 X 和 Y 来表示，其流程如图 10.13(a) 所示，其图解步骤如下：

（1）将平衡数据（换算成 X，Y 表示）绘在 X-Y 坐标图上，得平衡线，如图 10.13（b）所示。

（2）根据物料衡算找出逆流萃取的操作线方程。在第一级与第 M 级间做溶质的物料衡算。

$$BX_F + SY_{i+1} = BX_i + SY_1 \tag{10.31}$$

则

$$Y_{i+1} = \frac{B}{S}X_i + \left(Y_1 - \frac{B}{S}X_F\right) \tag{10.32}$$

式中　X_F——料液中溶质 A 的质量比，kg/kg；

　　　Y_1——最终萃取相 E_1 中溶质 A 的质量比，kg/kg；

　　　X_i——离开第 i 级的萃余相中溶质 A 的质量比，kg/kg；

　　　Y_{i+1}——进入第 i 级的萃取相中溶质 A 的质量比，kg/kg；

　　　B——原料液中原溶剂的流量，kg/h；

　　　S——原始萃取剂中纯萃取剂的流量，kg/h。

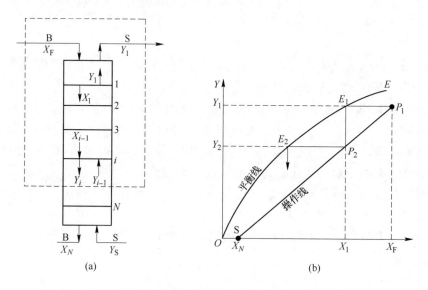

图 10.13　组分 B 和组分 S 完全不互溶时多级逆流萃取的图解计算

（a）流程示意图；（b）在 X-Y 直角坐标图中图解计算

式（10.32）为该体系逆流萃取的操作线方程。其斜率为 B/S，并过两端点 $P_1(X_F$、$Y_1)$ 及 $S(X_N、Y_0)$。

（3）自点 P_1 作水平线交平衡线于 E_1，可找出与第 1 级萃取相浓度 Y_1 平衡的萃余相浓度 X_1；再从 E_1 作垂直线交操作线于 P_2，可得知第 2 级萃取相的浓度 Y_2。依此，在操作线与平衡线间作梯级，直到 X_N 等于或低于所指定的浓度 X_k 为止，可以定出逆流萃取的理论级数 N。

若要求的 X_N 不变而减少萃取溶剂的用量，由式（10.32）可知操作线仍通过点 $S(X_N，0)$，但斜率 B/S 增大。由图 10.13（b）可知所需的理论级数将增多，直到 P_1 或操作线 P_1S 上的其他点与平衡线相遇，所需的级数将为无穷大，这是 B/S 的倒数 S/B 称为最小溶剂比，以 S_{min} 表示。与吸收中的最小液气比的概念是一致的。显然，溶剂的量必须大于这一最小值。一般取为最小溶剂用量的 $1.1 \sim 1.2$ 倍。

以 σ 代表操作线的斜率，即 $\sigma = B/S$，σ 值达到最大，即 σ_{max}，对应的 S 即为最小值 S_{min}。

$$S_{min} = \frac{B}{\sigma_{max}} \tag{10.33}$$

例 10.1 15℃下，丙酮-苯-水的平衡曲线如图 10.14 所示。现有含丙酮 40%（质量分数），苯 60%（质量分数）的混合液，用水进行萃取，要求萃余相中丙酮的质量分数降为 4%。苯与水可视为完全不互溶。试求：

（1）每小时处理 1000kg 丙酮与苯的混合液，用 1000kg 水进行萃取，求需用的理论级数；

（2）处理上述原料液，萃取剂的最小用量。

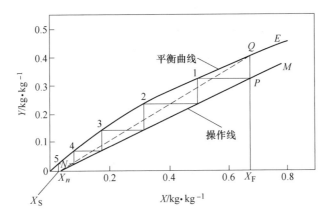

图 10.14 丙酮-苯-水的平衡曲线

解：（1）求所需理论级数。

原料液组成（丙酮/苯）：

$$X_F = \frac{40}{60} = 0.667 \text{kg/kg}$$

萃余相组成（丙酮/苯）：

$$X_R = \frac{4}{100-4} = 0.0416 \text{kg/kg}$$

原料液中苯的质量流率：

$$B = 1000 \times (1-0.4) \text{kg/h} = 600 \text{kg/h}$$

因每小时用 1000kg 水进行萃取，故操作线的斜率为：

$$\frac{B}{S} = \frac{600}{1200} = 0.5$$

操作线上代表多级逆流萃取设备最终萃余相出口端的端点 N 的坐标 $Y_0 = 0$，$X_R = 0.0416$。过 N 点作斜率为 0.5 的直线，得操作线 NM，它与 $X_F = 0.667$ 直线的交点 P 为原料液进口端的端点。从 P 点开始，在平衡曲线 OE 与操作线 NM 之间画梯级，至第五级时，所得萃余相组成 X_5 已小于 4.16%，因此需用 5 个理论级。

（2）求最小萃取剂用量。根据萃取剂最小用量的定义，可知 N 与 Q 的连线（Q 点为平衡曲线与直线 $X = X_F$ 的交点）即为萃取剂用量最小时的操作线（见图 10.14 中的虚线）。由图上量得此直线的斜率为 65% ，即

$$\frac{B}{S_{min}} = 0.65$$

故

$$S_{min} = \frac{B}{0.65} = \frac{600}{0.65} kg/h = 923 kg/h$$

B　萃取剂与稀释剂部分互溶的体系

对萃取剂与稀释剂部分互溶的体系，比较典型的问题是已知原料液的流量 F 及溶质浓度 x_F，最终萃余相的组成 x_B，选择萃取剂用量 S，求所需的理论级数。因为部分互溶体系相平衡关系的数学表达式较复杂，通常应用逐级图解法求解，可用三角形相图或直角坐标图进行计算。用三角形相图求理论级数，其步骤与原理如下（见图 10.15）：

（1）根据平衡数据在三角形相图上作出溶解度曲线及辅助曲线。

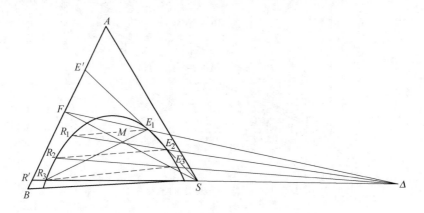

图 10.15　多级逆流萃取理论级数的逐级图解法

（2）由已知的组成 x_F 与 x_R 在图上定出原料液和最终萃余相的状态点 F 和 R_N。若萃取剂为纯溶剂，萃取剂的组成为顶点 S，连接 SF 线，并根据给定的 F 和选定的萃取剂量 S，按照杠杆法则确定混合后的总量及其状态点 M 的位置。之后连接 $R_N M$，并延长与溶解度曲线交于 E_1 点，E_1 为最终萃取相的状态点。

（3）应用溶解度曲线与物料衡算关系，逐级计算求理论级数第一级的物料衡算：

$$F + E_2 = R_1 + E_1$$

即

$$F - E_1 = R_1 - E_2 \tag{10.34a}$$

同理，第二级的物料衡算：

$$R_1 + E_2 = E_2 + R_2$$

即

$$F - E_1 = R_2 - E_3 \tag{10.34b}$$

第 N 级

$$R_{N-1} + S = R_N + E_N \tag{10.34c}$$

$$F - E_1 = R_{N-1} - E_N \tag{10.34d}$$

由以上各式可得：

$$F - E_1 = R_1 - E_2 = R_2 - E_2 = \cdots = R_{N-1} - E_N = R_N - S = \Delta \tag{10.35}$$

显然，Δ 为常数，在三角形相图上可用一定点（Δ 点）表示，称为操作点。式（10.35）表示任意两级间相遇的萃取相与萃余相的关系，称为逆流萃取的操作线方程。

由式（10.35）$F - E_1 = \Delta$ 整理得 $F = \Delta + E_1$ 可以认为 F 是由 E_1 与"净流量"Δ 混合而成，F、E_1 与 Δ 三点共线。同理，R_N 与 S，R_1 与 E_2，R_2 与 E_3，…，R_{N-1} 与 E_N 均与 Δ 共线。可见，在三角形相图上，任二级间相遇的萃取相和萃余相的状态点的连线必通过 Δ 点。因此可以很方便地作图求所需的理论级数。

（1）首先作 E_1 与 F 和 S 与 R_N 的连线，并延长使其交于 Δ。

（2）从 E_1 开始，作联结线求出 R_1 点，连接 ΔR_1 并延长与溶解度曲线交于 E_2，再作联结线求出 R_2 点，连接 ΔR_2 并延长与溶解度曲线交于 E_3。

（3）如此反复利用平衡线与操作线，连续作图，当第 N 根联结线所得到的 $R_N \leqslant x_R$ 时，N 就是所求的级数。无论 Δ 点落在何处，计算理论级数的方法都一样。

多级逆流萃取可以用较少的萃取剂达到较高的萃取率，应用较广。

10.3　萃取设备及设计

10.3.1　萃取设备

根据两液相流动与接触方式，液 – 液萃取设备可分为分级接触式和连续逆流接触式两类。根据形成分散相的动力，萃取设备分为无外加能量与有外加能量两类。根据两相相对流动的动力，萃取设备分为重力与离心力两类，其具体分类见表 10.5。

表 10.5　萃取设备的分类

产生分散相的动力		接　触　方　式		两相逆流的动力
		分级接触	连接逆流接触	
无外加能量 （依靠重力与初压）		筛板塔 流动混合器	喷洒塔 填料塔	
外加能量的 萃取设备	机械搅拌	混合澄清槽 箱式萃取槽	转盘萃取塔 搅拌萃取塔 振动筛板塔	重力
	脉冲作用		脉冲筛板塔 脉冲填料塔	
	离心作用	分级离心萃取器	波德式离心萃取器	离心力

下面分别对几种常用的萃取设备做简要介绍。

10.3.1.1　混合澄清萃取槽

混合澄清萃取槽是萃取中常用的设备，它是由混合器和澄清器两部分组成，这两部分可以是两个独立的设备，也可以连成一体。在混合器中萃取剂与原料液借助搅拌装置的作用使其中的一相破碎成液滴而分散在另一相中，使两相间有很大的接触表面，加速传质。两相分散体系在混合区内停留一定时间后，流入澄清器。在重力作用下，澄清器内轻、重两相分离成萃取相和萃余相。由于两相澄清分离的速度较慢，通常澄清器比混合器大得多。混合澄清器可以单独使用，也可以多级串联使用。

箱式萃取槽是应用最早，使用最广泛的逐级接触式萃取设备，在每一级设备内不互溶的两种液相都会进行搅拌混合和澄清分相两个过程，从而实现目标溶质在不同液相间的传质与分离，在石油、化工、冶金、核工业等领域具有广泛的应用。其中冶金行业分离稀土元素的多级萃取过程中普遍使用箱式萃取槽。

针对箱式混合澄清萃取槽，在强化两相澄清速度方面，自20世纪70年代以来，国内外学者相继开展了液液强化分相的研究，利用改进澄清室结构或在其中设置网垫、填料、栅栏、挡板等助澄清设施来增进澄清室内液液分相速率和降低两相间的夹带值。如：（1）在澄清室入口端加一个栅板形成混合相的分流区，可将混合液从澄清室整个垂直面均匀进入澄清室，另外也起到扰动混合液加速凝聚的作用。（2）在澄清室前半部分水平放置隔板，把澄清室分割成多个水平空间，使澄清面积扩大多倍，混合液在隔板中很快分离。当流体进入无隔板的后半部分时，两相的彻底分离就容易多了。实际安装时，隔板应该是顺着液体流动方向左右倾斜，借鉴斜板沉降原理实现斜板澄清，这样效果更好。（3）在箱式萃取槽内装设不同材质和型式的填料，填料装在澄清槽混合相进口附近，填料材料通常为不锈钢拉西环，不锈钢鲍尔环等。填料物质的存在提供了有利于两相澄清的表面积，在一定程度上改善了澄清性能。但其缺点是经过一段时期的运行后，填料层可能会被堵塞，需要及时地更换填料并进行清洗，另外，填料除了具有促进分散相的聚合作用之外，还有再分散液滴的作用，这两种作用的相对平衡与两相流量、填料的结构型式、尺寸大小填料层厚度等因素有关，如果平衡不好这些因素，反而会增加相间夹带量，影响澄清分离效果。

图10.16和图10.17所示分别为两种多级串联的混合澄清萃取槽。

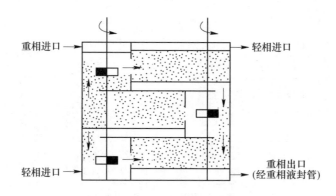

图10.16　塔式多级混合澄清萃取槽

混合澄清萃取槽的优点包括：

（1）两相接触良好，传质效率高，一般级效率在80%以上；

（2）两相流比范围大，流量比达到1/10仍可正常操作；

（3）结构简单，容易放大，一般可由小试直接放大到生产装置；

（4）适应性强，可以适用于多种物系，也可用于含悬浮固体的物料。

混合澄清萃取槽的缺点包括：

（1）由于安装在同一平面上，占地面积大；

（2）每一级都设有搅拌装置，有时液体在级与级间流动，需用泵输送，功率消耗较大，设备与操作费用高；

（3）每一级均需澄清室以分离两相，设备体积大，存液量大。

除以上两种混合澄清器外，东北大学张廷安教授团队研发了一种新型双搅拌混合澄清器，其外形结构与箱式混合澄清器相近，最大的特点是在澄清器内增加了特殊的搅拌装置，通过适度搅拌来强化两相的澄清分离过程，缩小了澄清室体积。经实验验证，该新型双搅拌混合澄清器具有优越的澄清分离性能。其结构如图10.18所示。

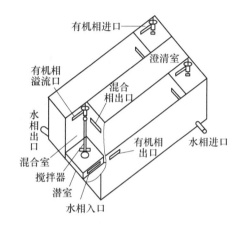

图10.17　箱式多级混合澄清萃取槽

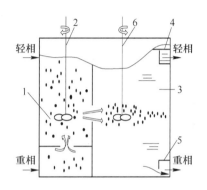

图10.18　新型双搅拌混合澄清器
1—混合室；2—混合室搅拌器；3—澄清室；
4—轻相溢流口；5—重相液流口；
6—澄清室搅拌器

10.3.1.2　塔式萃取设备

塔式萃取设备由于其占地面积小，适用范围广，在石油化工、冶金、医药等工业部门广泛应用。塔式萃取设备的型式很多，现将工业上应用较多的几种进行说明。

A　填料萃取塔

填料萃取塔的结构与吸收和精馏使用的填料塔基本相同。图10.19所示为一重相连续，轻相分散，塔顶具有轻重相分界面的填料萃取塔。塔内充填的填料可以用拉西环、鲍尔环及鞍环形填料等气液传质设备中使用的各种填料。填料的材料可以是金属、陶瓷和塑料等。

操作时，连续相充满整个塔中，分散相以滴状通过连续相，填料的作用除可以使液滴不断发生聚结与再破裂，以促进液滴的表面更新外，还可以减少轴向返混。填料材质选择不仅要考虑溶液的腐蚀性，还应考虑润湿性。填料应被连续相优先润湿，而不易被分散相所润湿。因为分散相如果很易润湿填料，则分散相会在填料表面上聚结，形成小的流股，从而减少两相相际之间的接触表面。一般瓷质填料易被水溶液优先润湿，石墨和塑料填料易被大部分有机溶液优先润湿。对于金属填料，有机溶液与水溶液的润湿性并无多大差别，易被水相润湿，也可以易被有机相润湿。因此，使用金属填料时，连续相的选择要通过实验确定。

分散相的选择应考虑两点：第一，分散相应不易润湿填料；第二，用流量较大一相作分散相，可以获得较大的两相接触面积。为了减少壁流，填料尺寸应小于塔径的 1/8 ~ 1/10。填料支持板的自由截面积必须大于填料层的自由截面积。分散相入口的设计对分散相液滴的形成与在塔内的均匀分布起关键作用，分散相液滴宜直接通入填料层中，通常深入填料层表面以内 25 ~ 50mm 处，以免液滴在填料层入口处凝聚。

填料塔的优点是结构简单，造价低廉，操作方便，适合处理有腐蚀性的液体。其缺点是传质效率低，理论级当量高度（或传质单元高度）大。一般用于所需理论级数不多的场合。

B　脉冲筛板塔

脉冲筛板萃取塔是外加能量使液体分散的塔式设备，其结构如图 10.20 所示。塔两端直径较大部分为上澄清段和下澄清段，中间为两相传质段，其中装有很多块具有小孔的筛板，筛板间距通常为 50mm，设有降液管。在塔的下澄清段设有脉冲管，由脉冲发生器提供液体的脉冲运动。脉冲作用使塔内液体做上下往复运动，迫使液体经过筛板上的小孔，使分散相以较小的液滴分散在连续相中，并形成强烈的湍动，促进传质过程的进行。在脉冲筛板塔内两相的逆流也是通过脉冲运动来实现的。

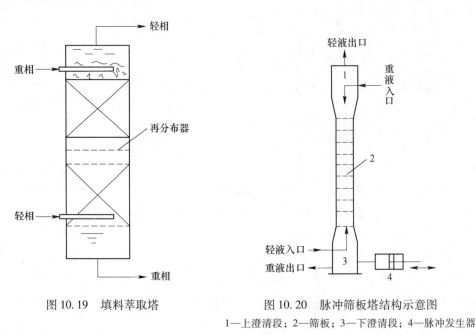

图 10.19　填料萃取塔　　　　　　　　图 10.20　脉冲筛板塔结构示意图
　　　　　　　　　　　　　　　　1—上澄清段；2—筛板；3—下澄清段；4—脉冲发生器

脉冲强度，即输入能量的强度，由脉冲的振幅 A 与频率 f 的乘积 Af 表示，称为脉冲速度。它是脉冲筛板塔操作的主要条件。脉冲速度减小，液体通过筛板小孔的速度小，液滴大，湍动弱，传质效率低；脉冲速度增大，形成的液滴小，湍动强，传质效率高。但是脉冲速度过大，液滴过小，液体轴向返混严重，传质效率反而降低，且易液泛。通常脉冲频率为 30 ~ 200min^{-1}，振幅为 9 ~ 50mm。脉冲发生器有多种型式，如往复泵、隔膜泵，也可用压缩空气驱动。

脉冲萃取塔的优点是结构简单，传质效率高（理论级当量高度小），可以处理含有固体粒子的料液，在核工业中获得广泛的应用，近年来在有色金属提取和石油化工中也日益受到重视。脉冲萃取塔的缺点是允许的液体通过能力小，塔径大时产生脉冲运动比较困难。

10.3.1.3 离心萃取器

离心萃取器有搅拌式和环隙式两种，如图 10.21 所示。这种设备的工作原理是在强大离心力的作用下使两种液体分相。它具有很高的传质效率，能处理密度差很小的萃取体系，并能在较宽的相比和密度范围内操作。两相在萃取器内停留时间很短，甚至几秒钟就可达到萃取平衡。因此，这类萃取器可以用于借助萃取金属的动力学差异，进行非平衡溶剂萃取，提高分离金属的分离系数。如用 Versatic911 - 煤油组成的有机相对镍、钴进行萃取分离时，由于钴的萃取速度比镍快得多，可以在很短时间内达到平衡，而镍几乎来不及被萃取，故而利用离心萃取器进行快速萃取可大大提高镍和钴的分离效果。

离心萃取器的优点在于相接触时间短、滞留量少、处理量大、溶剂一次装量少、可处理密度差很小的液体体系和容易乳化的物料，效率较高、提供较多理论级、结构紧凑、占地面积小。离心萃取器的缺点是基建费用大、能耗大、结构复杂、运行费用高、需经常维修、单机组的级数有限。离心萃取器适用于要求接触时间短、物流滞留量低、易乳化、难分相的物系。

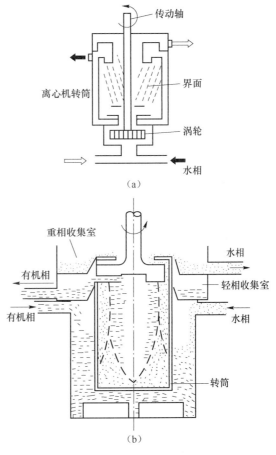

图 10.21 离心萃取器结构示意图
（a）搅拌式；（b）环隙式

10.3.2 萃取设备的设计

萃取设备的设计程序要求计算：（1）萃取或分离的级数；（2）级效率；（3）生产能力。

溶剂萃取设备的操作是靠一种液体在另一种液体中分散成液滴，以完成进入液滴或离开液滴的传质过程。经过混合之后，分散相又分开或聚结起来。由于传质效率、聚结速率和流量都会或多或少地受到液滴大小的影响，因此这个因素在萃取设计中是非常重要的。传质速率高的体系通常不需要生成极细的液滴，而对传质速率低的体系这点则是必要的。所以，在前一种情况下，设备的设计和选择都比较容易。许多体系中当传质的方向是由连续相到分散相时，其传质速率就增大。有些如萃取柱之类的萃取器，可以借控制液滴的尺寸或选择萃取器的内部构件（就其被柱中溶液湿润的程度而言），来改变其流量。选择液滴尺寸和柱内部构件的最佳条件，可使聚结速率增大，从而提高物料通过能力。

混合澄清器的设计和放大通常是简单的，因为在正常的情况下，可由台架试验的数据确定接触的级数，而且级效率一般都较高。由于每级混合之后两相必须进行分离，故每一级都需要有一个大的澄清区。为了放大混合器，可采用一种为大家所熟知的方法，即保持几何相似以及保持相同的整个液体的平均停留时间和功率/容积比。因此，混合澄清器的容量取决于澄清器的设计。

一个流程及其工厂的设计可能是一个复杂的问题。在解决了流程设计之后，工程师所面临的是设备的选择或设计。最后，为了达到良好的总澄清速度而同时又具备良好的灵活性，需要对澄清器进行有关浅盘或聚结装置之类的设计。也就是说，最好能针对不同的用途设计不同类型的混合澄清器。

在微分式接触器中，两相之间实际上是永远不会达到平衡的，因而放大设计就更为复杂。由于液滴大小分布的变化和湍流的变化，传质单元高度（HTU）也沿着柱的高度变动，从而所引用的 HTU 值通常都只是平均值。在知道要达到必要分离程度所需的平衡级数后，常常就能完成放大。作为理论级当量高度（HETS）来表示的这些数据，仅仅起一种粗略的指导作用，因为在微分式接触器中，理论级是没有现实意义的。在运转小型设备或中间试验以取得放大数据时，或在审查别人取得的设备数据时，均须对设备的大小予以谨慎考虑，另外，还需要注意到可能的器壁效应和末端效应，它们与设备的总工作性能都有关系。文献上报道的数据常常是从小型萃取器得到的，而且常常是用纯溶液进行的。因此，任何 HTU 和 HETS 值对实际过程的意义都不很大。只要可能，就应该利用实际过程中的物料流，尤其在需要准确的放大数据时更应该这样，因为溶液中的杂质和表面活化剂对萃取体系形成乳浊液的趋势都有很大的影响。

在确定柱式萃取器的放大数据时，中间试验是必不可少的。杂质的存在能够影响界面张力，从而影响分散能力和物料通过量。用来取得放大数据的中间试验厂的单元设备，其规模也有一个最小的限度，此限度取决于萃取器的类型和几何形状。这是因为液滴的尺寸并不是按比例缩小的，像在机械搅动萃取柱的场合下，搅拌桨叶的机械尺寸和它们的剪切力与生产规模的设备中所发生的分散作用并不存在比例关系。

习　题

概念题

10.1　溶剂萃取的相和相比。

10.2　分配比、萃取率和分离系数。

10.3　杠杆规则。

10.4　萃取剂。

10.5　中性萃取剂。

思考题

10.1　萃取剂的选择原则是什么？

10.2　列举三种萃取设备，并简单列举其在冶金中的应用。

10.3　简述多级逆流萃取的流程。

10.4　简述多级错流萃取的流程。

10.5　简述混合澄清萃取槽的优缺点。

计算题

10.1　某铀矿经氯化浸出得到含铀为 0.65g/L、含钍为 0.20g/L 的浸出液，今用 5% TOPO 萃取液进行分离试验，结果见表 10.6 所示。

表 10.6　计算题 10.1 附表

A/O	20/1	15/1	10/1	5/1	3/1	1/3
铀萃取率(质量分数)/%	55.23	58.89	76.51	81.82	85.86	99.74
钍萃取率(质量分数)/%	0.225	0.5	1.20	4.10	8.33	66.00

求响应 A/O 值所对应的分离系数。

10.2　含丙酮 20%（质量分数，下同）的水溶液，流量 $F = 800$ kg/h，按错流萃取流程，以 1,1,2-三氯乙烷萃取其中的丙酮，每一级的三氯乙烷流量 $S_1 = 320$ kg/h。要求萃余液中的丙酮含量降到 5% 以下，求所需的理论级数和萃取相、萃余相的流量。操作温度为 25℃，此温度下的平衡数据见表 10.7。

表 10.7　丙酮(A)-水(B)-三氯乙烷(S) 在 25℃下的平衡数据（质量分数）　（%）

序号	水　相			三氯乙烷相		
	A(x)	B	S	A(y)	B	S
1	5.96	93.52	0.52	8.75	0.32	90.93
2	10.00	89.40	0.60	15.00	0.60	84.40
3	13.6	85.35	0.68	20.78	0.90	78.32
4	19.05	80.16	0.78	27.66	1.33	71.01
5	27.63	71.36	1.05	39.39	2.40	58.21
6	35.73	62.67	1.60	48.21	4.26	47.53
7	46.05	50.20	3.75	57.40	8.90	33.7

10.3　以纯溶剂做单级萃取，已知萃取相中浓度比 $\dfrac{y_A}{y_B} = \dfrac{7}{3}$，萃余相中浓度比 $\dfrac{x_A}{x_B} = \dfrac{1}{4}$，原料液量为 100kg，含溶质量分数为 40%，操作条件下 $k_A > 1$，求：萃取液与萃余液的量（E_0；R_0）；分离系数 β。

10.4　在 25℃下以水(S)为萃取剂从醋酸(A)与氯仿(B)的混合液中提取醋酸，已知原料液流量为 1000kg/h，其中醋酸的质量分数为 35%，其余为氯仿。用水量为 800kg/h，操作温度下，E 相和 R 相以质量分数表示的平衡数据列于表 10.8 中。求：（1）经单级萃取后 E 相和 R 相的组成及流量；（2）若将 E 相和 R 相中的溶剂完全脱除，再求萃取液及萃余液的组成和流量；（3）操作条件下的选择性系数 β；（4）若组分 B、S 可视为完全不互溶，且操作条件下以质量比表示相组成的分配系数 $K = 3.4$，要求原料液中溶质 A 的 80% 进入萃取相，则每千克原溶剂 B 需消耗多少千克萃取剂 S？

表 **10.8** 醋酸(A)-氯仿(B)-水(S)在 **25℃下的平衡数据**(质量分数)　　(%)

序号	氯仿相(R)		水相(E)	
	醋酸	水	醋酸	水
1	0.00	0.99	0.00	99.16
2	6.77	1.38	25.10	73.69
3	17.72	2.28	44.12	48.58
4	25.72	4.15	50.18	34.71
5	27.65	5.20	50.56	31.11
6	32.08	7.93	49.41	25.39
7	34.16	10.03	47.87	23.28
8	42.5	16.5	42.50	16.50

10.5 已知三元均相混合液 D 的组成，质量为 60kg，其中，$w_{DA} = 0.4$，$w_{DS} = 0.4$，$w_{DB} = 0.2$（均为质量分数），若将 D 中的萃取剂 S 全部脱除，问可得到只含(A + B)的双组分溶液的量和组成是多少？

11 膜 分 离

掌握内容:

通过本章学习,掌握电渗析基本原理、超滤和微滤的基本原理以及液膜分离的基本原理。

熟悉内容:

熟悉各类分离膜的选择原则。

了解内容:

了解膜的定义及分类、膜分离技术的应用。

11.1 膜的定义及分类

分离膜是膜过程的核心元件。由于膜的功能在不断发展扩大,膜的内涵也在不断丰富,因此,膜至今还没有一个精确的、完整的定义。一种通用的广义定义认为"膜"是指分隔两相或两部分的屏障,能以特定的形式截留和传递物质,可以是固态、液态或固液组合,可以是中性的或荷电的,厚度从几微米到几百微米。

分离膜的种类较多,目前没有一种简单的方法能将其合理划分类别。因此,对于膜的分类通常从多个方面进行。

根据膜的相态可分为:固态膜(固膜)、液态膜(液膜)、气态膜(气膜)。

根据膜的材料可分为:天然膜、无机物膜、天然有机高分子膜、合成膜。

根据膜的结构可分为:整体膜、复合膜;均质无孔膜、多孔膜(对称膜、非对称膜);液膜(乳化液膜、支撑液膜)。

根据分离过程可分为:微滤膜、超滤膜、纳滤膜、渗透膜、反渗透膜、渗透蒸发膜、离子交换膜等。

11.2 膜分离过程的分类

膜分离技术是一项过程工程领域中发展迅速的分离新技术,具有操作简单、分离效果好、经济效益高等优势。由于膜的种类繁多,对应的膜分离过程种类也很多,目前已经工业化的膜分离过程主要有微滤、超滤、反渗透、纳滤、渗析、电渗析、气体分离和渗透汽化。发展中的膜分离过程主要有液膜分离过程、膜蒸馏过程、膜萃取过程、膜吸收过程、膜催化过程等。本章重点介绍电渗析、超滤、微滤以及液膜分离，这些技术都是借助于膜来实现分离功能的，但其分离机理有很大区别。

（1）渗析分离。扩散渗析和电渗析等都是属于渗析分离的单元操作。在渗析分离中，膜两侧分别是待处理的溶液和接纳渗析组分的接受液（溶液或溶剂），待处理料液中的某些溶质或离子在推动力（浓度差或电位差）的推动下通过膜进入接受液中，从而实现了溶质或离子的分离。

（2）过滤分离。属于过滤分离的单元操作主要有超滤、微滤、反渗透和气体渗透等。其主要过程为，溶液或混合气体置于固体膜的一侧，在压力差的作用下，部分物质通过膜成为渗滤液或渗透气，实现了分离的效果，留下的部分则是滤余液或滤余气。

（3）液膜分离。液膜分离过程涉及三个液相：料液、接受液和两者之间的液膜。液膜不能与料液和接受液互溶。

膜分离过程的膜相可为固态，也可为液态，膜两侧的两相可以有相同的相态和组分，也可以是不同的组分。被膜分隔开的两相之间不存在平衡关系，依靠不同组分透过膜的速率差来实现组分的分离，所以常称为速率分离过程。

11.3　膜分离过程的基本原理

对于不同的膜分离过程，其实现分离功能的原理也不尽相同。本节主要介绍电渗析分离、过滤分离、液膜分离的基本原理。

11.3.1　电渗析基本原理

以盐水中 NaCl 的脱除为例说明电渗析技术原理。如图 11.1 所示，在两电极板间交替放置阴离子交换膜（阴膜）和阳离子交换膜（阳膜），两膜之间形成的隔室中连续不断地泵入含盐溶液（如 NaCl 水溶液），连接直流电源后，在直流电场的作用下，Na^+ 将向阴极移动，通过阳膜而被阴膜所阻挡进而在隔室 2、4 中富集，因此离子得以富集的隔室称为浓水室（或浓缩室）。同理，Cl^- 易通过阴膜而被阳膜所阻挡进而在隔室 2、4 截留下来。

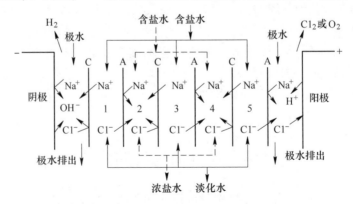

图 11.1　电渗析过程示意图

C—阳膜；A—阴膜

而与浓水室相邻的隔室 3 中的阴、阳离子浓度都逐渐下降，因此称其为淡水室（或稀液室）。极板和相邻的膜所形成的隔室（阳极室和阴极室）中分别发生氧化和还原反应。阳极室生成氯气、氧气和次氯酸等，阴极室生成氢气。

阳极发生的氧化反应如式（11.1）所示：

$$Cl^- - e \longrightarrow [Cl] \longrightarrow \frac{1}{2}Cl_2$$

$$H_2O \Longrightarrow H^+ + OH^-$$

$$2OH^- - 2e \longrightarrow [O] + H_2O$$ (11.1)

$$[O] \longrightarrow \frac{1}{2}O_2 \uparrow$$

可见阳极室溶液呈酸性。阴极室产生氢气和氢氧化钠，阴极发生的还原反应见式（11.2）：

$$H_2O \Longrightarrow H^+ + OH^-$$

$$2H^+ + 2e \Longrightarrow H_2 \uparrow$$ (11.2)

$$Na^+ + OH^- \Longrightarrow NaOH$$

可见阴极溶液呈碱性。当溶液中存在其他杂质时，电极室内还会发生其他副反应，如 Ca^{2+}、Mg^{2+} 等离子存在时就会导致 $Mg(OH)_2$ 和 $CaCO_3$ 等的生成，致使壁面上产生水垢。电极反应所消耗的电能是固定的，与电渗析器中串联多少膜对关系不大，所以两电极间往往采用多膜对串联而成的膜堆结构，通常有 200 ~ 300 对，甚至多达 1000 对。

在电渗析的过程中，离子通过膜传递的量正比于电流强度 $I(A)$ 或电流密度 $i(A/m^2)$，传递所需的电流为：

$$I = \frac{zFQ\Delta c_i}{\eta}$$ (11.3)

式中　z——价态；

　　　F——法拉第常数，C/mol；

　　　Q——体积流量，m^3/h；

　　　Δc_i——原料与渗透物之间的浓度差，mol/m^3；

　　　η——电流效率。

膜堆的总电阻 R 等于每个腔室对的电阻 $R_{cp}(\Omega)$ 的总和。每个腔室电阻 R_{cp} 为：

$$R_{cp} = R_{am} + R_{cm} + R_{pc} + R_{fe}$$ (11.4)

式中　R_{am}——阴离子交换膜电阻，Ω；

　　　R_{cm}——阳离子交换膜电阻，Ω；

　　　R_{pc}——稀液室电阻，Ω；

　　　R_{fe}——浓液室电阻，Ω。

11.3.2　超滤、微滤的基本原理

超滤和微滤都是以静压差为推动力的膜分离单元操作。它们的原理相同，如图 11.2 所示，在一定的压力作用下，当含有大分子（大直径）溶质（A）和小分子（小直径）溶质（B）的混合溶液流过膜表面时，溶剂和小于膜中微孔的小直径溶质（如无机盐）透

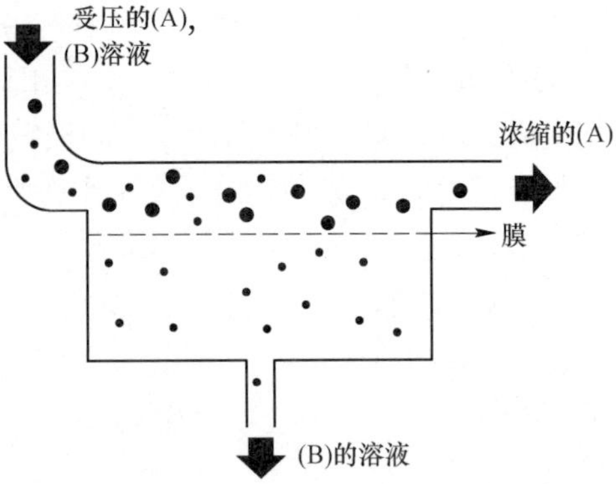

过膜，成为渗透液被分离；直径大于膜孔的溶质（如有机胶体）则被膜截留而作为浓缩液被回收。膜的分离性能主要由膜上微孔的尺寸与形状所决定。被截留的微粒仍以溶质的形式保留在滤余液中。通常，能截留相对分子质量在 $500 \sim 10^6$ 范围内的膜分离过程称为超滤，只能截留更大分子颗粒（常称为分散颗粒）的膜分离过程称为微滤。超滤所用压差一般为 $0.1 \sim 0.5\,MPa$，微滤所用压差一般为 $0.01 \sim 0.2\,MPa$。

图 11.2　超滤器的工作原理

超滤过程中的浓度极化现象往往比较严重。随着超滤过程的进行，待处理料液的溶质到达膜表面，将被膜截留，从而在膜上游表面积累，膜上游表面的溶质浓度会逐渐升高，直至高于主体料液的浓度，这时便会引发溶质从膜上游表面向主体溶液进行反向扩散。当反向扩散的溶质通量（单位时间内通过单位面积的体积）与待处理料液到达膜上游表面的溶质通量相等时，会达到一个不随时间变化的状态。根据物料衡算，此时便可得到如下超滤过程的浓差极化模型：

$$J_{\mathrm{w}} = k\ln\frac{c_{\mathrm{w}} - c_{\mathrm{p}}}{c_{\mathrm{b}} - c_{\mathrm{p}}} \tag{11.5}$$

式中　　J_{w}——溶剂通量，$\mathrm{m^3/(m^2 \cdot s)}$；

　　　　k——溶质扩散系数与浓差极化边界层的厚度之比，为传质系数，$\mathrm{m/s}$；

c_{w}，c_{b}，c_{p}——分别为膜高压侧（上游）表面的溶质浓度、主体溶液的溶质浓度、膜低压侧（下游）表面的溶质浓度，$\mathrm{mol/m^3}$。

分离高分子和胶体溶液时，在膜上游侧表面，高分子溶质和胶体溶液的浓度 c_{w} 可能达到其饱和浓度 c_{g}（即凝胶点），从而形成凝胶。凝胶的形成过程分为可逆和不可逆两种类型，其中不可逆的凝胶很难去除。

现在假设溶质完全被膜截留，溶剂通量 J_{w} 随着压力的增大而增大，直至膜上游侧表面胶体高分子或胶体的浓度 c_{w} 达到凝胶化浓度 c_{g}。此后，若继续增大压力，溶质在膜表面的浓度也不会再增加，而凝胶层则会逐渐向待过滤溶液内部发展，变得越来越厚，此时，凝胶层便成为决定溶质通量的主要因素。在这种理想状态下，继续增大压力，凝胶层的阻力增大而溶剂的通量不变，该通量被称为极限通量 J_{∞}（$\mathrm{m^3/(m^2 \cdot s)}$），根据超滤过程的浓差极化方程可得：

$$J_{\infty} = \frac{\Delta p - \Delta\pi}{\mu(R_{\mathrm{m}} + R_{\mathrm{cp}} + R_{\mathrm{g}})} = k\ln\left(\frac{c_{\mathrm{g}}}{c_{\mathrm{b}}}\right) \tag{11.6}$$

式中　　Δp——膜两侧的压力差，Pa；

　　　　$\Delta\pi$——渗透压力差，Pa；

　　　　R_{m}——膜的电阻，Ω；

　　　　R_{g}——凝胶的电阻，Ω；

　　　　μ——化学位。

11.3.3　液膜分离的基本原理

液膜是一层很薄的液体膜，用于两种互溶且不同组成的液体的分离。水型液膜用于分离两油型液体，而油型液膜用于分离两水型液体。液膜具有选择性渗透作用，可以实现两侧液体中组分的选择性渗透并实现分离。

液膜主要有球型和隔膜型两种，球型液膜又有单滴型和乳状液型两种，隔膜型又被称为支撑液膜。

（1）单滴型液膜。整个液膜是一个较大的单一的球面薄层，根据形成液膜的材料的不同，可分为水膜和油膜，其形状如图 11.3 所示，图 11.3（a）所示为水膜，内、外相为有机物，即 O/W/O 型；图 11.3（b）所示为油膜，内、外相为水溶液，即 W/O/W 型。单滴型液膜寿命较短，目前主要用于理论研究。

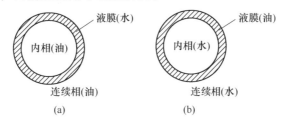

图 11.3　单滴型液膜
（a）水膜，即 O/W/O 型；（b）油膜，即 W/O/W 型

（2）乳状液型液膜。将互不相溶的两液相通过高速搅拌或超声波处理制成乳状液，然后将其分散到第三种液相（连续相）即外相中，就形成了乳状液膜体系。乳状液滴内被包裹的相为内相，内、外两相之间的部分是液膜。乳状液小球直径为 0.1～2mm，液膜本身的厚度为 1～10μm。根据成膜材料也分为水膜（即 O/W/O）和油膜（W/O/W）两种。对油膜（W/O/W）型乳状液膜来讲，它是由表面活性剂、流动载体和有机膜溶剂（如烃溶剂）组成，膜相溶液、水和水溶性试剂组成的内相水溶液在高速搅拌下形成与水不相溶的油包水型小珠粒，内部包裹着许多微细的含有水溶性反应试剂的小水滴，再把此珠粒分散在另一水相（料液）即外相中，就形成一种油包水再水包油的薄膜结构。料液中的渗透物就穿过两水相之间的薄层油膜进行选择性迁移。

（3）支撑液膜。支撑液膜是将膜相溶液牢固地吸附在多孔支撑体的微孔中，在膜的两侧则是与膜互不相溶的料液相和反萃相。待分离的溶质从料液相经多孔支撑体中的膜相向反萃相传递。

支撑体内有很多微孔，这些孔隙是互相联通的毛细管，它们贯穿着整个支撑体。这种微观构造能使膜固定，并允许金属离子络合物从一侧向另一侧扩散。一般认为聚乙烯和四氟乙烯制成的疏水微孔膜效果较好。支撑液膜优点是操作简单，易于工程放大，缺点是传质面积小，稳定性较差，液膜易损失。

以上三种液膜中，乳状液膜传质比表面积大，膜的厚度小，因此传质速度快，分离效率高，处理量大，极具工业化应用前景。

无论是乳状液膜还是支撑液膜，其分离机理是相同的，液膜传质推动力是溶质在液膜两侧界面化学位的差异，其区别仅在于膜的形状与构成。液膜传质机理可分为被动传递和促进传递两大类，被动传递的机理是物理溶解；促进传递的机理是选择性可逆化学反应。促进传递又可分为两种类型：无载体促进传递（Ⅰ型）和有载体促进传递（Ⅱ型）。

（1）被动传递的分离机理。被动传递是一种以浓度差为推动力的溶解－扩散过程。溶质在膜相的不同溶解度有利于选择性分离。

（2）无载体（Ⅰ型）促进传递的分离机理。无载体液膜分离过程中，组分主要是依靠在互不相溶的两相间的选择性渗透、化学反应（包括滴内化学反应和膜内化学反应）、萃取和吸附等过程来进行分离。

1）选择性渗透。选择性渗透主要基于各溶质在膜相中溶解度及渗透速率不同进行分离。若 A、B 两种物质在液膜中的渗透速率不同，物质 A 比 B 快，物质 A 将更快地渗透至膜外相而得以分离，溶质 B 则更多地停留在膜内相。大多数溶质的扩散系数相差很小，因此选择性渗透主要是根据两种溶质分配系数的差别，即溶质在膜相及料液相溶解度比值的差别完成的，当膜两侧被迁移物质 A 的浓度相等时，输送便自行停止，如图 11.4 所示。

2）滴内化学反应。为了实现高效分离，可以采用在溶质的接受相内添加与溶质能发生化学反应的试剂，通过化学反应来促进溶质迁移的方法。如图 11.5 所示，料液中待分离溶质 A 渗透至膜相，在膜相内侧与试剂 R 发生化学反应，生成不溶于膜相的物质 P，物质 P 不能逆扩散透过膜，从而使内相中渗透物 A 的浓度实质上为零，保持 A 在液膜内、外相两侧有最大的浓度梯度，促进 A 的输送，直至 R 反应完全为止。而在料液中与 A 共存的 B 即使部分渗透到内相，由于 B 不能与 R 反应，B 在内相的浓度很快达到使其渗透停止的浓度，从而强化了 A 与 B 的分离。这种液膜的膜相内也不含流动载体。

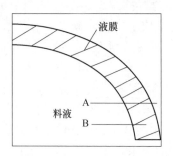

图 11.4　选择性渗透液膜原理示意图

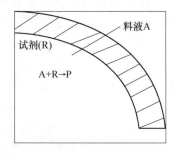

图 11.5　滴内化学反应原理示意图

3）膜相化学反应。在膜相中加入一种流动载体。如图 11.6 所示，载体分子 R1，先在液膜的料液（外相）侧选择性地与某种溶质 A 发生化学反应，生成中间产物 P1，然后这种中间产物扩散到膜的另一侧，与液膜内相中的试剂 R2 作用，并把该溶质 A 释放出来，这样溶质就能从外相转入到内相，而流动载体 R1，又扩散到外相侧，重复上述过程。在整个过程中，流动载体并没有消耗，只起输送溶质的作用，被消耗的只是内相中的试剂 R2。这种含流动载体的液膜在选择性、渗透性和定向性三方面更类似于生物细胞膜的功能，它能使分离和浓缩两步合二为一。液膜能实现溶质由低浓度区向高浓度区的持续迁移，直到把溶质输送完为止。

4）萃取和吸附。液膜分离能把有机化合物萃取和吸附到碳氢化合物的薄膜上，也能吸附各种悬浮的油滴及悬浮颗粒。

（3）有载体（Ⅱ型）促进传递的分离机理。有载体促进传递是依靠流动载体在膜内外两个界面之间来回地传递被迁移物质。

给流动载体提供化学能的形式多种多样，包括酸碱中和反应，同离子效应、离子交换、络合反应和沉淀反应等。给流动载体供能的方式主要有两种：一种是反向迁移，即供能物质与被迁移的溶质流向相反，另一种是同向迁移，即供能物质与被迁移的溶质流向相同。

1）反向迁移。图 11.7 所示为铜离子的反向迁移示意图，膜中流动载体以 HA 表示（LIX64N），外相是含 Cu^{2+} 的料液，乳状液滴内相包含较高浓度的酸。当外相中的铜离子扩散到膜表面时，与膜中载体 HA 发生作用放出 H^+（相当于 HA 萃取 Cu^{2+}）：

$$Cu^{2+} + 2HA \Longrightarrow CuA_2 + 2H^+ \tag{11.7}$$

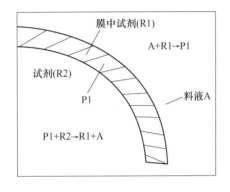

图 11.6　膜相化学反应原理示意图

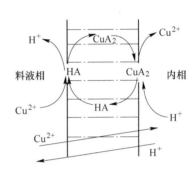

图 11.7　铜的反向迁移原理示意图

生成的配合物 CuA_2 扩散到膜的内相侧表面并与内相中的酸发生作用，放出 Cu^{2+}（相当于酸反萃 Cu^{2+}）：

$$CuA_2 + 2H^+ \Longrightarrow 2HA + Cu^{2+} \tag{11.8}$$

生成的 HA 因本身的浓度梯度再扩散到膜的外相侧表面，又与外相中的 Cu^{2+} 作用，如此反复地进行萃取、反萃过程，直至内相中的酸被完全消耗。结果，内相中的 Cu^{2+} 浓度不断升高，外相中的 Cu^{2+} 浓度不断降低，实现 Cu^{2+} 从外相的 Cu^{2+} 低浓度区向内相的 Cu^{2+} 高浓度区的迁移，所以这种在膜相添加流动载体，并在膜相发生化学反应的液膜被称为离子泵。Cu^{2+} 从低浓度区向高浓度区的迁移是随着 H^+ 从内相的高酸区向外相的低酸区迁移进行的，也就是说 H^+ 的这种迁移给"离子泵"提供了能量，供能离子 H^+ 与被迁移离子 Cu^{2+} 运动方向相反故称其为反向迁移。反向迁移中可选用的活动载体常是一些带电载体，如阳离子交换萃取剂（属负电性载体），季铵盐萃取剂（属正电性载体）等。

2）同向迁移。同向迁移是指被迁移物质与供能溶质流向相同。图 11.8 所示为钾离子的同向迁移示意图，膜中流动载体可用 DBC（二苯并-18-冠-6）表示。外相是含有较高 Cl^- 浓度的 KCl 料液，内相接受液为水。当外相中的 K^+ 和 Cl^- 扩散到液膜外侧表面时，K^+ 与 DBC 作用生成的配阳离子与 Cl^- 缔合生成 DBC·KCl 配合物。该配合物扩散到液膜内侧，由于内相中

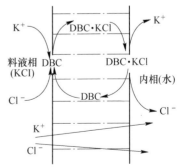

图 11.8　钾离子的同向迁移示意图

Cl⁻浓度很低，因此引起钾离子的释放，然后空载的 DBC 逆扩散回到膜的外侧，重复上述与 K⁺和 Cl⁻配合迁移的过程，直到内、外相 Cl⁻浓度相同为止，从而实现 K⁺由低浓度区向高浓度区的迁移。Cl⁻是此过程的供能离子，它与被迁移离子 K⁺的运动方向相同，所以称为同向迁移。此类迁移过程中可选用的流动载体通常为大环多元醚类萃取剂、叔胺类萃取剂等。在同向迁移中，载体迁移的溶质是中性盐，而在反向迁移中，载体迁移的溶质是单一的离子。

液膜分离能实现溶质由低浓度区向高浓度区的传递，这种现象仍然符合热力学规律。对逆向迁移而言，Me⁺由料液外侧（活度为 $a_{Me,1}$）通过液膜进入内相，令其在内相的活度为 $a_{Me,2}$。与此同时发生着 H⁺的逆向迁移，从内相（令其活度为 $a_{H,2}$）穿过液膜进入料液（外相）。令料液中 H⁺的活度为 $a_{H,1}$，这两个物质在膜两侧的偏摩尔吉布斯自由能可表述为：

在料液中（外相）

$$\overline{G_{Me^+,1}} = \overline{G_{M^+}^{\ominus}} + RT\ln a_{Me,1}$$
$$\overline{G_{H^+,1}} = \overline{G_{H^+}^{\ominus}} + RT\ln a_{H,1} \tag{11.9}$$

在内相中：

$$\overline{G_{Me^+,2}} = \overline{G_{M^+}^{\ominus}} + RT\ln a_{Me,2}$$
$$\overline{G_{H^+,2}} = \overline{G_{H^+}^{\ominus}} + RT\ln a_{H,2} \tag{11.10}$$

Me⁺由膜的一侧迁移到另一侧，这一过程的吉布斯自由能变化为：

$$\Delta G_{Me} = RT\ln \frac{a_{Me,2}}{a_{Me,1}} \tag{11.11}$$

整个过程的吉布斯自由能变化

$$\Delta G = \Delta G_{Me} + \Delta G_{H} = RT\ln \frac{a_{Me,2}a_{H,1}}{a_{Me,2}a_{H,2}} \tag{11.12}$$

只有当 $\Delta G < 0$ 时，该过程在热力学上才是可自发进行的。

要使 $\Delta G < 0$，则 $a_{Me,2} \cdot a_{H,1} < a_{Me,1} \cdot a_{H,2}$；当 $a_{H,2} \gg a_{H,1}$ 时，在一定范围内，即使令 $a_{Me,2} > a_{Me,1}$，上式依然可以成立，所以 Me⁺可由低浓度区向高浓度区迁移。

11.4 分离膜的选择原则

11.4.1 电渗析膜的选择原则

电渗析过程所用的膜实质上是一种普通的离子交换膜。离子交换膜是一种膜状的离子交换树脂，其结构可简单表示为图 11.9。

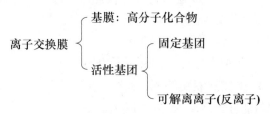

图 11.9 离子交换膜结构

　　离子交换膜的种类很多，按膜中所含功能基团的种类可分为阳离子交换膜、阴离子交换膜和特殊离子交换膜三大类。

　　（1）阳离子交换膜，带有阳离子交换基团，呈负电性，可以选择性的透过阳离子。阳离子交换基团主要有磺酸型、磷酸型、羧酸型、酚烃基型、双磷酸酯基型等。

　　（2）阴离子交换膜，带有阴离子交换基团，呈正电性，可以选择性的透过阴离子。阴离子交换基团主要有：季铵型、伯胺型、仲胺型、叔胺型等。

　　（3）两性离子交换膜，同时带有阳离子交换基团和阴离子交换基团，可同时透过阳离子和阴离子。

　　离子交换膜对离子的选择透过性主要是由膜中孔隙和基膜上带固定电荷的功能基团决定的。膜中的孔隙是离子通过膜的通道，微孔直径为 $10^{-7} \sim 10^{-6}$ m，水合半径小于膜中微孔直径的离子才能通过膜，这种作用被称为"筛分作用"。

　　当带有功能性基团的离子交换膜浸入水溶液时，膜吸水溶胀，功能性基团离解，反离子进入溶液。于是，在膜上留下了带有一定电荷的固定基团。这些固定基团对进入的离子根据同性相斥、异性相吸的原理进行选择。因而在外加直流电场作用下，溶液中带正电荷的阳离子可被带负电荷固定基团的阳膜吸引，进而通过孔隙进入膜的另一侧，而带负电荷的阴离子则不能通过孔隙而被阻挡。相反地，带正电荷固定基团的阴膜可使阴离子通过而阻挡阳离子。

　　离子交换膜的主要参数有交换容量、膜电阻、含水量、选择透过性等。

　　（1）交换容量。交换容量是指每克干膜可交换离子的物质的量，单位为 mmol/g，是膜中离子基团含量的度量，可采用滴定法测得。随着交换容量的增加，膜的选择透过性提高，导电能力增强，但是膜的含水量和溶胀度也增大，强度降低，膜的使用寿命降低。

　　（2）膜电阻。膜电阻是膜传递离子能力的度量，其大小直接影响了电渗析过程所需要的电压以及电能消耗。

　　（3）含水量。含水量是指膜内与活性基团结合的水的含量。膜的含水量增加，交换容量也增加，膜电阻减小，但水量过高，膜的使用寿命会受到限制。

　　（4）选择透过性。膜的选择透过度及反离子迁移数是膜的选择透过性的量度。一般要求离子交换膜的选择透过度应高于85%，反离子迁移数应高于0.9。

　　在选择离子交换膜时，可综合考虑以上各因素对分离过程的影响，从而选择合适的离子交换膜。

　　值得注意的是，除了电渗析过程外，离子交换膜广泛应用于膜电解过程中。目前，已经工业化的膜电解过程是氯碱工业。除此之外，近年来，使用膜电解的方法从其他金属氯化物中制备金属氢氧化物也逐渐发展起来。例如，借助膜电解的方法用氯化稀土制取稀土氢氧化物；借助膜电解的方法用氯化的高铝粉煤灰制备氢氧化铝的沉淀，经过焙烧得到氧化铝。

11.4.2　超滤、微滤膜的选择原则

　　超滤所用的膜是非对称膜，它由表面活性层与支撑层两层组成。表面活性层很薄，厚度为 0.1 ~ 1.5μm，有 1 ~ 20nm 的微孔，孔径大小比较均匀，微孔的排列也比较有序。支撑层厚度为 200 ~ 250μm，起到支撑表面活性层的作用，增加膜的强度。支撑层疏松，孔径大，流动阻力小，保证了膜具有较高的透水性。

通常用膜的截留率、截留分子量范围和膜的纯水渗透率等指标来表征超滤膜的性能。截留率是指对一定相对分子质量的物质来讲，膜所能截留的比例。通过测定具有相似化学性质的不同相对分子质量的一系列化合物的截留率所得的曲线为截留分子量曲线，根据该曲线求得截留率大于 90% 的被截留物质的相对分子质量即为截留分子量。截留率越高，截留范围越窄的膜分离效果越好。在一定截留率下渗透流率越大的膜越好。聚砜、聚砜酰胺、聚丙烯腈和醋酸纤维素等材料常被用来制造超滤膜。

微滤所用的膜是微孔膜，平均孔径为 $0.02 \sim 10\mu m$，能截留直径 $0.05 \sim 10\mu m$ 的微粒或相对分子质量大于 10^6 的高分子溶质。微滤膜一般为均匀的多孔膜，孔径较大，孔道曲折，通常直接用测得的平均孔径来表示其截留特性，其孔径范围为 $0.02 \sim 10\mu m$，分布较宽，膜厚 $50 \sim 250\mu m$，国产的混合纤维元素和聚砜微滤膜，孔径为 $0.2 \sim 1.2\mu m$。醋酸纤维素、聚酰胺、聚四氟乙烯、聚氯乙烯等材料常被用来制备微孔膜。

超滤和微滤膜及其过程特征的比较见表 11.1。

表 11.1　超滤和微滤膜及其过程特征的比较

膜分离过程	膜 特 性				过 程 特 征	
	结构	孔隙率 （相转化膜）/%	孔径/nm	孔密度 /cm^{-2}	截留分子量	操作压力范围 /MPa
超滤	非对称	约60	$1 \sim 100$	10^{11}	$10^3 \sim 10^6$	$0.3 \sim 0.7$
微滤	对称	约70	$10^2 \sim 10^4$	10^9	很高（一般不用）	约0.2

由表 11.1 可知，超滤膜和微滤膜在结构以及特性上都有较为明显的区别，在使用时可根据需要的截留分子量、被截留物质的粒径以及可实现的操作压力等进行选择。

11.4.3　液膜的选择原则

在前面的介绍中，我们已经提到，液膜是一层很薄的液体膜，用于两种互溶且不同组成的液体的分离。由此看来，液膜是在液体接触的界面上自发形成的，是不能被选择的。但是为了分离的需要，液膜是可以被修饰的，例如，可将含有待分离组分的溶液与另外一种溶液混合用以形成液膜，从而达到分离、提纯的目的。控制两者的混合速度和混合的比例，使形成的液膜在厚度等方面能够有助于分离、提纯。除此之外，还可以在液膜形成的过程中加入表面活性剂用以对即将形成的液膜进行修饰。

11.5　膜分离技术的应用

11.5.1　电渗析技术的应用

早在 20 世纪 60 年代，人们已经成功地应用电渗析技术将苦碱水及海水淡化。现在电渗析技术已经是一项非常重要的膜分离技术，广泛地应用于多个领域。传统制备季铵碱溶液常常采用醇析法，虽然生产成本及能耗较低，但季铵碱溶液中卤素离子残留较多，品质不高，且副产大量的氯化钠。近年来，国内有报道采用电解法合成季铵碱，其本质是水电解生成氢气和氧气，因此能耗较高。而采用电渗析方法合成季铵碱水溶液，既能得到较高品质的季铵碱产品，又能有效降低生产能耗。

11.5.2　超滤、微滤技术的应用

目前，超滤技术已得到了大规模的工业化应用，主要在食品、医药、工业废水处理、超纯水制备及生物技术等领域内。其中在食品工业上乳清处理方面的应用具有最大的市场，在工业废水处理方面电泳涂漆是应用超滤技术最普遍的过程，在城市污水处理及其他工业废水的处理方面也有比较广泛的应用，生物技术领域是超滤技术未来的主要发展应用方向。

微滤技术在膜过程中应用较为普遍，主要用于制药行业的过滤除菌，其次是电子工业用高纯水的制备。目前，微滤技术已在食品生产行业实现了工业化，在饮用水处理和城市污水处理等行业的应用是微滤的主要发展方向，工业废水处理方面的研究也正在广泛开展。

以下是超滤和微滤技术的具体应用实例。

11.5.2.1　金属电泳涂漆过程的废水处理

金属电泳涂漆过程中，将带电荷的金属物件浸入一个装有带相反电荷的涂料池内。由于异电相吸，涂料便能在金属表面形成一层均匀的涂层，金属物件从池中捞出并水洗除去表面带出的涂料。如图 11.10 所示，用超滤组件来过滤池内溶液，浓缩液返回池内，其涂料液浓度可提高 1%，渗透液则用以清洗被涂物件。

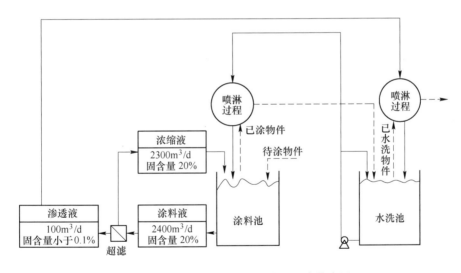

图 11.10　超滤在金属电泳涂漆过程中的应用

该项技术已在自动化流水线上得到了广泛应用，目前已有几百个膜面积大于 $100 m^2$ 的膜组件投入运行。由于池内溶液带电荷，根据同性相斥的原则，开发出的带相同电荷的膜不易被污染。膜渗透流率持续几个月保持在 $1 m^3/d$ 以上而不用清洗，膜寿命一般在 2 年以上。

11.5.2.2　含油废水的回收

油水乳浊液在金属机械加工过程中被广泛用于工具和工件的润滑和冷却，但由于在使

用过程中易混入金属碎屑、菌体及清洗金属加工表面的冲洗用水,因而其使用寿命非常短。单独的油分子相对分子质量很小,可以通过超滤膜,超滤技术能成功地分离这些含油废水的油相。这是因为油水两相界面上的表面张力足够大,相对分子质量小的油滴也不能通过被水浸湿的膜的微孔,经超滤技术处理后的渗透液中的油浓度通常低于 $10g/m^3$,达到可排放的标准,而浓缩液中最终含油量高达 $30\% \sim 60\%$,可燃烧处理或用于他处。其操作流程如图 11.11 所示。

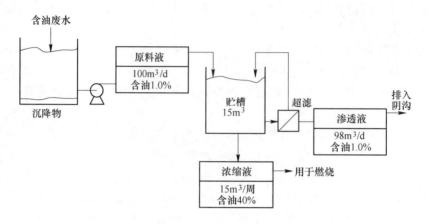

图 11.11　半间歇式含油废水的超滤处理过程

11.5.2.3　用于含重金属废水的胶束强化超滤(MEUF)过程

胶束强化超滤(micellar-enhanced ultrafiltration,MEUF)是与表面活性剂技术相结合的新型超滤处理技术。其原理如图 11.12 所示。该技术主要是利用表面活性剂吸附带电离子,从而增大颗粒半径使离子被阻挡膜截留。向工业废水中注入高于临界胶束浓度的表面活性剂,使其在水中形成表面带负电荷的胶束粒子,金属阳离子由于静电作用而吸附在胶束颗粒表面。只要超滤膜的截留分子量小于胶束分子量,就可分离废水中带有金属离子的胶束。

由于 MEUF 中表面活性剂浓度必须高于临界胶束浓度才能形成胶束,因此 MEUF 一般用于高浓度金属离子的分离。羧甲基纤维素(CMC)和聚苯乙烯磺酸钠(PSS)即使量少也不容易解聚,用其代替表面活性剂加入废水中,聚电解质立即发生解离,反离子(Na^+)进入水中,聚合物带负电,易与废水中的 Cu^{2+} 等重金属阳离子结合,超滤膜能很容易地将废水中的 Cu^{2+} 截留下来。这一改进的 MEUF 被称为聚电解质强化超滤(polyelectolyte-enhanced ultrafiltration,PEUF)。

11.5.3　液膜分离技术的应用

液膜分离技术常用于生物化学领域,其在使用过程中,用量小,操作简便,因而应用潜力很大。在液膜人工器官以及液膜解毒、液膜缓释药物等领域也有很重要的应用。除此之外,在废水处理及湿法冶金等方面也有着非常广泛的应用。

11.5.3.1　液膜萃取处理含铬废水

在工业生产中往往会产生很多含有重金属离子的废水,例如在电镀工业上,其废水中

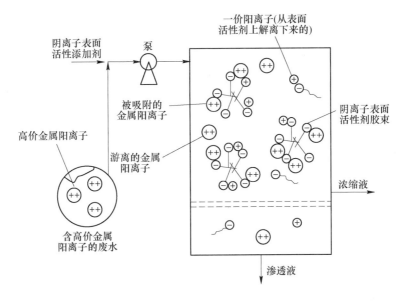

图 11.12 MEUF 除高价金属离子的原理图

含有有毒的六价铬离子，铬的允许排放标准为小于 $0.5\mu g/g$，因而如何有效地去除废水中的铬是一项重要的工作。经实验验证，液膜萃取技术可以有效地除去电镀污水中的铬。液膜体系一般有两种：一种是膜中添加中性胺（叔胺）作流动载体（起萃取剂作用），相应的内相试剂选用碱（起反萃取剂的作用），反应如下：

$$2R_3N + 2H^+ + Cr_2O_7^{2-} \Longrightarrow (R_3NH)_2Cr_2O_7 \tag{11.13}$$
油膜相　　　　外相（料液）　　　油膜相

$$(R_3NH)_2Cr_2O_7 + 4OH^- \Longrightarrow 2R_3N + 2CrO_4^{2-} + 3H_2O \tag{11.14}$$
膜相　　　　内相试剂　　　膜相　　　内相

另一种体系是膜中添加季铵盐作流动载体，相应的内相试剂采用酸，反应如下：

$$(R_3NH)_2SO_4 + Cr_2O_7^{2-} \Longrightarrow (R_3NH)_2Cr_2O_7 + SO_4^{2-} \tag{11.15}$$
膜相　　　　外相（料液）　　　膜相

$$(R_3NH)_2Cr_2O_7 + H_2SO_4 \Longrightarrow (R_3NH)_2SO_4 + 2H^+ + Cr_2O_7^{2-} \tag{11.16}$$
膜相　　　　内相试剂　　　膜相　　　　　内相

图 11.13 所示为上述两种液膜除铬体系的示意图。

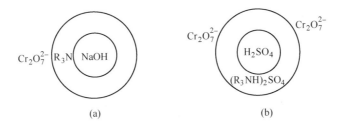

图 11.13 去除废水中铬的液膜体系

（a）膜中添加中性胺（叔胺），内相为碱；（b）膜中添加季铵盐，内相为酸

11.5.3.2 液膜分离技术在湿法冶金中的应用

液－液萃取法提炼铜已大规模投入生产，但其缺点是萃取剂用量大，采用液膜分离技

术可以减少萃取剂的用量。液膜分离法既可用于湿法炼铜过程的矿物浸出液的加工，也可用于含铜工业废水和铜矿坑道水的处理。

采用的液膜体系是常用的铜萃取剂，如 LIX63N、LIX64N、LIX65N、Kelex100 和 D2EHPA 等，以聚丁烯、异链烷烃、煤油及 S100N 等作膜溶剂，以 Span80（失水山梨糖醇单油酸酯）、Span60（失水山梨糖醇单硬脂酸酯）或非离子性聚胺 ENJ3029 等作表面活性剂，用硫酸、硝酸或盐酸等作内相试剂。

液膜分离法已在稀土等稀有元素的分离上实现了大规模的应用。

液膜分离技术的应用前景十分诱人，但它作为一项正在发展中的新技术不可避免地存在有待解决的问题，如液膜的不稳定性和膜寿命等问题，液膜体系的专一性问题，多级处理时的复杂性所造成的设备粗笨问题。这些问题和缺陷都有待于科技工作者和工程技术人员进一步研究、探索和完善。

习　题

概念题

11.1　离子交换膜的结构。

11.2　离子交换膜的主要参数。

11.3　液膜的分类。

11.4　液膜分离的机理。

思考题

11.1　解释电渗析的原理是什么？

11.2　解释超滤和微滤的原理是什么？

11.3　液膜分离在工业上有哪些应用？

附　　录

附表1　某些气体的重要物理性质

名称	分子式	密度(0℃, 101.3kPa) /kg·m^{-3}	比热容(20℃,101.3kPa) /kJ·kg^{-1}·℃$^{-1}$		黏度 μ /Pa·s	沸点 (101.3kPa) /℃	汽化热 (101.3kPa) /kJ·kg^{-1}	临界点		热导率(0℃, 101.3kPa) /W·m^{-1}·℃$^{-1}$
			c_p	c_v				温度/℃	压力/kPa	
空气		1.293	1.009	0.720	1.73×10^{-5}	−195	197	−140.7	3768.4	0.0244
氧	O_2	1.429	0.913	0.653	2.03×10^{-5}	−132.98	213	−118.82	5036.6	0.0240
氮	N_2	1.251	1.047	0.745	1.70×10^{-5}	−195.78	199.2	−147.13	3392.5	0.0228
氢	H_2	0.0899	14.27	10.13	0.842×10^{-5}	−252.75	454.2	−239.9	1296.6	0.163
氦	He	0.1785	5.275	3.18	1.88×10^{-5}	−268.95	19.5	−267.96	228.94	0.144
氩	Ar	1.7820	0.532	0.322	2.09×10^{-5}	−185.87	163	−122.44	4862.4	0.0173
氯	Cl_2	3.217	0.481	0.355	1.29×10^{-5} (16℃)	−33.8	305	144.0	7708.9	0.0072
氨	CH_3	0.771	2.22	1.67	0.918×10^{-5}	−33.4	1373	132.4	11295	0.0215
一氧化碳	CO	1.250	1.047	0.754	1.66×10^{-5}	−191.48	211	−140.2	3497.9	0.0226
二氧化碳	CO_2	1.976	0.837	0.653	1.37×10^{-5}	−78.2	574	31.1	7384.8	0.0137
二氧化硫	SO_2	2.927	0.632	0.502	1.17×10^{-5}	−10.8	394	157.5	7879.1	0.0077
二氧化氮	NO_2	—	0.804	0.615	—	21.2	712	158.2	10130	0.0400
硫化氢	H_2S	1.539	1.059	0.804	1.166×10^{-5}	−60.2	548	100.4	19136	0.0131
甲烷	CH_4	0.717	2.223	1.700	1.03×10^{-5}	−161.58	511	−82.15	4619.3	0.0300
乙烷	C_2H_6	1.357	1.729	1.444	0.850×10^{-5}	−88.50	486	32.1	4948.5	0.0180
丙烷	C_3H_8	2.020	1.863	1.650	0.795×10^{-5} (18℃)	−42.1	427	95.06	4355.9	0.0148
正丁烷	C_4H_{10}	2.673	1.918	1.733	0.810×10^{-5}	−0.5	386	152	3798.8	0.0135
正戊烷	C_5H_{12}	—	1.72	1.57	0.0874×10^{-5}	−36.08	151	197.1	3342.9	0.0128
乙烯	C_2H_4	1.261	1.528	1.222	0.935×10^{-5}	103.7	481	9.7	5135.9	0.0164
丙烯	C_3H_6	1.914	1.633	1.436	0.835×10^{-5} (20℃)	−47.7	440	91.4	4599.0	—
乙炔	C_2H_2	1.171	1.683	1.352	0.935×10^{-5}	−83.66(升华)	829	35.7	6240.0	0.0184
氯甲烷	CH_3Cl	2.308	0.741	0.582	0.989×10^{-5}	−24.1	406	148	6685.8	0.0085
苯	C_6H_6	—	1.252	1.139	0.72×10^{-5}	80.2	394	288.5	4832.0	0.0088

附表 2　某些液体的重要物理性质

名　称	分子式	摩尔质量 /kg·kmol⁻¹	密度(20℃) /kg·m⁻³	沸点 (101.3kPa) /℃	汽化热 /kJ·kg⁻¹	比热容(20℃) /kJ·kg⁻¹·℃⁻¹	黏度(20℃) /mPa·s	热导率 (20℃) /W·m⁻¹·℃⁻¹	体积膨胀系数β(20℃) /℃⁻¹	表面张力 (20℃) /N·m⁻¹
水	H_2O	18.02	998	100	2258	4.183	1.005	0.599	1.82×10^{-4}	0.0728
氯化钠盐水 (25%)	—	—	1186(25℃)	107	—	3.39	2.3	0.57(30℃)	(4.4×10^{-4})	—
氯化钙盐水 (25%)	—	—	1228	107	—	2.89	2.5	0.57	3.4×10^{-4}	—
硫酸	H_2SO_4	98.08	1831	340(分解)	—	1.47(98%)	—	0.38	5.7×10^{-4}	—
硝酸	HNO_3	63.02	1513	86	481.1	—	1.17(10℃)	—	—	—
盐酸(30%)	HCl	36.47	1149	—	—	2.55	2(31.5%)	0.42	—	—
二硫化碳	CS_2	76.13	1262	46.3	352	1.005	0.38	0.16	12.1×10^{-4}	0.032
戊烷	C_5H_{12}	72.15	626	36.07	357.4	2.24(15.6℃)	0.229	0.113	15.9×10^{-4}	0.0162
己烷	C_6H_{14}	86.17	659	68.74	335.1	2.31(15.6℃)	0.313	0.119	—	0.0182
庚烷	C_7H_{16}	100.20	684	98.43	316.5	2.21(15.6℃)	0.411	0.123	—	0.0201
辛烷	C_8H_{18}	114.22	763	125.67	306.4	2.19(15.6℃)	0.540	0.131	—	0.0218
三氯甲烷	$CHCl_3$	119.38	1489	61.2	253.7	0.992	0.58	0.138 (30℃)	12.6×10^{-4}	0.0285 (10℃)
四氯化碳	CCl_4	153.82	1594	76.8	195	0.850	1.0	0.12	—	0.0268
1,2-二氯乙烷	$C_2H_4Cl_2$	98.96	1253	83.6	324	1.260	0.83	0.14(50℃)	—	0.0308
苯	C_6H_6	78.11	879	80.10	393.9	1.704	0.737	0.148	12.4×10^{-4}	0.0286
甲苯	C_7H_8	92.13	867	110.63	363	1.70	0.675	0.138	10.9×10^{-4}	0.0279
邻二甲苯	C_8H_{10}	106.16	880	144.42	347	1.74	0.811	0.142	—	0.0302
间二甲苯	C_8H_{10}	106.16	864	139.10	343	1.70	0.611	0.167	10.1×10^{-4}	0.0290

名　称	分子式	摩尔质量 /kg·kmol^{-1}	密度(20℃) /kg·m^{-3}	沸点 (101.3kPa) /℃	汽化热 /kJ·kg^{-1}	比热容(20℃) /kJ·kg^{-1}· ℃$^{-1}$	黏度(20℃) /mPa·s	热导率 (20℃) /W·m^{-1}· ℃$^{-1}$	体积膨胀系 数β(20℃) /℃$^{-1}$	表面张力 (20℃) /N·m^{-1}
对二甲苯	C$_8$H$_{10}$	106.16	861	138.35	340	1.704	0.643	0.129	—	0.0280
苯乙烯	C$_8$H$_9$	104.1	911(15.6℃)	145.2	(352)	1.733	0.72	—	—	—
氯苯	C$_6$H$_5$Cl	112.56	1106	131.8	325	1.298	0.85	0.14(30℃)	—	0.032
硝基苯	C$_6$H$_5$NO$_2$	123.17	1203	210.9	396	396	2.1	0.15	—	0.041
苯胺	C$_6$H$_5$NH$_2$	93.13	1022	184.4	448	2.07	4.3	0.17	8.5×10^{-4}	0.0429
酚	C$_6$H$_5$OH	94.1	1050(50℃)	181.8 (熔点40.9)	511	—	3.4(50℃)	—	—	—
萘	C$_{16}$H$_8$	128.17	1145(固体)	217.9 (熔点80.2)	314	1.80(100℃)	0.59(100℃)	—	—	—
甲醇	CH$_3$OH	32.04	791	64.7	1101	2.48	0.6	0.212	12.2×10^{-4}	0.0226
乙醇	C$_2$H$_5$OH	46.07	789	78.3	846	2.39	1.15	0.172	11.6×10^{-4}	0.0228
乙醇(95%)		—	804	78.3	—	—	1.4	—	—	—
乙二醇	C$_2$H$_4$(OH)$_2$	62.05	1113	197.6	780	2.35	23	—	—	0.0477
甘油	C$_3$H$_5$(OH)$_2$	92.09	1261	290(分解)	—	—	1499	0.59	5.3×10^{-4}	0.063
乙醚	(C$_2$H$_5$)$_2$O	74.12	714	34.6	360	2.34	0.24	0.14	16.3×10^{-4}	0.018
乙醛	CH$_3$CHO	44.05	783(18℃)	20.2	574	1.9	1.3(18℃)	—	—	0.0212
糠醛	C$_5$H$_4$O$_2$	96.09	1168	161.7	452	1.6	1.15(50℃)	—	—	0.0435
丙酮	CH$_3$COCH$_3$	58.08	792	56.2	523	2.35	0.32	0.17	—	0.023.7
甲酸	HCOOH	46.03	1220	100.7	494	2.17	1.9	0.26	—	0.0278
乙酸	CH$_3$COOH	60.03	1049	118.1	406	1.99	1.3	0.17	10.7×10^{-4}	0.0239
乙酸乙酯	CH$_3$COOC$_2$H$_5$	88.11	901	77.1	368	1.92	0.48	0.14(10℃)	—	—
煤油		—	780~820	—	—	—	3	0.15	10.0×10^{-4}	—
汽油		—	680~800	—	—	—	0.7~0.8	0.19(30℃)	12.5×10^{-4}	—

附表3　某些冶金熔体的物理性质

项　　目		物　　质	熔化温度/℃
熔化温度	金属	工业纯铁	1530
		Ni	1453
		Cu	1083
		Pb	327.5
	熔盐	铝电解质	约960
		镁电解质	580~700
		锂电解质	350~360
	熔渣		1100~1400
	熔锍		700~1100

项　　目		物　　质	密度/g·cm^{-3}
密度	氧化物	SiO_2	2.20~2.55
		CaO	3.40
		FeO	5.0
		Fe_3O_4	5~5.4
		MgO	3.65
		Al_2O_3	3.97
		PbO	9.21
		ZnO	5.60
		Cu_2O	6.0
	熔体	熔融生铁	7.0~7.2
		常见重金属	7~11
		铝电解质	2.095~2.111
		镁电解质	1.7~1.8
		熔锍	4~5
		熔渣	3~4

项　　目		液　　体	温度/℃	表面张力/N·m^{-1}
表面张力	金属键熔体	Fe	1550~1865	1.865
		Ni	1453	1.778
		Pb	327	0.468
	共价键熔体	SiO_2	1800	0.307
		Al_2O_3	2050	0.690
	硝酸盐熔体	$CaO·SiO_2$	1600	0.420
		$MnO·SiO_2$	1570	0.415
		$Na_2O·SiO_2$	1400	0.284
	离子键熔体	NaCl	800	0.114
		CaF_2	1500	0.297
		CuCl	450	0.092

附表4　某些固体材料的重要物理性质

名　称		密度 /kg·m⁻³	热　导　率		比　热　容	
			$W·m^{-1}·K^{-1}$	$kcal·m^{-1}·h^{-1}·℃^{-1}$	$kJ·kg^{-1}·K^{-1}$	$kcal·kgf^{-1}·℃^{-1}$
金属	钢	7850	45.3	39.0	0.46	0.11
	不锈钢	7900	17	15	0.50	0.12
	铸铁	7220	62.8	54.0	0.50	0.12
	铜	8800	383.8	330.0	0.41	0.097
	青铜	8000	64.0	55.0	0.38	0.091
	黄铜	8600	85.5	73.5	0.38	0.09
	铝	2670	203.5	175.0	0.92	0.22
	镍	9000	58.2	50.0	0.46	0.11
	铅	11400	34.9	30.0	0.13	0.031
塑料	酚醛	1250~1300	0.13~0.26	0.11~0.22	1.3~1.7	0.3~0.4
	尿醛	1400~1500	0.30	0.26	1.3~1.7	0.3~0.4
	聚氯乙烯	1380~1400	0.16	0.14	1.8	0.44
	聚苯乙烯	1050~1070	0.08	0.07	1.3	0.32
	低压聚乙烯	940	0.29	0.25	2.6	0.61
	高压聚乙烯	920	0.26	0.22	2.2	0.53
	有机玻璃	1180~1190	0.14~0.20	0.12~0.17	—	—
建筑材料、绝热材料、耐酸材料及其他	干沙	1500~1700	0.45~0.48	0.39~0.50	0.8	0.19
	黏土	1600~1800	0.47~0.53	0.4~0.46	0.75(-20~20℃)	0.18(-20~20℃)
	锅炉炉渣	700~1100	0.19~0.30	0.16~0.26	—	—
	黏土砖	1600~1900	0.47~0.67	0.40~0.58	0.92	0.22
	耐火砖	1840	1.05(800~1100℃)	0.9(800~1100℃)	0.88~1.00	0.21~0.24
	绝缘砖(多孔)	600~1400	0.16~0.37	0.14~0.32	—	—
	混凝土	2000~2400	1.3~1.55	1.1~1.33	0.84	0.20
	松木	500~600	0.07~0.10	0.06~0.09	2.7(0~100℃)	0.65(0~100℃)
	软土	100~300	0.041~0.064	0.035~0.055	0.96	0.23
	石棉板	770	0.11	0.10	0.816	0.195
	石棉水泥板	1600~1900	0.35	0.3	—	—
	玻璃	2500	0.74	0.64	0.67	0.16
	耐酸陶瓷制品	2200~2300	0.93~1.0	0.8~0.9	0.75~0.80	0.18~0.19
	耐酸砖和板	2100~2400	—	—	—	—
	耐酸搪瓷	2300~2700	0.99~1.04	0.85~0.9	0.84~1.26	0.2~0.3
	橡胶	1200	0.16	0.14	1.38	0.33
	冰	900	2.3	2.0	2.11	0.505

名　称	表观密度/kg·m⁻³	名　称	表观密度/kg·m⁻³	名　称	表观密度/kg·m⁻³
磷灰石	1850	石英	1500	食盐	1020
结晶石膏	1300	焦炭	500	木炭	200
干黏土	1380	黄铁矿	3300	煤	800
炉灰	680	块状白垩	1300	磷灰石	1600
干土	1300	干沙	1200	聚苯乙烯	1020
石灰石	1800	结晶碳酸钠	800		

附表 5　水的重要物理性质

温度 /℃	压力 /MPa	密度 /kg·m⁻³	焓 /kJ·kg⁻¹	比热容 /kJ·kg⁻¹·K⁻¹	热导率 /W·m⁻¹·K⁻¹	黏度 /mPa·s	运动黏度 /m²·s⁻¹	体积膨胀 系数/℃⁻¹	表面张力 /mN·m⁻¹
0	0.1013	999.9	0	4.212	0.551	1.789	0.1789×10^{-5}	-0.063×10^{-3}	75.6
10	0.1013	999.7	42.04	4.191	0.575	1.305	0.1306×10^{-5}	0.070×10^{-3}	74.1
20	0.1013	998.2	83.9	4.183	0.599	1.005	0.1006×10^{-5}	0.182×10^{-3}	72.7
30	0.1013	995.7	125.8	4.174	0.618	0.801	0.0805×10^{-5}	0.321×10^{-3}	71.2
40	0.1013	992.2	167.5	4.174	0.634	0.653	0.0659×10^{-5}	0.387×10^{-3}	69.6
50	0.1013	988.1	209.3	4.174	0.648	0.549	0.0556×10^{-5}	0.449×10^{-3}	67.7
60	0.1013	983.2	251.1	4.178	0.659	0.470	0.0478×10^{-5}	0.511×10^{-3}	66.2
70	0.1013	977.8	293.0	4.187	0.668	0.406	0.0415×10^{-5}	0.570×10^{-3}	64.3
80	0.1013	971.8	334.9	4.195	0.675	0.355	0.0365×10^{-5}	0.632×10^{-3}	62.6
90	0.1013	965.3	377.0	4.208	0.680	0.315	0.0326×10^{-5}	0.695×10^{-3}	60.7
100	0.1013	958.4	419.1	4.220	0.683	0.283	0.0295×10^{-5}	0.752×10^{-3}	58.8
110	0.1433	951.0	461.3	4.233	0.685	0.259	0.0272×10^{-5}	0.808×10^{-3}	56.9
120	0.1986	943.1	503.7	4.250	0.686	0.237	0.0252×10^{-5}	0.864×10^{-3}	54.8
130	0.2702	934.8	546.4	4.266	0.686	0.218	0.0233×10^{-5}	0.919×10^{-3}	52.8
140	0.3624	926.1	589.1	4.287	0.685	0.201	0.0217×10^{-5}	0.972×10^{-3}	50.7
150	0.4761	917.0	632.2	4.312	0.684	0.186	0.0203×10^{-5}	1.03×10^{-3}	48.6
160	0.6481	907.4	675.3	4.346	0.683	0.173	0.0191×10^{-5}	1.07×10^{-3}	46.6
170	0.7924	897.3	719.3	4.386	0.679	0.163	0.0181×10^{-5}	1.13×10^{-3}	45.3
180	1.003	886.9	763.3	4.417	0.675	0.153	0.0173×10^{-5}	1.19×10^{-3}	42.3
190	1.255	876.0	807.6	4.459	0.670	0.144	0.0165×10^{-5}	1.26×10^{-3}	40.0
200	1.554	863.0	852.4	4.505	0.663	0.136	0.0158×10^{-5}	1.33×10^{-3}	37.7
210	1.907	852.8	897.6	4.555	0.655	0.130	0.0153×10^{-5}	1.41×10^{-3}	35.4
220	2.320	840.3	943.7	4.614	0.645	0.124	0.0148×10^{-5}	1.48×10^{-3}	33.1
230	2.798	827.3	990.2	4.681	0.637	0.120	0.0145×10^{-5}	1.59×10^{-3}	31.0
240	3.347	813.6	1038	4.756	0.628	0.115	0.0141×10^{-5}	1.68×10^{-3}	28.5

续附表5

温度 /℃	压力 /MPa	密度 /kg·m⁻³	焓 /kJ·kg⁻¹	比热容 /kJ·kg⁻¹·K⁻¹	热导率 /W·m⁻¹·K⁻¹	黏度 /mPa·s	运动黏度 /m²·s⁻¹	体积膨胀 系数/℃⁻¹	表面张力 /mN·m⁻¹
250	3.977	799.0	1086	4.844	0.618	0.110	0.0137×10^{-5}	1.81×10^{-3}	26.2
260	4.693	784.0	1135	4.949	0.604	0.106	0.0135×10^{-5}	1.97×10^{-3}	23.8
270	5.503	767.9	1185	5.070	0.590	0.102	0.0133×10^{-5}	2.16×10^{-3}	21.5
280	6.416	750.7	1237	5.229	0.575	0.098	0.0131×10^{-5}	2.37×10^{-3}	19.1
290	7.442	732.3	1290	5.485	0.558	0.094	0.0129×10^{-5}	2.62×10^{-3}	16.9
300	8.581	712.5	1345	5.730	0.540	0.091	0.0128×10^{-5}	2.92×10^{-3}	14.4
310	9.876	691.1	1402	6.071	0.523	0.088	0.0128×10^{-5}	3.29×10^{-3}	12.1
320	11.30	667.1	1462	6.573	0.506	0.085	0.0128×10^{-5}	3.82×10^{-3}	9.81
330	12.87	640.2	1526	7.24	0.484	0.081	0.0127×10^{-5}	4.33×10^{-3}	7.67
340	14.61	610.1	1595	8.16	0.47	0.077	0.0127×10^{-5}	5.34×10^{-3}	5.67
350	16.53	574.4	1671	9.50	0.43	0.073	0.0126×10^{-5}	6.68×10^{-3}	3.81
360	18.96	528.0	1761	13.98	0.40	0.067	0.0126×10^{-5}	10.9×10^{-3}	2.02
370	21.04	450.5	1892	40.32	0.34	0.057	0.0126×10^{-5}	26.4×10^{-3}	4.71

附表6　干空气的物理性质(101.3kPa)

温度 t /℃	密度 ρ /kg·m⁻³	比定压热容 c_p /kJ·kg⁻¹·℃⁻¹	热导率 λ /10⁻²W·m⁻¹·℃⁻¹	黏度 μ/Pa·s	普朗特数 Pr
-50	1.584	1.013	2.035	1.46×10^{-5}	0.728
-40	1.515	1.013	2.117	1.52×10^{-5}	0.728
-30	1.453	1.013	2.198	1.57×10^{-5}	0.723
-20	1.395	1.009	2.279	1.62×10^{-5}	0.716
-10	1.342	1.009	2.360	1.67×10^{-5}	0.712
0	1.293	1.009	2.442	1.72×10^{-5}	0.707
10	1.247	1.009	2.512	1.77×10^{-5}	0.705
20	1.205	1.013	2.593	1.81×10^{-5}	0.703
30	1.165	1.013	2.675	1.86×10^{-5}	0.701
40	1.128	1.013	2.756	1.91×10^{-5}	0.699
50	1.093	1.017	2.826	1.96×10^{-5}	0.698
60	1.060	1.017	2.896	2.01×10^{-5}	0.696
70	1.029	1.017	2.966	2.06×10^{-5}	0.694
80	1.000	1.022	3.047	2.11×10^{-5}	0.692
90	0.972	1.022	3.128	2.15×10^{-5}	0.690
100	0.946	1.022	3.210	2.19×10^{-5}	0.688
120	0.898	1.026	3.338	2.29×10^{-5}	0.686

温度 t /℃	密度 ρ /kg·m^{-3}	比定压热容 c_p /kJ·kg^{-1}·℃$^{-1}$	热导率 λ /10^{-2}W·m^{-1}·℃$^{-1}$	黏度 μ/Pa·s	普朗特数 Pr
140	0.854	1.026	3.489	2.37×10^{-5}	0.684
160	0.815	1.026	3.640	2.45×10^{-5}	0.682
180	0.779	1.034	3.780	2.53×10^{-5}	0.681
200	0.746	1.034	3.931	2.60×10^{-5}	0.680
250	0.674	1.043	4.268	2.74×10^{-5}	0.677
300	0.615	1.047	4.605	2.97×10^{-5}	0.674
350	0.566	1.055	4.908	3.14×10^{-5}	0.676
400	0.524	1.068	5.210	3.31×10^{-5}	0.678
500	0.456	1.072	5.745	3.62×10^{-5}	0.687
600	0.404	1.089	6.222	3.91×10^{-5}	0.699
700	0.362	1.102	6.711	4.18×10^{-5}	0.706
800	0.329	1.114	7.176	4.43×10^{-5}	0.713
900	0.301	1.127	7.630	4.67×10^{-5}	0.717
1000	0.277	1.139	8.071	4.90×10^{-5}	0.719
1100	0.257	1.152	8.502	5.12×10^{-5}	0.722
1200	0.239	1.164	9.153	5.35×10^{-5}	0.724

附表7　水的饱和蒸气压（ $-20 \sim 100$℃ ）

温度 t/℃	压力 p/Pa	温度 t/℃	压力 p/Pa	温度 t/℃	压力 p/Pa
-20	102.92	-5	401.03	10	1227.88
-19	113.32	-4	436.76	11	1311.87
-18	124.65	-3	475.42	12	1402.53
-17	136.92	-2	516.75	13	1497.18
-16	150.39	-1	562.08	14	1598.51
-15	165.05	0	610.47	15	1705.16
-14	180.92	1	657.27	16	1817.15
-13	198.11	2	705.26	17	1937.14
-12	216.91	3	758.59	18	2063.79
-11	237.31	4	813.25	19	2197.11
-10	259.44	5	871.91	20	2338.43
-9	283.31	6	934.57	21	2486.42
-8	309.44	7	1001.23	22	2646.40
-7	337.57	8	1073.23	23	2809.05
-6	368.10	9	1147.89	24	2983.70

续附表7

温度 t/℃	压力 p/Pa	温度 t/℃	压力 p/Pa	温度 t/℃	压力 p/Pa
25	3167.68	51	12958.70	77	41875.81
26	3361.00	52	13611.97	78	43635.64
27	3564.98	53	14291.90	79	45462.12
28	3779.62	54	14998.50	80	47341.93
29	4004.93	55	15731.76	81	49288.40
30	4242.24	56	16505.02	82	51314.87
31	4492.88	57	17304.94	83	53407.99
32	4754.19	58	18144.85	84	55567.78
33	5030.16	59	19011.43	85	57807.55
34	5319.47	60	19910.00	86	60113.99
35	5623.44	61	20851.25	87	62220.44
36	5940.74	62	21837.82	88	64940.17
37	6275.37	63	22851.05	89	67473.25
38	6619.34	64	23904.28	90	70099.66
39	6991.30	65	24997.50	91	72806.05
40	7375.26	66	26144.05	92	75592.44
41	7777.89	67	27330.60	93	78472.15
42	8199.18	68	28557.14	94	81445.19
43	8639.14	69	29823.68	95	84511.55
44	9100.42	70	31156.88	96	87671.23
45	9583.04	71	32516.75	97	90937.57
46	10085.66	72	33943.27	98	94297.24
47	10612.27	73	35423.12	99	97750.22
48	11160.22	74	36956.30	100	101325.00
49	11734.83	75	38542.81		
50	12333.43	76	40182.65		

附表8 饱和水蒸气表（按温度排列）

温度 t/℃	绝压/kPa	蒸汽的比体积 /m³·kg⁻¹	蒸汽的密度 /kg·m⁻³	焓（液体） /kJ·kg⁻¹	焓（蒸汽） /kJ·kg⁻¹	汽化热 /kJ·kg⁻¹
0	0.6112	206.2	0.00485	−0.05	2500.5	2500.5
5	0.8725	147.1	0.00680	21.02	2509.7	2488.7
10	1.2228	106.3	0.00941	42.00	2518.9	2476.9
15	1.7053	77.9	0.01283	62.95	2528.1	2465.1
20	2.3339	57.8	0.01719	83.86	2537.2	2453.3

温度 t/℃	绝压/kPa	蒸汽的比体积 /m³·kg⁻¹	蒸汽的密度 /kg·m⁻³	焓（液体） /kJ·kg⁻¹	焓（蒸汽） /kJ·kg⁻¹	汽化热 /kJ·kg⁻¹
25	3.1687	43.36	0.02306	104.77	2546.3	2441.5
30	4.2451	32.90	0.03040	125.68	2555.4	2429.7
35	5.6263	25.22	0.03965	146.59	2564.4	2417.8
40	7.3811	19.53	0.05120	167.50	2573.4	2405.9
45	9.5897	15.26	0.06553	188.42	2582.3	2393.9
50	12.345	12.037	0.0831	209.33	2591.2	2381.9
55	15.745	9.572	0.1045	230.24	2600.0	2369.8
60	19.933	7.674	0.1303	251.15	2608.8	2357.6
65	25.024	6.199	0.1613	272.08	2617.5	2345.4
70	31.178	5.044	0.1983	293.01	2626.1	2333.1
75	38.565	4.133	0.2420	313.96	2634.6	2320.7
80	47.376	3.409	0.2933	334.93	2643.1	2308.1
85	57.818	2.829	0.3535	355.92	2651.4	2295.5
90	70.121	2.362	0.4234	376.94	2659.6	2282.7
95	84.533	1.983	0.5043	397.98	2667.7	2269.7
100	101.33	1.674	0.5974	419.06	2675.7	2256.6
105	120.79	1.420	0.7042	440.18	2683.6	2243.4
110	143.24	1.211	0.8258	461.33	2691.3	2229.9
115	169.02	1.037	0.9643	482.52	2698.8	2216.3
120	198.48	0.892	1.121	503.76	2706.2	2202.4
125	232.01	0.7709	1.297	525.04	2713.4	2188.3
130	270.02	0.6687	1.495	546.38	2720.4	2174.0
135	312.93	0.5823	1.717	567.77	2727.2	2159.4
140	361.19	0.5090	1.965	589.21	2733.8	2144.6
145	415.29	0.4464	2.240	610.71	2740.2	2129.5
150	475.71	0.3929	2.545	632.28	2746.4	2114.1
160	617.66	0.3071	3.256	675.62	2757.9	2082.3
170	791.47	0.2428	4.119	719.25	2768.4	2049.2
180	1001.9	0.1940	5.155	763.22	2777.7	2014.5
190	1254.2	0.1565	6.390	807.56	2785.8	1978.2
200	1553.7	0.1273	7.855	852.34	2792.5	1940.1
210	1906.2	0.1044	9.579	897.62	2797.7	1900.0
220	2317.8	0.0862	11.600	943.46	2801.2	1857.7
230	2795.1	0.07155	13.98	989.95	2803.0	1813.0
240	3344.6	0.05974	16.74	1037.2	2802.9	175.7

温度 t/℃	绝压/kPa	蒸汽的比体积 /m³·kg⁻¹	蒸汽的密度 /kg·m⁻³	焓（液体） /kJ·kg⁻¹	焓（蒸汽） /kJ·kg⁻¹	汽化热 /kJ·kg⁻¹
250	3973.5	0.05011	19.96	1085.3	2800.7	1715.4
260	4689.2	0.04220	23.70	1134.3	2796.1	1661.8
270	5499.6	0.03564	28.06	1184.5	2789.1	1604.5
280	6412.7	0.03017	33.15	1236.0	2779.1	1543.1
290	7437.5	0.02557	39.11	1289.1	2765.8	1476.7
300	8583.1	0.02167	46.15	1344.0	2748.7	1404.7
310	9859.7	0.01834	54.53	1401.2	2727.0	1325.9
320	11278	0.01548	64.60	1461.2	2699.7	1238.5
330	12851	0.01299	76.98	1524.9	2665.3	1140.4
340	14593	0.01079	92.68	1593.7	2621.3	1027.6
350	16521	0.00881	113.5	1670.3	2563.4	893.0
360	18657	0.00696	143.7	1761.1	2481.7	720.6
370	21033	0.00498	200.8	1891.7	2338.8	447.1
374	22073	0.00311	321.5	2085.9	2085.9	0

附表 9 饱和水蒸气表（按压力排列）

绝压 /kPa	温度 /℃	蒸汽的比体积 /m³·kg⁻¹	蒸汽的密度 /kg·m⁻³	焓（液体） /kJ·kg⁻¹	焓（蒸汽） /kJ·kg⁻¹	汽化热 /kJ·kg⁻¹
1.0	6.9	129.19	0.00774	29.21	2513.3	2484.1
1.5	13.0	87.96	0.01137	54.47	2524.4	2469.9
2.0	17.5	67.01	0.01492	73.58	2532.7	2459.1
2.5	21.1	54.25	0.01843	88.47	2539.2	2443.6
3.0	24.1	45.67	0.02190	101.07	2544.7	2437.6
3.5	26.7	39.74	0.02534	111.76	2549.3	2437.6
4.0	29.0	34.80	0.02814	121.30	2553.5	2432.2
4.5	31.1	31.14	0.03211	130.08	2557.3	2427.2
5.0	32.9	28.19	0.03547	137.72	2560.6	2422.8
6.0	36.2	23.74	0.04212	151.47	2566.5	2415.0
7.0	39.0	20.53	0.04871	163.31	2571.6	2408.3
8.0	41.5	18.10	0.05525	173.81	2576.1	2402.3
9.0	43.8	16.20	0.06173	183.36	2580.2	2396.8
10	45.8	14.67	0.06817	191.76	2583.7	2392.0
15	54.0	10.02	0.09980	225.93	2598.2	2372.3
20	60.1	7.65	0.13068	251.43	2608.9	2357.5

绝压 /kPa	温度 /℃	蒸汽的比体积 /m³·kg⁻¹	蒸汽的密度 /kg·m⁻³	焓（液体） /kJ·kg⁻¹	焓（蒸汽） /kJ·kg⁻¹	汽化热 /kJ·kg⁻¹
30	69.1	5.23	0.19120	289.26	2624.6	2335.3
40	75.9	3.99	0.25063	317.61	2636.1	2318.5
50	81.3	3.24	0.30864	340.55	2645.3	2304.8
60	85.9	2.73	0.36630	359.91	2653.0	2293.1
70	90.0	2.37	0.42229	376.75	2659.6	2282.8
80	93.5	2.09	0.47807	391.71	2665.3	2273.6
90	96.7	1.87	0.53384	405.20	2670.5	2265.3
100	99.6	1.70	0.58961	417.52	2675.1	2257.6
120	104.8	1.43	0.69868	439.37	2683.3	2243.9
140	109.3	1.24	0.80758	458.44	2690.2	2231.8
160	113.3	1.092	0.91575	475.42	2696.3	2220.9
180	116.9	0.978	1.0225	490.76	2701.7	2210.9
200	120.2	0.886	1.1287	504.78	2706.5	2201.7
250	127.4	0.719	1.3904	535.47	2716.8	2181.4
300	133.6	0.606	1.6501	561.58	2725.3	2163.7
350	138.9	0.524	1.9074	584.45	2732.4	2147.9
400	143.7	0.463	2.1618	604.87	2738.5	2133.6
450	147.9	0.414	2.4152	623.38	2743.9	2120.5
500	151.9	0.375	2.6673	640.35	2748.6	2108.2
600	158.9	0.316	3.1686	670.67	2756.7	2086.0
700	165.0	0.273	3.6657	697.32	2763.3	2066.0
800	170.4	0.240	4.1614	721.20	2768.9	2047.7
900	175.4	0.215	4.6525	742.90	2773.6	2030.7
1×10^3	179.9	0.194	5.1432	762.84	2777.7	2014.8
1.1×10^3	184.1	0.177	5.6339	781.35	2781.2	1999.9
1.2×10^3	188.0	0.163	6.1350	798.64	2787.0	1985.7
1.3×10^3	191.6	0.151	6.6225	814.89	2787.0	1972.1
1.4×10^3	195.1	0.141	7.1038	830.24	2789.4	1959.1
1.5×10^3	198.3	0.132	7.5935	844.82	2791.5	1946.6
1.6×10^3	201.4	0.124	8.0814	858.69	2793.3	1934.6
1.7×10^3	204.3	0.117	8.5470	871.96	2794.9	1923.0
1.8×10^3	207.2	0.110	9.0533	884.67	2796.3	1911.7
1.9×10^3	209.8	0.105	9.5392	896.88	2797.6	1900.7
2×10^3	212.4	0.0996	10.0402	908.64	2798.7	1890.0
3×10^3	233.9	0.0667	14.9925	1008.2	2803.2	1794.9

绝压 /kPa	温度 /℃	蒸汽的比体积 /m³·kg⁻¹	蒸汽的密度 /kg·m⁻³	焓（液体） /kJ·kg⁻¹	焓（蒸汽） /kJ·kg⁻¹	汽化热 /kJ·kg⁻¹
4×10^3	250.4	0.0497	20.1207	1087.2	2800.5	1713.4
5×10^3	264.0	0.0394	25.3663	1154.2	2793.6	1639.5
6×10^3	275.6	0.0324	30.8494	1213.3	2783.8	1570.5
7×10^3	285.9	0.0274	36.4964	1266.9	2771.7	1504.8
8×10^3	295.0	0.0235	42.5532	1316.5	2757.7	1441.2
9×10^3	303.4	0.0205	48.8945	1363.1	2741.9	1378.9
1×10^4	311.0	0.0180	55.5407	1407.2	2724.5	1317.2
1.2×10^4	324.7	0.0143	69.9301	1490.7	2684.5	1193.8
1.4×10^4	336.7	0.0115	87.3020	1570.4	2637.1	1066.7
1.6×10^4	347.4	0.00931	107.4114	1649.4	2580.2	930.8
1.8×10^4	357.0	0.00750	133.3333	1732.0	2509.5	777.4
2×10^4	365.8	0.00587	170.3578	1827.2	2413.1	585.9

附表 10　水的黏度（0～100℃）

温度 /℃	黏度 /mPa·s	温度 /℃	黏度 /mPa·s	温度 /℃	黏度 /mPa·s	温度 /℃	黏度 /mPa·s
0	1.7921	18	1.0559	35	0.7225	53	0.5229
1	1.7313	19	1.0299	36	0.7085	54	0.5146
2	1.6728	20	1.0050	37	0.6947	55	0.5064
3	1.6191	20.2	1.0000	38	0.6814	56	0.4985
4	1.5674	21	0.9810	39	0.6685	57	0.4907
5	1.5188	22	0.9579	40	0.6560	58	0.4832
6	1.4728	23	0.9359	41	0.6439	59	0.4759
7	1.4284	24	0.9142	42	0.6321	60	0.4688
8	1.3860	25	0.8937	43	0.6207	61	0.4618
9	1.3462	26	0.8737	44	0.6097	62	0.4550
10	1.3077	27	0.8545	45	0.5988	63	0.4483
11	1.2713	28	0.8360	46	0.5883	64	0.4418
12	1.2363	29	0.8180	47	0.5782	65	0.4355
13	1.2028	30	0.8007	48	0.5683	66	0.4293
14	1.1709	31	0.7840	49	0.5588	67	0.4233
15	1.1404	32	0.7679	50	0.5494	68	0.4174
16	1.1111	33	0.7523	51	0.5404	69	0.4117
17	1.0828	34	0.7371	52	0.5315	70	0.4061

温度/℃	黏度/mPa·s	温度/℃	黏度/mPa·s	温度/℃	黏度/mPa·s	温度/℃	黏度/mPa·s
71	0.4006	79	0.3610	87	0.3276	95	0.2994
72	0.3952	80	0.3565	88	0.3239	96	0.2962
73	0.3900	81	0.3521	89	0.3202	97	0.2930
74	0.3849	82	0.3478	90	0.3165	98	0.2899
75	0.3799	83	0.3436	91	0.3130	99	0.2868
76	0.3750	84	0.3395	92	0.3095	100	0.2838
77	0.3702	85	0.3355	93	0.3060		
78	0.3655	86	0.3315	94	0.3027		

参 考 文 献

[1] 谭天恩，窦梅. 化工原理 [M]. 北京：化学工业出版社，2013.

[2] 姚玉英. 化工原理 [M]. 天津：天津科学技术出版社，2004.

[3] 唐谟堂. 冶金设备基础 – 传递原理及物料输送 [M]. 长沙：中南大学出版社，2013.

[4] 夏清，贾绍义. 化工原理 [M]. 天津：天津大学出版社，2012.

[5] 陈敏恒，丛德滋. 化工原理 [M]. 北京：化学工业出版社，2006.

[6] 蒋维钧，戴猷元，顾惠君. 化工原理 [M]. 北京：清华大学出版社，2009.

[7] 朱云. 冶金设备 [M]. 北京：冶金工业出版社，2009.

[8] 何潮洪. 化工原理 [M]. 北京：科学出版社，2017.

[9] 孙佩极. 冶金化工过程与设备 [M]. 北京：冶金工业出版社，1980.

[10] 阎昌琪. 气液两相流 [M]. 哈尔滨：哈尔滨工程大学出版社，2007.

[11] 萧泽强. 冶金中单元过程和现象的研究 [M]. 北京：冶金工业出版社，2006.

[12] 倪晋仁. 固液两相流基本理论及其最新应用 [M]. 北京：科学出版社，1991.

[13] DeBoer R. 多孔介质理论发展史上的重要成果 [M]. 重庆：重庆大学出版社，1995.

[14] 佟庆理. 两相流动理论基础 [M]. 北京：冶金工业出版社，1982.

[15] 贺建忠. 化工原理上. [M]. 徐州：中国矿业大学出版社，2006.

[16] 昌友权. 化工原理. [M]. 北京：中国计量出版社，2006.

[17] 郑旭煦，杜长海. 化工原理 [M]. 武汉：华中科技大学出版社，2016.

[18] 李然，郑旭煦. 化工原理. 武汉：华中科技大学出版社，2009.

[19] 王晓红，田文德. 化工原理 [M]. 北京：化学工业出版社，2011.

[20] 姚菊英，臧丽坤，冯志刚. 化工单元过程分析与进展研究 [M]. 北京：中国水利水电出版社，2014.

[21] 诸林，刘瑾，王兵. 化工原理 [M]. 北京：石油工业出版社，2007.

[22] 岑可法. 气固分离理论及技术 [M]. 浙江：浙江大学出版社，1999.

[23] 奥尔. 过滤理论与实践 [M]. 北京：国防工业出版社，1982.

[24] 马广大. 大气污染控制工程 [M]. 北京：中国环境科学出版社，1985.

[25] 丁启圣. 新型实用过滤技术 [M]. 北京：冶金工业出版社，2011.

[26] 董志勇. 射流力学 [M]. 北京：科学出版社，2005.

[27] 刘沛清. 自由紊动射流理论 [M]. 北京：北京航空航天大学出版社，2008.

[28] J·舍里克. 冶金中的流体流动现象 [M]. 北京：冶金工业出版社，1985.

[29] B. Banks，D. V. Chandrasekhara. Experimental investigation of the penetration of a high-velocity gas jet through a liquid surface [J]. Journal of Fluid Mechanics，1963，15 (1)：13 ~ 34.

[30] 萧泽强，詹树华. 金属熔池中浸入式侧吹射流行为 [J]. 过程工程学报，2006，6 (1)：44.

[31] 于遵宏，沈才大，王辅臣，等. 水煤浆气化炉气化过程的三区模型 [J]. 燃料化学学报，1993，21 (1)：90 ~ 95.

[32] 韩国军. 流体力学基础与应用 [M]. 北京：机械工业出版社，2012.

[33] 《化学工程手册》委员会. 化学工程手册：第 12 篇 气体吸收 [M]. 北京：化学工业出版社，1987.

[34] 周涛. 化工原理 [M]. 北京：科学出版社，2010.

[35] 《化学工程手册》委员会. 化学工程手册：第 5 篇 搅拌与混合 [M]. 北京：化学工业出版社，1985.

[36] 陈仁学. 化学反应工程与反应器 [M]. 北京：国防工业出版社，1988.

［37］陈志平，章序文，林兴华．搅拌与混合设备设计选用手册［M］．北京：化学工业出版社，2004.

［38］毕诗文．氧化铝生产工艺［M］．北京：化学工业出版社，2006.

［39］Paglianti A，Pintus S，Giona M. Time-series analysis approach for the identification of flooding/loading transition in gas-liquid stirred tank reactors［J］. Chem. eng. sci，2000，55（23）：5793～5802.

［40］Zhao Qiuyue，Lv Chao，Zhang Zimu，et al. High-temperature jet spray reactor for the preparation of rare earth oxides by pyrolysis［J］. Computer Simulation，1647～1653.

［41］Lv C，Zhang Z M，Zhao Q Y，et al. Numerical simulation of flash vaporisation in alumina production［J］. Canadian Metallurgical Quarterly，2016，463～469.

［42］张廷安，赵秋月，豆志河，等．内环流叠管式溶出反应器：中国，CN100418883C［P］. 2008.

［43］李健达．宽粘度域搅拌器在假塑性流体混合中的 CFD 模拟［D］．烟台大学，2014.

［44］张国栋．陶瓷搅拌设备故障诊断与解决途径［J］．科教导刊电子版，2015（5）：167～167.

［45］Zhao Hongliang，Zhang Tingan，Zhang Chao，等．Numerical Simulation of Mixing Performance in Seed Precipitation Tank with an Improved Intermig Impeller［J］．过程工程学报，2011，11（1）：15～19.

［46］张超．种分槽高性能 HSG/HQG 搅拌装置的研发［J］．轻金属，2014（5）：20～24.

［47］张超．氧化铝厂大型搅拌槽 HSG/HQG 高性能搅拌技术的研发与应用［J］．轻金属（1 期）：19～24.

［48］张超，单勇．一种高性能圆弧面搅拌桨：中国，201110391981. 3［P］. 2013-06-05.

［49］张超，李志国．一种高性能带导流槽圆弧搅拌桨：中国，201110396565. 2［P］. 2013-06-05.

［50］张超，孙祥．一种高性能圆弧面后弯式搅拌桨：中国，201110399863. 7［P］. 2013-06-12.

［51］王淑婵，张廷安，赵秋月等．新型混合澄清槽的澄清性能［J］．东北大学学报（自然科学版），2014，35（4）：548～550.

［52］侯治中，王凯．搅拌槽内气—液体系的分散、传质和传热［J］．合成橡胶工业，1995（2）：118～122.

［53］汪焰台．混合澄清器的研究和展望［J］．湿法冶金，1994（3）：6～13.

［54］刘洪国，孙德军，郝京诚．新编胶体与界面化学［M］．北京：化学工业出版社，2016.

［55］叶启亮．化工原理学习指导［M］．北京：高等教育出版社，2016.

［56］张洪流，张茂润．化工单元操作设备设计［M］．上海：华东理工大学出版社，2011.

［57］王华，徐建新，房辉．多相体系搅拌混合效果评价技术［M］．北京：科学出版社，2012.

［58］徐革联，熊楚安．化工原理课程学习辅导［M］．哈尔滨：哈尔滨地图出版社，2006.

［59］袁惠新．分离过程与设备［M］．北京：化学工业出版社，2008.

［60］蒋维钧，余立新．化工原理化工分离过程［M］．北京：清华大学出版社，2005.

［61］唐谟堂．湿法冶金设备［M］．长沙：中南大学出版社，2004.

［62］李春利．化工原理（上册）［M］．杭州：浙江大学出版社，2013.

［63］王铭琦．化工原理［M］．北京：中国林业出版社，2017.

［64］盖格 G H，波伊里尔 D R．冶金中的传热传质现象［M］．北京：冶金工业出版社，1981.

［65］鲁德洋．冶金传输基础［M］．西安：西北工业大学出版社，1991.

［66］杨世铭．传热学［M］．北京：人民教育出版社，1980.

［67］俞佐平．传热学［M］．北京：人民教育出版社，1979.

［68］霍尔曼 J P．传热学［M］．马庆芳，等译．北京：人民教育出版社，1979.

［69］M. A. 米海耶夫．王补宣，译．传热学基础［M］．北京：高等教育出版社，1973.

［70］范治新．工程传热原理［M］．北京：化学工业出版社，1982.

［71］Kern D L. Process Heat Transfer［M］. Mc Graw Hill Book Company，1950.

［72］柯尔森 J M，李嘉森 J F．化学工程（卷 I）［M］. 3 版．丁绪淮，等译．北京：化学工业出版社，1983.

［73］德意志联邦共和国工程师协会工艺与化学工程学会．传热手册［M］．化学工业部第六设计院，

译. 北京：化学工业出版社，1983.

[74] Kitaev B I, Yaroshenko Y G, Suchkow V D. Heat Exchange in Shaft Furnaces ［M］. New York：Perga-mon Press，1968.

[75] Saunders O H, Ford H. Heat transfer in the flow of gas through a bed of solid particles ［J］. J. Iron & Steel Inst. I，1940：292.

[76] Elliot J F, Humbert J C. Heat transfer from a gas stream to granular solids—an idealized analysis ［C］// Proceedings Blast Furnace, Coke Oven and Raw Materials Committee. AIME，1961（20）：130.

[77] 蔡颖. 冶金化工过程与设备 ［M］. 北京：化学工业出版社，2013.

[78] Svoboda J M, Geiger G H. Mechanisms of metal penetration in foundry molds ［J］. Transaction of the American Foundrymen's Society，1969，73：281～288.

[79] 贾绍义，柴诚敬. 化工传质与分离过程 ［M］. 2版. 北京：化学工业出版社，2007.

[80] 管国锋，赵汝溥，等. 化工原理 ［M］. 3版. 北京：化学工业出版社，2008.

[81] 刘家祺等. 分离过程 ［M］. 北京：化学工业出版社，2002.

[82] 柴诚敬. 化工原理 ［M］. 2版. 北京：高等教育出版社，2010.

[83] 叶世超，等. 化工原理 ［M］. 2版. 北京：科学出版社，2007.

[84] 麦本熙，时钧. 化学工程手册：第12篇 气体吸收 ［M］. 北京：化学工业出版社，1982.

[85] 涂晋林，吴志泉. 化学工业中的吸收操作——气体吸收工艺与工程 ［M］. 上海：华东理工大学出版社，1994.

[86] 李万路. 填料吸收塔在尿素尾气吸收中的应用 ［J］. 中国设备工程，2017（8）：39～40.

[87] 马友光，高瑞昶，冯惠生，等. 吸收过程的界面传质机理 ［J］. 化学工程，2003，11（1）：13～16.

[88] 郭培英，白风荣，郑玉霞. 混合物分离单元操作之吸收和蒸馏 ［J］. 内蒙古石油化工，2011（13）：50～51.

[89] 程光钺. 气液相平衡时温度与压力的综合计算法 ［M］. 成都：四川大学出版社，1959.

[90] 傅吉全. 特殊体系的相平衡和精馏模拟计算 ［M］. 北京：中国石化出版社，2002.

[91] 小岛和夫. 化工过程设计的相平衡 ［M］. 北京：化学工业出版社，1985.

[92] 梁斌，段天平，唐盛伟. 化学反应工程 ［M］. 北京：科学出版社，2010.

[93] 陈涛，张国亮. 化工传递过程基础 ［M］. 3版. 北京：化学工业出版社，2009.

[94] 史贤林，张秋香，周文勇. 化工原理实验 ［M］. 上海：华东理工大学出版社，2015.

[95] 札米尼扬，拉姆. 流化填料吸收塔 ［M］. 北京：化学工业出版社，1987.

[96] 唐盛伟. 填料吸收塔 ［M］. 北京：化学工业出版社，2000.

[97] 赵宜江，李琳. 化工原理简明教程 ［M］. 南京：南京大学出版社，2014.

[98] 申奕，顾玲. 化工典型设备操作技术 ［M］. 天津：天津大学出版社，2014.

[99] 蔡源，孙海燕. 化工单元操作设计及优化 ［M］. 北京：化学工业出版社，2015.

[100] 张建伟. 化工单元操作实验与设计 ［M］. 天津：天津大学出版社，2012.

[101] 王志魁. 化工原理 ［M］. 3版. 北京：化学工业出版社，2005.

[102] 陈敏恒，潘鹤林，齐鸣斋. 化工原理（少学时）［M］. 上海：华东理工大学出版社，2013.

[103] 谭天恩，麦本熙，丁惠华. 化工原理 ［M］. 北京：化学工业出版社，2002.

[104] 蒋维钧. 新型传质分离技术 ［M］. 北京：化学工业出版社，1992.

[105] 蒋维钧，雷良恒，刘茂林等. 化工原理（下册）［M］. 2版. 北京：清华大学出版社，2003.

[106] 杨显万，邱定蕃. 湿法冶金 ［M］. 北京：冶金工业出版社，2011.

[107] 杨重愚. 氧化铝生产工艺学 ［M］. 北京：冶金工业出版社，1993.

[108] 华一新. 冶金过程动力学导论 ［M］. 北京：冶金工业出版社，2004.

[109] Wang Shuai, Yin Weijie, Liu siyu, et al. Numerical studies of mass transfer performance in fluidized

beds of binary mixture [J]. Applied Thermal Engineering, 2019, 158 (113465): 1~9.

[110] Bale Shivkumar, Tiwari Shashank, Sathe Mayur, et al. Direct numerical simulation study of end effects and D/d ratio on mass transfer in packed beds [J]. International Journal of Heat and Mass Transfer, 2018, 127: 234~244.

[111] 张卯均. 浸矿技术 [M]. 北京: 原子能出版社, 1994.

[112] 张廷安, 吕国志, 张子木, 等. 加压湿法冶金及装备技术 [M]. 北京: 冶金工业出版社, 2019.

[113] Zhang G Q, Zhang T A, Zhang Y, et al. Pressure leaching of converter vanadium slag with waste titanium dioxide [J]. Rare Metals, 2016, 35 (7): 576~580.

[114] Zhang G Q, Zhang T A, Lv G Z, et al. Effects of microwave roasting on the kinetics of extracting vanadium from vanadium slag [J]. The Journal of the Minerals, Metals & Materials Society, 68 (2): 577~584.

[115] Lv Guozhi, Zhang Ting'an, Ma Linan, et al. Utilization of Bayer red mud by a calcification-carbonation method using calcium aluminate hydrate as a calcium source [J]. Hydrometallurgy, 2019, 188: 248~255.

[116] Wang Yanxiu, Zhang Ting'an, Lv Guozhi, et al. Recovery of alkali and alumina from bauxite residue (red mud) and complete reuse of the treated residue [J]. Journal of Cleaner Production, 2018, 188: 456~465.

[117] 马荣骏. 溶剂萃取在湿法冶金中的应用 [M]. 北京: 冶金工业出版社, 1979.

[118] 王开毅, 成本诚, 舒万银. 溶剂萃取化学 [M]. 长沙: 中南工业大学出版社, 1991.

[119] 汪家鼎, 陈家镛. 溶剂萃取手册 [M]. 北京: 化学工业出版社, 2001.

[120] Zhang Ying, Zhang Ting'an, Lv Guozhi, et al. Synergistic extraction of vanadium (IV) in sulfuric acid media using a mixture of D2EHPA and EHEHPA [J]. Hydrometallurgy, 2015: 166.

[121] Zhang Ying, Zhang Ting'an, Dreisinger David, et al. Chelating extraction of vanadium (V) from low pH sulfuric acid solution by Mextral 973H [J]. Separation and Purification Technology, 2018: 190.

[122] 冯雪茹, 吕国志, 张廷安, 等. P204萃取硫酸体系中V(IV)、Fe(III)的分离性能研究 [J]. 钢铁钒钛, 2017, 38 (2): 23~29.

[123] 张廷安, 刘燕, 赵秋月, 等. 一种具有离心圆筒的澄清分离萃取槽, CN201010366433. X [P]. 2010.

[124] 陈翠仙, 郭红霞, 秦培勇, 等. 膜分离 [M]. 北京: 化学工业出版社, 2017.

[125] Meng Deliang, Zhao Qiuyue, Pan Xijuan, et al. Preparation of CeO$_2$ by ion-exchange membrane electrolysis method [J]. Hydrometallurgy, 2019: 126~131.

[126] Meng Deliang, Zhao Qiuyue, Pan Xijuan, et al. Clean production of rare earth oxide from rare earth chloride solution by electrical transformation [J]. Hydrometallurgy, 2020: 1~9.

[127] 王湛, 周翀. 膜分离技术基础 [M]. 2版. 北京: 化学工业出版社, 2006.

[128] 杨座国. 膜科学技术过程与原理 [M]. 上海: 华东理工大学出版社, 2009.

[129] 张宏伟, 王捷. 膜法水处理实验 [M]. 北京: 中国纺织出版社, 2015.

[130] 孙久义. 我国膜分离技术综述 [J]. 当代化工研究, 2019 (2): 27~28.

[131] 王湛, 王志, 高学理, 等. 膜分离技术基础 [M]. 北京: 化学工业出版社, 2018.

[132] Meng Deliang, Zhao Qiuyue, Pan Xijuan, et al. Preparation of CeO$_2$ by ion-exchange membrane electrolysis method [J]. Hydrometallurgy, 2019 (186): 126~131.

[133] Han Xiuxiu, Zhang Ting'an, Lv Guozhi, et al. Investigation of alumina preparation from aluminum chloride aqueous solution by electrical transformation [J]. Hydrometallurgy, 2019 (185): 30~37.

[134] 符岩, 张阳春. 氧化铝厂设计 [M]. 北京: 冶金工业出版社, 2008.

[135] 李恩琪, 殷经星, 张武城. 铸造用感应电炉 [M]. 北京: 机械工业出版社, 1997.

[136] 张斌. 过程原理与设备 [M]. 沈阳: 东北大学出版社, 2012.